基于Linux的企业自动化实践

服务器的构建、部署与管理

[美] 詹姆斯·弗里曼(James Freeman) 著
卢涛 李颖 译

机械工业出版社
China Machine Press

图书在版编目（CIP）数据

基于 Linux 的企业自动化实践：服务器的构建、部署与管理 /（美）詹姆斯 · 弗里曼（James Freeman）著；卢涛，李颖译 . -- 北京：机械工业出版社，2022.7
（Linux/Unix 技术丛书）
书名原文：Hands-On Enterprise Automation on Linux
ISBN 978-7-111-70840-7

I. ①基… II. ①詹… ②卢… ③李… III. ① Linux 操作系统 IV. ① TP316.85

中国版本图书馆 CIP 数据核字（2022）第 088425 号

北京市版权局著作权合同登记 图字：01-2020-7588 号。

基于 Linux 的企业自动化实践

服务器的构建、部署与管理

出版发行：机械工业出版社（北京市西城区百万庄大街 22 号 邮政编码：100037）

责任编辑：王春华　　责任校对：殷 虹

印　刷：三河市宏达印刷有限公司　　版　次：2022 年 7 月第 1 版第 1 次印刷

开　本：186mm×240mm 1/16　　印　张：22.75

书　号：ISBN 978-7-111-70840-7　　定　价：129.00 元

客服电话：（010）88361066 88379833 68326294　　投稿热线：（010）88379604

华章网站：www.hzbook.com　　读者信箱：hzjsj@hzbook.com

Recommendation 推荐序一

自互联网兴起以来，在过去的几十年里，技术世界变得越来越复杂。越来越多的产品面世，承诺为我们解决日益复杂的问题。伴随着这些承诺而来的是一大批各领域的专家，他们帮助我们解决了实战中的各种困难。

2012 年，Ansible 首次发布。到了 2013 年，它已备受关注，因为它承诺的简单性并非空谈。这是一项植根于简单真理的技术——用技术解决问题实际上意味着为人们解决问题。因此，这对人们很重要。一个易于学习的工具？多么奇妙的想法！早期的采用者是聪明的，他们意识到这是一款革命性的工具。

几年前，我第一次见到詹姆斯是在他的一次技术讲座上。虽然我们刚刚被红帽公司收购，但 Ansible 还处在较早的时期。在第一次见面时，我意识到他十分理解人与 Ansible 强大的简单性之间的联系。从那以后，我很幸运地看到詹姆斯在很多场合发表讲话，其中两次令我记忆犹新。

第一次是在得克萨斯州奥斯汀举行的 AnsibleFest 2018 大会上，詹姆斯发表了一篇关于客户参与的精彩演讲，他在周五下午主持了一次关键业务数据库升级。“我们在科技界宣扬的黄金法则是什么？不要在星期五做出关键业务的改变！”詹姆斯富有魅力的讲述方式吸引了观众。第二次是在伦敦的一次聚会上，詹姆斯以一种截然不同的方式向观众展示了一个积极心理学的故事，在这个故事中人们将 Ansible 作为基本工具并取得成功，在随后的问答环节中引发了全场观众的热烈互动。

可扩展性不仅仅是一项技术，它还与人密切相关。如果你想让一项技术具有可扩展性，它必须便于人们采用、掌握和分享。詹姆斯本人就是可扩展性的典范，因为他很乐意分享知识。他在本书中还展示了 Ansible 可以应用于企业日常活动的方方面面。我相信你会喜欢读这本书，就像我喜欢和詹姆斯互动一样。

Mark Phillips，*产品营销经理*，Red Hat Ansible

推荐序二 Recommendation

我和詹姆斯一起工作了几年，我认为他是世界上最优秀的 Ansible 专家之一。我见证了他在大型和小型组织的数字现代化工作中，借助自动化和 DevOps 实践取得的成就。

在本书中，詹姆斯慷慨地分享了他在管理异构 Linux 环境方面的实践经验。如果你擅长通过实践的方法学习，那么这本书就是为你准备的。每一章中都提供了大量深入的例子，以便你巩固所学知识，并为把 Ansible 带入真实环境做好准备。

准备好成为自动化明星工程师并彻底改变你的 IT 运营团队了吗？那就继续阅读吧！

Ben Strauss，安全自动化经理，MindPoint Group 撰稿人

Preface 前　言

本书提供了一系列有价值的过程、方法和工具，用于在企业级精简和高效管理 Linux 部署。本书将为你提供使用 Ansible、AWX（Ansible Tower）、Pulp、Katello 和 OpenSCAP 等开源工具所需的知识和技能，以标准化 Linux 资产并进行大规模管理。你将了解标准操作环境的创建，以及如何使用 Ansible 定义、记录、管理和维护这些标准。此外，你还将了解安全加固标准，如 CIS 基准。本书将提供一些实际的例子供你尝试，你可以在此基础上构建自己的代码，并演示所涉及的原则。

本书的目标读者

本书适合需要设计、实现和管理 Linux 环境的人阅读。它旨在吸引广泛的开源人才——从基础架构师到系统管理员，包括高级人才。

读者需要精通 Linux 服务器的实现和维护，熟悉构建、修补和维护 Linux 服务器基础设施所涉及的概念。读者无须具有 Ansible 和其他自动化工具的先验知识，但具备这些知识更有助于阅读本书。

本书涵盖的内容

第 1 章详细介绍了标准化的操作环境，这是一个贯穿全书的核心概念，是学习后续知识的基础。

第 2 章提供了 Ansible 剧本（playbook）实际操作的详细分解，包括清单、角色、变量以及开发和维护剧本的最佳实践。你将学习到大量的 Ansible 知识来开始自动化之旅。

第 3 章通过实例探讨了 AWX 的安装和使用，以便围绕 Ansible 自动化基础设施构建良好的业务流程。

第 4 章带你了解与 Linux 环境中的大规模部署相关的各种方法，以及如何利用这些方法来最大限度地发挥企业的优势。

第 5 章通过构建虚拟机模板来探索部署 Linux 的最佳实践，虚拟机模板将以实际操作的方式大规模部署在虚拟机管理程序上。

第 6 章介绍了 PXE 引导的过程，带你了解何时可能无法使用模板化的方法构建服务器（例如，仍在使用裸机服务器），以及如何编写脚本以通过网络构建标准服务器映像。

第 7 章提供了实例，说明如何在基础架构投入使用后对其进行管理，以确保一致性不限制创新。

第 8 章介绍如何以受控的方式执行修补，以防止在使用 Pulp 工具的过程中把不一致性重新引入非常仔细地标准化后的环境。

第 9 章在涉及 Pulp 工具的工作的基础上向你介绍 Katello，提供了对存储库的更多控制，同时提供了一个用户友好的图形用户界面。

第 10 章详细介绍了使用 Ansible 作为编排工具的用户账户管理，以及集中式身份验证系统（如 LDAP 目录）的用法。

第 11 章介绍了如何在 Linux 服务器上使用 Ansible 来自动部署数据库和执行日常数据库管理任务。

第 12 章探讨了 Ansible 可以在 Linux 服务器上执行的一些更高级的日常维护。

第 13 章深入研究了 CIS 服务器加固基准测试以及如何在 Linux 服务器上应用它们。

第 14 章介绍了如何使用 Ansible 以高效、可重复的方式在整个 Linux 服务器上推出安全加固策略。

第 15 章提供了一个安装和使用 OpenSCAP 来持续审计 Linux 服务器违反策略的实践，因为最终用户可能会推翻安全标准。

第 16 章给出了一些提示和技巧，使你的 Linux 自动化进程在面对企业不断变化的需求时能够平稳运行。

如何利用本书

要想学习本书中的示例，你需要准备至少两台 Linux 机器进行测试。不过，要想更全面地开发这些示例，你可能需要更多的 Linux 机器。这些机器可以是物理机，也可以是虚拟机——所有示例都是在一组 Linux 虚拟机上开发的，但在物理机上也同样适用。在第 5 章中，我们在 KVM 虚拟机上使用嵌套虚拟化来构建 Linux 映像，该章开头列出了具体的技术要求。这将需要访问具有适当 CPU 的物理机来运行示例，或者访问支持嵌套虚拟化的虚拟机管理程序（例如，VMware 或 Linux KVM）。

注意，书中的一些示例可能会破坏网络上的其他服务。如果存在此类风险，则在每章的开头都会强调这一点。建议你在一个隔离的测试网络中尝试这些示例，除非你确信它们不会对你的操作产生任何影响。

尽管本书中提到了其他 Linux 发行版，但我们还是将重点放在两个关键的 Linux 发行版上——CentOS 7.6（如果你具备条件，欢迎使用 Red Hat Enterprise Linux 7.6，它在大多数示例中也能正常工作）和 Ubuntu Server 18.04。所有的测试机器都是从官方的 ISO 映像构建的，使用最小的安装配置文件。

如果需要其他软件，我们将带你完成安装所需的步骤，以便你完成示例。如果你选择完成所有示例，那么需要安装 AWX、Pulp、Katello 和 OpenSCAP 等软件。唯一的例外是 FreeIPA，它在第 10 章中提及。为企业安装目录服务器是一个庞大的主题，遗憾的是，本书现有的篇幅不足以讲透它，因此，你可以借助其他资源研究这个主题。

本书假设你将从一台 Linux 测试机器上运行 Ansible，但实际上 Ansible 可以在任何安装了 Python 2.7 或 Python 3（3.5 及更高版本）的机器上运行［控制机器支持 Windows，但只有在较新版本的 Windows 上，通过运行在 Windows Subsystem for Linux（WSL）层上的 Linux 发行版才能使用］。Ansible 支持的操作系统包括（但不限于）Red Hat、Debian、Ubuntu、CentOS、macOS 和 FreeBSD。

本书使用了 Ansible 2.8.x.x 系列发行版本，但也有一些示例是针对 Ansible 2.9.x.x 的，后者是在本书编写过程中发布的。Ansible 的安装说明参见 `https://docs.ansible.com/ansible/intro_installation.html`。

下载示例代码及彩色图像

本书的示例代码及所有截图和样图，可以从 `http://www.packtpub.com` 通过个人账号下载，也可以访问华章图书官网 `http://www.hzbook.com`，通过注册并登录个人账号下载。

本书的代码包也托管在 GitHub 上，网址是 `https://github.com/PacktPublishing/Hands-On-Enterprise-Automation-on-Linux`。如果代码有更新，也将在现有的 GitHub 存储库中更新。

本书约定

本书中使用以下排版约定。

代码体：表示文中穿插的代码、数据库表名、文件夹名、文件名、文件扩展名、路径名、虚拟 URL、用户输入和 Twitter 句柄。例如："首先，让我们创建一个名为 `loadmariadb` 的角色。"

代码块如下所示：

```
- name: Ensure PostgreSQL service is installed and started at boot time
  service:
    name: postgresql
    state: started
    enabled: yes
```

命令行输入或输出的表示方式如下所示：

```
$ mkdir /var/lib/tftpboot/EFIx64/centos7
```

加粗：表示新术语、重要词语或你在屏幕上看到的内容。例如，菜单或对话框中的词语。示例："从**管理面板**中选择**系统信息**。"

表示警告或重要信息。

表示提示和技巧。

About the Author 作者简介

James Freeman 是一位有着 20 多年技术行业经验的 IT 顾问和架构师。他在使用 Ansible 解决生产环境中的实际企业问题方面拥有 7 年以上的实战经验，经常将 Ansible 作为一项新技术向企业和 CTO 推荐。他对积极心理学及其在技术领域的应用充满热情。此外，他还撰写并推动了定制的 Ansible 研讨会和培训课程，并在 Ansible 相关的国际会议上发表演讲。

审校者简介 About the Reviewers

Gareth Coffey是Cachesure的自动化顾问，负责开发定制解决方案，使企业能够将服务迁移到公共和私有云平台。Gareth使用基于UNIX/Linux的系统已经超过15年了。在此期间，他曾使用过多种不同的编程语言，包括C、PHP、Node.js，以及各种自动化与编排工具集。除了咨询，Gareth还经营自己的初创公司Progressive Ops，开发基于云的服务，旨在帮助企业跨多个云提供商部署资源。

感谢我的妻子和女儿对我在深夜和清晨审稿的宽容。

Iain Grant是一名高级工程师，拥有超过20年的IT专业经验，在小型公司和大企业都有工作经验，他曾担任过多种职位，包括培训讲师、程序员、固件工程师和系统管理员。在此期间，他使用了多个操作系统，从OpenVMS到Windows，再到Linux，他还为Alpha Linux内核做出了贡献。他目前在一家企业工作，负责300多台Linux服务器的自动化和管理。

我向使用Linux的任何专业人员或高级工程师推荐本书。本书提供了优秀的指导和受控构建的示例，以及一个受管理和安全的环境，使关注小型或大型Linux资产的人都能更安逸。

Contents 目录

第三部分 日常管理

第 14 章　使用 Ansible 进行 CIS 加固 …… 276

第 15 章　使用 OpenSCAP 审计安全策略 …… 295

第一部分 Part 1

核心概念

本部分的目标是带你了解本书将介绍的系统管理基础知识和技术。首先，我们将介绍Ansible的具体操作，该工具将在本书中用于自动化和包管理与高级系统管理等目的。

本部分包括以下章节：

- 第1章　在Linux上构建标准操作环境
- 第2章　使用Ansible实现IT基础设施自动化
- 第3章　使用AWX优化基础设施管理

Chapter 1 第 1 章

在 Linux 上构建标准操作环境

本章将详细探讨 Linux 中的**标准操作环境**（Standard Operating Environmen，SOE）概念。简而言之，SOE 是一个以标准方式来创建和修改所有内容的环境。例如，这意味着所有 Linux 服务器都以相同的方式、使用相同版本的软件构建。这是一个重要的概念，因为它使环境管理变得更加容易，并减少了看管环境的人的工作量。虽然本章以理论介绍为主，但它为本书的其余部分奠定了基础。

我们将从研究这种环境的基本定义开始，然后探索为什么要创建一个这样的环境。在此基础上，我们将介绍 SOE 的一些缺陷，以便让你更好地了解如何在这样的环境中保持适当的平衡，最后讨论 SOE 应如何融入日常维护流程。这个概念的有效应用能够在非常大的规模上高效地管理 Linux 环境。

本章涵盖以下主题：

- 了解 Linux 环境扩展的挑战
- 什么是 SOE
- 探索 SOE 的好处
- 知道何时偏离标准
- SOE 的持续维护

1.1 了解 Linux 环境扩展的挑战

在深入研究 SOE 的定义之前，让我们探讨一下在没有标准的情况下扩展 Linux 环境的挑战。这将有助于我们理解定义本身，以及如何为给定场景定义正确的标准。

1.1.1　非标准环境的挑战

重要的是要考虑到，拥有技术资产（无论是 Linux 还是其他）的企业所经历的许多挑战并不是这样开始的。事实上，在增长的早期阶段，许多系统和过程是完全可持续的，在下一节中，我们将把这一环境增长的早期阶段视为理解大规模增长带来的挑战的先兆。

1. 非标准环境的早期发展

在数量多得惊人的公司中，Linux 环境在没有任何形式的标准化的情况下开始出现。通常，它们会随着时间的推移有机地成长。部署一开始规模很小，可能只涉及少数核心功能，随着时间的推移和需求的增长，环境也会随之增长。熟练的系统管理员通常会根据每台服务器手动进行更改，部署新的服务，并根据业务需求的规定增加服务器资产。

对于大多数公司来说，这种有机增长是阻力最小的途径，项目期限通常很紧，此外预算和资源都很稀缺。因此，当有一个行之有效的 Linux 资源可用时，可以使用它完成几乎所有需要的任务，从简单的维护任务到调试复杂的应用程序栈。它节省了在架构上花费的大量时间和金钱，并且很好地利用了现有员工的技能，因为可以让他们来解决眼前的问题并进行部署，而不是在架构设计上花费时间。因此，这是有意义的，作者在几家公司甚至是知名的跨国公司都经历过这种情况。

2. 非标准环境的影响

让我们从技术角度更深入地了解这一点。Linux 有很多种风格，有许多应用程序（在高层次上）执行相同的功能，有许多方法可以解决给定的问题。例如，如果你想编写完成某个任务的脚本，你是用 shell 脚本、Perl、Python 还是 Ruby 编写的？对于某些任务，所有这些都可以达到预期的最终结果。不同的人有不同的处理问题的首选方法和不同的首选技术解决方案，人们经常发现，构建 Linux 环境所使用的技术是当时最新的，或者是负责它的人最喜欢的。这本身并没有什么问题，一开始，它不会引起任何问题。

如果说有机增长带来了一个根本问题，那就是规模。在环境规模相对较小的情况下，手动进行更改并始终使用最新和最先进的技术是非常好的，而且经常会带来有趣的挑战，因此可以让技术人员保持积极性和成就感。对于那些从事技术工作的人来说，保持技术水平是至关重要的，因此能够在日常工作中使用最新的技术往往是一个激励因素。

3. 扩展非标准环境

当服务器数量达到数百台时，整个有机过程就会崩溃，更不用说数千台（甚至更多）。管理环境曾经是一个有趣的挑战，现在变得费力、乏味，甚至变为沉重的负担。新团队成员的学习曲线十分陡峭。新员工可能会发现自己身处一个完全不同的环境，有许多不同的技术需要学习，可能还要经过长时间的培训才能真正上手工作。长期服务的团队成员可能最终成为知识孤岛，如果他们离开，带来的损失可能会导致出现业务连续性问题。随着非标准环境以一种不受控制的方式增长，问题和中断变得越来越多，而故障排除则成为一项漫长的工作，在试图达成99.99%的服务正常运行时间协议时，这并不理想，因为每一秒的停机时间都很严重！因此，在下一节中，我们将研究如何用SOE解决这些挑战。

1.1.2 解决挑战

面对这一挑战，我们认识到了标准化的需求。建立一个合适的SOE要做到以下几点：

- 实现规模经济
- 提高日常运营的效率
- 让所有相关人员都能轻松快速地跟上企业变化的速度
- 轻松地适应企业不断增长的需求

毕竟，如果一个环境的定义简洁，那么参与其中的每个人都会更容易理解和合作。这反过来意味着任务完成得更快、更容易。简而言之，标准化可以节省成本并提高可靠性。

必须强调的是，这是一个概念，而不是绝对的。建立这样一个环境没有对错之分，尽管有最佳实践存在。在本章中，我们将进一步探讨这个概念，并帮助你确定与SOE相关的核心最佳实践，以便你在定义自己的SOE时做出明智的决策。

让我们更详细地探讨这个问题。无论是基于Linux、Windows、FreeBSD还是任何其他技术，每个企业对其IT环境都有一定的需求。有时，这些标准被很好地理解和记录，而有时，它们只是暗示，也就是说，每个人都假设环境符合这些标准，但没有官方定义。这些需求通常包括以下几个方面：

- 安全性
- 可靠性
- 可扩展性
- 持久性
- 可支持性
- 易用性

当然，这些都是高层次的需求，而且常常是相互交叉的。

1. 安全性

环境中的安全性是由几个因素共同建立的。让我们看看以下问题，以了解其中涉及的因素：

- 配置是否安全？
- 我们允许使用弱口令了吗？
- 是否允许超级用户root远程登录？
- 我们是否记录和审核了所有连接？

现在，在一个非标准的环境中，如何确保这些需求在所有Linux服务器上都实施了呢？要做到这一点，就意味着它们都是以同样的方式构建的，它们都应用了相同的安全参数，而且从来没有人重新访问这个环境来改变任何东西。简而言之，这需要相当频繁的审计来确保合规性。

但是，如果环境已经标准化，并且所有服务器都是从一个公共源代码或使用一个公共自动化工具构建的（我们将在本书后面部分演示），那么你就可以信心十足地说你的Linux资产是安全的。

当然，基于标准的环境不是绝对安全的，如果在此环境的构建过程中存在导致某个漏洞的问题，自动化意味着此漏洞将被复制到整个环境中！了解环境的安全要求并谨慎地实施这些要求是很重要的，要持续地维护和审计环境，以确保它保持安全级别。

安全性还可以通过修补程序来实现，这些修补程序可确保你运行的任何软件都不存在允许攻击者危害你的服务器的漏洞。一些Linux发行版的使用寿命比其他发行版长。例如，Red Hat Enterprise Linux（以及CentOS等衍生产品）和Ubuntu LTS发行版都有很长的、可预测的生命周期，可以很好地作为Linux资产的候选产品。

因此，它们应该成为你的标准的一部分。相比之下，如果使用Fedora这样的前沿（bleeding edge）Linux发行版，可能是因为它当时有最新的软件包，那么你可以确定其生命周期将很短，并且更新将在不远的将来停止，因此你可能会遇到潜在的未修补漏洞，并且需要升级到Fedora的较新发行版本。

即使升级到较新版本的Fedora，有时软件包也会变得孤立（orphaned），也就是说，它们不会包含在较新的版本中。这可能是因为它们被另一个软件包取代了。不管是什么原因，将一个发行版升级到另一个发行版可能会造成错误的安全感，除非研究透彻，否则应该避免升级。所以，标准化有助于确保良好的安全实践。

2. 可靠性

许多企业期望他们的IT操作99.99%的时间都能正常运行。实现这一点的部分途径是健壮的软件、相关错误修复的应用程序和定义良好的故障排除过程。这可确保在最坏的停机情况下，停机时间尽可能少。

正如我们在关于安全性的讨论中所说的，标准化在这里同样有帮助，一个好的底层操作系统选择可以确保你能够持续访问错误修复和更新，并且如果你知道你的业务需要供应商备份以确保业务连续性，那么，选择一个有支持合同的Linux操作系统（例如，Red Hat或Canonical提供的）是有意义的。

同样，当所有服务器都按照一个定义良好且易于理解的标准构建时，对它们进行更改便会产生可预测的结果，因为每个人都知道它们在使用什么。如果所有服务器的构建略有不同，那么善意的更改或更新可能会产生意外的后果，并导致代价高昂的停机时间。

再次强调，使用标准化，即使出现最坏的情况，每个相关人员都应该知道如何处理问题，因为他们知道所有服务器都是基于特定的基本映像构建的，并且具有特定的配置。这些知识和信心减少了故障排除时间，并最终缩短了停机时间。

3. 可扩展性

所有企业都希望自己的业务增长，而且大多数情况下，这意味着 IT 环境需要扩展以应对不断增长的需求。在以非标准方式构建服务器的环境中，扩展环境变得更具挑战性。

例如，如果水平扩展（将更多相同的服务器添加到现有服务中），则新服务器都应具有与现有服务器相同的配置。在没有标准的情况下，第一步是确定初始服务器集是如何构建的，然后克隆这个初始服务器集并进行必要的更改以生成更多单独的服务器。

这个过程有些麻烦，然而，在标准化的环境中，调查步骤是完全不必要的，横向扩展成为一个可预测的、可重复的、照常进行（business-as-usual）的任务。它还确保了更高的可靠性，因为在缺少非标准配置项的情况下，新服务器不会产生意外的结果。人类是不可思议的，聪明的人既能够把人送上月球，也同样能够忽略配置文件中的一行。标准化的思想是为了降低这种风险，因此可以使用经过深思熟虑的操作系统模板快速高效地扩展环境，我们将在本章继续讨论这个模板的概念。

4. 持久性

在部署服务时，有时需要特定的软件版本。让我们以在 PHP 上运行的 Web 应用程序为例。现在，假设由于历史原因，特定企业已经在 CentOS 6（或 RHEL 6）上实现了标准化。这个操作系统只配备了 PHP 5.3，这意味着如果你突然使用一个只支持 PHP 7.0 及更高版本的应用程序，则需要弄清楚如何托管它。

一个显而易见的解决方案是推出 Fedora 虚拟机映像。毕竟，它与 CentOS 和 RHEL 共享类似的技术，并且包含了许多更新的库。我对这种解决方案有几方面的切身体会！不过，让我们从全局考虑。

RHEL（以及基于此的 CentOS）的使用寿命约为 10 年，具体取决于你购买的时间点。在企业中，这是一个很有价值的建议——这意味着可以保证你构建的任何服务器从构建之日起最多 10 年（甚至更长）都有修补程序和支持。这与我们之前关于安全性、可靠性和下一节中的可支持性的观点有紧密的联系。

但是，在 Fedora 上构建的任何服务器的使用寿命都在 12 ～ 18 个月（取决于 Fedora 的发布周期）——在企业环境中，必须在 12 ～ 18 个月之后重新部署服务器是一个不必要的难题。

这并不是说在 Fedora 或任何其他快速演变的 Linux 平台上都没有部署的理由，只是，在一个安全性和可靠性至关重要的企业中，你不太可能想要一个生命周期短的 Linux 平台，因为短期收益（较新的库支持）将在 12 ～ 18 个月内被缺少更新和需要重建 / 升级平台所带来的痛苦所替代。

当然，这在很大程度上取决于你对基础设施的处理方式，有些企业对其服务器采用类似容器的处理方式，并在每次新的软件发布或应用程序部署时重新部署服务器。如果你的基础设施和构建标准是由代码（如Ansible）定义的，那么完全可以在对你的日常操作影响相当小的情况下完成这项工作，而且不太可能有任何一台服务器的操作系统版本保持过长的时间，导致过时或不受支持。

归根结底，选择权在你，你必须确定哪条路线能为你带来最大的商业利益，而不会使你的运营面临风险。标准化的一部分是对技术做出合理的决策，并在可行的情况下采用这些决策，你的标准可能包括频繁的重新构建，以便可以使用Fedora之类的快速演进的操作系统。同样，你也可能会认为标准是服务器将有很长的使用寿命，并且升级到位，在这种情况下，最好选择一个版本相对稳定的操作系统，比如Ubuntu LTS版本或RHEL/CentOS。

在下一节中，我们将更详细地了解SOE如何受益于可支持性。

5. 可支持性

如前所述，标准化环境带来了两个好处。首先，一个精心选择的平台意味着很长的供应商支持生命周期。这也意味着供应商（对于RHEL这样的产品）或社区（对于CentOS）的长期支持。一些操作系统（如Ubuntu服务器）可以直接从Canonical获得社区支持或付费合同。

然而，可支持性不仅仅意味着来自供应商或整个Linux社区的支持。记住，在企业中，在任何外部人员介入之前，你的员工才是你的一线支持。现在，想象一下拥有一支一流的Linux团队，并向他们展示由Debian、SuSe、CentOS、Fedora、Ubuntu和Manjaro组成的服务器。它们之间既有相似之处，也有巨大的差异。在它们之间有4种不同的软件包管理器用于安装和管理软件包，这只是一个示例。

虽然完全可以支持，但它确实给你的员工带来了更大的挑战，这意味着，任何加入公司的人都需要具备全面且丰富的Linux经验，或者需要全面的入职流程。

在一个标准化的环境中，你可能会使用不止一个操作系统，但是，如果你可以使用CentOS 7和Ubuntu Server 18.04 LTS来满足所有需求（并且知道，由于你的选择，你将在未来几年内受到保护），则可以立即减少Linux团队的工作量，使他们能够花更多的时间创造性地解决问题（例如，使用Ansible自动化解决方案），花更少的时间来找出操作系统之间的细微差别。正如我们讨论过的，在出现问题时，由于更熟悉每个操作系统，因此可以耗费更短的时间进行调试，从而缩短停机时间。

这使我们很好地进入了易用性这个主题。

6. 易用性

最后一个类别与前面最后两个类别有很大的重叠，也就是说，你的环境越标准化，给定的一组员工就越容易掌握它。这会自动提升我们目前讨论的所有好处，包括缩短停机时间、更容易招聘合适的员工等。

在阐述了SOE帮助解决的挑战之后，我们将在下一节继续分析这种环境，以便从技术角度理解它。

1.2 什么是 SOE

我们已经探讨了 SOE 对企业如此重要的原因，并且从较高的层次上理解了解决这些问题的方法，现在让我们来详细了解一下 SOE。从定义 SOE 本身开始。

1.2.1 定义 SOE

让我们从一个更实际的角度来快速看一下。我们已经说过，SOE 是一个概念，而不是绝对的。在最简单的层次上，它是一个通用的服务器映像或构建标准，部署在整个公司的大量服务器上。在这里，所有必需的任务都是以已知的、文档化的方式完成的。

首先是基本操作系统，正如我们所讨论的，有数百种 Linux 发行版可供选择。从系统管理的角度来看，有些非常相似（例如，Debian 和 Ubuntu），而有些则明显不同（例如，Fedora 和 Manjaro）。举个简单的例子，假设你想在 Ubuntu 18.04 LTS 上安装 Apache Web 服务器，可以输入以下命令：

```
# sudo apt-get update
# sudo apt-get install apache2
```

现在，如果你想在 CentOS 7 上执行相同的操作，可以输入以下命令：

```
# sudo yum install httpd
```

如你所见，这些命令之间没有任何共同之处，甚至连软件包的名称都不同，尽管这两种情况的最终结果都是安装了 Apache。在小规模时，这不是一个问题，但是当服务器数量众多并且随着服务器数量的增加，管理这样一个环境的复杂性也会增加。

基本操作系统只是一个开始。上面的例子是安装 Apache，也可以安装 nginx 甚至 lighttpd。毕竟，它们也是 Web 服务器。

然后是配置。你希望用户能够通过 SSH 以 root 身份登录吗？出于审计或调试的目的，你需要一定级别的日志记录吗？你需要本机身份验证还是集中式身份验证？这份清单是无穷无尽的，如你所见，如果任其发展，可能会成为一个巨大的问题。

这就是 SOE 的用武之地。它实际上是一个规范，在较宏观的层次上，它可能会规定：

- 标准基本操作系统是 Ubuntu 18.04 LTS。
- 标准 Web 服务器将是 Apache 2.4。
- SSH 登录已启用，但仅适用于具有 SSH 密钥的用户而不是 root 用户。
- 所有用户登录都必须记录并存档，以便进行审核。
- 除少数本机应急（break glass）账户外，所有账户都必须集中管理（例如，通过 LDAP 或 Active Directory）。

- 公司监控解决方案必须集成（例如，必须安装并配置Nagios NCPA代理，以便与Nagios服务器通信）。
- 所有系统日志必须发送到公司中央日志管理系统。
- 必须对系统应用安全加固。

以上只是一些例子，并不是完整的。但是，它应该开始让你了解SOE在宏观层次上的样子。本章我们将深入探讨这个问题，并给出更多的例子来建立一个明确的定义。

1.2.2 了解环境中要包含哪些内容

在继续之前，我们需要了解环境中要包含哪些内容。在上一节中，我们概述了一个非常简单的SOE定义。任何一个好的SOE操作过程的一部分就是拥有一个预定义的操作系统构建，它可以随时被部署。有多种方法可以实现这一点，我们将在本书后面讨论这些。但是，目前，让我们假设已经建立了Ubuntu 18.04 LTS的基本映像，正如前面所建议的那样。

我们在这个标准构建中集成了什么？例如，我们知道登录策略将应用于整个组织，因此，在创建构建时，/etc/ssh/sshd_config 必须定制为包含 `PermitRootLogin no` 和 `PasswordAuthentication no`。在部署后，再在配置中执行此步骤没有意义，因为这必须在每个部署上执行。很简单，这将是低效的。

对于操作系统映像，还有一些重要的自动化考虑因素。我们知道Ansible本身是通过SSH进行通信的，因此需要某种凭据（很可能是基于SSH密钥的），以便Ansible在所有部署的服务器上运行。在实际执行任何自动化操作之前，手动将Ansible凭据推送到每台计算机没有什么意义，因此重要的是考虑Ansible要使用的身份验证类型（例如，基于密码或SSH密钥的身份验证），并在构建映像时创建账户和相应的凭据。具体方法取决于你的公司安全标准，但我建议将以下内容作为一种潜在的解决方案：

- 在标准映像上创建一个本机账户，以便Ansible进行身份验证。
- 授予此账户适当的sudo权限，以确保可以执行所有所需的自动化任务。
- 设置此账户的本机口令，或者将从Ansible密钥对中取出的SSH公钥添加到你创建的本机Ansible账户的 `authorized_keys` 文件中。

这样做当然会带来一些安全风险。Ansible很可能需要完全访问你服务器上的root，以便它有效地执行你可能要求它执行的所有自动化任务，因此如果凭据泄露，此Ansible账户可能会成为后门。建议尽可能少的人可以访问你的凭据，并建议你使用AWX或Ansible Tower（我们将在第3章中探讨）等工具来管理你的凭据，从而防止其他人不适当地获取凭据。你几乎肯定还希望启用对Ansible账户执行的所有活动的审计，并将这些活动记录到某个中央服务器上，以便你可以检查它们是否存在任何可疑活动，并根据需要对它们进行审计。

从用户账户和身份验证开始，还可以考虑 Nagios 跨平台代理（NCPA）。在我们的示例中，我们知道需要监视所有部署的服务器，因此必须安装 NCPA 代理，并定义令牌以便它可以与 Nagios 服务器通信。同样，部署标准映像之后再在每台服务器上执行此操作是没有意义的。

但是 Web 服务器呢？制定一个标准是明智的，因为这意味着所有对环境负责的人都能对这项技术感到满意。这使得管理更容易，并且对于自动化特别有利，我们将在下一节中看到。但是，除非你只需要部署运行在 Linux 上的 Web 服务器，否则这可能不应该作为标准构建的一部分。

作为一个合理的原则，标准构建应该尽可能简单和轻量级。当额外的服务都是多余的时，在服务器上面运行它们，占用内存和 CPU 周期是没有意义的。同样，拥有未配置的服务会增加潜在攻击者的攻击面，因此出于安全原因，建议将其排除在外。

简言之，标准构建应该只包含将对部署的每个服务器都通用的配置和服务。这种方法有时称为**刚刚够用操作系统**（Just enough Operating System，JeOS），它是 SOE 的最佳起点。

在了解了 SOE 的基本原理之后，我们将在下一节中更详细地了解 SOE 给企业带来的好处。

1.3 探索 SOE 的好处

到目前为止，你应该对什么是 SOE 以及它如何为 Linux 环境带来规模经济和更高的效率有所了解。现在，让我们在此基础上更详细地看一个标准化重要性的例子。

1.3.1 Linux 环境中 SOE 的好处示例

在 Linux 环境中有共同点指组成 SOE 的服务器都共享一些属性和特性。例如，它们可能都是基于 Ubuntu Linux 构建的，或者它们都用 Apache 作为其 Web 服务器。

我们可以用一个例子来探讨这个概念。假设在负载均衡器后面有 10 台 Linux Web 服务器，它们都提供简单的静态内容。一切正常，但随后必须进行配置更改。也许这是为了更改每个 Web 服务器的文档根目录，使其指向另一个团队已部署完成的新代码版本。

由于整个解决方案是负载均衡的，所以所有服务器都应该提供相同的内容。因此，每台服务器都需要进行配置更改。这意味着，如果你手工更改的话，需要更改 10 个配置。

手工完成这项工作将是一项乏味的工作，对于熟练的 Linux 管理员来说，这肯定不是最佳的方式。它也很容易出错——在 10 台服务器中的一台上可能会出现打字错误，但不会被发现。或者管理员可能会被其他事情中断，最后只更改了服务器配置的一部分。

更好的解决方案是编写一个脚本来进行更改。这正是自动化的基础，几乎可以肯定的是，在 10 台服务器上运行一次单个脚本要比在 10 台服务器上手动进行相同的更改更节省时间。它不仅效率更高，而且如果在一个月内需要进行相同的更改，那么只需稍加调整就可以重用脚本。

现在，让我们把计划打乱。如果由于未知的原因，有人在CentOS 7上使用Apache构建了5个Web服务器，而在Ubuntu 18.04 LTS上使用nginx构建了另外5个服务器，会怎么样？最终的结果是相同的，毕竟，在一个基本的水平，它们都是网络服务器。但是，如果要在CentOS 7上的Apache中更改文档根目录，则需要执行以下操作：

1. 在/etc/httpd/conf.d中找到相应的配置文件。
2. 对DocumentRoot参数进行所需的更改。
3. 使用systemctl reload httpd.service重新加载Web服务器。

如果必须在Ubuntu18.04 LTS上对nginx执行相同的操作，你可以执行以下操作：

1. 在/etc/nginx/sites-available中找到正确的配置文件。
2. 对root参数进行所需的更改。
3. 确保已使用a2ensite命令启用站点配置文件。否则，Apache将看不到配置文件。
4. 使用systemctl reload apache2.service重新加载Web服务器。

从这个相当简单（尽管是人为的）的例子中可以看出，缺乏通用性是自动化的敌人。为了应对这种情况，你需要执行以下操作：

1. 检测每台服务器上的操作系统。没有一种方法可以检测Linux操作系统，因此你的脚本必须经过一系列检查，包括以下内容：
   1）/etc/os-release的内容（如果存在）。
   2）lsb_release的输出（如果已安装）。
   3）/etc/redhat-release的内容（如果存在）。
   4）/etc/debian_version的内容（如果存在）。
   5）如果上述步骤没有产生有意义的结果，则根据需要提供其他操作系统所需的特定文件。
2. 在不同的目录中运行不同的修改命令以影响更改，如前所述。
3. 运行不同的命令来重新加载Web服务器，同样如前所述。

因此，脚本变得复杂，更难编写和维护，当然也更难使其可靠。

尽管这个特殊的例子在现实生活中不太可能出现，但它确实有助于说明一个重要的问题：当环境按照给定的标准构建时，自动化更容易实现。如果决定所有Web服务器都基于CentOS 7且都运行Apache 2，并以服务名称命名站点配置，那么自动化就变得简单多了。实际上，你甚至可以运行一个简单的sed命令来完成更改。例如，假设新的Web应用程序部署到/var/www/newapp：

```
# sed -i 's!DocumentRoot.*!DocumentRoot /var/www/newapp!g'
/etc/httpd/conf.d/webservice.conf
# systemctl reload httpd.service
```

根本不需要环境检测，只需两个简单的shell命令。这是一个非常简单的自动化脚本的基础，可以依次在10台服务器上运行，也可以通过SSH远程运行。不管是哪种方式，我们的自动化任务现在都非常简单，并且显示了通用性的重要性。重要的是，SOE 在本质上提供了这种通用性。缺乏通用性不仅使自动化变得困难，而且还会妨碍测试，常常会扭曲测试结果，因为如果环境不同，测试结果可能不具有代表性。

下面我们将在这些知识的基础上演示 SOE 如何为软件测试过程带来好处。

1.3.2 SOE 对软件测试的好处

我在许多环境中看到的一个常见问题是，一个新的软件部署在一个隔离的预生产环境中成功地进行了测试，但在发布到生产环境中时却不能正常工作。通常，这个问题可以归结到生产环境和预生产环境之间的根本区别。因此，要使测试有效，两个环境必须尽可能相似。

事实上，像 Docker 这样的容器化平台要解决的问题之一就是这个问题，因此可移植性是容器环境的一个核心特性。部署在 Docker 上的代码构建在容器映像之上，简单地说，就是一个精简的操作系统映像（还记得 JeOS 吗？）。实际上，这是一个非常小的 SOE，只是在容器中运行，而不是在裸机服务器或虚拟机上运行。然而，值得考虑的是，如果通过环境标准化实现的可移植性是容器技术的一个关键特性，那么我们不应该尝试在不考虑基础设施的情况下全面实现这一点。

毕竟，如果生产服务器的配置与预生产服务器不同，那么测试的有效性如何？如果预生产环境是在 CentOS 7.6 上构建的，但是生产环境是落后于它的 CentOS 7.4，那么你真的能确保在一个环境中成功的测试结果将保证在另一个环境中成功吗？从理论上讲，它应该可以工作，但由于环境之间的软件和库版本存在根本性差异，这永远无法得到保证。这甚至是在我们考虑配置文件和安装的软件之间可能存在的差异之前需要考虑的。

因此，如果所有的环境都按照相同的标准构建，那么从理论上讲，它们都应该是相同的，那么 SOE 在这方面可以提供帮助。那些目光敏锐的人会注意到“应该”这个词在前一句中的用法，这是有充分理由的。SOE 在定义解决测试失败的方案方面向前迈出了一大步，但它们并不是全部。

一个环境只有在没有人修改它的情况下才是标准的，如果所有用户都有管理员级别的权限，那么很容易有人登录并进行更改，这意味着环境偏离了标准。

这个问题的答案是自动化，SOE 不仅仅是促进和实现自动化，它们还依赖于自动化来保持最初要求的标准化水平。两者直接相互支持，理想情况下应该是不可分割的伙伴：SOE 是环境本身的定义，自动化提供标准的实现、执行和审计。实际上，这正是本书的前提，即环境应该尽可能地标准化，并且应该尽可能多地更改自动化。

本书的重点将放在这个等式的自动化方面，因为除了坚持本章概述的原则之外，所采用的标准对于每个环境都是独特的，本书的目标不是在微观级别上确定它们。以前面的示例为例，Apache 和 nginx 都有它们的优点，适合一个用例的可能不适合另一个用例。

操作系统也是如此，一些机构可能依赖 Red Hat Enterprise Linux 提供的支持软件包，而其他机构则不需要支持软件包，但需要 Fedora 提供的前沿技术。定义一个标准没有对错之分，只要满足它所支持的服务的需求。到目前为止，我们非常关注通用性和标准；然而，在需要替代解决方案的情况下，总会有一些边缘案例。在下一节中，我们将确定如何知道何时应该偏离标准。

1.4　知道何时偏离标准

很容易夸大标准化的好处，而这无疑是自动化有效的一个要求。然而，就像任何事情一样，过犹不及。例如，在 2019 年在 Red Hat Enterprise Linux 5.7 上构建服务器没有意义，因为它曾经被定义为一个标准（现在已经过时，不再被支持或更新）。类似地，软件供应商有时会在某些特定的 Linux 发行版或应用程序栈上认证其产品，除非他们的软件在该生态系统中运行，否则不会提供支持。

在这种情况下，有必要偏离 SOE，但应以受控方式执行。例如，如果一家企业在 Ubuntu 18.04 LTS 上建立了自己的 Linux 服务器，然后购买了一个新的软件栈，该软件栈仅在 RHEL 7 上获得认证，那么显然需要构建 RHEL 7。然而，如果可能的话，这些应该成为一套新标准的一部分，并成为一个二级 SOE。

再例如，如果 CIS 安全加固基准应用于 Ubuntu SOE，那么等效的基准也应该应用于 RHEL。类似地，如果业务已经在 nginx 上实现了标准化，那么就应该在环境中使用标准化，除非有令人信服的理由不这样做（提示：令人信服的理由不是因为它是新的和时髦的，而是因为它解决了一个实实在在的问题或者以某种方式改进了一些东西）。

这导致业务从一个 Linux SOE 变成了两个，这仍然是完全可管理的，当然比回退到妨碍有效自动化的有机增长方法要好。

简言之，期待偏离，不要害怕。相反，处理好它们并使用需求来扩展你的标准，但是尽可能地坚持它们。SOE 为每个人都提供了一个平衡点：一方面，它们带来了规模优势，使自动化更容易，并减少了新员工的培训时间（因为所有服务器在构建和配置上或多或少都是相同的），但如果应用过于严格，它们可能会阻碍创新。它们不能被用来作为以某种方式做事的借口，只是因为这是一贯的做法。

偏离标准总是有很好的理由，只需寻找它带来的业务好处，无论是供应商支持、较低的资源需求（因此节省了电力和资金）、较长的支持窗口，还是其他方面。尽量避免仅仅因为一项新技术是新潮的就这么做。只要意识到这一点，你就会做出正确的决定，以避免偏离标准。下面我们将探讨 SOE 的持续维护。

1.5　SOE 的持续维护

尽管本书后面我们将更详细地讨论修补和维护，但值得一提的是，它与关于共性和偏差的讨论非常吻合。

如果没有其他问题，你将不得不修补你的 Linux 环境。仅出于安全原因，这是一种既定的良好做法，即使在气隙环境中也是如此。假设你的环境完全由虚拟机组成，并且你不久前决定在 CentOS 7.2 上进行标准化。你构建了一个虚拟机，执行了所有必需的配置步骤以将其转换为 SOE 映像，然后将其转换为虚拟化环境的模板。这就是你的黄金构建（gold build）。到目前为止，还不错。

然而，CentOS 7.2 是在 2015 年 12 月发布的，如果你今天要部署这样一个映像，首先要做的就是修补它。这将取决于构建定义（以及其中包含的包的数量），可能涉及下载一个或多个千兆字节的包以使其达到最新标准，并确保你在运行时修补了所有发现的漏洞，以及所有必要的错误修复。

很明显，如果你大规模地这样做，则是低效的——每一个新的服务器将通过网络（或更糟的，如果没有一个内部镜像，则通过互联网）拉取所有的数据，然后消耗大量的 I/O 时间和 CPU 时间应用补丁，在此期间，服务器不能用于任何有意义的事情。如果每隔几个月只部署一台服务器，那么你可能可以忍受这种情况。但如果你经常部署它们，那么这将浪费大量宝贵的时间和资源。

因此，除了执行环境本身的持续维护外，执行标准的持续维护也很重要。2019 年，将 CentOS 版本更新为 7.6 是有意义的。至少，你正在进行的维护计划应该包括定期更新黄金构建。

我们将在本书后面更详细地讨论如何执行这一点。但是，对于那些现在就想知道的人来说，这可能很简单，比如启动虚拟机映像、执行更新、清理它（例如，删除克隆模板时将复制的 SSH 主机密钥），然后从中创建一个新模板。显然，如果自上一个维护周期以来对 SOE 进行了任何其他更改，那么这些更改也可以合并。

你应该期望你的 SOE 会随着时间的推移而不断发展，这一点可能很容易理解，但在创建和维护标准以及对标准过于严格之间有一个重要的平衡点。你必须接受，有些时候你将需要偏离它们，正如我们在上一节中讨论的那样，并且随着时间的推移，它们将不断演进。

简言之，SOE 应该成为你常规 IT 流程的一部分。如果运用得当，它们不会阻碍创新——相反，它们会积极支持创新，将时间回馈给那些与它们一起工作的人，并确保它们花更少的时间执行平凡、重复的任务，从而有更多的时间评估新技术并找到更好的解决方案。毕竟，这是 SOE 直接支持的自动化的关键好处之一。

1.6 小结

在几乎任何环境中，SOE 都是技术流程的一个有价值的补充。它们需要在设计工作和定义标准上花费一些时间，但这一时间以后会被抵消，因为它支持高效和有效的环境自动化，并且以这种方式，实际上把时间还给了那些负责环境的人，让他们有更多的时间来评估新技术，找到更有效的做事方法，并且总的来说是创新的。

在本章中，你学习了 SOE 的基本定义，探讨了它们为几乎所有 Linux 环境带来的好处。在这些环境中，扩展非常重要，它们如何支持自动化，以及何时和如何偏离标准以确保它们不会变得过于僵化并阻碍增长。最后，你了解了持续维护的重要性，包括对作为持续维护周期一部分的标准的维护。

在下一章中，我们将探讨如何利用 Ansible 作为 Linux 环境的有效自动化框架。

1.7 思考题

1. SOE 代表什么？

2. 为什么要选择支持周期长的操作系统，比如 CentOS，而不是像 Fedora 这样发布周期更快的系统？

3. 你是否曾经偏离你为环境定义的标准？

4. 列出将 Linux 环境扩展到企业级的三个挑战。

5. 列举 SOE 给企业中的 Linux 带来的三个好处。

6. SOE 如何帮助企业降低培训需求？

7. 为什么 SOE 有利于 Linux 环境的安全性？

1.8 进一步阅读

- 要从 Red Hat 的角度了解更多关于 SOE 的信息，请访问 https://servicesblog.redhat.com/2016/11/03/standard-operating-environment-part-i-concepts-and-structures/。

Chapter 2 第2章

使用 Ansible 实现 IT 基础设施自动化

虽然在 Linux 上有许多种自动化任务的方法，但是有一种技术在大规模自动化方面比其他技术更突出，那就是 Ansible。尽管使用 shell 脚本完全可以轻松地自动化一个或多个任务，但这种方法有许多缺点，其中最严重的是 shell 脚本在大型环境中不能很好地扩展。当然，还有其他自动化工具，但是 Ansible 使用本机通信协议（例如，Linux 上的 SSH 和 Windows 上的 WinRM），因此完全不需要代理，这使得将其部署到现有环境中变得非常简单。尽管 Ansible 的自动化是一个庞大而深入的主题，但本章旨在介绍基础知识，并帮助你快速安装和使用 Ansible，这样，即使你以前没有任何经验，也可以按照本书中的自动化示例进行操作。

事实上，这也是过去几年 Ansible 被迅速广泛采用的原因之一，它非常强大，而且开始上手并自动化你的第一个任务非常简单。

本章涵盖以下主题：

- 探索 Ansible 的剧本结构
- 探索 Ansible 中的清单
- 理解 Ansible 中的角色
- 理解 Ansible 变量
- 理解 Ansible 模板
- 将 Ansible 和 SOE 结合起来

2.1　技术要求

本章包括基于以下技术的示例：

- Ubuntu Server 18.04 LTS
- CentOS 7.6
- Ansible 2.8

要运行这些示例，你访问的服务器或虚拟机需要运行此处列出的操作系统中的一种，还需要访问 Ansible。请注意，本章中给出的示例实质上可能具有破坏性（例如，它们涉及安装文件和软件包），如果按原样运行，则只可在隔离的测试环境中运行。

你一旦拥有一个满意的安全操作环境，就可以开始研究如何使用 Ansible 安装新的软件包。

本章中讨论的所有示例代码都可以从 GitHub 获得：https://github.com/PacktPublishing/Hands-On-Enterprise-Automation-on-Linux/tree/master/chapter02。

2.2　探索 Ansible 的剧本结构

启动并运行 Ansible 很简单，并且大多数主要的 Linux 发行版、FreeBSD 以及几乎任何运行 Python 的平台都有可用的软件包。如果你安装了支持 Windows Subsystem for Linux（WSL）的最新版本的 Microsoft Windows，Ansible 甚至可以在这个 Windows 环境下安装和运行。

注意，在编写本书时，Ansible 还没有本机 Windows 软件包。

官方 Ansible 文档提供了所有主要平台的安装文档：https://docs.ansible.com/ansible/latest/installation_guide/intro_installation.html。

本章的示例将在 Ubuntu 服务器 18.04.2 上运行。然而，由于 Ansible 可以跨多个不同的平台工作，所以大多数示例也应该在其他操作系统上工作（或者只需要少量调整）。

根据官方安装文档，执行以下命令在演示系统上安装最新版本的 Ansible：

```
$ sudo apt-get update
$ sudo apt-get install software-properties-common
$ sudo apt-add-repository --yes --update ppa:ansible/ansible
$ sudo apt-get install ansible
```

如果一切顺利的话，你应该能够通过运行以下命令来查询 Ansible 二进制文件的版本：

```
$ ansible --version
```

输出如图 2-1 所示。

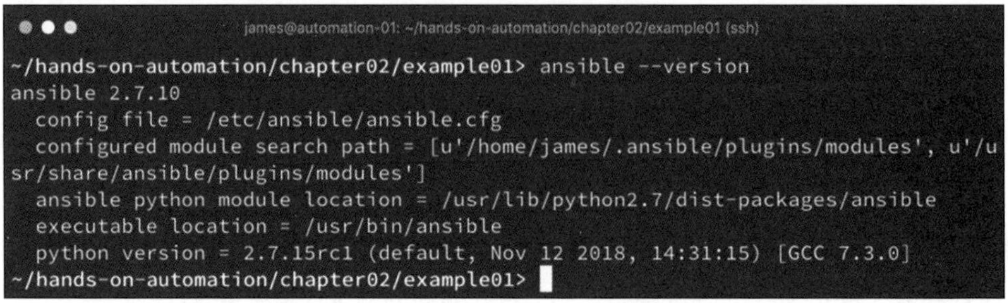

```
james@automation-01: ~/hands-on-automation/chapter02/example01 (ssh)
~/hands-on-automation/chapter02/example01> ansible --version
ansible 2.7.10
  config file = /etc/ansible/ansible.cfg
  configured module search path = [u'/home/james/.ansible/plugins/modules', u'/u
sr/share/ansible/plugins/modules']
  ansible python module location = /usr/lib/python2.7/dist-packages/ansible
  executable location = /usr/bin/ansible
  python version = 2.7.15rc1 (default, Nov 12 2018, 14:31:15) [GCC 7.3.0]
~/hands-on-automation/chapter02/example01>
```

图 2-1

恭喜！既然已经安装了 Ansible，那么让我们来看看运行第一组 Ansible 任务，称为**剧本（playbook）**的基本方法。要运行其中某个剧本，实际上需要准备好以下三件东西：

1. 配置文件
2. 清单（inventory）
3. 剧本本身

安装 Ansible 后，默认配置文件通常安装在 /etc/Ansible/ansible.cfg 文件中。有许多高级功能可以通过此文件进行更改，并且可以使用多种方法覆盖它。对于本书，我们几乎只使用默认设置，这意味着现在确认此文件存在就足够了。

> 要了解有关 Ansible 配置文件的更多信息，以下文档是一个很好的起点，请访问 https://docs.ansible.com/ansible/latest/installation_guide/intro_configuration.html。

没有清单，Ansible 上什么都不会发生。清单是一个文本文件（或脚本），它为 Ansible 二进制文件提供一个主机名列表，以便对其进行操作，即使它只是本机主机。我们将在本章的下一节更详细地介绍清单，因为它们将在自动化过程中发挥重要作用。现在，你将发现在大多数 Linux 平台上，示例清单文件作为 Ansible 安装的一部分安装在 /etc/ansible/hosts 中。当清单文件为空（或仅包含注释，如示例文件）时，Ansible 仅对 localhost 隐式操作。

最后，你必须实际拥有一个针对一个或多个服务器运行的剧本。现在让我们通过一个例子来获得一个非常简单的剧本以运行 Ansible。Ansible 剧本是用 YAML［一个递归的缩写词，意思是 **YAML 不是标记语言（YAML Ain't Markup Language）**］编写的，而且它非常容易阅读（这是 Ansible 剧本的核心优势之一），易于掌握，并且很容易理解，无论是应用还是修改它。

如果你不熟悉用 Python 或 YAML 编写代码，那么关于为剧本编写 YAML，你需要知道一件事：缩进很重要。YAML没有使用括号或大括号来定义代码块，也没有使用分号来表示行尾（这在许多高级语言中很常见），而是使用缩进级别本身来确定代码中的位置，以及它与周围代码的关系。缩进总是使用空格创建，从不使用制表符。即使这两种缩进在肉眼看来是一样的，YAML解析器也不会认为它们是一样的。

考虑以下代码块：

```
---
- name: Simple playbook
  hosts: localhost
  become: false
```

这是Ansible剧本的开始。Ansible YAML文件总是以三个连字符（---）开头，没有缩进。接下来，我们有一行定义了剧情（play）的开始，用单连字符（-）表示，没有缩进。请注意，Ansible剧本可以由一个或多个剧情组成，每个剧情（在基本层面上）都是一组在给定主机上执行的任务。剧本的这一行指定了剧情的名字。尽管name关键字在大多数地方都是可选的，可以省略，但是强烈建议在所有剧情定义中都包含它（就像我们在这里所做的那样），并且在每个任务中都包含它。很简单，这有助于提高剧本的可读性和新人学习剧本的速度，从而提高效率，降低新人的入门门槛，正如我们在上一章所讨论的那样。

此代码块的第三行告诉Ansible应该针对哪个主机（hosts）运行剧情中包含的任务。在本例中，我们只针对localhost运行。第四行告诉Ansible不要成为（become）超级用户（root），因为这个任务不需要它。某些任务（例如，重新启动系统服务）必须以超级用户身份执行，在这种情况下，你可以指定become: true。注意前面代码中第三行和第四行上的两个空格缩进，这告诉YAML解析器，这些行是在第二行定义的剧情的一部分。

现在，让我们通过在前一个任务下附加以下代码块，向剧本中添加两个任务：

```
tasks:
  - name: Show a message
    debug:
      msg: "Hello world!"

  - name: Touch a file
    file:
      path: /tmp/foo
      state: touch
```

tasks关键字定义了剧情定义的结束，以及我们希望执行的实际任务的开始。请注意，它仍然由两个空格缩进，这告诉解析器，这是我们前面定义的剧情的一部分。然后再次增加下一行的缩进，以表示这是tasks块的一部分。

现在，你将看到我们正在建立一个熟悉的模式。每当一行代码构成前面语句的一部分时，我们都会将缩进增加两个空格。每个新项都以一个连字符（-）开头，因此前面的代码块包含两个任务。

第一个任务使用name关键字和值Show a message作为文档记录（类似其他编程语言中的注释），并使用**Ansible模块**。模块是Ansible用来执行给定任务的预定义代码块。这里包含的 debug 模块主要用于显示消息或变量内容，因此也用于剧本调试。我们将 msg 参数传递给 debug 模块，方法是将 msg 再缩进两个空格，告诉模块在运行剧本时要打印哪个消息。

第二个任务有 name 和 Touch a file 关键字，并使用 file 模块来 touch 位于 /tmp/foo 中的文件。当我们运行这个剧本时，输出如图 2-2 所示。

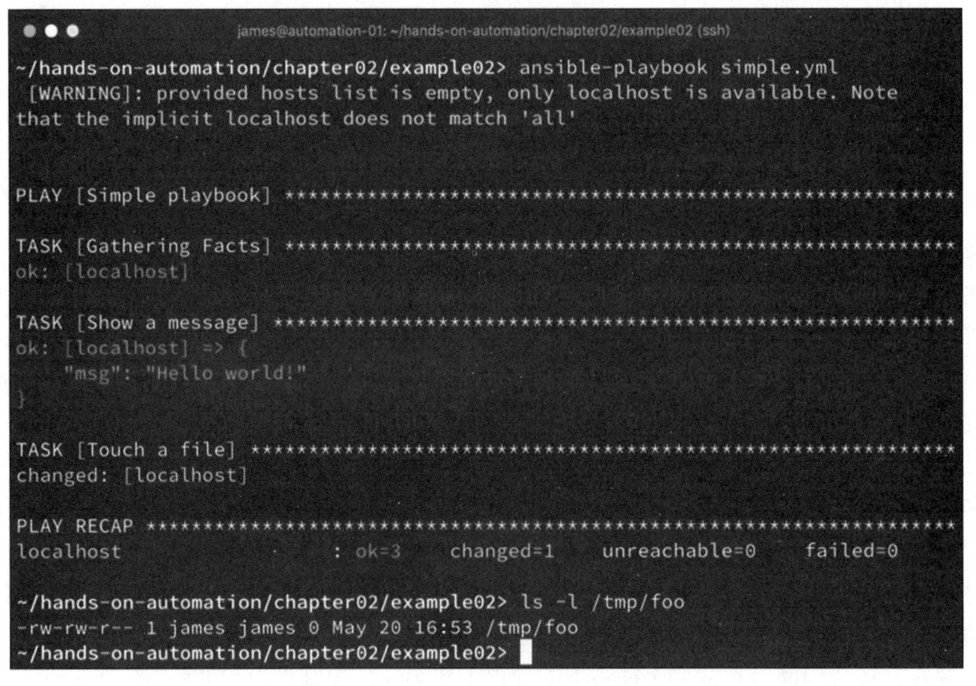

图 2-2

作为大多数简单剧本的经验法则，任务是从上到下顺序运行的，使得执行顺序可以预测且易于管理。现在，你已经编写并执行了第一个 Ansible 剧本。这很容易，并且将它与单个测试系统集成所涉及的工作也很少。现在，对于这样一个简单的例子，一个合理的疑问是：既然两行 shell 脚本就可以实现相同的功能，那么为什么还要用 Ansible 添这么多麻烦呢？ shell 脚本的示例如以下代码块所示：

```
echo "Hello World!"
touch /tmp/foo
```

使用 Ansible 的第一个原因是，虽然这个示例非常简单易懂，但随着脚本所需的任务变得更加复杂，它们变得更难以阅读，需要了解 shell 脚本的人来调试或修改它们。而使用 Ansible 剧本，你可以看到代码的可读性非常好，而且每个部分都有一个关联的名称（name）。强制缩进还有助于提高代码的可读性，虽然 shell 脚本中同时支持注释和缩进，但它对两者都不强制，而且它们通常被忽略。除此之外，所有模块都必须有文档才能被核心 Ansible 发行版接受，因此，你可以保证手头上有高质量的文档来编写你的剧本。模块文档可以在 Ansible 官方网站上找到，或者作为已安装的 Ansible 软件包的一部分。例如，如果我们想学习如何使用前面使用的 `file` 模块，只需在系统的 shell 中输入以下命令：

```
$ ansible-doc file
```

调用此命令时，它将为你提供 file 模块的完整文档。顺便说一句，它与官方 Ansible 网站上的文档相同。因此，即使所使用的系统与 Internet 断开连接，你仍然可以随时使用 Ansible 模块文档。图 2-3 显示了我们刚刚运行的命令的输出页面。

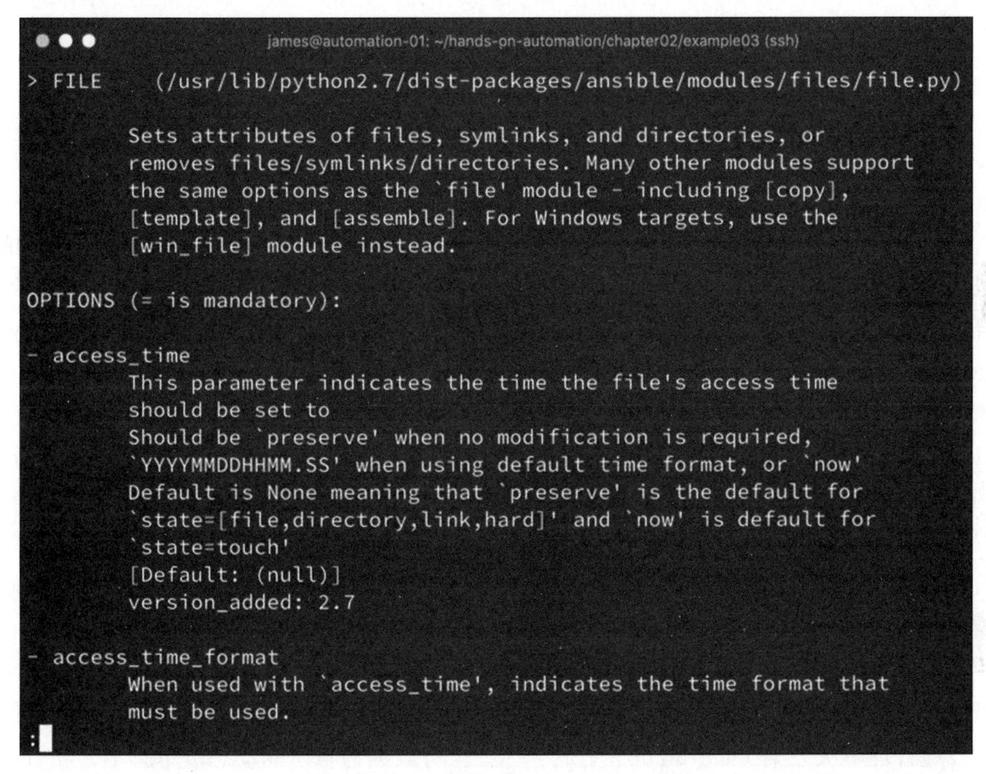

图　2-3

使用 Ansible 的下一个原因是，（绝大部分）Ansible 模块都提供了对幂等更改的支持。这意味着，如果已经做了更改，我们就不会再做第二次了。这对于一些可能具有破坏性的更改尤其重要。它还可以节省时间和计算资源，甚至有助于审计系统。除此之外，Ansible 还提供了流控制和健壮的错误处理，而 shell 脚本即使在发生错误后仍将继续，除非你集成了自己的错误处理代码（可能导致不可预测或不希望的结果）。Ansible 将停止所有进一步的执行，并要求你于再次运行剧本之前修复问题。

值得一提的是，尽管模块构成了 Ansible 强大功能的核心部分，但有时任何可用模块都无法处理你需要的功能。Ansible 作为**开源软件**（Open Source Software，OSS）的美妙之处在于，你可以编写和集成自己的模块。这超出了本书的范围，但很值得研究，因为这会提高你的 Ansible 技能。如果现有模块没有所需的功能，并且你没有时间或资源来编写自己的模块，Ansible 还可以将原始 shell 命令发送到正在自动化的系统。实际上，有两个模块（shell 和 command）可以向远程系统发送原始命令。因此，如果需要，你甚至可以将 shell 脚本与 Ansible 混合使用，尽管你应该在使用 shell 或 command 之前始终使用本机 Ansible 模块。Ansible 是非常灵活的，因为它的内置功能非常丰富，但是如果它有不足之处，那么自己扩展功能也非常容易。

这些好处只是冰山一角，我们将在本章继续探讨其他的好处。如前所述，本章并非详尽无遗，而是作为 Ansible 的入门指南，帮助你入门并理解书中的示例。

在下一节中，我们将探讨使用 Ansible 而不是简单的 shell 脚本的原因之一。

2.3 探索 Ansible 中的清单

正如我们已经提到的，Ansible 迅速被接受的一个关键原因是它可以在无代理的情况下集成到大多数主流的操作系统中。例如，一台 Ansible 主机可以在它可以通过 SSH 连接的任何其他 Linux（或 BSD）主机上自动执行命令。它甚至可以在启用了远程 WinRM 的 Windows 主机上自动执行任务，正是在这里，我们开始认识到 Ansible 的真正威力。

在前一节中，我们只研究了 Ansible 在隐式本机主机（localhost）上运行，没有使用 SSH。Ansible 支持两种不同的清单：静态和动态。在本书中，我们将主要使用静态清单，因为它们是我们正在使用的示例。实际上，静态清单非常适合于小型环境，在小型环境中，需要自动化的服务器列表（本质上，这就是 Ansible 清单的含义）的维护工作量很小。然而，随着清单规模的增长，或者虽然清单规模很小，但变化很快（例如，云计算资源或 Docker 容器），保持 Ansible 清单文件最新所需的工作量变得更大，并且容易出错。

Ansible 提供了许多现成的动态清单解决方案，这些解决方案与流行的公共云平台（如 Microsoft Azure 和 Amazon Web Services）、本地计算平台（如 OpenStack 和 VMware）以及基础设施管理解决方案（如 Katello）集成。你甚至可以编写自己的动态清单脚本，随着环境的扩展，你很可能会发现自己正在走这条路。

目前，让我们关注静态清单。假设我们想采用本章前面的示例剧本，并在两台远程主机（而不是本机主机）上运行它。首先，创建一个清单文件，其中包含两台主机的名称 / 地址。静态清单是以 INI 格式编写的（与剧本中使用的 YAML 不同），在最简单的级别上，每行都包含一台主机。请注意，可以通过 DNS 条目或 IP 地址指定主机。

下面是演示环境的清单文件：

```
[test]
testhost1
testhost2
```

该文件非常简单。第一行用方括号括起来，是一个组的名称，它下面的服务器就放在这个组中。服务器可以位于多个组中，这大大有助于服务器的日常管理。例如，如果你有一个剧本将安全更新应用到所有Linux服务器，那么你可能需要一个名为[linux-servers]的组来包含所有此类服务器的地址。如果你有一个剧本来部署一个Web应用程序，那么你可能希望将所有Web服务器放在一个名为[web-servers]的组中。这使得在运行给定的剧本时很容易找到正确的服务器集。记得前面示例中剧本开头的hosts:行吗?

组甚至可以是其他组的子组。因此，如果你知道你的Web服务器都基于Linux，那么你可以将web-servers组指定为linux-servers组的子组，这样就包括了用于安全修补的所有Web服务器，而不需要在资源清单中重复。

我们需要对我们以前的剧本稍做修改。前四行现在应该包含以下内容：

```
---
- name: Simple playbook
  hosts: all
  become: false
```

我们现在已经将hosts参数从localhost改为all（all是一个特殊的关键字，意味着清单中的所有主机，不管属于哪个组）。如果我们只想指定test组，则输入hosts: test，甚至只输入hosts: testhost1，这样剧本就只能在单台主机上运行。

现在，我们知道Ansible使用SSH连接到清单中的远程Linux主机，在这个阶段，我们还没有设置基于密钥的SSH身份验证。因此，我们需要告诉Ansible提示输入SSH口令(默认情况下，它不会提示输入口令，这意味着如果没有设置基于密钥的身份验证，它将失败)。与SSH命令行实用程序类似，除非你告诉Ansible其他信息，否则它将使用本机计算机上当前会话用户的用户名启动到远程系统的SSH连接。因此，在示例中，用户james存在于Ansible服务器和两个测试系统上，并且所有任务都以这个用户的身份执行。可以对两个远程系统运行以下命令：

```
$ ansible-playbook -i hosts --ask-pass simple.yml
```

这看起来与上次运行时有点不同，请注意以下新参数：

- -i hosts：告诉Ansible使用当前工作目录中名为hosts的文件作为清单
- --ask-pass：告诉Ansible停止并提示输入SSH密码以访问远程系统（假设所有系统上的密码都相同）
- simple.yml：告诉Ansible要运行的剧本的名称

让我们看看它的实际操作，如图2-4所示。

在这里，你可以看到在本章前面创建的两个任务都已经运行，只是这次，它们已经在2台使用本机SSH通信协议的远程系统上运行。由于SSH通常在大多数Linux服务器上都是启用的，因此这立即为我们扩展自动化提供了巨大的空间。这个示例在一个只包含2台主机的清单上执行，但是它可以轻松地包含200或更多台主机。

请注意，这些任务仍然像以前一样按顺序运行，只是这一次，在尝试下一个任务之前，每个任务现在都在资源清单中的所有主机上运行到完成，这再次使我们的剧本流非常可预测且易于管理。

```
james@automation-01: ~/hands-on-automation/chapter02/example04 (ssh)
~/hands-on-automation/chapter02/example04> ansible-playbook -i hosts --ask-pass
simple.yml
SSH password:

PLAY [Simple playbook] *********************************************************

TASK [Gathering Facts] *********************************************************
ok: [testhost1]
ok: [testhost2]

TASK [Show a message] **********************************************************
ok: [testhost1] => {
    "msg": "Hello world!"
}
ok: [testhost2] => {
    "msg": "Hello world!"
}

TASK [Touch a file] ************************************************************
changed: [testhost2]
changed: [testhost1]

PLAY RECAP *********************************************************************
testhost1                  : ok=3    changed=1    unreachable=0    failed=0
testhost2                  : ok=3    changed=1    unreachable=0    failed=0

~/hands-on-automation/chapter02/example04>
```

图 2-4

如果我们为远程主机设置 SSH 密钥，则不再需要 --ask-pass 参数，并且剧本运行时没有用户的任何交互，这对于许多自动化场景来说是最理想的：

SSH 密钥虽然比口令更安全，但它本身确实会带来风险，特别是在密钥没有使用口令加密的情况下。在这种情况下，任何持有未加密私钥的人都可以使用匹配的公钥远程访问任何系统，而无须任何进一步的提示或质询。如果确实要设置 SSH 密钥，请确保你了解它的安全隐患。

让我们运行一个简单的过程来生成一个 SSH 密钥，并在测试系统上配置它，以便 Ansible 进行身份验证：

1. 要在测试主机上设置一个非常简单的基于 SSH 密钥的访问，我们可以在 Ansible 主机上运行以下创建密钥对的命令（如果你已经有密钥对，请不要这样做，因为这可能会覆盖它！）用法：

```
$ ssh-keygen -b 2048 -t rsa -f ~/.ssh/id_rsa -q -N ''
```

2. 此命令在 ~/.ssh/id_rsa 文件中静默创建 2048 位的 RSA 密钥，没有口令短语（因此未加密）。要复制到远程系统的相应公钥将创建为 ~/.ssh/id_rsa.pub（也就是说，

与 -f 指定的文件名和路径相同，并附加了 .pub)。现在，使用以下命令将它复制到两个远程主机上（两次都会提示输入 SSH 口令）：

```
$ ssh-copy-id testhost1
$ ssh-copy-id testhost2
```

3. 最后，我们可以像以前一样运行剧本，但不需要 --ask-pass 标记，如图 2-5 所示。

```
james@automation-01: ~/hands-on-automation/chapter02/example05 (ssh)
~/hands-on-automation/chapter02/example05> ansible-playbook -i hosts simple.yml

PLAY [Simple playbook] *********************************************************

TASK [Gathering Facts] *********************************************************
ok: [testhost1]
ok: [testhost2]

TASK [Show a message] **********************************************************
ok: [testhost1] => {
    "msg": "Hello world!"
}
ok: [testhost2] => {
    "msg": "Hello world!"
}

TASK [Touch a file] ************************************************************
changed: [testhost2]
changed: [testhost1]

PLAY RECAP *********************************************************************
testhost1                  : ok=3    changed=1    unreachable=0    failed=0
testhost2                  : ok=3    changed=1    unreachable=0    failed=0

~/hands-on-automation/chapter02/example05>
```

图　2-5

正如你所看到的，区别是微妙的，但非常重要，这次不需要用户干预，这意味着简单的剧本突然有了扩展到几乎任何规模的环境中的巨大扩展性。

尽管在这里，我们已经利用了这样一个事实，即 Ansible 将读取（默认情况下）在所讨论的用户账户的 .ssh 目录中找到的 SSH 私钥，但你并不局限于使用这些私钥。你可以使用清单中的 ansible_ssh_private_key_file 主机变量手动指定私钥文件，也可以使用 ssh-agent 在当前 shell 会话中为 Ansible 提供不同的 SSH 私钥。

把这留作你可以完成的一个练习，Ansible 官方文档将为你提供帮助：

- 有关在 Ansible 中使用 ssh-agent 的介绍，请参阅 https://docs.ansible.com/ansible/latest/user_guide/connection_details.html。
- 有关 Ansible 中可用的清单主机变量的介绍，包括 ansible_ssh_private_key_file，请参阅 https://docs.ansible.com/ansible/latest/user_guide/intro_inventory.html。

当然，你不需要以当前用户在远程系统上执行所有任务，因为可以使用 --user（或 -u）标志和 ansible-playbook 来指定要在清单中的所有主机上使用的用户，甚至可以使用清单本身中的 ansible_user 主机变量来指定每台主机上的用户账户。显然，你应该尽量避免出现这样的情况，因为这违背了第 1 章中讨论的通用性原则，但需要注意的是，Ansible 提供了巨大的灵活性和定制机会。它在 SOE 中的扩展能力非常大，但如果有偏差，也很容易让 Ansible 毫不困难地适应。

我们将在本章后面更详细地讨论变量，但在此阶段值得一提的是，清单也可以包含变量。这些变量既可以是用户创建的变量，也可以是特殊变量，如前面提到的 ansible_user。本章的简单清单可以扩展，如果想将 SSH 用户设置为 bob，并创建一个新的用户定义变量 http_port 供以后使用，则清单可能如下所示：

```
[test]
testhost1
testhost2

[test:vars]
ansible_user=bob
http_port=8080
```

这涵盖了开始学习 Ansible 并继续学习本书需要了解的清单的基础知识。希望你开始了解，Ansible 为新用户提供的低入门门槛使得 Ansible 如此受欢迎。

2.4 理解 Ansible 中的角色

虽然 Ansible 入门很容易，当剧本很短的时候也很易读，但它确实会变得更复杂，另外需求也会变得更复杂。此外，在不同的场景中，可能需要重复使用某些功能。例如，你可能需要在环境中将 MariaDB 数据库服务器部署为一个公共任务。一个名为 apt 的模块用于管理 Ubuntu 服务器上的包，因此，如果我们想在测试系统上安装 mariadb-server 软件包，执行此任务的剧本可能如下所示：

```
---
- name: Install MariaDB Server
  hosts: localhost
  become: true

  tasks:
    - name: Install mariadb-server package
      apt:
        name: mariadb-server
        update_cache: yes
```

请注意，这次我们将 become 设置为 true，因为我们需要 root 权限来安装软件包。当然，这是一个非常简单的示例，因为安装数据库服务器通常需要进行大量的配置工作，但这只是一个起点。我们可以在测试系统上运行它，并产生预期的结果，如图 2-6 所示。

```
james@automation-01: ~/hands-on-automation/chapter02/example07 (ssh)
~/hands-on-automation/chapter02/example07> ansible-playbook install-db.yml
 [WARNING]: provided hosts list is empty, only localhost is available. Note
that the implicit localhost does not match 'all'


PLAY [Install MariaDB Server] **********************************************

TASK [Gathering Facts] *****************************************************
ok: [localhost]

TASK [Install mariadb-server package] **************************************
changed: [localhost]

PLAY RECAP *****************************************************************
localhost                  : ok=2    changed=1    unreachable=0    failed=0

~/hands-on-automation/chapter02/example07>
```

图　2-6

到目前为止，一切正常。但是，如果你必须在不同主机的不同剧本中以常规方式执行此操作，你是否真的希望一次又一次地编写（或者实际上是复制和粘贴）此示例的任务代码块呢？而且，这个示例过于简单，实际上，数据库部署代码要复杂得多。如果有人对代码进行了修复或改进，你如何确保将新的代码修订版本传播到所有正确的地方？

这就是角色（role）的由来，而 Ansible 角色本质上只不过是一组结构化的目录和 YAML，它能够高效地重用代码。它还使最初的剧本更容易阅读，我们将很快看到这一点。一旦创建了角色，就可以将它们存储在一个中心位置，例如版本控制存储库（例如 GitHub），然后，只要某个剧本需要安装 MariaDB，就可以随时访问最新版本。

角色（默认情况下）从与剧本位于同一目录中的名为 `roles/` 的子目录中运行。在本书中，我们将使用此约定，但必须说明的是，Ansible 还将搜索 `/etc/ansible/roles` 中的角色以及 Ansible 配置文件中 `roles_path` 参数指定的路径（默认情况下，可以在 `/etc/ansible/ansible.cfg` 文件中找到，尽管有一些方法可以覆盖它）。然后，每个角色在该目录下都有自己的子目录，该目录名构成角色的名称。通过一个简单的示例来探讨这个问题，如下所示：

1. 我们将首先创建一个 `roles/` 目录，并在它下面建立一个 `install-mariadb/` 目录，用于第一个角色：

```
$ mkdir -p roles/install-mariadb
```

2. 每个角色下都有一个固定的目录结构，但是对于简单示例，我们只对一个目录感兴趣：`tasks/`。角色的 `tasks/` 子目录下包含该角色被调用时将执行的主任务清单，这些都保存在一个名为 `main.yml` 的文件中，创建这个目录，如下所示：

```
$ cd roles/install-mariadb
```

```
$ mkdir tasks
$ vi tasks/main.yml
```

3. 当然，可以使用你喜好的编辑器来代替 `vi`。在 `main.yml` 文件中请输入以下代码，注意，它实际上是原始剧本中的任务块，但缩进级别现在已更改：

```
---
- name: Install mariadb-server package
  apt:
    name: mariadb-server
    update_cache: yes
```

4. 创建此文件后，我们将编辑原始 `install-db.yml` 剧本，使其看起来像这样：

```
---
- name: Install MariaDB Server
  hosts: localhost
  become: true

  roles:
    - install-mariadb
```

注意，此剧本现在很紧凑，也更容易阅读，但是如果运行它，我们可以看到它执行相同的功能。请注意 MariaDB 服务器安装任务的状态在上次运行时是 `changed`，但现在是 `ok`。这意味着 Ansible 检测到 `mariadb-server` 软件包已经安装，因此不需要进一步的操作。这是前面提到的幂等变换的一个例子，如图 2-7 所示。

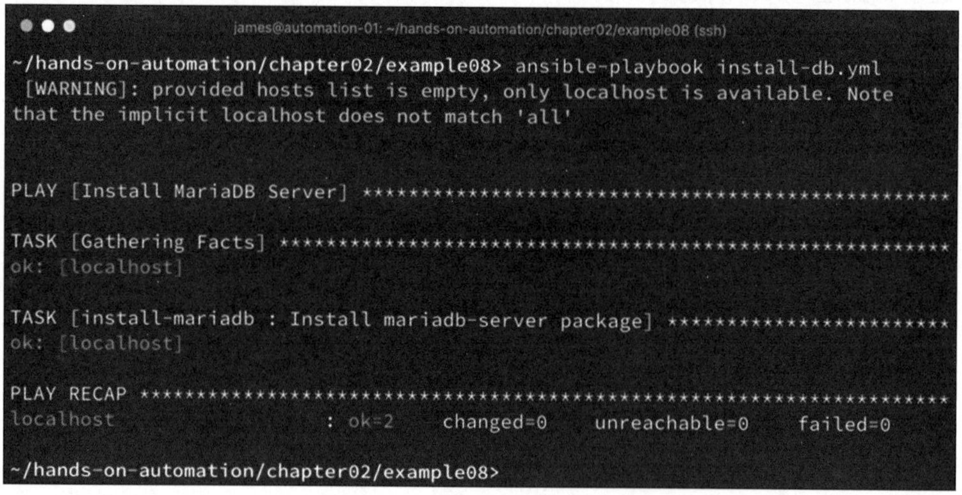

```
james@automation-01: ~/hands-on-automation/chapter02/example08 (ssh)
~/hands-on-automation/chapter02/example08> ansible-playbook install-db.yml
 [WARNING]: provided hosts list is empty, only localhost is available. Note
that the implicit localhost does not match 'all'


PLAY [Install MariaDB Server] ***************************************************

TASK [Gathering Facts] **********************************************************
ok: [localhost]

TASK [install-mariadb : Install mariadb-server package] *************************
ok: [localhost]

PLAY RECAP **********************************************************************
localhost                  : ok=2    changed=0    unreachable=0    failed=0

~/hands-on-automation/chapter02/example08>
```

图 2-7

你已经创建并执行了第一个角色。如果想了解更多有关角色和所需目录结构的信息，请参阅 https://docs.ansible.com/ansible/latest/user_guide/playbooks_reuse_roles.html。

角色的意义甚至不止于此，它们不仅在构建剧本和实现代码重用方面非常宝贵，还有一个用于社区贡献角色的中央存储库，称为 Ansible Galaxy。如果在 Ansible Galaxy 中搜索与 MariaDB 相关的角色，你将发现 277 个（在撰写本书时的数量）不同的角色，它们都是为执行各种数据库安装任务而设计的。这意味着你甚至不必为常见任务编写自己的角色——你可以使用社区贡献的角色，也可以将它们分叉，并根据自己的目的修改它们。大多数常见的服务器自动化任务已经在 Ansible 社区的某个地方得到了解决，因此你很可能会找到你想要的东西。

现在让我们测试一下，如下所示：

1. 首先，从 Ansible Galaxy 安装一个角色，此角色在 Ubuntu 上安装 MariaDB 服务器：

```
$ ansible-galaxy install -p roles/ mrlesmithjr.mariadb-mysql
```

2. 现在，我们修改剧本来引用这个角色：

```
---
- name: Install MariaDB Server
  hosts: localhost
  become: true

  roles:
    - mrlesmithjr.mariadb-mysql
```

3. 这就是我们所需要做的全部工作，如果运行它，可以看到这个剧本执行的任务比我们的简单任务要多得多，包括安装新数据库时的许多安全设置，如图 2-8 所示。

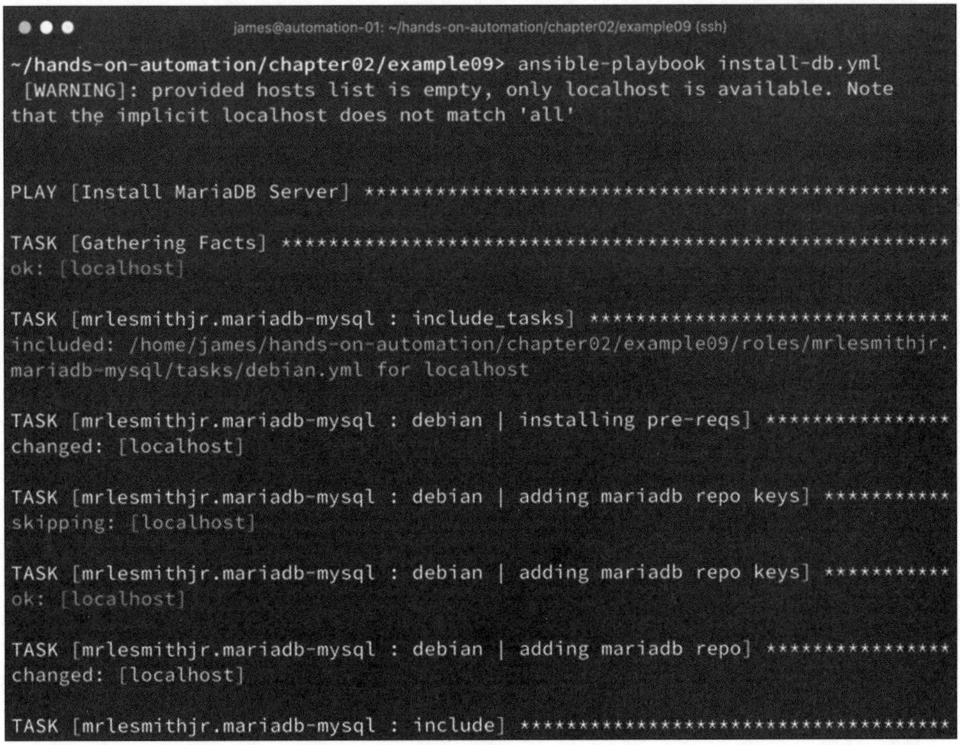

```
james@automation-01: ~/hands-on-automation/chapter02/example09 (ssh)
~/hands-on-automation/chapter02/example09> ansible-playbook install-db.yml
 [WARNING]: provided hosts list is empty, only localhost is available. Note
that the implicit localhost does not match 'all'


PLAY [Install MariaDB Server] ************************************************

TASK [Gathering Facts] *******************************************************
ok: [localhost]

TASK [mrlesmithjr.mariadb-mysql : include_tasks] *****************************
included: /home/james/hands-on-automation/chapter02/example09/roles/mrlesmithjr.
mariadb-mysql/tasks/debian.yml for localhost

TASK [mrlesmithjr.mariadb-mysql : debian | installing pre-reqs] **************
changed: [localhost]

TASK [mrlesmithjr.mariadb-mysql : debian | adding mariadb repo keys] *********
skipping: [localhost]

TASK [mrlesmithjr.mariadb-mysql : debian | adding mariadb repo keys] *********
ok: [localhost]

TASK [mrlesmithjr.mariadb-mysql : debian | adding mariadb repo] **************
changed: [localhost]

TASK [mrlesmithjr.mariadb-mysql : include] ***********************************
```

图 2-8

然而，最终的结果是，我们的测试系统上安装了 mariadb-server 软件包，这一次，我们甚至不需要编写任何代码！当然，明智的做法是，先检查来自 Ansible Galaxy 的角色将要做什么，而不是盲目地在系统上运行它，以防它做出你没有预料到（或不想要）的更改。尽管如此，角色与 Ansible Galaxy 一起构成了 Ansible 所提供的价值的强大补充。

在下一节中，我们将理解一个重要的概念，Ansible 变量，它通过使剧本和角色的内容动态化，帮助你最大限度地利用它们。

2.5 理解 Ansible 变量

到目前为止，我们看到的大多数例子本质上都是静态的。对于最简单的剧本示例来说，这很不错，但在许多情况下，最好能够存储值或在中心位置轻松地定义它们，而不必在剧本（和角色树）中查找特定的硬编码值。与其他语言一样，Ansible 也需要以某种方式采集值，以便以后重用。

Ansible 中有许多不同类型的变量，你必须知道它们有严格的优先顺序。尽管在本书中我们不会遇到这么多变量，但注意这一点很重要，否则你可能会从变量中收到意外的结果。

有关变量优先级的更多详细信息，请参阅 https://docs.ansible.com/ansible/latest/user_guide/playbooks_variables.html#variable-precedence-where-should-i-put-a-variable。

简言之，变量可以在多个位置定义，给定场景的正确位置将由剧本的目标驱动。例如，如果一个变量对于整个服务器组是公共的，那么在清单中将其定义为组变量是合乎逻辑的。如果它适用于特定剧本所针对的每个主机，那么你几乎可以肯定地在 playbook 中定义它。在此通过修改本章前面的剧本中的 simple.yml，定义一个名为 message 的 play 变量，以便在运行剧本时显示 debug 语句，如下：

```
---
- name: Simple playbook
  hosts: localhost
  become: false

  vars:
    message: "Life is beautiful!"

  tasks:
    - name: Show a message
      debug:
        msg: "{{ message }}"
    - name: Touch a file
      file:
        path: /tmp/foo
        state: touch
```

请注意，我们在 tasks 前面定义了一个 vars 节，可以通过成对的花括号访问变量。运行这个剧本的结果如图 2-9 所示。

```
james@automation-01: ~/hands-on-automation/chapter02/example10 (ssh)
~/hands-on-automation/chapter02/example10> ansible-playbook simple.yml
 [WARNING]: provided hosts list is empty, only localhost is available. Note
that the implicit localhost does not match 'all'


PLAY [Simple playbook] *************************************************************

TASK [Gathering Facts] *************************************************************
ok: [localhost]

TASK [Show a message] **************************************************************
ok: [localhost] => {
    "msg": "Life is beautiful!"
}

TASK [Touch a file] ****************************************************************
changed: [localhost]

PLAY RECAP *************************************************************************
localhost                  : ok=3    changed=1    unreachable=0    failed=0

~/hands-on-automation/chapter02/example10>
```

图　2-9

如果参考变量优先顺序列表，你会注意到在命令行上传递给 ansible-playbook 二进制文件的变量位于列表的顶部，并覆盖所有其他变量。因此，如果想重写 message 变量的内容而不编辑剧本，我们可以按如下操作：

```
$ ansible-playbook simple.yml -e "message=\"Hello from the CLI\""
```

注意处理变量内容中的空格所需的特殊引号和转义，这对剧本操作的影响如图 2-10 所示。

变量也可以传递给角色，这是创建通用角色的一种简单而强大的方法，可以在多种场景中使用，而不需要使用相同的配置数据。例如，在上一节中，我们探讨了如何安装 MariaDB 服务器。虽然这是一个很好的角色候选者，但你肯定不希望在每台服务器上都配置相同的根数据库口令。因此，为口令定义一个变量并将其从调用剧本（或其他适当的源，如主机或组变量）传递给角色是有意义的。

除了用户定义的变量外，Ansible 还有许多内置变量，称为特殊变量。这些变量可以从剧本中的任何地方访问，这对获取与剧本状态相关的某些细节非常有用。

例如，如果你需要知道当前对特定任务执行操作的主机名，可以通过 inventory_hostname 变量获取。这些变量的完整列表可在 https://docs.ansible.com/ansible/

latest/reference_appendices/special_variables.html 找到。

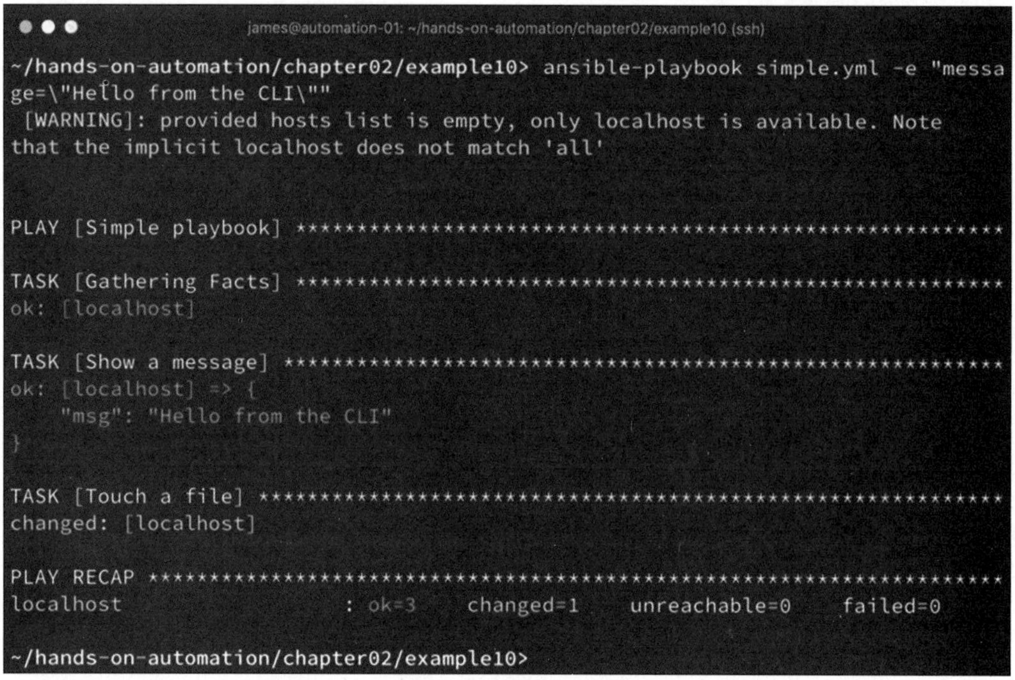

```
james@automation-01: ~/hands-on-automation/chapter02/example10 (ssh)
~/hands-on-automation/chapter02/example10> ansible-playbook simple.yml -e "messa
ge=\"Hello from the CLI\""
 [WARNING]: provided hosts list is empty, only localhost is available. Note
that the implicit localhost does not match 'all'


PLAY [Simple playbook] ***********************************************************

TASK [Gathering Facts] ***********************************************************
ok: [localhost]

TASK [Show a message] ************************************************************
ok: [localhost] => {
    "msg": "Hello from the CLI"
}

TASK [Touch a file] **************************************************************
changed: [localhost]

PLAY RECAP ***********************************************************************
localhost                  : ok=3    changed=1    unreachable=0    failed=0

~/hands-on-automation/chapter02/example10>
```

图 2-10

到目前为止，许多读者都会注意到，我们所有示例剧本的输出都包含一行文字，显示 Gathering Facts。虽然可以关闭它，但实际上它非常有用，并且用有用的关键系统数据填充了大量变量。要了解在此阶段收集的数据类型，请从命令行运行以下代码：

```
$ ansible -m setup localhost
```

此命令指示 Ansible 直接在 localhost 上运行 setup 模块，而不是运行剧本——setup 模块是在收集事实阶段在幕后运行的模块。输出如图 2-11 所示，接下来的页面只剩下前几行。

我们可以立即看到那里有一些非常有用的信息，例如主机的 IP 地址、根卷等。还记得我们在第 1 章中关于通用性的讨论，以及在检测运行的操作系统时遇到的困难吗？好吧，Ansible 使这变得很容易，因为数据在收集的事实中都是现成的。我们可以修改 debug 语句来显示我们运行的 Linux 发行版，只需指定适当的事实，可以从上一个命令的输出访问，如下所示：

```
- name: Show a message
  debug:
    msg: "{{ ansible_distribution }}"
```

现在，当运行剧本时，我们可以很容易地判断运行的是 Ubuntu，如图 2-12 所示。

```
james@automation-01: ~/hands-on-automation/chapter02/example11 (ssh)
~/hands-on-automation/chapter02/example11> ansible -m setup localhost
 [WARNING]: provided hosts list is empty, only localhost is available. Note
that the implicit localhost does not match 'all'

localhost | SUCCESS => {
    "ansible_facts": {
        "ansible_all_ipv4_addresses": [
            "192.168.81.142"
        ],
        "ansible_all_ipv6_addresses": [
            "fe80::20c:29ff:fe8d:21ab"
        ],
        "ansible_apparmor": {
            "status": "enabled"
        },
        "ansible_architecture": "x86_64",
        "ansible_bios_date": "04/13/2018",
        "ansible_bios_version": "6.00",
        "ansible_cmdline": {
            "BOOT_IMAGE": "/vmlinuz-4.15.0-50-generic",
            "maybe-ubiquity": true,
            "ro": true,
            "root": "/dev/mapper/ubuntu--vg-ubuntu--lv"
        },
        "ansible_date_time": {
            "date": "2019-05-21",
            "day": "21",
```

图　2-11

```
james@automation-01: ~/hands-on-automation/chapter02/example11 (ssh)
~/hands-on-automation/chapter02/example11> ansible-playbook simple.yml
 [WARNING]: provided hosts list is empty, only localhost is available. Note
that the implicit localhost does not match 'all'


PLAY [Simple playbook] ********************************************************

TASK [Gathering Facts] ********************************************************
ok: [localhost]

TASK [Show a message] *********************************************************
ok: [localhost] => {
    "msg": "Ubuntu"
}

TASK [Touch a file] ***********************************************************
changed: [localhost]

PLAY RECAP ********************************************************************
localhost                  : ok=3    changed=1    unreachable=0    failed=0
```

图　2-12

Ansible 使你能够有条件地运行单个任务、角色，甚至整个任务块，因此，通过访问事实，可以直接编写健壮的剧本，可以在多个平台上运行，并在每个平台上执行正确的操作。

值得注意的是，变量不一定要存储在未加密的文本中。有时，可能需要在变量中存储口令（如前面讨论的，可能是 MariaDB 服务器安装的 root 口令）。以纯文本格式存储这些信息会带来很大的安全风险，但幸运的是，Ansible 包含一种称为 **Vault（保险库）**的技术，该技术能够存储使用 AES256 加密的变量数据。任何剧本都可以引用这些加密的保险库，只要在剧本运行时将 Vault 口令传递给剧本。Vault 超出了本章的范围，但如果你想了解更多有关它们的信息，请参阅 `https://docs.ansible.com/ansible/latest/user_guide/playbooks_vault.html`。在本书中，为了保持示例代码简洁，我们不会广泛地使用它们。但是，强烈建议在生产环境中，在需要存储剧本的敏感数据的地方使用 Vault。

既然已经介绍了 Ansible 中变量的概念以及可用的各种类型，那么让我们来看看在 Ansible 中管理配置文件的一种重要方法——使用模板。

2.6 理解 Ansible 模板

一个常见的自动化需求是在配置文件中设置一个值，甚至基于一些给定的参数部署一个新的配置文件。Ansible 提供的模块可以执行与古老的 `sed` 和 `awk` 实用程序类似的功能，当然，这些是修改现有配置文件的有效方法。假设我们有一个小的 Apache 虚拟主机配置文件，其中包含以下代码：

```
<VirtualHost *:80>
    DocumentRoot "/var/www/automation"
    ServerName www.example.com
</VirtualHost>
```

我们希望部署此配置，但要为每台主机自定义 `DocumentRoot` 参数。当然，我们可以将前面的文件完全按原样部署到每台主机上，然后使用正则表达式和 Ansible `replace` 模块来查找 `DocumentRoot` 行并对其进行修改（类似于使用 `sed` 命令行实用程序）。生成的剧本可能如下所示：

```
---
- name: Deploy and customize an Apache configuration
  hosts: localhost
  become: true

  vars:
  docroot: "/var/www/myexample"

tasks:
  - name: Copy static configuration file to remote host
```

```
    copy:
      src: files/vhost.conf
      dest: /etc/apache2/sites-available/my-vhost.conf

  - name: Replace static DocumentRoot with variable contents
    replace:
      path: /etc/apache2/sites-available/my-vhost.conf
      regexp: '^(\s+DocumentRoot)\s+.*$'
      replace: '\1 {{ docroot }}'
```

如果根据前面的内容在 `files/vhost.conf` 文件中创建示例静态虚拟主机配置文件并运行本剧本，我们可以看到它可以工作，如图 2-13 所示。

图 2-13

然而，这个解决方案不够优雅。首先，我们使用了两个任务，如果还想自定义 `ServerName`，则需要更多的任务。其次，那些熟悉正则表达式的人会知道，不需要太多技巧就可以把这里使用的简单表达式搞坏。为这样的任务编写健壮的正则表达式本身就是一门艺术。

幸运的是，Ansible 从编写它的 Python 语言那里继承了一种称为 Jinja2 **模板化**的技术。

这种技术非常适合这样的场景（以及许多其他与部署相关的自动化场景）。现在，我们将启动虚拟主机配置文件定义为 templates/vhost.conf.j2 中的模板，而不是像上述烦琐的多步骤方法，如下所示：

```
<VirtualHost *:80>
    DocumentRoot {{ docroot }}
    ServerName www.example.com
</VirtualHost>
```

如你所见，这与原始配置文件几乎相同，只不过现在用一个变量替换了一个静态值，并用一对花括号括起来，就像我们在剧本里做的那样。在继续这个例子之前，值得一提的是，Jinja2 是一个非常强大的模板系统，它远远超出了将简单变量替换为文本文件的范围。它支持条件语句，例如 if…else 和 for 循环，并包含一系列过滤器，可用于操作内容（例如，将字符串转换为大写，或将列表的成员连接在一起形成字符串）。

尽管如此，本书并不是作为 Ansible 或 Jinja2 的完整语言参考，而是一本向你展示如何使用 Ansible 建立 SOE 的实用指南。请参阅 2.10 节以获取参考资料，这将使你对 Ansible 和 Jinja2 有一个更完整的理解。

回到示例，我们将修改剧本来部署这个示例，如下所示：

```
---
- name: Deploy and customize an Apache configuration
  hosts: localhost
  become: true

  vars:
    docroot: "/var/www/myexample"

  tasks:
    - name: Copy across and populate the template configuration
      template:
        src: templates/vhost.conf.j2
        dest: /etc/apache2/sites-available/my-vhost.conf
```

请注意，template 模块将配置模板复制到远程主机，就像前面的示例中的 copy 模块一样，并填充我们指定的任何变量，这个剧本要优雅得多。这是一种以可重复、通用的方式部署配置文件的强大方法，强烈建议你尽可能采用这种方法。当人们编辑文件时，他们通常以不一致的方式进行编辑，这可能是自动化的敌人，因为必须构建一个真正健壮的正则表达式，以确保捕获所有可能的边缘情况。使用 Ansible 从模板部署可以创建可重复、可靠的结果，这些结果可以在生产环境中轻松验证。运行这个剧本会得到与前面更复杂的示例相同的结果，如图 2-14 所示。

这就结束了我们目前对变量的研究，实际上，结束了我们在 Ansible 中的速成课程。在下一节中，将总结目前所学的一切。

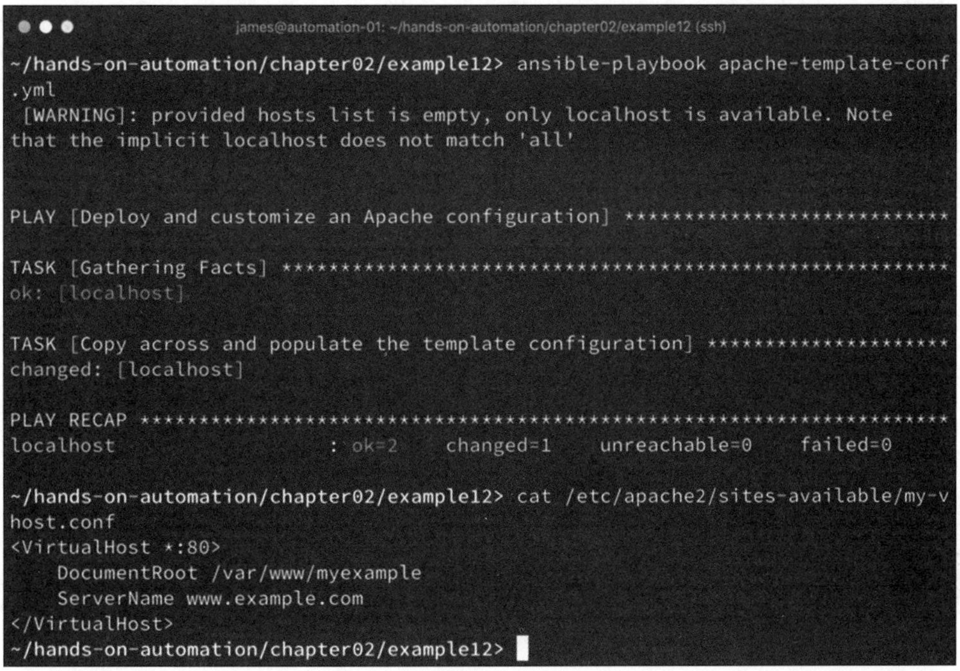

```
james@automation-01: ~/hands-on-automation/chapter02/example12 (ssh)
~/hands-on-automation/chapter02/example12> ansible-playbook apache-template-conf
.yml
 [WARNING]: provided hosts list is empty, only localhost is available. Note
that the implicit localhost does not match 'all'


PLAY [Deploy and customize an Apache configuration] ***************************

TASK [Gathering Facts] ********************************************************
ok: [localhost]

TASK [Copy across and populate the template configuration] ********************
changed: [localhost]

PLAY RECAP ********************************************************************
localhost                  : ok=2    changed=1    unreachable=0    failed=0

~/hands-on-automation/chapter02/example12> cat /etc/apache2/sites-available/my-v
host.conf
<VirtualHost *:80>
    DocumentRoot /var/www/myexample
    ServerName www.example.com
</VirtualHost>
~/hands-on-automation/chapter02/example12> 
```

图 2-14

2.7 把Ansible和SOE结合起来

我们已经用Ansible研究了许多端到端的例子。尽管很简单，但它们展示了本书所基于的Ansible自动化的基本构建块。在大规模的Linux环境中实现自动化的一个重要部分是拥有良好的标准和健壮的流程。因此，不仅操作环境应该标准化，部署和配置过程也应该标准化。

如前一章所讨论的，尽管定义良好的SOE在部署时是一致的，但是如果允许管理员使用他们首选的方法随意更改，这种一致性很快就会丧失。正如部署SOE以在自动化方面取得成功是可取的一样，让尽可能多（理想情况下是所有）的管理任务自动化也是可取的。

理想情况下，剧本应该有一个单一的真实来源（例如，一个中央Git存储库），清单应该有一个单一的真实来源（这可以是一个中央存储的静态清单，或者使用动态清单）。

任何写得好的Ansible剧本（或角色）的目标都是运行它的结果是可重复和可预测的。以上一节末尾运行的剧本为例，在这里用我们写的剧本部署了一个简单的Apache `vhost.conf` 文件。每次在任何服务器上运行此剧本时，`/etc/apache2/sites-available/my-vhost.conf` 文件将是相同的，因为剧本使用模板部署此文件，并覆盖目标文件（如果存在）。

当然，这只是标准操作环境的一个缩影，但这样的环境将由成百上千个小构件组成。毕竟，如果不能使 Apache 配置在整个基础设施中保持一致，那么如何能够确信它的任何其他部分都是按照你的标准构建的呢？

编写良好的剧本的可重复性在这里也很重要，因为部署了一致的 Apache 配置并不意味着它将保持一致。部署配置五分钟后，具有所需权限的人可以登录到服务器并更改配置。因此，环境几乎可以立即偏离你的 SOE 定义。在基础架构中反复运行 Ansible 剧本实际上是正在进行的流程的一个重要部分，因为这些剧本的本质是使配置与原始标准保持一致。因此，Ansible 剧本不仅是定义和部署 SOE 的重要组成部分，而且在标准的持续执行中也是如此。

如果可能，不应手动部署修复程序。假设有人手动调整 /etc/apache2/sites-available/my-vhost.conf 文件中的配置来克服某个问题。这本身不是问题，但将这些更改放回剧本、角色或模板中是至关重要的。如果通过 Ansible 部署或强制 SOE 以某种方式破坏了它，那么你的流程就有问题了。

实际上，通过实现我们到目前为止讨论过的流程，并将在本书中继续探讨，可以实现跨企业的成功自动化。本章对 Ansible 自动化的介绍虽然简短，但也是这些建议过程的一部分。

关于 Ansible 还有很多需要学习的地方，简言之，我想提出一个大胆的说法：如果你可以将其设想为服务器部署或配置任务，Ansible 可以提供帮助。由于 Ansible 是开源的，因此它具有很强的可扩展性，它的广泛采用意味着许多常见的自动化挑战已经得到解决，并且包含了相关的特性。希望本章能为你使用 Ansible 实现 Linux 自动化提供一个良好的开端。

2.8 小结

Ansible 是一个健壮、强大的开源工具，一旦你掌握了一些简单的概念，就可以帮助你在 Linux 环境中实现大规模的自动化。Ansible 是无代理的，因此不需要在 Linux 客户机上进行配置，就可以开始你的自动化之旅，而项目背后强大的社区意味着大多数挑战都可以获得简单的解决方案。

在本章中，学习了剧本结构的基础知识以及运行简单剧本所需的一些关键文件；了解了清单的重要性和如何使用清单，以及如何有效地重用角色代码（实际上，还了解了如何利用社区中的代码来节省时间和精力）；了解了变量和事实，如何在剧本中引用它们，以及如何使用 Jinja2 模板来帮助你实现自动化。在整个过程中，构建并运行了许多完整的剧本，演示了 Ansible 的使用。

在下一章中，你将了解如何简化基础设施管理，并使用 AWX 进一步优化自动化流程。

2.9　思考题

1. 什么是 Ansible？它与运行简单的 shell 脚本有何不同?
2. 什么是 Ansible 清单?
3. 为什么把任务编码成角色而不是单个的大剧本通常是有益的?
4. Ansible 使用哪种模板语言?
5. 你能覆盖 Ansible 中的变量吗?
6. 为什么要使用 Ansible 模板模块来代替简单的查找和替换操作?
7. 如何利用可解释的事实来改进剧本的流程?

2.10　进一步阅读

- 要深入了解 Ansible 和 Jinja2 模板，请参阅 *Mastering Ansible*，*Third Edition*，James Freeman 和 Jesse Keating（`https://www.packtpub.com/gb/virtualization-and-cloud/mastering-ansible-third-edition`）。

Chapter 3 第3章

使用 AWX 优化基础设施管理

在 Linux 上实现有效的企业级自动化涉及几个关键要素，包括工具和技术的标准化，以及使环境管理更高效的实现过程和工具。Ansible 是这个过程的第一步，它的应用可以通过一种称为 AWX 的补充技术来进一步简化。

简而言之，AWX 是一个图形界面驱动的工具，用于管理 Ansible 作业。它并没有取代 Ansible 的功能，而是通过提供一个多用户图形界面驱动的前端来增强它，这个前端允许对剧本进行简单的管理和编排。在管理大型 Linux 环境（如企业中的环境）时，AWX 是 Ansible 自动化的完美补充，是高效管理的重要一步。

本章涵盖以下主题：

- AWX 简介
- 安装 AWX
- 从 AWX 运行剧本
- 使用 AWX 自动化日常任务

3.1 技术要求

本章包括基于以下技术的示例：

- Ubuntu Server 18.04 LTS
- CentOS 7.6
- Ansible 2.8

要运行这些示例，你需要访问运行上述操作系统之一和 Ansible 的服务器或虚拟机。请注意，本章中给出的示例可能具有破坏性（例如，它们涉及在服务器上安装Docker和运行服务），如果按原样运行，则只可在隔离的测试环境中运行。

一旦你拥有一个满意的安全操作环境，就可以从使用Ansible安装新的软件包开始查看。

本书中讨论的所有示例代码都可从GitHub获得，网址为：`https://github.com/PacktPublishing/Hands-On-Enterprise-Automation-on-Linux`。

3.2　AWX简介

AWX旨在解决企业环境中与Ansible自动化相关的问题。为了保持实践重点，让我们考虑一下在第1章中讨论的有机增长场景。在已经实现了Ansible的小环境中，你可能只有一两个关键人员负责编写和运行针对此环境的剧本。在这个小环境中，很容易知道是谁运行了哪些剧本以及剧本的最新版本是什么，而且Ansible的培训要求很低，因为只有少数关键人员负责使用它。

随着环境向企业级规模扩展，Ansible操作人员的数量也随之增加。如果所有负责运行Ansible的人都在自己的机器上安装了它，并且本机都有剧本的副本，那么突然之间，管理该环境就变成了一场噩梦！如何确保每个人都在使用最新版本的剧本？如何知道是谁运行了什么以及运行结果如何？如果需要在几个小时内进行更改，你能否将Ansible工作移交给**网络运营中心（NOC）**团队？或者这是不可能的，因为他们将接受关于如何使用Ansible的培训。

正如我们随后将看到的，AWX着手解决所有这些挑战。从下一节开始，我们将探讨如何使用AWX来降低员工培训成本。

3.2.1　AWX降低了培训要求

Ansible非常容易启动和运行。不过，使用它还需要经过培训。例如，没有接受过培训的IT管理员和操作员可能不习惯在命令行上运行剧本。下面的示例演示了这一点。尽管Ansible术语相当简单，但任何不熟悉该工具的人都会发现它的用户友好性不高：

```
$ ansible-playbook -i hosts --ask-pass simple.yml
```

虽然这个命令并不算复杂，但不熟悉它的人可能不愿意运行它，因为他们害怕对生产系统造成损害，更不用说解释一个相当大的剧本可能产生的输出页面了。

为了缓解这一问题，AWX提供了一个基于Web的图形界面，它实际上是点击式的。尽管熟悉剧本的人可以使用许多高级功能，但只需点击几下鼠标就可以运行剧本，并且使用简单的红绿灯（traffic light）系统显示结果（红色表示剧本运行失败，而绿色表示成功）。AWX提供了一个界面，通过这种方式，即使那些没有Ansible经验的人也可以从界面中启动一个剧本并将结果传递给另一个团队进行分析。

AWX也为安全团队和管理人员提供了好处，这通过记录所有操作和执行的工作的详细结果来实现，我们将在下一节中对此进行概述。

3.2.2 AWX启用了审计能力

尽管Ansible命令行工具提供了日志记录选项，但这些选项在默认情况下是不启用的。因此，一旦终端会话关闭，剧本的运行输出就可能丢失。这在企业级场景中不是很好，特别是当出现问题或停机并且需要分析原因时。

AWX通过两种方式解决这个问题。首先，每个用户在执行任何操作之前都必须登录到GUI。AWX可以与集中式记账系统（如LDAP或Active Directory）集成，也可以在AWX主机上本机定义用户，然后跟踪UI中的所有操作，因此，可以跟踪特定用户运行的剧本，甚至配置更改。在企业环境中，这种级别的问责制和审计跟踪是必须具备（must-have）的。

除此之外，AWX还采集了每个剧本运行的所有输出，以及关键信息，如需要运行剧本的机器清单、传递给它的变量（如果有的话）以及运行的日期和时间。这意味着，如果出现问题，AWX可以提供一个完整的审计跟踪，帮助你找出发生的原因以及发生的时间。

AWX不仅可以帮助你审计你的自动化，还可以帮助你对剧本进行版本控制，我们将在下一节中讨论。

3.2.3 AWX支持版本控制

在企业场景中，个人在本机存储剧本可能是一个有待解决的问题。例如，如果用户A用一个关键修复程序更新了一个剧本，那么如何确保用户B能够访问该代码呢？理想情况下，代码应该存储在版本控制系统（例如GitHub）中，并且每次运行都会更新本机副本。

良好的流程是Linux企业级自动化的一个重要组成部分，虽然用户B在运行本机的剧本之前应该先更新它们，但是你不能强制他这样做。同样，AWX允许从版本控制存储库中获取剧本，并自动更新AWX服务器上的剧本的本机副本，从而解决了这个问题。

尽管AWX可以帮助你，特别是能确保你从存储库中提取最新版本的代码，但它不能帮助你处理其他错误行为，例如某人没有在第一时间提交他的代码。然而，强制将AWX用于Ansible剧本运行的意图是，任何对剧本进行更改的人都必须提交它们，以便AWX运行它们。对AWX服务器的本机访问应该严格限制，以防止人们在本机文件系统上进行代码更改，这样，你就可以确信每个人都在积极有效地使用版本控制系统。

这些更新可以是事件驱动的，因此，每次运行来自该存储库的剧本时都可以更新本机剧本。也可以根据AWX管理员的决定定期或手动更新。

AWX也可以帮助你实现自动化的安全性。我们将在下一节中通过研究AWX中的凭据管理来探讨这一点。

3.2.4　AWX有助于Ansible的凭据管理

为了有效地管理企业Linux环境，Ansible必须具有某种形式的凭据才能访问它管理的所有服务器。SSH身份验证通常使用SSH密钥或口令进行保护，在由Ansible操作员组成的大型团队中，这意味着每个人都可以访问这些口令和SSH私钥，因为它们是Ansible运行所必需的。不用说，这会带来安全风险！

如前所述，从安全的角度来看，这是不可取的，因为太容易复制和粘贴凭据并以不当的方式使用它们了。AWX通过在其数据库中存储所需的凭据来处理此问题，并使用安装时选择的口令短语进行加密。GUI使用可逆加密存储所有凭据，以便在以后运行剧本时将它们传递给Ansible。但是，GUI不允许你看到任何以前输入的敏感数据（如密码或SSH密钥），也就是说，可以输入和更改这些数据，但是不能在GUI中显示密码或SSH密钥，因此操作员不能轻松地利用AWX前端获取凭据信息以供其他地方使用。通过这种方式，AWX可以帮助企业对其凭据进行锁定和密钥管理，并确保它们仅用于Ansible部署，而不会泄露或用于任何其他目的。

Ansible Vault是用来对剧本需要操作的任何敏感数据进行加密的优秀工具，无论是变量形式的剧本数据还是存储服务器凭据（如SSH密钥）本身。尽管Vault高度安全，但如果你有Vault密码，则很容易看到Vault内容（在这里，你需要运行使用Vault的剧本）。因此，AWX提供了独特的功能来辅助Ansible并确保企业环境的安全性。

通过这些方式，AWX有助于解决企业在大规模环境中部署Ansible时面临的许多挑战。在完成本章的这一部分之前，我们将简要地介绍如何将AWX与其他服务集成。

3.2.5　将AWX与其他服务集成

AWX可以与许多工具集成，例如Red Hat的Satellite 6和CloudForms产品（以及它们的开源对应产品Katello和ManageIQ）都提供了与AWX和Ansible Tower的天然集成。这仅仅是两个例子，而这一切成为可能，是因为我们在本章中要探讨的所有内容也可以通过API和命令行界面进行访问。

这使AWX能够与各种各样的服务集成，或者你甚至可以编写自己的服务，从AWX运行剧本作为其他操作的结果，这只需调用API即可。命令行界面（在Ansible Tower产品商用之后称为`tower-cli`）也非常有用，尤其是在AWX中以编程方式填充数据时。例如，如果要将主机添加到静态资源清单中，可以通过Web用户界面（稍后将演示）、API或使用CLI来完成。后两种方法非常适合与其他服务集成，例如，**配置管理数据库（CMDB）**可以使用API将新主机推送到资源清单中，而无须用户进行任何手动操作。

要进一步探索这两个集成点，你可以参考以下官方文档：

- ❑ AWX API 的文档：`https://docs.ansible.com/ansible-tower/latest/html/towerapi/index.html`。
- ❑ `tower-cli` 命令的文档：`https://tower-cli.readthedocs.io/en/latest/`。

考虑到这些集成的广泛性和多样性，它们超出了本书的范围，但在这里仍提到它们，是因为希望你在阅读本章时，能够有机会看到 AWX 与其他服务集成，从而能够进一步探讨这个主题。在本章的下一节中，我们将实际使用 AWX 并查看一个简单的部署。在本章的后面，我们将介绍一些示例。

3.3 安装 AWX

一旦所有的先决条件正确准备到位，安装 AWX 就是一件简单的事情了。事实上，AWX 的先决条件之一是 Ansible，这证明了这项技术与 Ansible 的互补性。大多数 AWX 代码都在一组 Docker 容器中运行，这使得它在大多数 Linux 环境中部署起来非常简单。

使用 Docker 容器意味着可以在 OpenShift 或其他 Kubernetes 环境中运行 AWX，但是，为了简单起见，我们将首先在单台 Docker 主机上安装它。在继续之前，应该确保你选择的主机具备以下条件：

- ❑ Docker，完全安装并正常工作
- ❑ 用于你的 Python 版本的 `docker-py` 模块
- ❑ 能访问 Docker Hub（internet 访问）
- ❑ Ansible 2.4 或更新的版本
- ❑ Git 1.8.4 或更新的版本
- ❑ Docker Compose

这些先决条件通常可用于大多数 Linux 系统。现在，我们将执行以下步骤开始 AWX 的安装：

1. 继续上一章中使用的 Ubuntu 系统示例，我们将运行以下命令来安装 AWX 所必需的内容：

```
$ sudo apt-get install git docker.io python-docker docker-compose
```

2. 一旦安装了这些，下一个任务就是从 AWX 在 GitHub 网站上的存储库中克隆它的代码。

```
$ git clone https://github.com/ansible/awx.git
```

Git 工具将忠实地克隆 AWX 源代码的最新版本。请注意，这个项目正在开发中，最新版本可能存在 bug。

如果要克隆AWX的某个稳定版本，请浏览存储库的“Releases”部分并签出所需的版本：https://github.com/ansible/awx/releases。

3. 存储库克隆完成以后，需要定义安装AWX的配置，特别是密码等安全细节。首先，切换到克隆的存储库下的installer目录：

```
$ cd awx/installer
```

希望你在阅读上一章之后已经熟悉这个目录的内容。那里有一个inventory文件、一个我们要运行的剧本（叫作install.yml），以及roles/目录。但是，现在不要执行install.yml剧本，因为在清单文件中有一些变量，我们必须在继续之前对它们进行设置。

如果仔细查看清单文件，你会发现其中可能会出现大量配置。一些变量被注释掉，而其他变量被设置为默认值。在安装AWX之前，我建议你至少设置6个变量，如表3-1所示。

表　3-1

变量名	建议值
admin_password	这是管理员用户的默认密码，在第一次登录时将需要此密码，因此请确保将其设置为令人难忘且安全的密码
pg_password	这是后端PostgreSQL数据库的密码。请确保将其设置为独特且安全的密码
postgres_data_dir	这是本机文件系统上的目录，PostgreSQL容器将在其中存储其数据。它默认为/tmp下的一个目录，在大多数系统上，该目录将定期自动清理。这通常会破坏PostgreSQL数据库，因此需要将其设置为特定于AWX的值（例如，/var/lib/AWX/pgdocker）
project_data_dir	要手动将剧本上传到AWX而不需要版本控制系统，剧本必须放在文件系统的某个地方。为了避免将它们复制到容器中，此变量将指定的本机文件夹映射到容器中所需的文件夹。对于本书中的示例，我们将使用默认值（/var/lib/awx/projects文件夹）
rabbitmq_password	这是后端RabbitMQ服务的密码。请确保将其设置为独特和安全的
secret_key	这是用于加密PostgreSQL数据库中凭据的密钥。它在AWX升级之间必须是相同的，所以一定要存储在安全的地方，因为它将需要在未来的AWX清单中设置。请把它做得又长又安全

4. 你会发现在这个清单文件中有很多明文形式的秘密信息。虽然我们可以在安装过程中容忍这种情况，但在安装完成后，不应将此文件留在文件系统上，因为它可能会向潜在攻击者提供他们所需的所有详细信息，从而轻易危害你的系统。一旦安装阶段完成，请确保将此文件复制到某种类型的密码管理器中，或者以任何方式存储单个密码，不要保留未加密文件！

5. 一旦定制了清单，就可以运行安装了，这通过运行以下命令启动：

```
$ sudo ansible-playbook -i inventory install.yml
```

从上一章对Ansible的学习中，我们可以认识到，这行命令使用ansible-playbook命令来运行install.yml剧本，同时也使用我们在步骤1中编辑的名为inventory的清单文件。输出页将在终端中显示，如果安装成功，你将看到如图 3-1 所示的内容。

```
james@automation-01: ~/awx/installer (ssh)

TASK [local_docker : Create /tmp/awxcompose directory] ***************************
ok: [localhost]

TASK [local_docker : Create Docker Compose Configuration] ************************
ok: [localhost] => (item=environment.sh)
ok: [localhost] => (item=credentials.py)
ok: [localhost] => (item=docker-compose.yml)

TASK [local_docker : Render SECRET_KEY file] *************************************
ok: [localhost]

TASK [local_docker : Start the containers] ***************************************
changed: [localhost]

TASK [local_docker : Update CA trust in awx_web container] ***********************
changed: [localhost]

TASK [local_docker : Update CA trust in awx_task container] **********************
changed: [localhost]

PLAY RECAP ***********************************************************************
localhost                  : ok=11   changed=3    unreachable=0    failed=0

~/awx/installer>
```

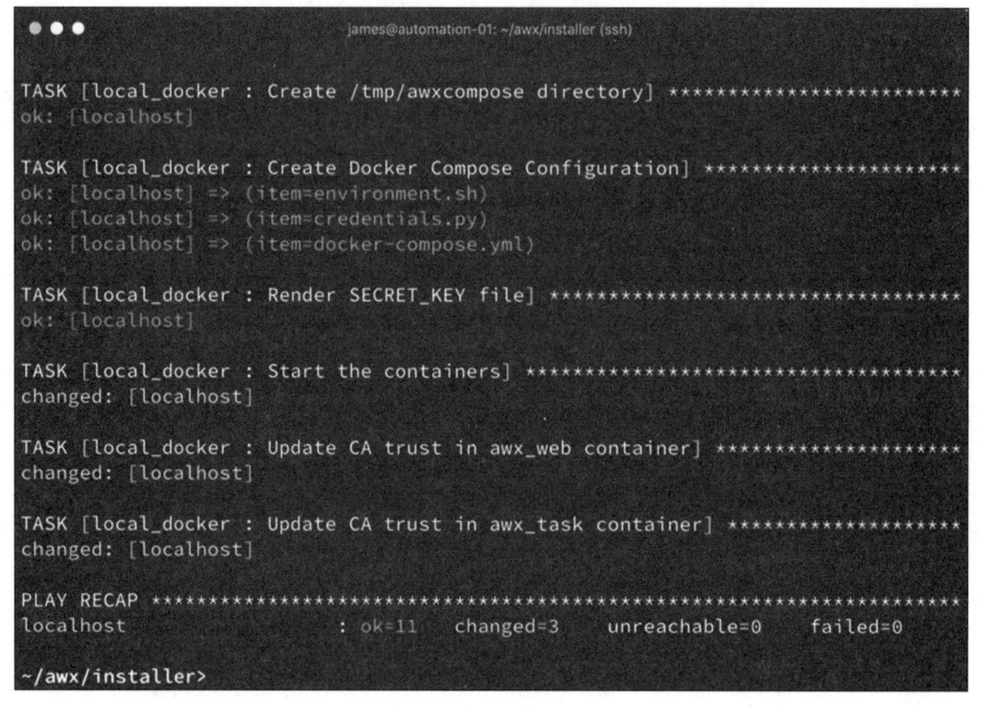

图 3-1

6. 安装完成后，Docker 容器需要几分钟的时间实际启动并创建后端数据库。但是，这些都完成后，你应该能够在浏览器中定位到所选 AWX 主机的 IP 地址，并查看登录页面，如图 3-2 所示。

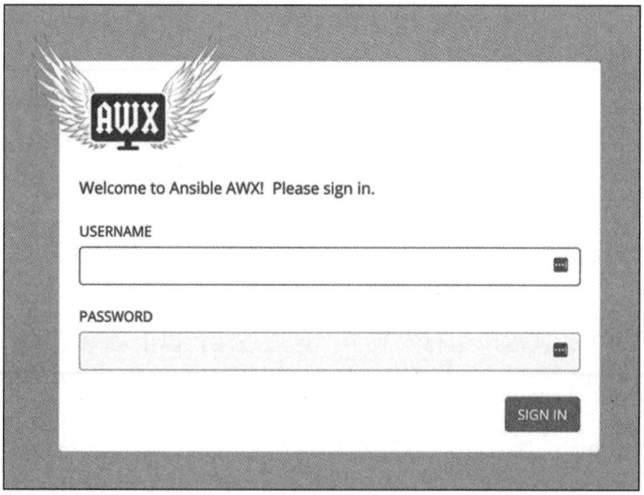

图 3-2

7. 使用在前面的清单文件中的 admin_password 变量设置的密码以管理员身份登录。然后，应该进入 AWX 的仪表板页面，如图 3-3 所示。

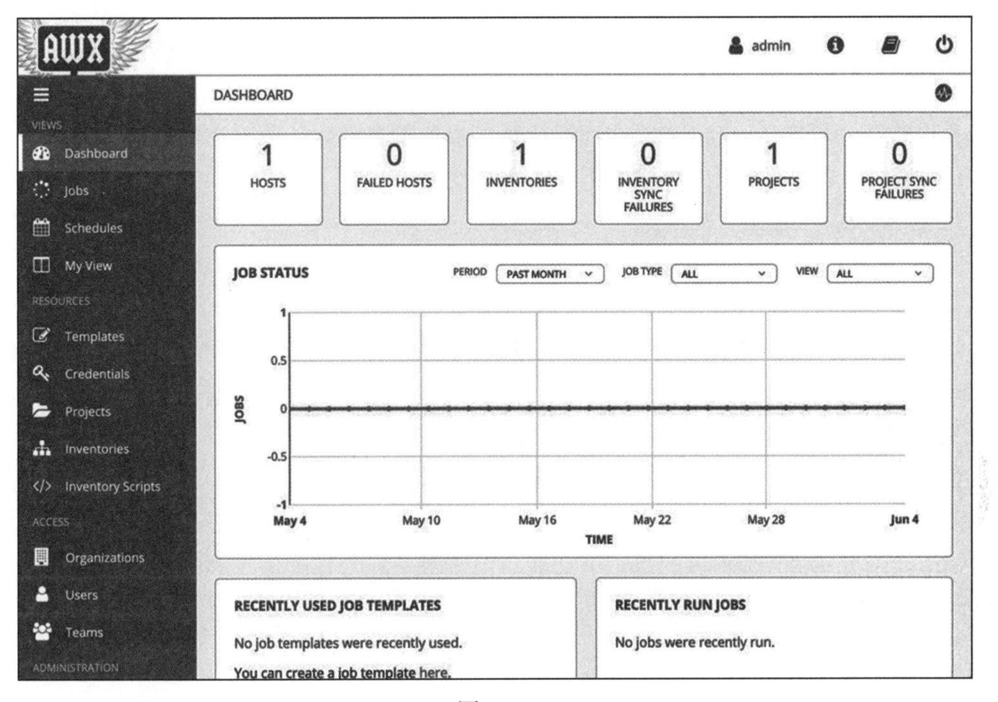

图　3-3

就这样，你已成功安装并登录到了 AWX！当然，你可以定义许多更高级的安装参数。同样，在企业中，你也不会只依赖一台没有备份（或没有高可用性设置）的 AWX 主机。

请注意，当你登录到 AWX 时，连接不受 SSL 保护，这可能会导致敏感数据（如计算机凭据）在网络上以明文形式传输。

对于开箱即用的高可用性和 SSL 问题，没有适合每个企业的通用解决方案，因此我们将实际的解决方案留给你作为练习。例如，如果你有一个具有多个主机的 OpenShift 环境，那么在此环境中安装 AWX 将使其启用高可用性，即使它运行的主机出现故障也会继续运行。当然，也有一些方法可以在没有 OpenShift 的情况下实现高可用性。

在不同的环境中，将安全 HTTP 应用于 AWX 也将以不同的方式得到解决。大多数 Docker 环境的前面都会有某种负载均衡器，以帮助处理它们的多主机特性，因此，SSL 加密可能会被运用到这个平台上。但是安装一些能够反向代理的东西（例如 nginx）并将其配置为处理 SSL 加密，也可以保护单台 Docker 主机的安全，比如我们在这里构建的 Docker 主机。

简言之，并没有一刀切的解决方案，但建议你以最适合你的企业的方式解决这些问题。因此，除了建议在部署用于生产的 AWX 时考虑这些问题之外，在这里我们不进一步讨论它们。

现在你已经运行了一个 AWX 实例，我们必须对其进行配置，以便能够成功地复制上一章中从命令行运行剧本的方式。例如，我们必须像以前一样定义一个清单，并确保设置了 SSH 身份验证，以便 Ansible 可以在远程计算机上执行自动化任务。在本章的下一节中，我们将介绍通过 AWX 运行第一个剧本所需的所有设置。

3.4 从 AWX 运行剧本

当从命令行运行一个示例剧本时，我们先创建清单文件，再创建剧本，然后使用 `ansible-playbook` 命令运行它。当然，所有这些都假设我们已经通过交互地指定密码或通过 SSH 密钥的设置建立了到远程系统的连接。

虽然 AWX 中的最终结果非常相似，剧本都是针对一个清单运行的，但术语和命名是相当不同的。在这一节，我们将介绍 AWX 启动并运行第一个剧本的过程。虽然本书没有足够的篇幅来详细介绍 AWX 提供的每一项功能，但本节旨在为你提供足够的知识和信心，让你能够开始从 AWX 管理你的剧本，并自己进一步探索。

在 AWX 运行第一个剧本之前，必须完成几个先决条件设置阶段。在下一节中，我们将完成第一个步骤，创建用于 SSH 与目标计算机进行身份验证的凭据。

3.4.1 在 AWX 中设置凭据

当登录到 AWX 时，你会注意到屏幕左侧下方有一个菜单栏。要定义一组新的凭据以允许 Ansible 登录到目标计算机，请执行以下步骤：

1. 单击左侧菜单栏中的 Credentials（凭据）。

2. 单击绿色 + 图标创建新凭据。

3. 给凭据指定一个名称，然后从 CREDENTIAL TYPE（凭据类型）字段中选择 Machine（机器）。有许多类型的凭据使 AWX 能够与各种各样的服务交互，但目前，我们只对这种特定类型感兴趣。

4. 有许多其他字段可用于为更多的高级用例指定参数。然而，对于我们的演示来说，这已经足够了。

你的最终结果应该与图 3-4 所示的类似。注意，我已经为演示机器指定了登录密码，但是你也可以在屏幕上较大的文本框中指定 SSH 私钥。你还将观察到 Prompt on launch（启动时提示）复选框的存在，在 AWX 中有许多选项，它可以在运行剧本时提示用户，这有助于提供真正丰富的交互式用户体验。然而，在这个演示中，我们将不这么做，因为我们想演示在没有用户干预的情况下运行剧本，如图 3-4 所示。

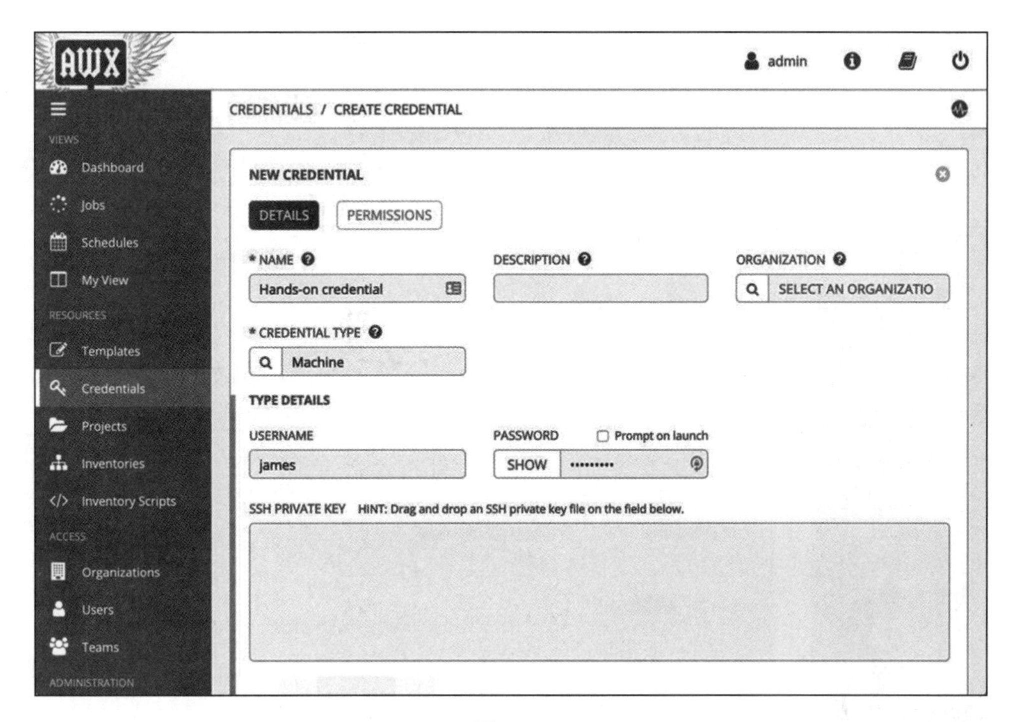

图 3-4

定义凭据后，下一步是定义要运行的剧本的清单。我们将在下一节中对此进行探讨。

3.4.2 在AWX中创建清单

就像在命令行中一样，AWX需要创建一个清单，以便对其执行剧本。在这里，我们将使用一个官方的公开Ansible示例剧本，它需要一个包含两个组的清单。在更大型的设置中，我们会为每个组指定不同的服务器，但是对于这个小演示，我们可以为两个角色重用相同的服务器。

涉及的代码用于在RHEL或CentOS 7机器上安装简单的LAMP软件栈，可查看 `https://github.com/ansible/ansible-examples/tree/master/lamp_simple_rhel7`。

要运行此演示，需要一台CentOS 7机器。演示主机名为 `centos-testhost`，在命令行上定义清单文件如下所示：

```
[webservers]
centos-testhost

[dbservers]
centos-testhost
```

要在AWX GUI中复制此功能，请按以下顺序运行：

1. 单击左侧菜单栏上的Inventories。

2. 单击绿色 + 图标创建新清单。

3. 从下拉菜单中选择 Inventory。

4. 为清单指定一个合适的名称，然后单击 SAVE 保存。

完成此过程后，你的屏幕应该与图 3-5 所示的类似。

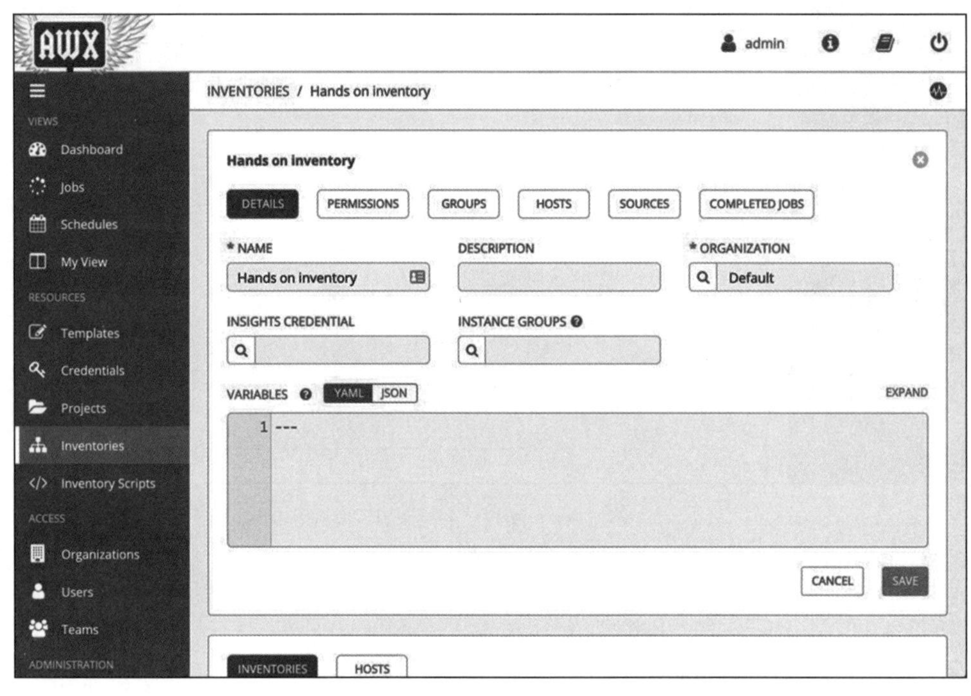

图 3-5

完成后，我们可以创建第一个组并将测试主机放入其中。为此，请执行以下步骤：

1. 单击窗格顶部的 GROUPS 按钮。

2. 单击绿色 + 图标创建一个新组。

3. 在 NAME 字段中输入名称 `webservers`。

4. 单击绿色的 SAVE 按钮。

5. 单击顶部的 HOSTS 按钮。

6. 单击绿色 + 按钮添加一台新主机。从下拉列表中选择 New Host。

7. 在 HOST NAME 字段中输入名称 `centos-testhost`。

8. 单击绿色的 SAVE 按钮。

完成这些步骤后，你的屏幕应该类似于图 3-6。

重复此过程以定义 `dbservers` 组。注意不要将此组创建为 `webservers` 组的子组，这很容易做到。你将注意到图 3-6 顶部的浏览路径记录，通过单击 `Hands on Inventory`（或者你指定的名字，如果你选择了另一个），可以使用它导航回新清单的顶层。

图　3-6

从这里开始，过程几乎是相同的，只是当你要将主机添加到新创建的组时（从前面步骤的步骤6开始），请选择Existing Host（退出主机），因为在本例中，我们将为两个组重用单个主机。

完成这些步骤后，清单（包括分组）在AWX中就完成了，我们可以进入定义配置的下一阶段——创建AWX项目。将在本章的下一节中详细介绍这一点。

3.4.3　在AWX中创建项目

如果在命令行上使用Ansible，你不太可能将所有的剧本和角色在一个目录中存储很长时间，因为这将变得不可管理，并且很难确定哪个文件是哪个文件。这就是AWX中建立项目的目的，它只是一个逻辑上的剧本分组，用于使剧本的组织更容易和更简单。

尽管在本书中我们将不讨论**基于角色的访问控制（RBAC）**，但项目在本书中也发挥了作用。在目前提供的屏幕截图中，你可能注意到许多窗格顶部有一个PERMISSIONS（权限）按钮。它们在整个UI中都存在，用于定义哪些用户可以访问哪些配置项。例如，如果你有一个**数据库管理员（DBA）**团队，他们应该只有权针对这些服务器运行与数据库服务器相关的剧本，那么你可以创建一个数据库服务器的清单，并只授予DBA对此清单的访问权。类似地，你可以将所有与DBA相关的剧本放在一个项目中，并且再次仅授予该团队访问该项目的权限。通过这种方式，AWX形成了企业内部良好流程的一部分，既使得Ansible更容易访问，又确保正确的项目只对正确的人可用。

为了继续简单示例，让我们创建一个新项目来引用示例Ansible代码：

1. 单击左侧菜单栏上的 Projects。

2. 单击绿色 + 图标创建一个新项目。

3. 给这个项目起个合适的名字。

4. 从 SCM TYPE 下拉列表中选择 Git。

5. 在 SCM URL 字段中输入 URL：`https://github.com/ansible/ansible-examples.git`。

6. 如果只希望使用存储库中的特定提交或分支，也可以选择填充 SCM BRANCH/TAG/COMMIT 字段。在这个简单的示例中，我们将使用最新的 commit，在 Git 中称为 HEAD。

7. 不需要其他凭据，因为这是一个公开的 GitHub 示例，如果你使用的是受密码保护的存储库，那么你需要为 3.4.1 节中创建的计算机凭据创建一个 SCM 凭据。

8. 选中 UPDATE REVISION ON LAUNCH（启动时更新修订）复选框，这将导致 AWX 每次运行此项目中的剧本时，都从我们的 SCM URL 中提取最新版本的代码。如果未选中此选项，则必须手动更新代码的本机副本，才能让 AWX 看到最新版本。

9. 单击绿色的 SAVE 按钮。

完成以上步骤后，生成的屏幕应该类似于图 3-7。

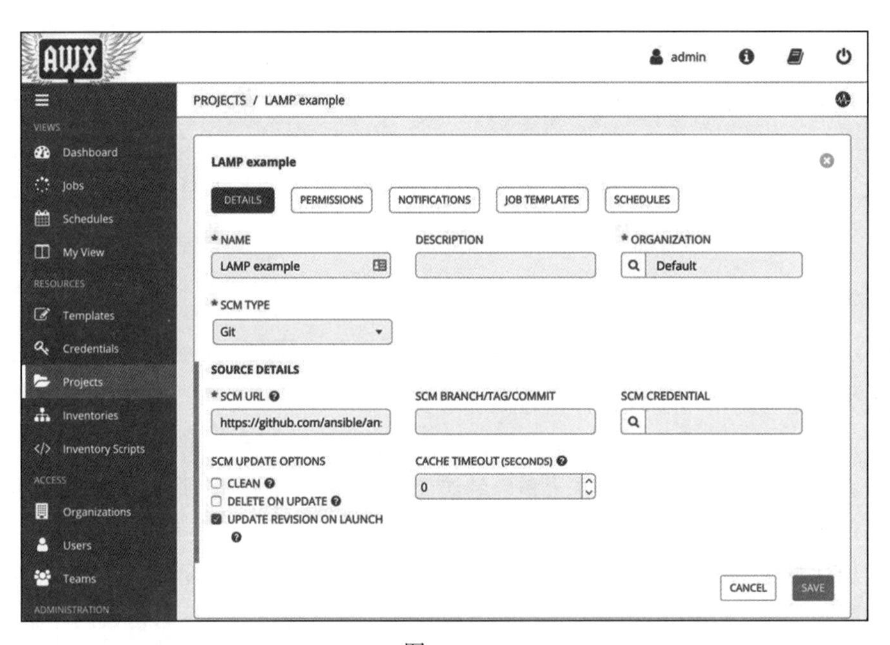

图 3-7

在为剧本的第一次运行配置剧本的最后一步之前，我们需要手动从 GitHub 存储库中提取内容。为此，请单击新创建的项目右侧的两个半圆箭头，这将强制从上游存储库手动同步项目。图 3-8 显示了一个例子供参考。

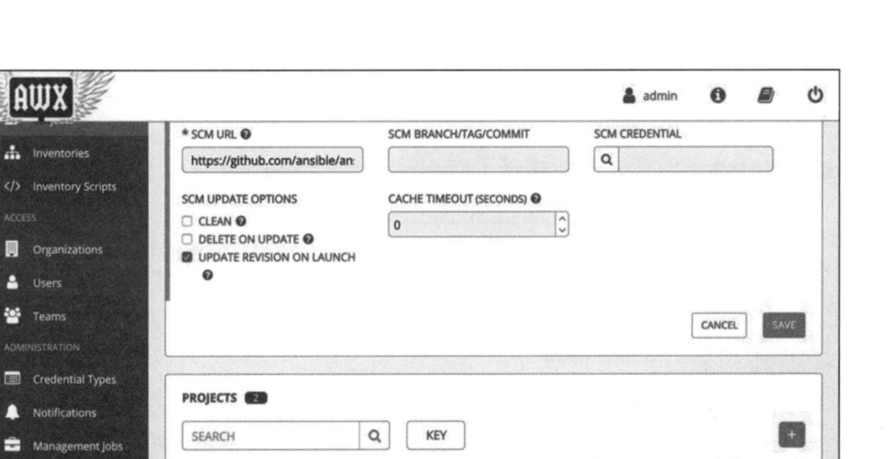

图　3-8

在同步过程中，项目标题左侧的绿点（如图3-8所示）将会跳动。一旦成功完成，它将变为静止的绿色，而如果出现问题，它将变为红色。假设一切顺利，我们就可以进入最后阶段，准备运行剧本。

在AWX中定义了项目之后，当我们开始从中运行第一个剧本时，下一个任务就是创建一个模板，我们将在下一节中介绍。

3.4.4　在AWX中创建模板

在AWX中创建模板，将你迄今为止创建的所有其他配置项放在一起。本质上，模板是你将在`ansible-playbook`命令后面的命令行上指定的所有参数的AWX定义。

创建模板的过程如下：

1. 单击左侧菜单栏上的Templates（模板）。
2. 单击绿色+图标创建新模板。
3. 从下拉列表中选择Job Template（作业模板）。
4. 给模板指定一个合适的名称。
5. 在INVENTORY字段中，选择在3.4.2节中创建的清单。
6. 在PROJECT字段中，选择我们先前创建的项目。
7. 在PLAYBOOK字段中，请注意下拉列表已自动设置为填充了在PROJECT定义中指定的GitHub存储库中可用的所有可行剧本的列表。

从列表上选择`lamp_simple_rhel7/site.yml`。

8. 最后，选择前面在 CREDENTIAL 字段中定义的凭据。

9. 单击绿色的 SAVE 按钮。

最终结果如图 3-9 所示，其中显示了所有已填写的字段。

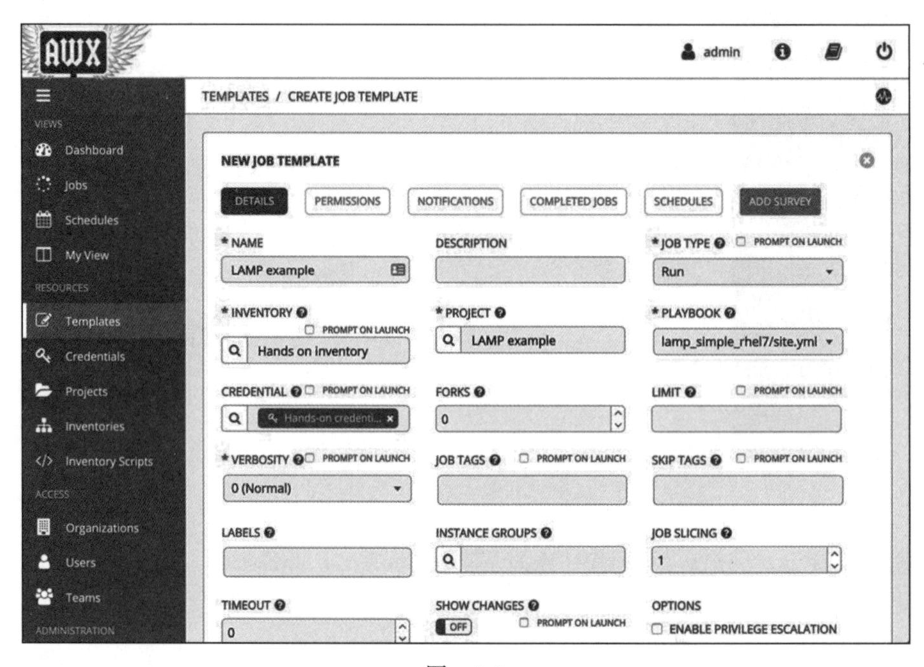

图 3-9

完成这些步骤后，就完成了从 AWX 运行第一个剧本所需的所有内容。因此，我们将在下一节中进行这项工作，并观察结果。

3.4.5 运行剧本

当我们从 AWX 运行剧本时，实际上是在运行一个模板。

因此，要以交互方式执行此操作，我们将返回 Templates 屏幕，该屏幕应显示可用模板的列表。请注意，当使用基于角色的访问控制时，你只能看到你有权限查看的模板（以及清单和其他配置项）。如果你没有权限，则它是不可见的。这有助于使 AWX 在不同团队之间使用时更易于管理。

我们使用的是管理员账户，因此可以查看所有内容。要启动新创建的模板，请按照以下说明操作：

1. 单击模板名称右侧的“火箭发射”图标，图 3-10 显示了我们新创建的 Templates，其中突出显示了执行模板的选项。

图　3-10

执行此操作时，屏幕将自动重新加载，你将在屏幕上看到运行的详细信息。如果要离开这个页面，不用担心，可以随时再次单击左侧菜单栏上的 Jobs 来找到它。既然我们已经定义了这个作业，它在第一个实例中就失败了。幸运的是，Jobs 窗格显示了从命令行运行 Ansible 时获得的所有相同的详细信息和输出，只有在 AWX 中，它被存档在数据库中，以便可以随时在以后返回来查看，或者其他用户只需登录 AWX 就可以分析它（假设他们拥有所需的权限）。

2. 查看作业的输出，我们可以看到问题出在某种权限上，图 3-11 显示了它看起来可能像什么，以供参考。

查看 GitHub 上的剧本源代码，我们可以看到，原始作者硬编码了这个剧本的 root 用户账户的使用权限（请注意 `site.yml` 中的 `remote_user:root` 语句）。通常情况下，你不会这样做，更好的做法是让 Ansible 使用一个未经授权的账户登录，然后根据需要使用 `sudo`，方法是将 `become:true` 语句放在剧情标题中（我们将在本书后面的操作中看到这一点）。

3. 为了解决这个问题，现在，我们只需允许 root 用户通过 SSH 登录 CentOS 7 服务器，然后将 AWX 中的凭据修改为 root 账户的凭据。请注意，还可以定义一个新的凭据并更改链接到模板的凭据，这两种方法都是可接受的解决方案。一旦更改了凭据，再次运行模板时，输出应该有所不同，如图 3-12 所示的剧本已成功运行。

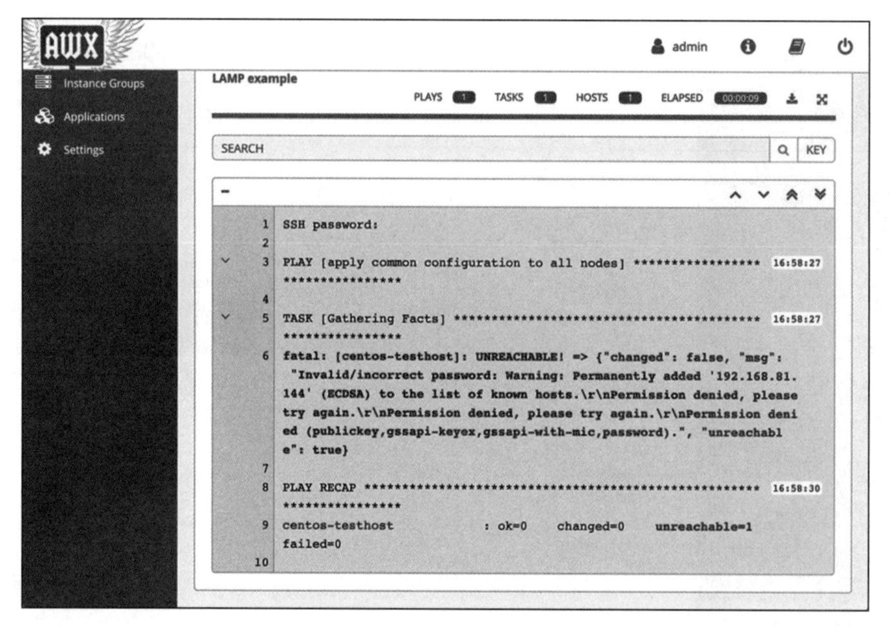

图 3-11

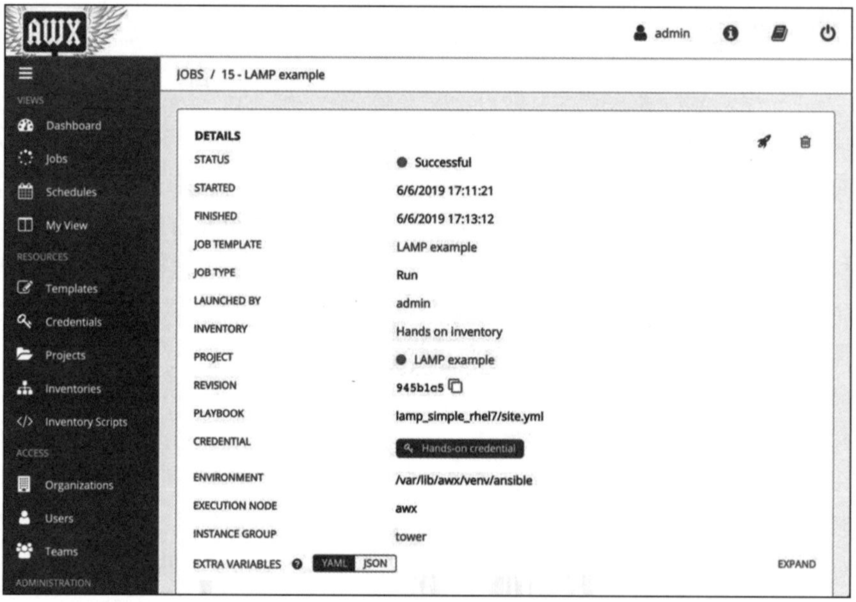

图 3-12

从图 3-12 中可以看到，剧本已经成功运行，以及哪个用户启动了剧本、使用了 GitHub 上的哪个版本、使用了哪些凭据、使用了哪些清单等所有相关细节。向下滚动此窗格将显示 `ansible-playbook` 的输出，我们在图 3-12 中看到了该输出；如果你愿意，可以进一步分析剧本的运行，以查看是否有警告、更改了什么，等等。因此，通过AWX，我们真正为Ansible实现了一个很好的简单用户界面，它集成了在企业环境中自动化Linux时应具备的所有良好实践，如安全性、可审核性和Ansible（实际上是通过源代码控制集成实现的剧本代码）的集中控制。

已经了解了AWX如何帮助我们手动运行任务，但是如果我们想要一个真正的任务自动化的**免操作**（hands-off）方法，我们将在下一节中探讨任务调度。

3.5　使用AWX自动化日常任务

AWX有一个特别的方面，即日常任务的自动化。Ansible可以处理的日常任务包括在服务器运行修补程序，运行某种符合性检查或审计，或者强制执行安全策略。

例如，可以编写一个Ansible剧本来确保SSH守护进程不允许远程root用户登录，因为这被认为是一种良好的安全实践。当然，任何具有root权限的系统管理员都可以轻松地登录并重新打开它。但是，定期运行Ansible剧本来关闭它会强制执行它，并确保没有人会重新打开它。Ansible修改的幂等性意味着，在配置已经到位的地方，Ansible不会进行任何更改，因此运行剧本是安全的，是占用系统资源少且无中断的。

如果希望在命令行上使用Ansible执行此操作，则需要创建一个cron作业来定期运行`ansible-playbook`命令以及所有必需的参数。这意味着在处理自动化的服务器上安装SSH私钥，并且意味着你必须定期跟踪哪些服务器正在运行Ansible。这对于一个企业来说并不理想，因为在企业中，良好的实践的代名词是自动化并可以确保一切都保持平稳运行。

幸运的是，在这方面AWX也能帮助我们。为了保持这个例子的简洁，我们将重用本章上一节中的LAMP软件栈例子。在这种情况下，我们可能希望当一切正常时，安排一个一次性安装LAMP软件栈的计划，而对于一个例行的任务，这将在一个持续运行的基础上执行。

要设置此模板的计划，请执行以下步骤：

1. 单击左侧菜单栏上的Templates。
2. 单击先前创建的模板。
3. 单击窗格顶部的SCHEDULES（计划）按钮。
4. 单击绿色+图标向其添加新的计划。
5. 设置适当的开始日期和时间，在此设置从现在起几分钟，以便演示它的效果。
6. 另外，设置适当的时区。
7. 最后，在本例中选择REPEAT FREQUENCY（重复频率），在此选择None (run once)（无，运行一次），但请注意，下拉列表中提供了其他的持续选项。
8. 单击绿色的SAVE按钮以激活计划。

完成上述步骤后，生成的配置屏幕如图3-13所示。

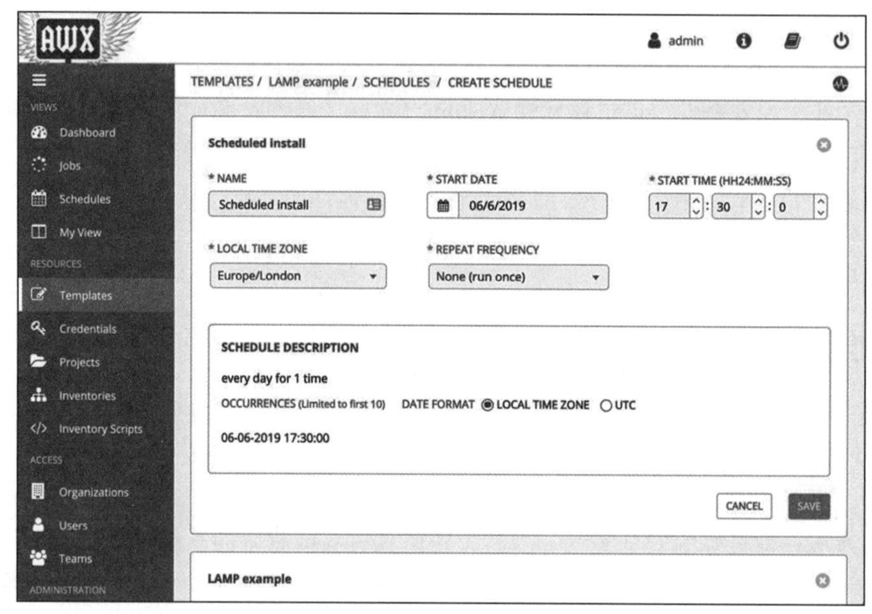

图 3-13

现在，如果查看 Jobs 窗格，你应该会看到模板在计划的时间开始运行。在分析已完成（或确实正在运行）的任务时，你应该看到它是按先前创建的计划的名称启动的，而不是按用户账户（如 admin）的名称启动的（如我们手动启动它时所看到的）。图 3-14 显示了一个由我们在本节前面创建的 Scheduled install 计划启动的已完成任务的示例。

图 3-14

如果想查看 AWX 实例上即将出现的所有计划任务，只需单击左侧菜单栏上的 Schedules 菜单项，就会加载一个屏幕，列出 AWX 实例中所有配置的时间表。对于熟悉 Linux 管理的人来说，这类似于列出 cron 任务。图 3-15 显示了这样一个屏幕的示例。

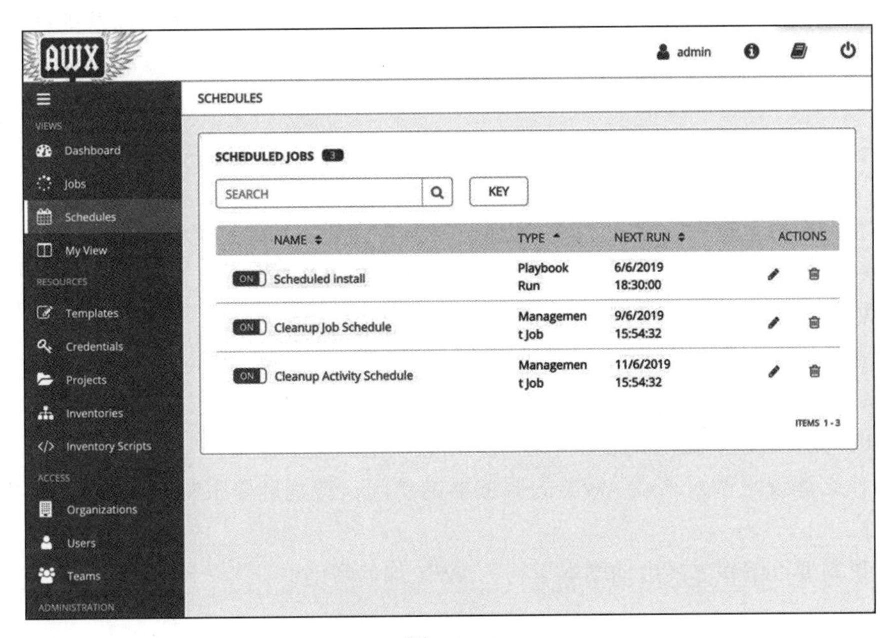

图　3-15

这为你提供了创建的所有计划的简明概述，而无须进入各个配置项中进行编辑。

通过这种方式，AWX 不仅支持 Linux 环境的交互式自动化，而且还支持无须操作的自动化计划任务，从而提高了自动化解决方案的能力和灵活性。

希望这个概述能让你了解像 AWX 或 Ansible Tower 这样的工具可以给你的企业带来的好处，以及为什么用它来辅助 Ansible 自动化是有益的。

3.6　小结

Ansible 提供了强大的功能，只需少量的学习即可，但在企业中大规模部署时，跟踪所有内容会变得更加困难，尤其是哪些用户拥有最新版本的剧本代码，以及谁在何时运行了什么剧本。AWX 补充了企业中的 Ansible，带来了一些关键好处，如基于角色的访问控制、可审核性、剧本代码的集成源代码控制管理、安全凭据管理和作业调度。它在实现了这一点的同时，提供了一个易于使用的点击式界面，这进一步降低了所有负责 Linux 环境的员工的进入门槛。

在本章中，你了解了为什么 AWX 对企业 Linux 环境很重要，以及如何利用它的一些关键特性。然后，运行直接从 GitHub 取得的剧本，在 CentOS 7 服务器上安装 LAMP 软件栈的实际端到端示例，并且在完成此操作之前执行了单个 AWX 节点的实际安装。最后，学习了如何使用 Ansible 来自动执行日常维护任务的作业计划。

在下一章中，我们将研究与企业 Linux 环境相关的不同部署方法，以及如何利用这些方法。

3.7 思考题

1. 与在命令行上提供的方法比较，使用 AWX 存储凭据的关键优势是什么？
2. 为什么充分利用版本控制系统（如 Git）存储剧本很重要？
3. AWX 动态清单与命令行上的 Ansible 相比有什么优势？
4. 什么是 AWX 中的项目？
5. AWX 中的模板与命令行中的什么类似？
6. AWX 如何告诉你运行的剧本对应 Git 存储库上的哪个提交？
7. 为什么建议限制对承载 AWX 的服务器的访问，特别是要限制对 shell 和本机文件系统的访问？
8. 如果需要以编程方式启动剧本运行，AWX 如何帮助你？

3.8 进一步阅读

- 要深入了解 Ansible 和 AWX，请参阅 James Freeman 和 Jesse Keating 的 *Mastering Ansible*，*Third Edition*（`http://www.packtpub.com/gb/virtualization-and-cloud/mastering-ansible-third-edition`）。
- 为了更好地理解 Git 版本控制及其相关的最佳实践，请参阅 Eric Pidoux 的 *Git Best Practices Guide*（`http://www.packtpub.com/application-development/git-best-practices-guide`）。
- 要了解如何访问和使用 AWX API，请参阅 `https://docs.ansible.com/ansible-tower/latest/html/towerapi/index.html`。
- 如果希望探索使用 `tower-cli` 工具控制 AWX，请参阅以下官方文档：`https://tower-cli.readthedocs.io/en/latest/`。

第二部分 Part 2

标准化 Linux 服务器

本部分介绍如何确保一致性和可重复性仍然是Linux服务器环境的核心方面，从而促进最佳实践，如可扩展性、可复制性和效率。

本部分包括以下章节：

- 第4章　部署方法
- 第5章　使用Ansible构建部署的虚拟机模板
- 第6章　带有PXE引导的自定义构建
- 第7章　使用Ansible进行配置管理

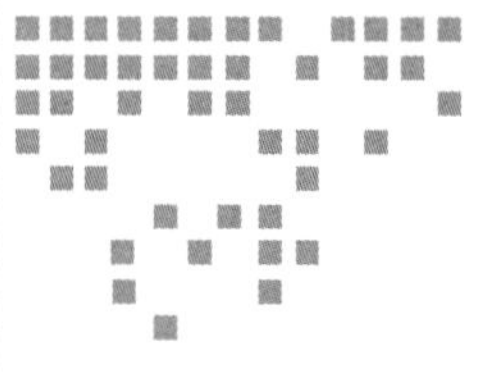

Chapter 4 第4章

部署方法

本书到目前为止已经详细讨论了如何通过标准化确保你的Linux环境适合自动化，以及如何利用Ansible和AWX在自动化过程中为你提供支持。在开始本章中真正详细的技术工作之前，我们必须介绍一下部署方法。

我们已经确定需要为环境提供少量一致的Linux构建。现在你需要完成一个决策过程：如何在企业中部署这些构建。大多数企业都有几种选择，包括最简单的下载公开可用的模板映像、构建自己的模板，再到使用预引导环境从头开始构建最复杂的模板。最好的方法可能是这些方法的某种组合。在本章中，我们将探讨这些选项，并了解如何确保为你的企业选择最佳选项，从而既能够支持自动化过程，又高效且易于实施。接下来的章节将深入探讨每种方法的技术细节。

本章涵盖以下主题：

- 了解你的环境
- 保持构建的高效
- 确保Linux映像的一致性

4.1 技术要求

本章假设你可以访问运行Ubuntu 18.04 LTS的支持虚拟化的环境。一些示例已经在CentOS 7上执行过了。在这两种情况下，这些示例可以在启用了虚拟化扩展进程的物理机（或笔记本电脑）上运行，也可以在启用了嵌套虚拟化的虚拟机上运行。

Ansible 2.8在本章后面也会用到，假设在使用的Linux主机上安装了Ansible 2.8。

本书中讨论的所有示例代码都可从GitHub获得，网址为`https://github.com/PacktPublishing/Hands-On-Enterprise-Automation-on-Linux`。

4.2 了解你的环境

没有两个企业环境是完全相同的。一些企业仍然严重依赖于裸机服务器，而另一些企业现在依赖于（私有或公共）虚拟化或云提供商。了解哪些环境对你可用是决策过程的关键部分。

让我们探讨各种环境以及每个环境的相关构建策略。

4.2.1 部署到裸机环境

裸机环境无疑是所有企业环境中的先行者。在整个21世纪的虚拟化革命和云技术革命之前，构建环境的唯一方法是使用裸机。

如今，在裸机上运行的环境并不常见，但是在物理硬件上运行某些关键组件的环境很常见，尤其是需要某些物理硬件协助的数据库或计算任务（例如，GPU加速或硬件随机数生成器）。

使用裸机构建服务器时，适用于大多数环境的有两种基本方法。第一种方法是使用光盘介质或者USB驱动器手动构建服务器。这是一个缓慢的交互式过程，不可大规模重复，因此不建议将其用于所有环境，它只适用于包含少量物理服务器的环境，因为在这些环境中，对构建新机器的要求很低，而且很少发生。

另一个最可行的方法是使用**预执行环境（Pre-eXecution Environment，PXE）**在网络上引导物理服务器，以可重复的、一致的方式进行大规模构建，我们在本书中一直提倡这种方法。这涉及从网络服务器加载一个微小的引导环境，然后使用它加载Linux内核和相关数据。用这种方式，可以在不需要任何形式的物理介质的情况下启动安装环境。一旦环境启动，我们将使用无人值守的安装方法来在没有用户干预的情况下完成整个安装。

我们将在本书后面详细介绍这些方法，以及在构建服务器后用于配置服务器的可重复技术。这里只需简单地说明一下，对于在企业中构建物理Linux服务器，PXE引导加上无人值守的安装是最容易实现自动化并产生可重复结果的途径。

4.2.2 部署到传统的虚拟化环境

传统的虚拟化环境早于云环境，也就是说，它们是运行操作系统的简单的虚拟机管理程序。像VMware这样的商业化例子是很常见的，还有它们的开源对应产品，比如Xen和KVM（以及基于它们构建的框架，比如oVirt）。

由于这些技术最初是为了补充传统的物理环境而构建的，因此它们为构建企业Linux环境提供了几种选择。例如，这些平台中的大多数都支持与裸机对应的相同的网络引导功能，因此我们实际上可以假装它们是裸机，对其继续使用网络引导方法。

然而，虚拟化环境带来了一些在物理环境中很难实现的东西（比如模板），因为运行虚拟机的裸机设备之间的硬件配置不同。模板化虚拟机只是预配置虚拟机的可部署快照。因此，你可以为企业构建完美的 CentOS 7 映像，集成监控平台，执行所有所需的安全加固，然后使用虚拟化平台本身内置的工具，将其转换为模板。以下是作者实验室环境中 CentOS 7 模板如图 4-1 所示。

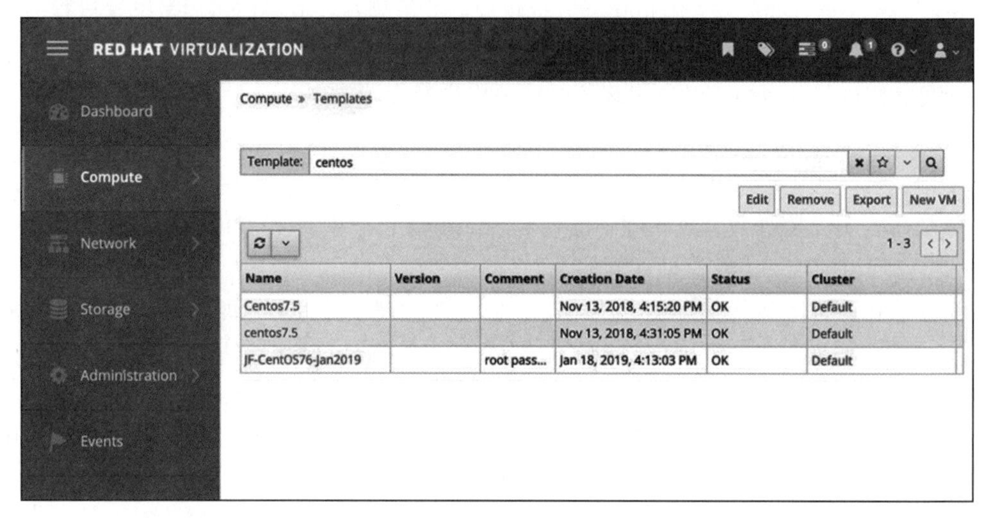

图 4-1

这些模板中的每一个都是一个完全配置的 CentOS 7 基本映像，可以随时部署，所有预部署工作（如删除 SSH 主机密钥）都已完成。因此，管理员需要选择适当的模板，然后单击 New VM 按钮，在 RHV 以外的平台上，这个过程将是类似的，因为大多数主流虚拟化解决方案都以某种形式提供此功能。

> 注意，为了保持示例的易操作性，使用 GUI 作为创建新 VM 的主要过程。几乎所有的虚拟化和云平台都有 API、命令行接口，甚至可以用来部署虚拟机的 Ansible 模块，在企业环境中，这些模块的可扩展性要远远好于 GUI 本身。考虑到可用环境的多样性，这留作练习。

这本身就是一个相当简单的过程，但需要小心。例如，现在几乎所有的 Linux 服务器都启用了 SSH，并且每台服务器上的 SSH 守护进程都有一个唯一的主机标识密钥，用于防止中间人攻击。如果对预配置的操作系统进行模板化，还将对这些密钥进行模板化，这意味着在整个环境中可能存在重复的密钥。这大大降低了安全性。因此，在将虚拟机转换为模板之前，执行几个步骤来准备虚拟机是非常重要的，其中一个常见的步骤是删除 SSH 主机密钥。

使用PXE方法创建的服务器不会遇到这个问题，因为它们都是从头开始安装的，因此既没有要清理的历史日志条目，也没有重复的SSH密钥。

在第5章中，我们将详细介绍如何创建适用于使用Ansible模板的虚拟机模板。

尽管PXE引导和模板部署方法对虚拟化环境都同样有效，但大多数人发现模板化途径更高效、更易于管理，因此，我也主张使用它（例如，大多数PXE引导环境需要知道物理层上使用的网络接口的MAC地址）或正在部署的虚拟服务器（在模板部署中，这些不是必要的步骤）。

4.2.3 部署到云环境

最新的企业Linux架构（当然容器除外，这完全是另一个话题）是云供应环境。这可能是通过公有云（public cloud）解决方案实现的，比如Amazon Web Services（AWS）、Microsoft Azure、Google Cloud Platform（GCP）。它同样可以通过一个内部解决方案来实现，比如OpenStack项目的一个变体或一个专有平台。

这些云环境从根本上改变了企业中Linux机器的生命周期。在裸机或传统的虚拟化架构上，Linux机器在发生故障时会得到维护、升级和修复，而云架构建立在这样的前提上：每台机器或多或少都是可牺牲的，如果它发生故障，只需在它的位置部署一台新的机器。

因此，PXE部署方法甚至不可能在这样的环境中实现，而只能依赖于预先构建的操作系统映像。这些基本上只是由第三方供应商创建或由企业准备的模板。

无论是与商业提供商合作，还是构建内部OpenStack体系结构，你都可以找到可用操作系统映像的目录供你选择。一般来说，云提供商自己提供的服务是值得信赖的，但是根据安全需求，你可能会发现外部第三方提供的服务也是合适的。

例如，图4-2是OpenStack可用的推荐操作系统映像。

正如你从目录中所看到的，这里显示了大多数主要的Linux发行版，为你节省了构建基本操作系统本身的任务。AWS也是如此，如图4-3所示。

简言之，如果使用的是云环境，那么你将被宠坏，无法选择从基本操作系统映像中开始。即便如此，这种选择也不太可能满足所有企业。例如，使用预构建的、云就绪的映像并不能否定对企业安全标准、监控或日志转发代理集成等方面的要求，以及对企业非常重要的其他许多方面的要求。在我们继续之前，值得注意的是，你当然可以为你选择的云平台创建自己的映像。不过，为了提高效率，如果有人已经为你完成了这一步，为什么还要重新发明轮子呢？

尽管大多数现成的操作系统映像都是可信的，但在选择新映像时应始终保持谨慎，特别是如果它是由你不熟悉的作者创建的。我们无法确定映像包含哪些内容，在选择要处理的映像时，你应该始终进行尽职调查。

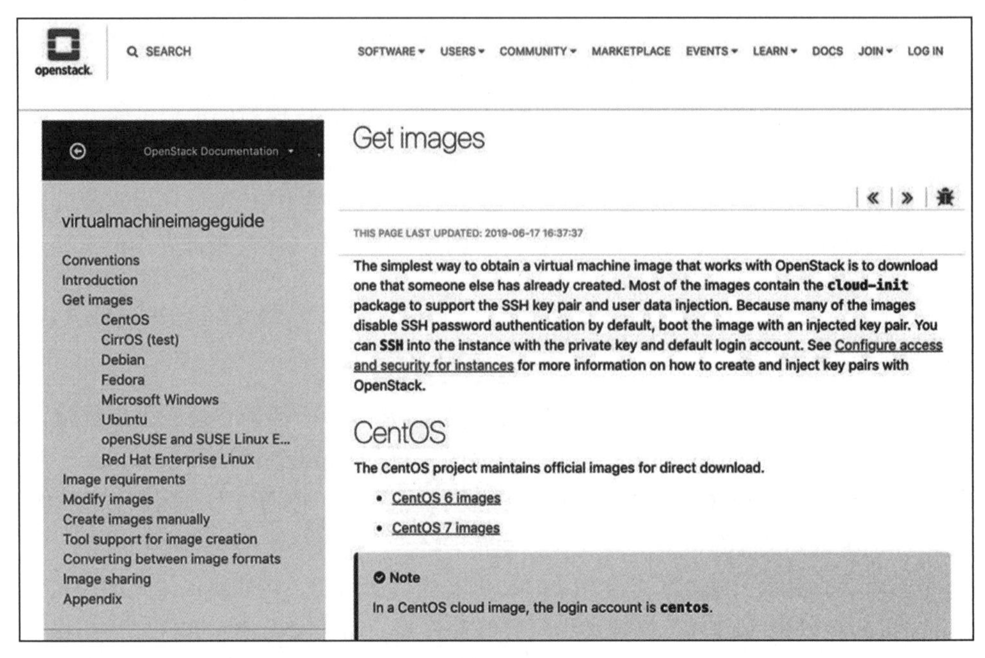
openstack.
SEARCH
SOFTWARE
USERS
COMMUNITY
MARKETPLACE
EVENTS
LEARN
DOCS
JOIN
LOG IN
OpenStack Documentation
virtualmachineimageguide
Conventions
Introduction
Get images
CentOS
CirrOS (test)
Debian
Fedora
Microsoft Windows
Ubuntu
openSUSE and SUSE Linux E...
Red Hat Enterprise Linux
Image requirements
Modify images
Create images manually
Tool support for image creation
Converting between image formats
Image sharing
Appendix
Get images
THIS PAGE LAST UPDATED: 2019-06-17 16:37:37
The simplest way to obtain a virtual machine image that works with OpenStack is to download one that someone else has already created. Most of the images contain the cloud-init package to support the SSH key pair and user data injection. Because many of the images disable SSH password authentication by default, boot the image with an injected key pair. You can SSH into the instance with the private key and default login account. See Configure access and security for instances for more information on how to create and inject key pairs with OpenStack.
CentOS
The CentOS project maintains official images for direct download.
CentOS 6 images
CentOS 7 images
Note
In a CentOS cloud image, the login account is centos.

图 4-2

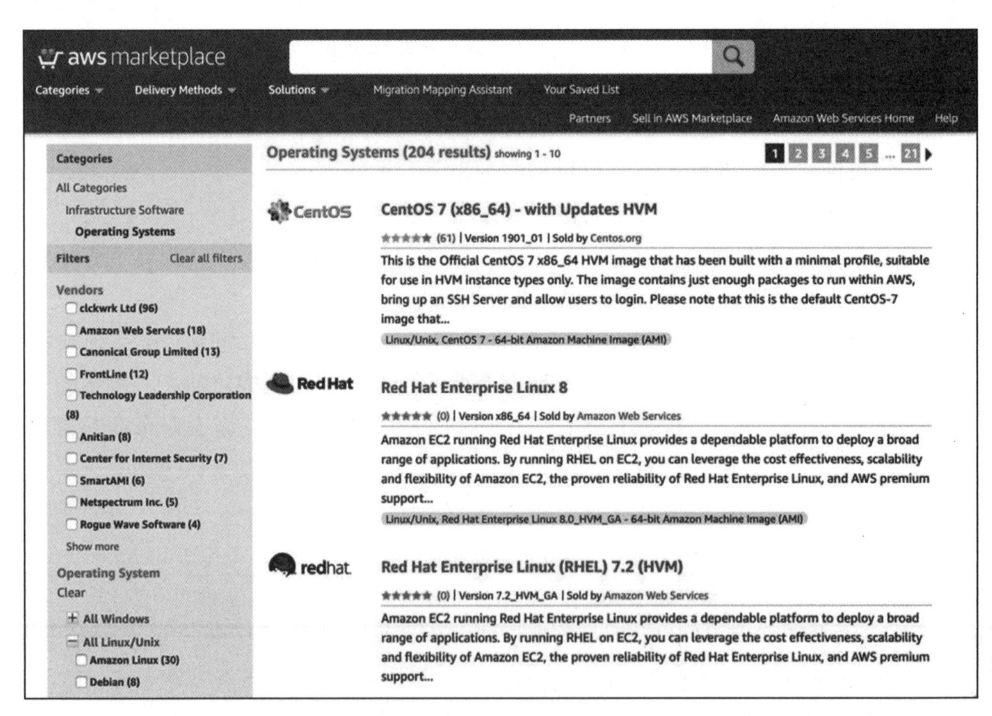
aws marketplace
Categories
Delivery Methods
Solutions
Migration Mapping Assistant
Your Saved List
Partners
Sell in AWS Marketplace
Amazon Web Services Home
Help
Categories
All Categories
Infrastructure Software
Operating Systems
Filters
Clear all filters
Vendors
clckwrk Ltd (96)
Amazon Web Services (18)
Canonical Group Limited (13)
FrontLine (12)
Technology Leadership Corporation (8)
Anitian (8)
Center for Internet Security (7)
SmartAMI (6)
Netspectrum Inc. (5)
Rogue Wave Software (4)
Show more
Operating System
Clear
All Windows
All Linux/Unix
Amazon Linux (30)
Debian (8)
Operating Systems (204 results) showing 1 - 10
1 2 3 4 5 ... 21
CentOS
CentOS 7 (x86_64) - with Updates HVM
(61) | Version 1901_01 | Sold by Centos.org
This is the Official CentOS 7 x86_64 HVM image that has been built with a minimal profile, suitable for use in HVM instance types only. The image contains just enough packages to run within AWS, bring up an SSH Server and allow users to login. Please note that this is the default CentOS-7 image that...
Linux/Unix, CentOS 7 - 64-bit Amazon Machine Image (AMI)
Red Hat
Red Hat Enterprise Linux 8
(0) | Version x86_64 | Sold by Amazon Web Services
Amazon EC2 running Red Hat Enterprise Linux provides a dependable platform to deploy a broad range of applications. By running RHEL on EC2, you can leverage the cost effectiveness, scalability and flexibility of Amazon EC2, the proven reliability of Red Hat Enterprise Linux, and AWS premium support...
Linux/Unix, Red Hat Enterprise Linux 8.0_HVM_GA - 64-bit Amazon Machine Image (AMI)
redhat
Red Hat Enterprise Linux (RHEL) 7.2 (HVM)
(0) | Version 7.2_HVM_GA | Sold by Amazon Web Services
Amazon EC2 running Red Hat Enterprise Linux provides a dependable platform to deploy a broad range of applications. By running RHEL on EC2, you can leverage the cost effectiveness, scalability and flexibility of Amazon EC2, the proven reliability of Red Hat Enterprise Linux, and AWS premium support...

图 4-3

假设你选择使用预先制作好的云就绪映像，安装后的配置工作都可以由 Ansible 轻松处理。事实上，在云平台上所需的步骤与为传统虚拟化平台构建模板所需的步骤几乎相同，本书稍后将再次详细介绍此过程。

4.2.4 Docker 部署

Docker 部署是我们在 Linux 环境中讨论的一个特例。实际上，它们与云环境有很多共同点，Docker 映像是基于预先存在的最小 OS 映像构建的，并且通常使用本机 Docker 工具链构建，尽管使用 Ansible 的自动化是完全可能的。

由于 Docker 是一个特例，因此我们在本书中不重点讨论，不过需要注意的是，Docker 作为 Linux 在企业中的一个新成员，它实际上是围绕我们在本书中已经考虑过的许多原则而设计的。让我们简要地研究一下用于创建官方 nginx 容器的 Dockerfile。

对于那些不熟悉 Docker 的人来说，Dockerfile 就是一个纯文本文件，其中包含构建用于部署的容器映像所需的所有指令和命令。

在编写本书时，此文件包含以下内容：

```
#
# Nginx Dockerfile
#
# https://github.com/dockerfile/nginx
#

# Pull base image.
FROM ubuntu:bionic

# Install Nginx.
RUN \
  add-apt-repository -y ppa:nginx/stable && \
  apt-get update && \
  apt-get install -y nginx && \
  rm -rf /var/lib/apt/lists/* && \
  echo -e "\ndaemon off;" >> /etc/nginx/nginx.conf && \
  chown -R www-data:www-data /var/lib/nginx
```

虽然不是基于 Ansible，但我们可以在前面的代码块中看到以下内容：

1. 靠近开头的 `FROM` 行定义了一个最小的 Ubuntu 基映像，在该映像上执行其余的配置，这可以被认为是我们已经针对其他平台讨论的 SOE Linux 映像。

2. `RUN` 命令执行安装 `nginx` 软件包并采取必需的步骤执行一些内务处理，以保持映像整洁和最小化（减少空间需求和混乱）。

代码继续如下：

```
# Define mountable directories.
VOLUME ["/etc/nginx/sites-enabled", "/etc/nginx/certs",
```

```
"/etc/nginx/conf.d", "/var/log/nginx", "/var/www/html"]

# Define working directory.
WORKDIR /etc/nginx

# Define default command.
CMD ["nginx"]

# Expose ports.
EXPOSE 80
EXPOSE 443
```

继续分析这个文件，我们可以看到以下内容：

1. VOLUME 行定义了主机文件系统中哪些目录可以挂载在容器内。

2. WORKDIR 指令告诉 Docker 在哪个目录运行它后面的 CMD，我们可以把它看作一个引导时配置。

3. CMD 行定义了容器启动时要运行的命令，这是在一个完整的 Linux 系统映像中定义哪些服务将在引导时启动的过程的缩影。

4. EXPOSE 行定义容器应该向网络公开哪些端口。这可能有点像防火墙，允许某些端口通过。

简言之，构建 Docker 容器的本机过程与我们为企业 Linux 环境定义的构建过程非常一致，因此，我们可以放心地继续这个过程。考虑到这一点，我们现在将探索确保构建尽可能整洁和高效的过程。

4.3 保持构建的高效

如前所述，了解 Linux 环境的基本原理对于制定部署方法至关重要。尽管构建过程本身（尤其是传统的虚拟机管理程序和云环境）之间存在一些相似之处，但是了解它们有哪些差异可以让你对如何在整个企业中部署 Linux 做出明智的决定。

一旦你选择了最适合环境的方法体系，就必须考虑一些原则，以确保流程得到优化和高效（再次强调，这些是企业 Linux 部署的代名词）。我们将在这里介绍这些内容，以便在本书的其余部分继续进行真正深入的实际工作。让我们先看看构建中对简单性的需求。

4.3.1 让你的构建保持简单

让我们从前面讨论的 SOE 对 Linux 构建过程的重要性的一些实际应用开始。无论选择什么路线，也不管你的环境是什么样子，都应该保持你的构建标准尽可能简单和简洁。

没有两个完全相同的企业环境，因此每个企业的构建需求肯定是不同的。尽管如此，这里给出了一组常见的示例需求：

- 监控代理

- ❑ 日志转发配置
- ❑ 安全加固
- ❑ 核心企业软件需求
- ❑ 时间同步的 NTP 配置

此列表只是一个开始，每个企业都会有所不同，但它会让你对构建过程中要用到的东西有一个概念。不过，让我们开始看看构建过程中的一些边缘案例。公平地说，每台 Linux 服务器的构建都会考虑到一个用途，因此，它将运行某种形式的应用程序栈。

同样，应用程序栈在企业之间肯定会有所不同，但通常需要的应用程序类型示例如下：

- ❑ Web 服务器（如 Apache 或 nginx）
- ❑ 运行 Java 工作负载的 OpenJDK 环境
- ❑ MariaDB 数据库服务器
- ❑ PostgreSQL 数据库服务器
- ❑ NFS 文件共享工具和内核扩展

现在，在标准化过程中，当最初定义 SOE 时，你可能已经竭尽全力指定了 OpenJDK 8 和 MariaDB 10.1 的用途（仅作为示例）。这是否意味着在构建过程中包含这些应用程序呢？

答案几乎总是否定的。很简单，添加这些应用程序会增加构建的复杂性以及增加安装后的配置和调试工作。它也会降低安全性，而且不久之后会有更多的问题。

假设我们在 MariaDB 10.1 上进行了标准化，并将其包含在基本操作系统映像中（因此部署的每台 Linux 机器都包含该映像），我们知道只有一部分正在运行的机器会真正使用它。

不将 MariaDB 包含在基本映像中有如下几个原因：

- ❑ 仅安装 MariaDB 10.1 的服务器组件大约需要 120 MB 的空间，这取决于你的操作系统和打包，也依赖软件包。尽管现在存储空间便宜且充足，但如果在整个环境中部署 100 台服务器（实际上对于大多数企业来说，这只是一个很小的数字），那么对于你不需要的软件包来说，大约需要 11.7 GB 的空间。实际的数字会高得多，因为还会有依赖软件包需要安装。
- ❑ 这也可能会对备份和备份所需的存储产生连锁反应，如果你在企业中使用虚拟机快照，甚至会对任何虚拟机快照都产生连锁反应。
- ❑ 如果一个应用程序需要 MariaDB 10.3（或者实际上，企业决定将其标准更新为 10.3），那么在安装 10.3 之前，需要升级映像或者卸载版本 10.1。当一个最小的 Linux 映像可能刚收到一个更新的 MariaDB 工作负载时，这带来了不必要的复杂性。
- ❑ 你需要确保在不需要时关闭 MariaDB 和防火墙，以防止任何误用，这是一个额外的审计和强制执行要求，它们在许多没有使用 MariaDB 的服务器上也是不必要的。

还有其他安全方面的考虑，但这里的关键信息是它浪费了资源和时间。当然，这不仅仅适用于 MariaDB 10.1，这只是一个示例，但它表明，作为一项规则，应用程序工作负载不应包含在基本操作系统定义中。现在让我们更详细地了解一下构建的安全需求。

4.3.2 使你的构建安全

我们已经谈到了安全性，以及不要安装或运行不必要的软件包。任何运行中的服务都为入侵者提供了潜在的攻击面，同时，希望在企业网络内永远不会有一个攻击面，但以尽可能安全的方式构建环境仍然是一个很好的实践。对于配置了默认口令的服务来说尤其如此（在某些情况下，根本没有配置口令，不过现在这种情况已经很少了）。

这些原则也适用于定义构建本身。例如，不要创建具有弱静态口令的构建。理想情况下，每个构建都应该配置为从外部源获取甚至初始的凭据，尽管有很多方法可以实现这一点，但是如果 cloud-init 对你是一个新概念，我们鼓励你查阅一下它的相关资料。有些情况下，特别是在传统环境中，可能需要一些初始凭据来允许访问新构建的服务器，但是重用弱口令是危险的，并且新构建的服务器可能会在配置完成之前被拦截，并在其上植入某种恶意软件。

简言之，下面的列表提供了一些关于确保安全构建的合理指导：

- 不要安装不需要的应用程序或服务。
- 确保默认情况下禁用对所有构建都通用但需要部署后配置的服务。
- 如果可能的话，即使在初始访问和配置时也不要重复使用口令。
- 请尽可能早地在映像或服务器的构建过程中应用企业安全策略（如果可能），但如果没有，请在安装后尽快应用。

这些原则既简单又基本，必须坚持。希望构建在应用这些原则的情况下不会出现严重状况，但如果发生了这种状况，它们可能会停止或充分阻止对你的基础结构的入侵或攻击。当然，这是一个值得单独写一本书的主题，但希望这些指南，以及第 13 章将为你指明正确的方向。现在让我们简单地看看如何确保构建过程是高效的。

4.3.3 创建高效的过程

高效的过程在很大程度上需要自动化的支持，因为这确保了最少的人力参与和一致的、可重复的最终结果。标准化也支持这一点，因为这意味着大部分决策过程已经完成，因此所有相关人员都确切地知道他们在做什么，以及应该如何做。

简言之，坚持本书中概述的这些原则，你的构建过程将是高效的。某种程度的手动干预是不可避免的，即使它涉及选择一个唯一的主机名（尽管这可以是自动的），或者用户首先请求 Linux 服务器的过程。但是，从这里开始，你希望尽可能实现自动化和标准化。下面我们将看看构建过程中一致性的重要性。

4.4 保证 Linux 映像的一致性

在第 1 章中，我们讨论了 SOE 环境中通用性的重要性。现在我们实际上正在研究构建过程本身，这又回到了第一次研究如何实际实现通用性的时候。假设 Ansible 是你选择的工具，请考虑以下任务。我们正在为映像构建过程编写剧本，并决定标准映像要将其时间与本地时间服务器同步。假设出于历史原因，我们选择的基本操作系统是 Ubuntu 16.04 LTS。

让我们创建一个简单的角色来确保安装了 NTP，并对公司标准 `ntp.conf` 进行复制，其中包括内部时间服务器的地址。最后，需要重新启动 NTP 来获取更改。

本章中的示例纯粹是假设性的，旨在说明用于给定目的的 Ansible 代码可能是什么样子。我们将在后面的章节中详细介绍所执行的任务（例如部署配置文件），并提供实际的操作示例。

此角色可以如下所示：

```
---
- name: Ensure ntpd and ntpdate is installed
  apt:
    name: "{{ item }}"
    update_cache: yes
  loop:
    - ntp
    - ntpdate
- name: Copy across enterprise ntpd configuration
  copy:
    src: files/ntp.conf
    dest: /etc/ntp.conf
    owner: root
    group: root
    mode: '0644'
- name: Restart the ntp service
  service:
    name: ntp
    state: restarted
    enabled: yes
```

此角色简洁、切中要害。它始终确保安装了 `ntp` 包，还确保我们对配置文件的同一版本进行复制，确保每个服务器上的配置文件都相同。我们可以通过将此文件从版本控制系统中检出来进一步改进它，这留作练习。

很快，你就可以看到为该步骤编写一个 Ansible 角色的强大功能，将此角色包含在剧本中可以实现强大的一致性。如果你将此方法扩展到整个企业，那么所有配置的服务都将得到一致的安装和配置。

不过，还有更好的。假设业务部门决定将标准操作系统改为 Ubuntu 18.04 LTS，以利用更新的技术并延长受支持的环境的使用期限。`ntp` 包在 Ubuntu 18.04 上仍然可用，不过默认情况下，现在已经安装了 `chrony` 包。要继续使用 NTP，只需稍加调整角色，即可确保先删除 `chrony`（如果愿意，也可以禁用它），此后的步骤都相同，例如，请考虑以下角色代码：

```
---
- name: Remove chrony
  apt:
    name: chrony
    state: absent
- name: Ensure ntpd and ntpdate is installed
  apt:
    name: "{{ item }}"
    update_cache: yes
  loop:
    - ntp
    - ntpdate
```

我们将通过添加两个更进一步的任务来继续此代码，这两个任务对配置进行复制并重新启动服务，以确保它得到新配置：

```
- name: Copy across enterprise ntpd configuration
  copy:
    src: files/ntp.conf
    dest: /etc/ntp.conf
    owner: root
    group: root
    mode: '0644'
- name: Restart the ntp service
  service:
    name: ntp
    state: restarted
    enabled: yes
```

或者，我们可以决定接受此更改，并在新的基础映像上使用 `chrony`。只需要创建一个新的 `chrony.conf` 来确保它与企业 NTP 服务器通信，然后完全像以前一样继续：

```
---
- name: Ensure chrony is installed
  apt:
    name: chrony
    update_cache: yes
- name: Copy across enterprise chrony configuration
  copy:
    src: files/chrony.conf
    dest: /etc/chrony.conf
    owner: root
    group: root
    mode: '0644'
- name: Restart the chrony service
  service:
    name: chrony
    state: restarted
    enabled: yes
```

注意这些角色都是在哪些地方类似的？即使在支持基本操作系统甚至底层服务的改变时，也只需要很少量的修改。

尽管这三个角色在某些地方不同，但它们都执行相同的基本任务：

1. 确保安装了正确的 NTP 服务。

2. 从标准配置复制。

3. 确保服务在引导时启用并已启动。

因此，可以确定，使用这种方法，我们具有一致性。

即使平台完全改变了，此方法在宏观上仍然可以应用。假设企业现在采用了一个仅在 CentOS 7 上受支持的应用程序。这意味着 SOE 可以接受的偏差，但是，即使是新的 CentOS 7 构建也需要有正确的时间，而且由于 NTP 是一个标准，所以它仍将使用相同的时间服务器。因此，我们可以编写一个角色来支持 CentOS 7：

```
---
- name: Ensure chrony is installed
  yum:
    name: chrony
    state: latest
- name: Copy across enterprise chrony configuration
  copy:
    src: files/chrony.conf
    dest: /etc/chrony.conf
    owner: root
    group: root
    mode: '0644'
- name: Restart the chrony service
  service:
    name: chronyd
    state: restarted
    enabled: yes
```

修改幅度仍然非常小。这是接受 Ansible 作为企业自动化的首选自动化工具的一个重要原因，我们可以轻松地构建并遵守我们的标准，即使更改所使用的 Linux 版本甚至整个发行版，操作系统构建还是一致的。

4.5　小结

在这一阶段，我们已经定义了标准化的需求，确定了在走向自动化的过程中要使用的工具，现在我们实际考察了企业可以预期部署某个操作系统的基本环境类型。这为我们的自动化之路奠定了基础，并提供了本书其余部分的语境——在企业中构建和维护 Linux 环境的过程中的具体实践。

在本章中，我们了解了 Linux 可能部署到的不同类型的环境，以及每种环境可以使用的不同构建策略；看到了一些实际的例子，以确保构建是高标准的，并且可以高效地重复完成；研究了自动化的好处，以及它如何确保构建之间的一致性，即使更改了整个底层 Linux 发行版。

在下一章中，我们将开始企业 Linux 自动化和部署的具体实践，了解如何利用 Ansible 构建虚拟机模板，无论是从云环境映像还是从头开始。

4.6 思考题

1. 构建 Docker 容器和 SOE 之间有什么相似之处？
2. 如果 MariaDB 只在少数服务器上需要，为什么不在基础构建中包含它呢？
3. 如何确保基本操作系统映像尽可能地小？
4. 在基本操作系统映像中，为什么要小心嵌入密码？
5. 如何确保所有 Linux 映像将其日志发送到中心日志服务器？
6. 什么时候不使用云提供商提供的基本映像，而需要自己构建一个？
7. 如何使用 Ansible 来保护 SSH 守护程序配置？

4.7 进一步阅读

- 有关 Ansible 的深入理解，请参阅 James Freeman 和 Jesse Keating 的 *Mastering Ansible, Third Edition*（`http://www.packtpub.com/gb/virtualization-and-cloud/mastering-ansible-third-edition`）。
- 要了解 Docker 代码和本章的讨论，请参阅 Russ McKendrick 和 Scott Gallagher 的 *Mastering Docker, Third Edition*（`https://www.packtpub.com/gb/virtualization-and-cloud/mastering-docker-third-edition`）。

第5章 Chapter 5

使用Ansible构建部署的虚拟机模板

到目前为止，我们详细介绍了本书其余部分所需的基础工作，也就是说，我们为下一步打算做的工作设定了基本原理，并提供了所选自动化工具Ansible的速成课程（crash course）。我们从上一章知道，在企业级环境中，部署Linux有两种基本方法，使用哪种方法取决于环境中使用的技术和预期目标。

在本章中，我们将详细介绍如何构建将服务于大多数虚拟化和云平台的虚拟机映像。我们将发现这两个平台之间的区别是微妙但清楚的，在本章结束时，你将知道如何轻松地处理这两种环境。我们将首先讨论初始构建需求，然后继续配置和准备映像，以便在所选环境中使用。

本章涵盖以下主题：

- 执行初始构建
- 使用Ansible来构建和标准化模板
- 使用Ansible清理构建

5.1 技术要求

本章假设你可以访问运行Ubuntu 18.04 LTS的支持虚拟化的环境。一些示例也在CentOS 7上执行了。在这两种情况下，这些示例可以在运行上述操作系统之一并启用了虚拟化扩展进程的物理机（或笔记本电脑）上运行，其中或者在一个启用了嵌套虚拟化的虚拟机上运行。

Ansible 2.8在本章后面也会用到，假设在Linux主机上安装了Ansible 2.8。

本章中讨论的所有示例代码都可从 GitHub 获得，网址为 https://github.com/PacktPublishing/Hands-On-Enterprise-Automation-on-Linux/tree/master/chapter05。

5.2 执行初始构建

如第 4 章中讨论的，无论你使用的是传统的虚拟化平台（如 oVirt 或 VMware）还是基于云的平台（如 OpenStack 或 Amazon 的 EC2），任何 Linux 部署（以及进一步的自动化）的起点都是模板化映像。

对于我们在第 1 章中定义的 SOE，模板化映像是这一点最真实的初始体现。它通常是一个小型的虚拟机映像，安装了足够的软件并完成了配置，因此它在几乎所有可能为企业部署的场景中都很有用。只要映像使用唯一的主机名、SSH 主机密钥等干净地启动，就几乎立即可以使用自动化对其进行定制，我们将在本书后面的第 7 章中发现这一点。以一个（由第三方提供的）现成的模板映像为出发点，深入了解构建过程。

5.2.1 使用现成的模板映像

大多数平台上都有大量现成的映像可供下载，我们在上一章中已经讨论了其中的一些。对于许多企业来说，这些映像就足够了。然而，如果你确实需要完全控制映像定义该怎么办，也许你正在准备采用一个新标准，并且希望尽早实现它以获得经验并测试工作负载。如果在一个安全的环境中操作（也许是支付卡行业兼容的），且必须对映像的建立过程有 100% 的信心，不会有任何易被破坏的风险，该怎么办？

这当然不是说任何公开可用的映像是易被破坏的，但历史上有少数中间人（man-in-the-middle）攻击或供应链（supply chain）攻击，攻击者不是直接破坏服务，而是通过攻击用作构建块的公共组件来间接破坏服务。

大多数可公开获取的映像都有可靠的来源，这些来源已经进行了各种检查和控制，以确保它们的完整性。如果你使用了这些检查，并对下载的任何映像进行尽职调查，大多数企业将发现几乎不需要从头开始创建自己的映像，因为 Ansible 等自动化工具将负责所有部署后配置。

举一个实际的例子：假设，对于一组新的部署，我们决定基于 Fedora 30 服务器映像创建一个 SOE，我们将在 OpenStack 基础设施上运行它，步骤如下：

1. 将从官方 Fedora project 网站下载云映像。详细信息可以在网站 https://alt.fedoraproject.org/cloud/ 找到，但是请注意，随着 Fedora 新版本的发布，版本号会随着时间的推移而改变。

在为环境建立正确的 Fedora 云映像之后，我们可以使用如下命令下载所需的映像：

```
$ wget
https://download.fedoraproject.org/pub/fedora/linux/releases/30/Clo
ud/x86_64/images/Fedora-Cloud-Base-30-1.2.x86_64.qcow2
```

2. 现在足够简单了，让我们验证一下。所有主要的Linux版本，无论是ISO还是完整的映像，通常都提供了验证说明，Fedora映像下载的验证说明可以在 `https://alt.fedoraproject.org/en/verify.html` 找到。

通过这个过程来验证映像。首先，我们将导入官方的Fedora GPG密钥来验证校验和文件，以确保它没有被篡改：

```
$ curl https://getfedora.org/static/fedora.gpg | gpg --import
```

3. 现在我们将下载云基础映像的校验和文件并验证它：

```
$ wget
https://alt.fedoraproject.org/en/static/checksums/Fedora-Cloud-30-1
.2-x86_64-CHECKSUM
$ gpg --verify-files *-CHECKSUM
```

4. 尽管可能会收到有关密钥未经受信任的签名（这是建立GPG密钥信任的一个方面）验证的警告，重要的是验证文件的签名是否正确，请参见图5-1以获取输出示例。

```
james@automation-01:~ (ssh)
~>  wget https://alt.fedoraproject.org/en/static/checksums/Fedora-Cloud-30-1.2-x
86_64-CHECKSUM
--2019-06-27 10:20:57--  https://alt.fedoraproject.org/en/static/checksums/Fedor
a-Cloud-30-1.2-x86_64-CHECKSUM
Resolving alt.fedoraproject.org (alt.fedoraproject.org)... 209.132.181.16, 8.43.
85.67, 85.236.55.6, ...
Connecting to alt.fedoraproject.org (alt.fedoraproject.org)|209.132.181.16|:443.
.. connected.
HTTP request sent, awaiting response... 200 OK
Length: 1799 (1.8K)
Saving to: ‘Fedora-Cloud-30-1.2-x86_64-CHECKSUM’

Fedora-Cloud-30-1.2 100%[===================>]   1.76K  --.-KB/s    in 0s

2019-06-27 10:20:58 (67.9 MB/s) - ‘Fedora-Cloud-30-1.2-x86_64-CHECKSUM’ saved [1
799/1799]

~> gpg --verify-files *-CHECKSUM
gpg: Signature made Fri 26 Apr 2019 07:38:05 PM UTC
gpg:                using RSA key EF3C111FCFC659B9
gpg: Good signature from "Fedora (30) <fedora-30-primary@fedoraproject.org>" [un
known]
gpg: WARNING: This key is not certified with a trusted signature!
gpg:          There is no indication that the signature belongs to the owner.
Primary key fingerprint: F1D8 EC98 F241 AAF2 0DF6  9420 EF3C 111F CFC6 59B9
```

图　5-1

5. 只要签名验证成功，最后一步就是使用下面的命令验证实际的映像本身的校验和：

```
$ sha256sum -c *-CHECKSUM
```

你将收到 `*-CHECKSUM` 文件中的任何文件你尚未下载的错误，但如图 5-2 所示，我们下载的映像与文件中的校验和匹配，因此我们可以继续使用它。

```
james@automation-01: ~ (ssh)
~> sha256sum -c *-CHECKSUM
Fedora-Cloud-Base-30-1.2.x86_64.qcow2: OK
sha256sum: Fedora-Cloud-Base-30-1.2.x86_64.raw.xz: No such file or directory
Fedora-Cloud-Base-30-1.2.x86_64.raw.xz: FAILED open or read
```

图 5-2

完成这些步骤后，我们可以继续在 OpenStack 平台中使用下载的映像。当然，你可能希望在部署后自定义此映像，我们将在本书后面介绍实现此目的的方法。仅仅因为你选择了一个现成的（off-the-shelf）映像并不意味着必须保持这种方式。请注意，对于每个 Linux 发行版，这些步骤略有不同，但是宏观过程应该是相同的。重要的是验证所有下载的映像。

使用公开的操作系统映像还存在信任问题。你怎么知道作者删除了所有冗余服务并正确准备了映像呢？你如何知道没有后门或其他漏洞？虽然有许多优秀的公开可用映像，但你应该始终对下载的任何映像进行尽职调查，并确保它们适合你的环境。

如果你一定要生成自己的映像怎么办？我们将在下一节探讨这一点。

5.2.2 创建自己的虚拟机映像

前面描述的过程对于许多企业来说都很好，但是会有这样的需求：创建自己的完全定制的虚拟机映像。幸运的是，现代 Linux 发行版使实现这一点变得很容易，而且你甚至不需要在构建时使用同一个平台。

让我们看看如何使用 Ubuntu 18.04 服务器主机构建 CentOS 7.6 虚拟机映像，步骤如下：

1. 开始之前的第一步是确保构建主机能够运行虚拟机。这通常是一组 CPU 扩展，这些扩展包含在大多数现代 x86 系统中。还可以使用嵌套虚拟化构建虚拟机映像，即在另一个虚拟机中创建虚拟机。但是，要做到这一点，必须在构建的 VM 中启用虚拟化支持。在不同的虚拟机管理程序中，这个过程是不同的，在这里不详细介绍。

如果使用 VMware 虚拟机监控程序执行嵌套虚拟化，则需要为 CPU 启用**代码分析**（code profiling）支持，并启用**虚拟机监控应用程序**（hypervisor application），否则此过程中的某些步骤将失败。

2. 一旦建立并运行了你构建的主机，就需要安装**基于 Linux 内核的虚拟机（Kernel-based Virtual Machine，KVM）**工具集，执行此操作的命令会因 Linux 的构建主机版本而异，但在 Ubuntu 主机上，需要运行以下命令：

```
$ sudo apt-get install libvirt-bin libvirt-doc libvirt-clients
virtinst libguestfs-tools libosinfo-bin
$ sudo gpasswd -a <your account> libvirt
$ sudo gpasswd -a <your account> kvm
$ logout
```

注意，需要将用户账户添加到两个与 KVM 相关的组中，还需要注销并重新登录这些组，以便更改生效。

3. 完成这些后，你还需要下载所选 Linux 映像的 ISO 的本机副本。

使用以下命令下载一个 ISO 映像，因为它对于将要创建的 Centos7.6 SOE 映像已经足够了：

```
$ wget
http://vault.centos.org/7.6.1810/isos/x86_64/CentOS-7-x86_64-Minima
l-1810.iso
```

4. 所有这些都就绪后，现在将创建一个空的虚拟机磁盘映像。为此选择的最佳格式是**写入时快速复制（Quick Copy On Write，QCOW2）**格式，它与 OpenStack 和大多数公共云平台兼容。因此，我们将使此映像尽可能通用，以实现尽可能广泛的支持。

要在当前目录中创建一个 20 GB 的空白 QCOW2 映像，运行以下命令：

```
$ qemu-img create -f qcow2 centos76-soe.qcow2 20G
```

请注意，其他映像格式也可用。例如，如果专门为 VMware 构建的，那么使用 VMDK 格式是有意义的。

```
$ qemu-img create -f vmdk centos76-soe.vmdk 20G
```

注意，这两个命令都会创建稀疏映像，也就是说，它们只与它们包含的数据和元数据一样大。如果你愿意，稍后可以用选择的虚拟机监控程序平台将它们转换为预先分配的映像，如图 5-3 所示。

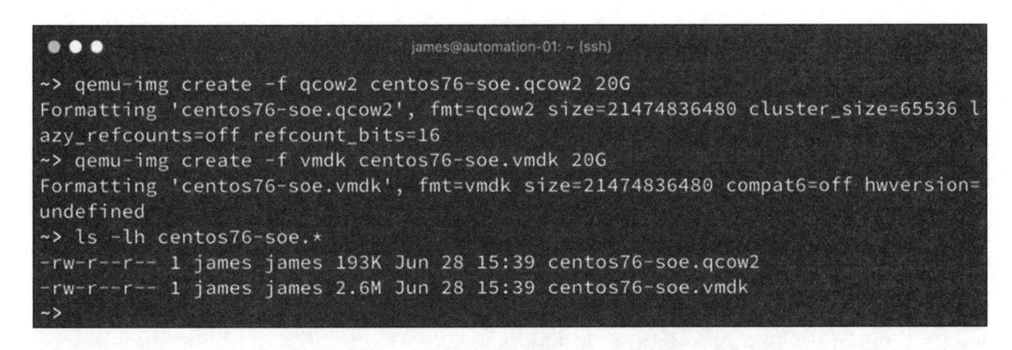

图 5-3

创建了空磁盘映像后，就可以安装 VM 映像了，步骤如下：

1. 我们将使用 `virt-install` 命令来实现这一点，它基本上就是启动临时虚拟机以安装操作系统。不要担心 CPU 和内存等参数，只要这些参数足以运行 OS 安装就可以了，因为它们与部署的虚拟机没有任何关系。

注意在 --graphics vnc,listen=0.0.0.0 选项中使用 VNC，我们将使用它来远程控制虚拟机并完成安装。如果愿意，也可以选择其他图形选项，例如 SPICE。

2. 下面的命令显示了如何使用 virt-install，采用我们之前创建的 20GB QCOW2 磁盘映像和我们先前下载的 ISO 来创建一个 CentOS 7 映像：

```
$ virt-install --virt-type kvm \
--name centos-76-soe \
--ram 1024 \
--cdrom=CentOS-7-x86_64-Minimal-1810.iso \
--disk path=/home/james/centos76-soe.qcow2,size=20,format=qcow2 \
--network network=default \
--graphics vnc,listen=0.0.0.0 \
--noautoconsole \
--os-type=linux \
--os-variant=centos7.0 \
--wait=-1
```

这些参数中的大多数都是不言自明的，但请特别注意你的环境。例如，如果编辑或删除了 default 网络，则前面的命令将失败。同样，请确保所有引用的文件路径都正确。

要查看支持的 --os-variant 参数列表，请运行 osinfo-query os 命令。

当然，你会根据正在安装的操作系统、磁盘映像名称等更改这些参数。

3. 现在，让我们运行这个命令，如图 5-4 所示，在成功时，它应该通知你，你可以连接到虚拟机控制台继续：

```
james@automation-01: ~ (ssh)
~> virt-install --virt-type kvm \
> --name centos-76-soe \
> --ram 1024 \
> --cdrom=CentOS-7-x86_64-Minimal-1810.iso \
> --disk path=/home/james/centos76-soe.qcow2,size=20,format=qcow2 \
> --network network=default \
> --graphics vnc,listen=0.0.0.0 \
> --noautoconsole \
> --os-type=linux \
> --os-variant=centos7.0 \
> --wait=-1

Starting install...
Domain installation still in progress. Waiting for installation to complete.
```

图 5-4

4. 我们现在将使用 `virt-viewer` 实用程序从另一个 shell 连接到它。

```
$ virt-viewer centos-76-soe
```

从这里开始，将以正常方式安装操作系统。正如我们在第4章中所讨论的，请尝试尽可能小的安装。不要太担心主机名等内容，因为这些应该稍后在部署过程中设置；请指定以下内容：

1. 选择与区域设置最相关的 KEYBOARD 和 LANGUAGE SUPPORT。
2. 为国家/地区选择适当的 DATE & TIME 设置。
3. 确保 SOFTWARE SELECTION 是 Minimal Install（这是默认设置）。
4. 设置 INSTALLATION DESTINATION，使用前面的 `virt-install` 命令只把一个虚拟硬盘驱动器连接到此 VM，因此这是选择它的原因。
5. 根据需要启用或禁用 KDUMP。
6. 确保在 NETWORK & HOST NAME 下启用网络。

生成的 CentOS 7 安装设置屏幕如图 5-5 所示。

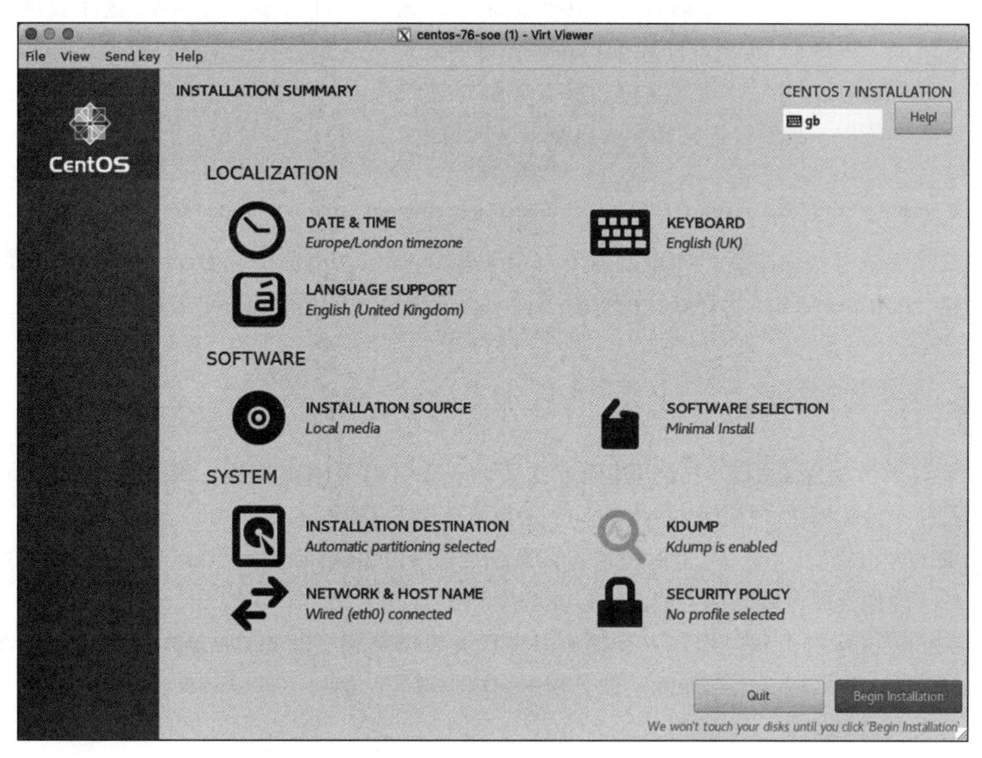

图 5-5

允许此安装正常完成，然后登录到刚刚创建的 VM。登录到正在运行的 VM 之后，你应该执行希望在 VM 模板的最终版本中显示的任何和所有定制内容。在本章的下一节中，我们将讨论如何使用 Ansible 来配置已部署的虚拟机，而使用它来构建模板也没有什么不同，因此，为了避免与后面的章节重叠，我们不在这里详细介绍 Ansible 配置工作。

当虚拟机在初始安装后重新启动时，你可能会发现它已关闭。

如果是这样，将需要使用 virsh 实用程序取消定义它，然后对以前的 virt-install 命令稍做修改，并再次运行它，告诉 virt install 这次从硬盘映像而不是 CD 启动，命令如下：

```
$ virsh undefine centos-76-soe
$ virt-install --virt-type kvm \
--name centos-76-soe \
--ram 1024 \
--disk path=/home/james/centos76-soe.qcow2,size=20,format=qcow2 \
--network network=default \
--graphics vnc,listen=0.0.0.0 \
--noautoconsole \
--os-type=linux \
--os-variant=centos7.0 \
--boot=hd
```

值得注意的是，在这个阶段，大多数云平台，无论是 OpenStack、AWS 还是其他服务都使用 cloud-init 实用程序在虚拟机映像部署和运行后执行初始配置。因此，作为最低要求，我们将在关闭 VM 映像之前将其安装到 VM 映像中。下面列出了手动安装所需的命令，在下一节中，我们将把它转换为可供安装的角色：

```
$ yum -y install epel-release
$ yum -y install cloud-init cloud-utils-growpart dracut-modules-growroot
```

成功完成这些命令后，你可能需要自定义 /etc/cloud/cloud.cfg，为你将使用的环境配置 cloud-init，尽管默认配置对于许多环境来说都是一个良好的开端。

考虑到云平台的多样性，把配置 cloud-init 留作一个练习。

最后，当执行了所需的任何其他定制后，现在可以关闭虚拟机。确保干净地关闭它，而不是简单地关闭它，因为这将成为一个大规模部署的模板。

关闭虚拟机后，下一步是对映像运行**系统准备**（system preparation，sysprep），然后压缩稀疏映像文件，使其尽可能小，以便分发和存档。

sysprepping 的过程是准备一个映像以进行大规模部署。因此，所有唯一可识别的参数都将被擦除，以生成一个干净的映像，用于大规模部署，例如，需要清除：

- SSH 主机密钥
- 历史记录文件
- 本机会话配置
- 日志文件

- 在网络配置中的 MAC 地址引用

前面的列表并不详尽，尽管要将映像视为真正干净并准备好部署的映像，有许多项需要清理，这需要一整章来解释它们。幸运的是，KVM 工具套件中有两个命令可以为我们执行这些任务。

```
$ sudo virt-sysprep -a centos76-soe.qcow2
$ sudo virt-sparsify --compress centos76-soe.qcow2 centos76-soe-final.qcow2
```

尽管第一个命令的输出太长，无法容纳在一个屏幕截图中，但它显示了各种各样的，被认为是 sysprep 的一部分的任务，如果你发现需要手动或使用 Ansible 运行此过程，`virt-sysprep` 实用程序应该为你应该执行的任务提供一个很好的指导，如图 5-6 所示。

```
james@automation-01: ~ (ssh)
~> sudo virt-sysprep -a centos76-soe.qcow2
[   0.0] Examining the guest ...
[   5.8] Performing "abrt-data" ...
[   5.8] Performing "backup-files" ...
[   7.1] Performing "bash-history" ...
[   7.1] Performing "blkid-tab" ...
[   7.2] Performing "crash-data" ...
[   7.2] Performing "cron-spool" ...
[   7.2] Performing "dhcp-client-state" ...
[   7.2] Performing "dhcp-server-state" ...
[   7.2] Performing "dovecot-data" ...
[   7.2] Performing "logfiles" ...
[   7.2] Performing "machine-id" ...
[   7.2] Performing "mail-spool" ...
[   7.2] Performing "net-hostname" ...
[   7.2] Performing "net-hwaddr" ...
[   7.3] Performing "pacct-log" ...
[   7.3] Performing "package-manager-cache" ...
[   7.3] Performing "pam-data" ...
[   7.3] Performing "passwd-backups" ...
[   7.3] Performing "puppet-data-log" ...
[   7.3] Performing "rh-subscription-manager" ...
[   7.3] Performing "rhn-systemid" ...
[   7.3] Performing "rpm-db" ...
[   7.3] Performing "samba-db-log" ...
[   7.3] Performing "script" ...
[   7.3] Performing "smolt-uuid" ...
[   7.3] Performing "ssh-hostkeys" ...
[   7.3] Performing "ssh-userdir" ...
[   7.3] Performing "sssd-db-log" ...
[   7.3] Performing "tmp-files" ...
[   7.3] Performing "udev-persistent-net" ...
[   7.3] Performing "utmp" ...
```

图　5-6

最后，我们重新对磁盘映像稀疏化，有效地压缩它以实现高效存储。请注意，如果在运行此工具时收到任何可用空间警告（默认情况下，它需要 /tmp 中的大量空间，具体数量将由虚拟磁盘映像的大小决定），则通常不应忽略这些警告，因为该实用程序可能会填满分区，并因此阻止构建主机正常工作，如图 5-7 所示。

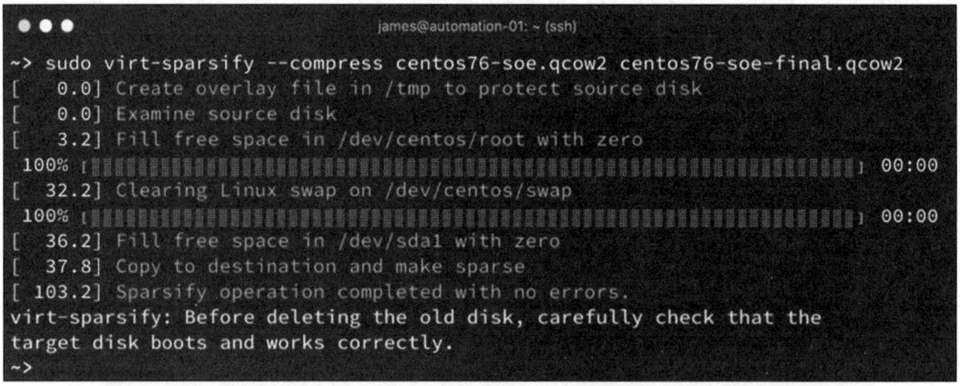

```
james@automation-01: ~ (ssh)
~> sudo virt-sparsify --compress centos76-soe.qcow2 centos76-soe-final.qcow2
[   0.0] Create overlay file in /tmp to protect source disk
[   0.0] Examine source disk
[   3.2] Fill free space in /dev/centos/root with zero
 100% [████████████████████████████████████████████████████████████████] 00:00
[  32.2] Clearing Linux swap on /dev/centos/swap
 100% [████████████████████████████████████████████████████████████████] 00:00
[  36.2] Fill free space in /dev/sda1 with zero
[  37.8] Copy to destination and make sparse
[ 103.2] Sparsify operation completed with no errors.
virt-sparsify: Before deleting the old disk, carefully check that the
target disk boots and works correctly.
~>
```

图 5-7

本章这一部分中执行的步骤应该适用于任何 Linux 发行版，在任何 Linux 主机上构建。与以往一样，请参阅首选发行版的文档，以获取有关软件包名称的指导。尽管如此，通过遵循这个过程，你现在已经成功地构建了一个完全定制的云映像，你应该能够将其上载到许多流行的云和虚拟机管理程序平台上面。

从现在开始，我们将更详细地了解如何使用 Ansible 自定义模板，而不是像本节中那样手动输入命令。

5.3 使用 Ansible 构建和标准化模板

你现在应该有一个基本的 Linux 映像，以便在企业中部署。如果选择下载一个现成的模板（或者确实是使用公共云提供商提供的模板），那么映像将是一个非常空白的模板，随时可以定制。如果你之前选择构建自己的映像，那么你可能已经选择执行了少量定制，例如我们之前执行的 cloud-init 安装。然而，你会注意到，我们是手工完成这些的，这与在本书早期所称赞的可伸缩、可重复、可审核的流程很不一样。在这一节，我们将了解如何使用 Ansible 自定义一个基本模板，而不管它来自何处。

没有普适的 Linux 映像，因此，本章介绍的方法并不一定是最佳的。但是，我们将研究一些与自定义为要部署的映像相关联的更常见的任务，例如：

- ❑ 将文件传输到映像中
- ❑ 安装软件包

- 编辑配置文件
- 验证映像

通过这些示例的组合，大多数读者都应该能够轻松地根据需求定制自己的映像。让我们开始更深入地探讨这个问题，看看如何将文件传输到之前使用 Ansible 创建的虚拟机映像中。

5.3.1　将文件传输到映像中

根据作者的经验，通常需要将文件注入（inject）到操作系统映像中，以确保它满足给定的要求。这些文件可能是简单的文本文件，例如当前的企业标准每日消息（message of the day）、现有软件包的配置文件，甚至可能是软件包中不存在的二进制文件。Ansible 可以轻松地处理所有这些问题，所以让我们看一些具体的例子。一般来说，在角色中编写 Ansible 代码以支持重用和可读性是一种很好的做法，因此我们将在这里为示例定义一个角色。在这个例子中，做了以下假设：

- 我们已经下载 / 构建了本章上一节中概述的 Linux 模板。
- 我们正在虚拟机中运行此裸模板。
- 此虚拟机的 IP 地址为 `192.168.81.141`。
- 虚拟机已使用以下凭据设置了用户账户：
  - 用户名：`imagebuild`。
  - 口令：`password`。
  - 此账户已启用 sudo。

我们不会分发一个其中包含一个使用这样的弱口令的启用 sudo 的账户的云映像，因此假设只在构建阶段使用该账户，然后在清理阶段将其删除。Ansible 需要能够连接到远程主机来执行它的工作，但是它使用的账户在本质上可能是暂时的，并且在使用后会被删除。

1. 在示例中，我们将创建一个类似于下面的清单文件，这与实际清单文件会有所不同，为你的映像和环境定制它是留给你的一个练习：

```
[imagesetup]
192.168.81.141

[imagesetup:vars]
ansible_user=imagebuild
ansible_password=password
ansible_sudo_pass=password
```

这是一个非常简单的示例；在许多方面，当我们没有配置 SSH 密钥身份验证时，它是这个过程所需的最低限度的配置。SSH 密钥通常是处理 SSH 身份验证的最佳方法，因为它们提供了一些好处，尤其是任务可以在没有口令提示的情况下运行。

尽管此清单文件本质上是暂时的，但使用 `ansible-vault` 存储口令仍然是最佳实践，这里建议这样做。为了简单性和减少步骤的数量，我们将不加密口令（采用明文）。

2. 接下来，我们将为角色创建基本目录结构：

```
$ mkdir -p roles/filecopyexample/tasks
$ mkdir -p roles/filecopyexample/files
```

3. 现在，让我们创建几个示例文件进行复制。首先，创建一个要附加到 roles/filecopyexample/files/motd 中的当天消息的自定义消息：

```
------------------------
Enteprise Linux Template
Created with Ansible
------------------------
```

4. 我们还要为 chrony 服务创建一个新的配置文件来同步我们的公司时间服务器，在 roles/filecopyexample/files/chrony.conf 中输入：

```
pool ntp.example.com iburst maxsources 4

keyfile /etc/chrony/chrony.keys

driftfile /var/lib/chrony/chrony.drift

logdir /var/log/chrony

maxupdateskew 100.0

rtcsync

makestep 1 3
```

我们打算将这两个文件复制到远程服务器。但是，Ansible 并不局限于从 Ansible 主机复制文件，它还可以将文件从远程服务器直接下载到目标主机。

1. 假设构建需要 docker-compose，我们可以从内部服务器下载它，如果映像服务器可以访问 internet，则可以直接从 internet 下载。假设在映像中安装 docker-compose 1.18.0，我们可以指示 Ansible 直接从 https://github.com/docker/compose/releases/download/1.18.0/docker-compose-Linux-x86_64 下载。

2. 现在，构建角色来复制两个文件并把 docker-compose 下载到映像中，这必须写在 roles/filecopyexample/tasks/main.yml 中。此角色的第一部分显示在以下代码中，用于跨我们前面讨论的两个配置文件进行复制：

```
---
- name: Copy new MOTD file, and backup any existing file if it
exists
  copy:
    src: files/motd
    dest: /etc/motd
    owner: root
    group: root
    mode: '0644'
    backup: yes
- name: Copy across new chrony configuration, and backup any
```

```
existing file if it exists
  copy:
    src: files/chrony.conf
    dest: /etc/chrony.conf
    owner: root
    group: root
    mode: '0644'
    backup: yes
```

此角色继续在VM映像上安装docker-compose的任务。

```
- name: Install docker-compose 1.18.0
  get_url:
    url:
https://github.com/docker/compose/releases/download/1.18.0/docker-c
ompose-Linux-x86_64
    dest: /usr/local/bin/docker-compose
    mode: 0755
    owner: root
    group: root
```

因此，我们的角色现在已经完成了，不过请确保为你的环境正确定制它。例如，docker-compose可能有较新的版本，这意味着前面的get_url模块的url参数将发生更改。

chrony配置文件的路径可能会因操作系统而异，请在运行前面的剧本之前检查此项。示例中显示的路径适用于CentOS 7系统，正如我们先前构建的系统。

3. 我们将在顶级目录中（从中创建roles/目录）创建一个供调用的site.yml文件，并运行此角色。这应该包含以下内容：

```
---
- name: Run example roles
  hosts: all
  become: yes

  roles:
    - filecopyexample
```

4. 最后，用ansible-playbook -i hosts site.yml命令运行我们的示例并查看发生了什么，如图5-8所示。

如我们所见，changed的状态告诉我们所有三个文件都已成功传输或下载，作为示例，我们可以看到现在可以运行docker-compose了，它是在剧本运行期间安装的（尽管这需要Docker正确运行，在本例中没有安装它）。

显然，这个示例已经做出了一个基本假设，即在构建阶段，chrony包安装在我们的示例映像上。尽管从一个最小的操作系统映像开始是有意义的，但几乎可以肯定的是，在基本构建之上安装一些补充软件包是有必要的，我们将在下一节中对此进行探讨。

```
james@automation-01: ~/hands-on-automation/chapter05/example01 (ssh)
~/hands-on-automation/chapter05/example01> ansible-playbook -i hosts site.yml

PLAY [Run example roles] ************************************************************

TASK [Gathering Facts] **************************************************************
ok: [192.168.81.141]

TASK [filecopyexample : Copy new MOTD file, and backup any existing file if it e
xists] ***
changed: [192.168.81.141]

TASK [filecopyexample : Copy across new chrony configuration, and backup any exi
sting file if it exists] ***
changed: [192.168.81.141]

TASK [filecopyexample : Install docker-compose 1.18.0] *************************
changed: [192.168.81.141]

PLAY RECAP **************************************************************************
192.168.81.141             : ok=4    changed=3    unreachable=0    failed=0

~/hands-on-automation/chapter05/example01> docker-compose
Define and run multi-container applications with Docker.

Usage:
  docker-compose [-f <arg>...] [options] [COMMAND] [ARGS...]
  docker-compose -h|--help
```

图 5-8

5.3.2 安装软件包

我们在上一节中已经介绍了如何安装独立的二进制文件，如 docker-compose，但是如果需要实际安装一些未安装在基本映像中的其他操作系统软件包呢？例如，cloud-init 在大多数云环境中非常有用，但它没有包含在我们之前执行的 CentOS 7 最小安装中。

在这里，Ansible 同样可以提供帮助，我们将定义一个角色来安装需要的软件包。我们将重用上一节中的清单文件，并以与之前相同的方式创建一个名为 packageinstall 的新角色。

1. 现在，前面关于复制文件的示例将适用于所有 Linux 分发版，唯一需要注意的是目标文件存在的位置可能不同。例如，CentOS 7 虚拟机映像将在 /etc/chrony.conf 中安装 chrony 配置文件，而 Ubuntu 18.04 LTS 服务器将在 /etc/chrony/chrony.conf 中安装它。除了对 copy 模块的 dest: 参数的这一小改动之外，代码将保持不变。

遗憾的是，软件包的安装会变得更复杂一些。

2. 假设我们想在 CentOS 7 2 示例映像上安装 cloud-init 和 docker，执行此操作所需的角色可能如下所示：

```
---
- name: Install the epel-release package
  yum:
    name: epel-release
    state: present

- name: Install cloud-init and docker
  yum:
    name: "{{ item }}"
    state: present
  loop:
    - cloud-init
    - docker
```

3. 我们必须先安装EPEL存储库，然后才能安装所需的软件包装。当我们运行它时，输出如图5-9所示。

```
james@automation-01: ~/hands-on-automation/chapter05/example02 (ssh)
~/hands-on-automation/chapter05/example02> ansible-playbook -i hosts site.yml

PLAY [Run example roles] *******************************************************

TASK [Gathering Facts] *********************************************************
ok: [192.168.81.144]

TASK [packageinstall : Install the epel-release package] ***********************
changed: [192.168.81.144]

TASK [packageinstall : Install cloud-init and docker] **************************
changed: [192.168.81.144] => (item=cloud-init)
changed: [192.168.81.144] => (item=docker)

PLAY RECAP *********************************************************************
192.168.81.144             : ok=3    changed=2    unreachable=0    failed=0

~/hands-on-automation/chapter05/example02>
```

图　5-9

如果使用的是不同的Linux发行版，那么需要相应地改变包管理器。例如，在使用apt包管理器的发行版（如Debian或Ubuntu）上，等效的Ansible角色类似于以下代码块：

```
---
- name: Install cloud-init and docker
  apt:
    name: "{{ item }}"
    state: present
  loop:
    - cloud-init
    - docker.io
```

注意模块从yum到apt的变化，以及用于Docker容器服务的不同软件包名。除此之外，剧本几乎是一模一样的。

我们可以进一步改进，这种不同导致了需要为两种不同的操作系统基础维护两个不同的角色，但是如果我们可以智能地将它们组合成一个角色呢？幸运的是，Ansible 在第一次运行时收集的事实可以用来识别操作系统，从而运行正确的代码。

我们将重新利用前面的示例代码，将这两个安装组合成一个 Ansible 角色。

1. 代码的第一部分与前面的示例几乎相同，只是我们现在已经指定了 When 子句，以确保它只在基于 Debian 或 Ubuntu 的 Linux 发行版上运行。

```
---
- name: Install cloud-init and docker
  apt:
    name: "{{ item }}"
    state: present
  loop:
    - cloud-init
    - docker.io
  when: ansible_distribution == 'Debian' or ansible_distribution ==
'Ubuntu'
```

2. 我们再添加两个任务在 CentOS 或 Red Hat Enterprise Linux 上执行安装 Docker 所需的步骤。

```
- name: Install the epel-release package
  yum:
    name: epel-release
    state: present
  when: ansible_distribution == 'CentOS' or ansible_distribution ==
'Red Hat enterprise Linux'

- name: Install cloud-init and docker
  yum:
    name: "{{ item }}"
    state: present
  loop:
    - cloud-init
    - docker
  when: ansible_distribution == 'CentOS' or ansible_distribution ==
'Red Hat enterprise Linux'
```

再次注意每个任务下的 when 子句，这些具体示例用于根据 Ansible 在运行的初始部分获得的事实来确定是否应该运行任务。因此，如果我们现在在 Ubuntu 系统上运行这个角色，我们会看到如图 5-10 所示的内容。

3. 如你所见，与 apt 相关的第一个任务是运行的，但是下面基于 yum 的两个任务由于不满足 when 子句的条件，已被跳过。现在，如果在 CentOS 7 目标上运行它，我们会看到如图 5-11 所示的内容。

现在情况正好相反：apt 任务被跳过，但运行了两个与 yum 相关的任务。通过这种方式，即使在处理几个不同的基本操作系统时，也可以维护单个角色来安装一组通用的软件包需求。将 when 子句与 Ansible 事实相结合是一种非常有效的方法，可以确保单个代码库在跨各种系统时的正确行为，因此如果 SOE 确实扩展到基于 Debian 和 Red Hat 的系统，那么仍然可以轻松简单地维护代码。

```
james@automation-01: ~/hands-on-automation/chapter05/example04 (ssh)
~/hands-on-automation/chapter05/example04> ansible-playbook -i hosts site.yml

PLAY [Run example roles] *******************************************************

TASK [Gathering Facts] *********************************************************
ok: [192.168.81.141]

TASK [packageinstall : Install cloud-init and docker] *************************
ok: [192.168.81.141] => (item=cloud-init)
ok: [192.168.81.141] => (item=docker.io)

TASK [packageinstall : Install the epel-release package] **********************
skipping: [192.168.81.141]

TASK [packageinstall : Install cloud-init and docker] *************************
skipping: [192.168.81.141] => (item=cloud-init)
skipping: [192.168.81.141] => (item=docker)

PLAY RECAP *********************************************************************
192.168.81.141             : ok=2    changed=0    unreachable=0    failed=0

~/hands-on-automation/chapter05/example04>
```

图　5-10

```
james@automation-01: ~/hands-on-automation/chapter05/example04 (ssh)
~/hands-on-automation/chapter05/example04> ansible-playbook -i hosts site.yml

PLAY [Run example roles] *******************************************************

TASK [Gathering Facts] *********************************************************
ok: [192.168.81.144]

TASK [packageinstall : Install cloud-init and docker] *************************
skipping: [192.168.81.144] => (item=cloud-init)
skipping: [192.168.81.144] => (item=docker.io)

TASK [packageinstall : Install the epel-release package] **********************
ok: [192.168.81.144]

TASK [packageinstall : Install cloud-init and docker] *************************
ok: [192.168.81.144] => (item=cloud-init)
ok: [192.168.81.144] => (item=docker)

PLAY RECAP *********************************************************************
192.168.81.144             : ok=3    changed=0    unreachable=0    failed=0

~/hands-on-automation/chapter05/example04>
```

图　5-11

一旦安装了补充软件包，通常必须对其进行配置才能使其有用。在下一节中，我们将探讨 Ansible 在编辑配置文件中的用法。

5.3.3 编辑配置文件

到目前为止，我们已经执行的所有的配置工作都非常明确，要么安装一些东西（一个文件或一个软件包），要么可以轻松删除它（这将在 5.4 节给出更全面的介绍）。但是，如果需要了解更多的细节呢？在 5.3.1 节中，我们用自己的版本替换整个 `chrony.conf` 文件。然而，这可能有点太暴力了。例如，我们可能只需要更改文件中的一行，而将替换整个文件变成更改一行的工作量有点繁重，特别是当你考虑到配置文件可能会在将来的软件包版本中更新时。

让我们看看另一个常见的操作系统映像配置要求：SSH 守护进程安全性。默认情况下，CentOS 7 安装（如我们之前创建的安装）允许从 root 账户进行远程登录。因为出于安全考虑，这是不可取的，所以问题是，我们如何更新 SSH 守护程序配置而不必替换整个文件呢？幸运的是，Ansible 有用于此类任务的模块。

要执行此任务，`lineinfile` 模块将派上用场。考虑以下角色，我们将其称为 `securesshd`：

```
---
- name: Disable root logins over SSH
  lineinfile:
    dest: /etc/ssh/sshd_config
    regexp: "^PermitRootLogin"
    line: "PermitRootLogin no"
    state: present
```

在这里，我们使用 `lineinfile` 模块来处理 /etc/ssh/sshd_config 文件。指定它寻找以 `PermitRootLogin` 开头的行（这可以防止意外地编辑已注释掉的行），然后用 `PermitRootLogin no` 替换这一行。

让我们在 CentOS 7 测试系统上执行，如图 5-12 所示。

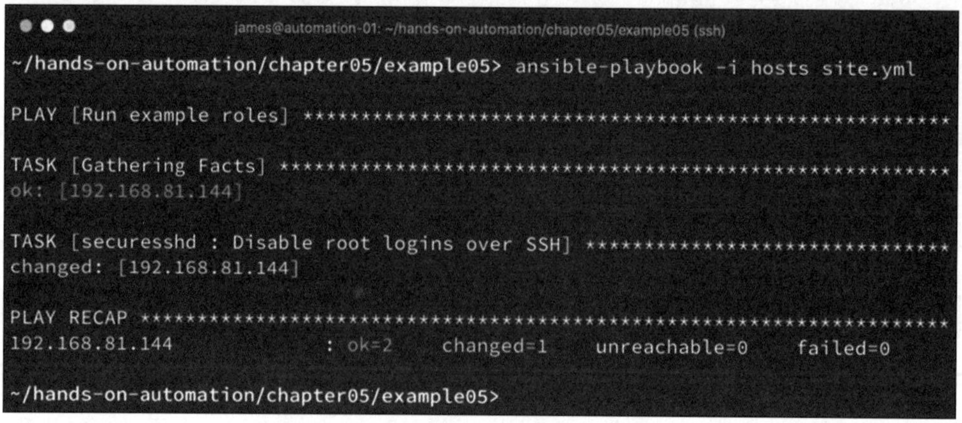

```
james@automation-01: ~/hands-on-automation/chapter05/example05 (ssh)
~/hands-on-automation/chapter05/example05> ansible-playbook -i hosts site.yml

PLAY [Run example roles] *******************************************************

TASK [Gathering Facts] *********************************************************
ok: [192.168.81.144]

TASK [securesshd : Disable root logins over SSH] *******************************
changed: [192.168.81.144]

PLAY RECAP *********************************************************************
192.168.81.144             : ok=2    changed=1    unreachable=0    failed=0

~/hands-on-automation/chapter05/example05>
```

图 5-12

这正是我们想要的。不过，编写正则表达式需要非常小心。例如，SSH 守护进程将处理在行首包含空格的配置行。但是，前面代码中的简单正则表达式不考虑空格，因此很容易错过其他有效的 SSH 配置指令。考虑所有可能的情况和文件的排列来设计正则表达式本身就是一门艺术，因此在创建和使用正则表达式时一定要小心谨慎。

请注意，在正在运行的系统上，还需要重新启动 SSH 服务以使此更改生效。但是，由于这是一个映像，我们将对其进行清理，然后关闭以供将来部署，因此无须在此处执行此操作。

在上传一个完整的文件和编辑一个现有的文件之间，使用模板是一个中间选择。Ansible Jinja2 模板的功能非常强大，因为文件的内容可能会随某些变量参数的变化而变化。

再次考虑前面的 chrony 配置示例，我们传输了一个静态文件，其中包含一个硬编码的 NTP 服务器地址。如果企业依赖于一个静态 NTP 服务器（或一组静态 NTP 服务器），那么这是很好的，但是有些服务器依赖于不同的 NTP 服务器，具体取决于要部署的映像的位置。

用一个名为 templatentp 的新角色来演示这一点。我们将在 roles/templatentp/templates 中定义一个模板目录，并将一个包含以下内容的名为 chrony.conf.j2 的文件放在里面：

```
pool {{ ntpserver }} iburst maxsources 4

keyfile /etc/chrony/chrony.keys

driftfile /var/lib/chrony/chrony.drift

logdir /var/log/chrony

maxupdateskew 100.0

rtcsync

makestep 1 3
```

注意这个文件与前面的示例几乎相同，只是在文件的第一行有一个 Ansible 变量名来代替静态主机名。

创建此角色的 main.yml 文件如下：

```
---
- name: Deploy chrony configuration template
  template:
    src: templates/chrony.conf.j2
    dest: /etc/chrony.conf
    owner: root
```

```
    group: root
    mode: '0644'
    backup: yes
```

请注意，它与 copy 示例非常相似。`site.yml` 也只是略有不同，我们将用 NTP 服务器主机名定义此变量。Ansible 中有许多地方都可以定义此类变量，由用户自行确定定义它的最佳位置。

```
---
- name: Run example roles
  hosts: all
  become: yes

  vars:
    ntpserver: time.example.com

  roles:
    - templatentp
```

最后，我们运行剧本并查看结果，如图 5-13 所示。

```
james@automation-01: ~/hands-on-automation/chapter05/example06 (ssh)
~/hands-on-automation/chapter05/example06> ansible-playbook -i hosts site.yml

PLAY [Run example roles] ****************************************************

TASK [Gathering Facts] ******************************************************
ok: [192.168.81.144]

TASK [templatentp : Deploy chrony configuration template] *******************
changed: [192.168.81.144]

PLAY RECAP ******************************************************************
192.168.81.144             : ok=2    changed=1    unreachable=0    failed=0

~/hands-on-automation/chapter05/example06>
```

图 5-13

这样，Ansible 提供了强大的工具，不仅可以将整个配置复制或下载到位，还可以操纵现有配置以适应环境。假设映像现在已经完成了。我们可以相信这一点，但良好的实践表明，我们应该始终测试任何构建过程的结果，尤其是自动构建过程的结果。幸好，Ansible 可以帮助我们验证根据需求创建的映像，将在下一节中对此进行探讨。

5.3.4 验证映像构建

像安装和配置映像一样，你可能还希望验证某些关键组件以及假定存在的组件是否真实存在。当下载由其他人创建的映像时尤其如此。

在 Ansible 中，有许多方法都可以执行此任务，举一个简单的例子。假设有一个存档脚本，它使用 `bzip2` 压缩实用程序来压缩文件。这只是一个很小的工具，但是如果出于某些目的依赖它，那么如果它不存在，你的脚本就会中断。这也是一个相关的例子，因为 CentOS 7 的最小安装（正如我们之前执行的）实际上并不包括它！如何解决这个问题呢？我们可以采取两种方法。首先，我们从 Ansible 的早期背景工作中了解到，大多数模块都是幂等的，也就是说，它们的设计目的是在目标主机上实现所需的状态，而不会重复已经执行的操作。

因此，我们可以很容易地在配置剧本中包含如下一个角色：

```
---
- name: Ensure bzip2 is installed
  yum:
    name: bzip2
    state: present
```

当运行此角色而未安装 bzip2 时，它将执行安装并返回 changed 的结果。当它检测到安装了 bzip2 时，它将返回 ok 并且不执行进一步的操作。然而，如果我们真的想检查一些东西，而不是仅仅执行一个操作，也许作为一个构建后步骤呢？在本书后面，我们将研究更详细的审计系统的方法，但是现在，我们用 Ansible 进一步说明这个示例。

如果使用的是 shell 命令，那么可以通过以下两种方法之一检查 bzip2 的存在，即查询 RPM 数据库以查看是否安装了 bzip2 包，或者检查文件系统上是否存在 /bin/bzip2。

1. 在 Ansible 中看看后一个示例。Ansible stat 模块可用于验证文件是否存在。考虑以下代码，我们将以常规的方式在名为 checkbzip2 的角色中创建这些代码：

```
---
- name: Check for the existence of bzip2
  stat:
    path: /bin/bzip2
  register: bzip2result
  failed_when: bzip2result.stat.exists == false

- name: Display a message if bzip2 exists
  debug:
    msg: bzip2 installed.
```

这里，我们使用 stat 模块告诉我们关于 /bin/bzip2 文件的状态（是否存在）。我们在一个名为 bzip2result 的变量中 register 注册模块运行的结果，然后在任务上定义一个自定义故障条件，如果文件不存在，该条件将导致任务失败（从而使整个剧本运行失败）。请注意，当遇到故障情况时，Ansible 会停止整个剧本的运行，迫使你在继续之前解决问题。显然，这可能是你想要的行为，也可能不是，但是很容易相应地改变故障条件。

2. 让我们实际看看如图 5-14 所示的结果。

如你所见，由于遇到故障，debug 语句从未运行过。因此，在运行这个角色时，我们完全可以确定映像将安装 bzip2，如果不安装，剧本运行将失败。

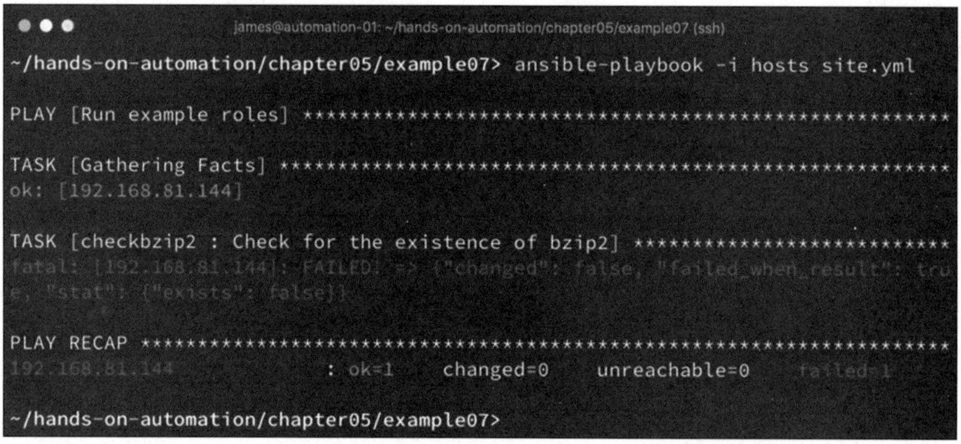

```
james@automation-01: ~/hands-on-automation/chapter05/example07 (ssh)
~/hands-on-automation/chapter05/example07> ansible-playbook -i hosts site.yml

PLAY [Run example roles] ***********************************************************

TASK [Gathering Facts] *************************************************************
ok: [192.168.81.144]

TASK [checkbzip2 : Check for the existence of bzip2] *******************************
fatal: [192.168.81.144]: FAILED! => {"changed": false, "failed_when_result": tru
e, "stat": {"exists": false}}

PLAY RECAP *************************************************************************
192.168.81.144             : ok=1    changed=0    unreachable=0    failed=1

~/hands-on-automation/chapter05/example07>
```

图 5-14

3. 一旦安装了 bzip2，运行情况看起来就完全不同了，如图 5-15 所示。

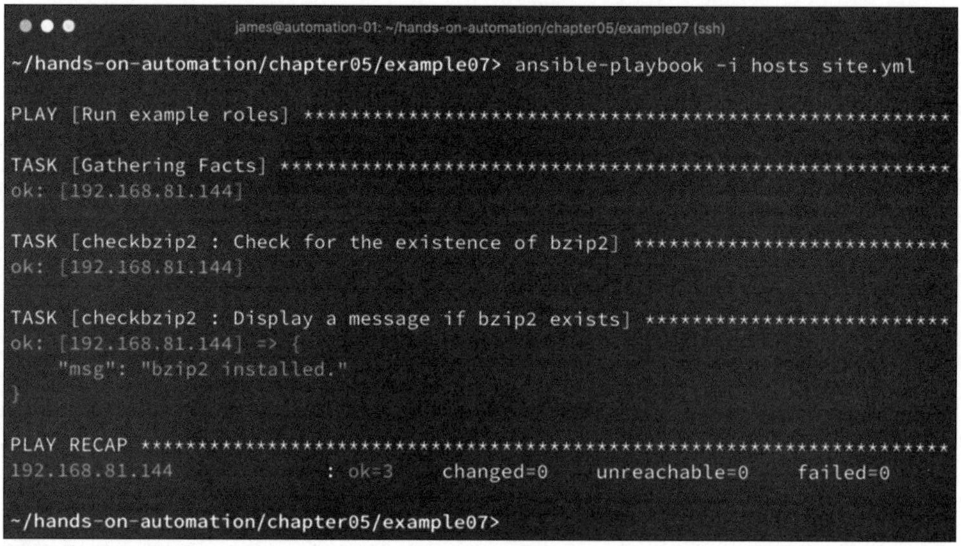

```
james@automation-01: ~/hands-on-automation/chapter05/example07 (ssh)
~/hands-on-automation/chapter05/example07> ansible-playbook -i hosts site.yml

PLAY [Run example roles] ***********************************************************

TASK [Gathering Facts] *************************************************************
ok: [192.168.81.144]

TASK [checkbzip2 : Check for the existence of bzip2] *******************************
ok: [192.168.81.144]

TASK [checkbzip2 : Display a message if bzip2 exists] ******************************
ok: [192.168.81.144] => {
    "msg": "bzip2 installed."
}

PLAY RECAP *************************************************************************
192.168.81.144             : ok=3    changed=0    unreachable=0    failed=0

~/hands-on-automation/chapter05/example07>
```

图 5-15

它的行为非常明确，这正是我们想要的。Ansible 不仅仅局限于检查文件，尽管我们还可以检查 sshd_config 文件是否具有我们之前查看过的 Permitrologin no 行。

1. 我们可以使用如下角色来完成此操作：

```
---
- name: Check root login setting in sshd_config
  command: grep -e "^PermitRootLogin no" /etc/ssh/sshd_config
  register: grepresult
  failed_when: grepresult.rc != 0
```

```
- name: Display a message if root login is disabled
  debug:
    msg: root login disabled for SSH
```

2. 现在，在设置未就位时再次运行此命令将导致故障，如图 5-16 所示。

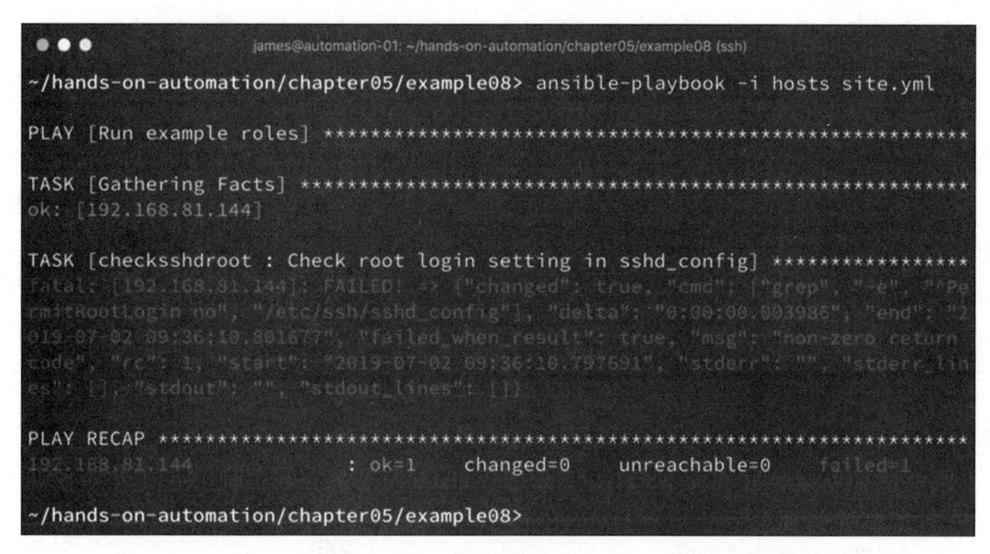

图　5-16

3. 然而，如果我们把这个设置到位，我们会看到如图 5-17 所示的情况。

```
james@automation-01: ~/hands-on-automation/chapter05/example08 (ssh)
~/hands-on-automation/chapter05/example08> ansible-playbook -i hosts site.yml

PLAY [Run example roles] ****************************************************

TASK [Gathering Facts] ******************************************************
ok: [192.168.81.144]

TASK [checksshdroot : Check root login setting in sshd_config] *****************
changed: [192.168.81.144]

TASK [checksshdroot : Display a message if root login is disabled] *************
ok: [192.168.81.144] => {
    "msg": "root login disabled for SSH"
}

PLAY RECAP ******************************************************************
192.168.81.144             : ok=3    changed=1    unreachable=0    failed=0

~/hands-on-automation/chapter05/example08>
```

图　5-17

同样，这是非常明确的。注意前面输出中的 changed 状态，这是因为我们使用了

command（命令）模块，它成功地运行了命令，因此，它总是返回 changed。如果需要的话，我们可以通过对该任务使用 changed_when 子句来更改此行为。

通过这种方式，多个 Ansible 剧本可以放在一起，不仅可以自定义构建，还可以验证最终结果。当安全性是一个考虑因素时，这对于测试目的尤其有用。

在下一节中，我们如何将迄今为止讨论过的所有不同角色和代码片段组合在一起，形成一个内聚的自动化解决方案。

5.3.5 综合

这一节中，你将注意到在所有示例中都使用了角色。当然，当谈到建立最终映象时，你不想像我们在这里所做的那样单独运行大量的剧本。幸运的是，如果要合并所有内容，我们需要做的就是将所有角色全都放在 roles/ 子目录中，然后在 site.yml 剧本中引用它们。角色目录应该是这样的：

```
~/hands-on-automation/chapter05/example09/roles> tree -d
.
├── checkbzip2
│   └── tasks
├── checksshdroot
│   └── tasks
├── filecopyexample
│   ├── files
│   └── tasks
├── installbzip2
│   └── tasks
├── packageinstall
│   └── tasks
├── securesshd
│   └── tasks
└── templatentp
    ├── tasks
    └── templates
```

然后，site.yml 文件将如下所示：

```
---
- name: Run example roles
  hosts: all
  become: yes

  roles:
    - filecopyexample
    - packageinstall
    - templatentp
    - installbzip2
    - securesshd
    - checkbzip2
    - checksshdroot
```

运行此代码留给读者作为练习，因为我们已经在本章前面运行了它的所有组成部分。但是，如果一切顺利，那么当所有角色都完成时，应该没有 `failed` 的状态，只有 `changed` 和 `ok` 的混合状态。

如果已经完成了构建后定制的过程（如本章所述），那么生成的映像可能需要再次清理。我们可以再次使用 virt-sysprep 命令，不过，Ansible 也可以帮助我们。在下一节中，我们将探讨如何使用 Ansible 清理映像以进行大规模部署。

5.4　使用 Ansible 清理构建

到目前为止，你应该对如何构建或验证基础映像以及使用 Ansible 对其进行自定义有了很好的了解。在结束本章之前，有必要重新讨论清理映像以进行部署的任务。无论你是从头构建映像还是下载现成的映像，如果你已启动映像并在其上运行命令（手动或使用 Ansible），则每次部署映像时都可能会有一大堆你确实不想看到的东西。例如，你真的希望部署的每个虚拟机上都存在执行的每个配置任务中的所有系统日志文件以及初始引导吗？如果你必须手动运行任何命令（即使是将身份验证设置为允许 Ansible 运行），你想在每个部署中都让这些命令出现在运行账户的 `.bash_history` 文件中吗？

答案当然是否定的。如果克隆这些文件，可能会导致问题，例如，重复的 SSH 主机密钥或 MAC 地址特定的配置，如 `udev` 配置数据。所有这些都应该在你考虑准备好分发映像之前清除。

Ansible 也可以帮助完成这项任务，不过建议使用我们在本章前面演示的 `virt-sysprep` 工具，因为它可以处理所有这些步骤。你不想使用此工具的原因可能是环境中没有对它的访问权限，或者它没有适合你首选的 Linux 发行版的构建。在本例中，可以使用 Ansible 执行最终清理。Ansible 的优点在于，你可以使用内置模块，正如我们在本章中所演示的那样，你也可以使用原始 shell 命令，这在整个文件系统中执行通配符操作时特别有用。

下面是一个角色的示例，该角色依赖原始 shell 命令清理映像以准备部署。它不像 `virt-sysprep` 所执行的作业那样完整，但是它确实是一个很好的例子，说明了如何使用 Ansible 来执行这个任务。请注意，此示例特定于 CentOS 7，如果使用不同的操作系统，则需要更改路径、软件包数据库清理命令等。因此，这个剧本是作为一个如何在 Ansible 中执行清理的实际例子呈现给读者的，读者可以根据自己的需求进一步了解这个问题。首先，清理软件包数据库，因为这些数据不需要跨部署复制：

```
---
- name: Clean out yum cache
  shell: yum clean all
```

继续清除日志，这是通过停止日志守护进程，强制循环日志，然后递归删除包含它们的目录来实现的：

```
- name: Stop syslog
  shell: service rsyslog stop

- name: Force log rotation
  shell: /sbin/logrotate -f /etc/logrotate.conf
  ignore_errors: yes

- name: Clean out logs
  shell: /bin/rm -f /var/log/*-???????? /var/log/*.gz /var/log/*.[0-9]
/var/log/**/*.gz /var/log/**/*.[0-9]

- name: Truncate log files
  shell: truncate -s 0 /var/log/*.log

- name: Truncate more logs
  shell: truncate -s 0 /var/log/**/*.log

- name: Clear the audit log
  shell: /bin/cat /dev/null > /var/log/audit/audit.log

- name: Clear wtmp
  shell: /bin/cat /dev/null > /var/log/wtmp
```

清除特定硬件和 MAC 地址的配置，它们将在已部署的 VM 映像上无效：

```
- name: Remove the udev persistent device rules
  shell: /bin/rm -f /etc/udev/rules.d/70*

- name: Remove network related MAC addresses and UUID's
  shell: /bin/sed -i '/^\(HWADDR\|UUID\)=/d' /etc/sysconfig/network-
scripts/ifcfg-*
```

清除 `/tmp` 并从用户主目录中删除任何历史文件。下面的示例并不完整，但确实显示了一些相关的示例：

```
- name: Clear out /tmp
  shell: /bin/rm -rf /tmp/* /var/tmp/*

- name: Remove user history
  shell: /bin/rm -f ~root/.bash_history /home/**/.bash_history

- name: Remove any viminfo files
  shell: rm -f /root/.viminfo /home/**/.viminfo
- name: Remove .ssh directories
  shell: rm -rf ~root/.ssh m -rf /home/**/.ssh
```

执行本例中的最后一个任务，删除 SSH 主机密钥。注意，在此之后，我们还关闭了 VM，这是作为此命令的一部分执行的，以防止意外创建任何其他历史记录或日志数据。另请注意 `ignore_errors` 子句，当关闭 VM 发生并且 SSH 连接终止时，它可以防止剧本失败。

```
- name: Remove SSH keys and shut down the VM (this kills SSH connection)
  shell: /bin/rm -f /etc/ssh/*key* && shutdown -h now
  ignore_errors: yes
```

在 CentOS 7 VM 上运行此代码将得到相当干净的映像，但这里没有涉及特定的内容。例如，我们已经清除了所有 bash 历史记录，但是如果使用了任何备用 shell，它们的数据将不会被清除。类似地，我们已经从 root 的主目录中清除了 VIM 应用程序数据，但是没有清除任何其他应用程序的数据，这些应用程序可能在映像创建过程中使用过，也可能没有使用过。因此，在环境中可以根据需要扩展此角色。

到目前，已经完成了 SOE 创建、定制和清理 Linux 操作系统的整个过程。Ansible 的有效使用意味着整个过程可以自动化，从而使我们能够在企业自动化方面有一个良好的开端。剩下的就是将创建的模板部署到环境中，从这里，你可以克隆它并基于它构建核心内容。

5.5　小结

我们已经了解了几个实际操作的例子，说明了如何获取或构建 Linux 虚拟机映像，以便在各种场景和环境中使用。我们已经看到了 Ansible 如何使这个过程自动化，以及它如何对映象构建过程进行补充，以支持我们之前讨论的企业自动化的良好实践，特别是 SOE 的创建和管理。

在本章中，学习了如何为模板化的目的构建 Linux 映像，以及如何获取和验证现成的映像。然后，通过实际示例了解了如何使用 Ansible 来自定义这些模板映像，包括软件包安装和配置文件管理等关键概念。最后，学习了如何确保映像构建干净整洁，并且不包含对整个复制和基础结构造成浪费或有害的数据。

在下一章中，我们将介绍如何创建在裸机服务器和一些传统虚拟化环境中使用的标准化映像。

5.6　思考题

1. 系统准备（sysprep）的目的是什么？
2. 什么时候需要在你的角色中利用 Ansible 事实？
3. 如何使用 Ansible 将新配置文件部署到虚拟机映像中？
4. Ansible 哪个模块用于从 internet 直接将文件下载到虚拟机映像中？
5. 将如何编写一个 Ansible 角色，同时适用于在 Ubuntu 和 CentOS 服务器上安装软件包？
6. 为什么要验证下载的 ISO 映像？
7. 在环境已被部署的阶段使用 Ansible 角色有什么好处。

5.7 进一步阅读

- 为了深入理解 Ansible，请参阅 James Freeman 和 Jesse Keating 的 *Mastering Ansible*, *Third Edition*，网址为 `https://www.packtpub.com/gb/virtualization-and-cloud/mastering-ansible-third-edition`。
- 有关在 Linux 上使用 KVM 进行虚拟化的更多详细信息，请参阅 Prasad Mukhedkar、Anil Vettathu 和 Humble Devassy Chirammal 的 *Mastering KVM Virtualization*，网址为 `https://www.packtpub.com/gb/networking-and-servers/mastering-kvm-virtualization`。

第6章 Chapter 6

带有 PXE 引导的自定义构建

当使用物理硬件时，不能简单地将虚拟机模板克隆到硬盘上就希望它正常工作。当然，使用正确的工具完全可以做到这一点，但这很棘手，而且无法保证生成的系统能够运行。

例如，云就绪映像将只为常见的虚拟化网络适配器安装内核模块，因此，当把它们安装在现代硬件上时，可能无法运行（或没有网络连接）。

尽管如此，在物理硬件上执行自动化、标准化的构建仍然是完全可能的，本章提供了一个完整的实践方法。结合上一章的内容，在本章结束时，你将拥有自动化构建过程的实际经验，用于标准化所有平台的映像，无论这些平台是虚拟的、基于云的还是物理的。

本章涵盖以下主题：

- PXE 引导基础知识
- 执行无人值守构建
- 将自定义脚本添加到无人值守引导配置中

6.1 技术要求

在本章中，我们将介绍物理服务器和虚拟服务器的 PXE 引导过程。你将需要在同一网络上安装两台服务器，建议将网络隔离，因为执行本章中的某些步骤可能会造成网络中断，如果在实时操作的网络中执行，甚至会造成破坏。

你需要一台服务器（或虚拟机）来预装你选择的 Linux 发行版，在示例中，我们将使用 Ubuntu server 18.04 LTS。另一台服务器（或虚拟机）应为裸机，并且适合重新安装。

本章中讨论的所有示例代码都可从 GitHub 获得，网址为 `https://github.com/PacktPublishing/Hands-On-Enterprise-Automation-on-Linux/tree/master/chapter06`。

6.2 PXE 引导基础知识

在虚拟化和云平台广泛采用之前，需要在物理服务器上生成标准化的操作系统，而不需要访问数据中心和插入某种形式的安装介质。PXE 引导是作为这一需求的常见解决方案之一创建的，它的名称来自**预执行环境**（**Pre-eXecution Environment**，**可以想象成最小的操作系统**），该环境是为了能够安装操作系统而加载的。

在宏观上，当我们讨论给定服务器的 PXE 构建时，会发生以下过程：

1. 必须将服务器配置为使用其一个（或全部）网络适配器网络启动。这通常是大多数新硬件的出厂默认设置。

2. 通电后，服务器启动网络接口，并依次在每个网络接口上尝试联系 DHCP 服务器。

3. DHCP 服务器发回 IP 地址配置参数以及有关应从何处加载预执行环境的详细信息。

4. 然后服务器提取预执行环境，通常使用**普通文件传输协议**（**Trivial File Transfer Protocol**，**TFTP**）。

5. PXE 环境运行起来，并在 TFTP 服务器上的一个已知的、定义明确的位置查找配置数据。

6. 配置数据被加载，并指示 PXE 环境如何继续执行。通常，对于 Linux，这涉及从 TFTP 服务器加载内核和初始 RAMDisk 映像，TFTP 服务器只包含刚够的 Linux 来继续安装，并从另一个网络服务（通常是 HTTP）获取更多的安装源。

尽管这一切听起来相当复杂，但事实上，当它被分解为一个逐步的过程时，还是相当简单的。在本章中，我们将介绍构建 PXE 引导服务器的过程，该服务器能够执行 CentOS 7 或 Ubuntu 18.04 服务器的无人值守安装。这将是一个很好的实际操作示例，并且还演示了如何在物理硬件上编写构建过程的脚本，在此处并没有现成的 VM 模板过程。

在 PXE 启动的任何过程之前，必须首先建立一些支持服务来提供必要的网络服务。在下一节中，我们将了解如何设置和配置这些服务。

6.2.1 安装和配置与 PXE 相关的服务

就像任何 Linux 安装一样，具体方法取决于执行安装的 Linux 发行版以及要使用的软件包。在这里，我们将使用 ISC DHCP 服务器、著名的 TFTP 守护程序和 nginx。但是，你也可以使用 dnsmasq 和 Apache。

在许多企业中，这些决策事先都已经完成了，大多数企业都已经有了某种形式的 DHCP 基础设施，许多拥有 IP 电话系统的企业也将拥有 TFTP 服务器。因此，本章只提供了一个示例，正式的实现需要符合公司建立的长期标准。

没有安全机制能阻止你在同一网络上运行两个DHCP服务器。DHCP依赖于广播消息，因此网络上的任何DHCP客户机都将从应答更快的服务器接收应答。因此，设置第二个DHCP服务器完全有可能停止网络的运行。如果你遵循本章中概述的过程，请确保在适合测试的隔离网络上执行。

对于这种设置，我们假设有一个隔离的网络。PXE服务器的IP地址为192.168.201.1，子网掩码为255.255.255.0。这些细节在设置DHCP服务器时非常重要。现在让我们来了解一下设置服务器以支持PXE引导的过程。

1. 安装以下所需软件包：

- ❑ DHCP server
- ❑ TFTP server
- ❑ Web server

假设是ubuntu18.04主机，如前所述，运行如下命令安装本章这部分所需的软件包：

```
$ apt-get install isc-dhcp-server tftpd-hpa nginx
```

2. 安装完这些软件包后，下一步是配置DHCP服务器，通过/etc/dhcp/dhcpd.conf文件配置前面的软件包。下面的代码块中显示的配置文件对于PXE引导网络来说是一个很好的（有点基本的）示例，当然，你需要编辑子网定义以匹配测试网络。文件的第一部分包含一些重要的全局指令和网络的子网定义：

```
allow bootp;
# https://www.syslinux.org/wiki/index.php?title=PXELINUX#UEFI
# This one line must be outside any bracketed scope
option architecture-type code 93 = unsigned integer 16;


subnet 192.168.201.0 netmask 255.255.255.0 {
  range 192.168.201.51 192.168.201.99;
  option broadcast-address 192.168.201.255;
  option routers 192.168.201.1;
  option domain-name-servers 192.168.201.1;
```

文件的下一部分包含配置指令，以确保根据所使用的系统类型加载正确的预执行二进制文件。在撰写本书时，通常会找到基于BIOS和UEFI的混合系统，因此以下配置很重要：

```
  class "pxeclients" {
     match if substring (option vendor-class-identifier, 0, 9) =
"PXEClient";

     if option architecture-type = 00:00 {
```

```
            filename "BIOS/pxelinux.0";
        } else if option architecture-type = 00:09 {
            filename "EFIx64/syslinux.efi";
        } else if option architecture-type = 00:07 {
            filename "EFIx64/syslinux.efi";
        } else if option architecture-type = 00:06 {
            filename "EFIia32/syslinux.efi";
        } else {
            filename "BIOS/pxelinux.0";
        }
    }
}
```

如果你以前使用过 DHCP 服务器，那么大部分内容都是一目了然的。然而，以 `class "pxeclients"` 为标题的文本块需要特别注意。几年前，服务器硬件依赖 BIOS 引导，因此 PXE 引导配置很简单，因为你只需要加载一个预引导环境。现在，大多数新服务器硬件都配置了固件，这些固件可以在**传统 BIOS 模式**或 **UEFI 模式**下运行，并且大多数默认为 UEFI，除非另有配置。根据使用的固件类型，预执行二进制文件是不同的，因此，此块中的 `if` 语句使用 DHCP `option`，在客户端发出 DHCP 请求时返回到服务器。

3. 使用此配置，启用 DHCP 服务器，然后重新启动它，如下所示：

```
$ systemctl enable isc-dhcp-server.service
$ systemctl restart isc-dhcp-server.service
```

4.TFTP 服务器的默认配置对于本例就足够了，所以，还要启用它并确保它按如下方式运行：

```
$ systemctl enable tftpd-hpa.service
$ systemctl restart tftpd-hpa.service
```

5. 最后，我们将使用 nginx 的默认配置，并为来自 `/var/www/html` 所有文件提供服务。显然，在企业环境中，你希望做一些更高级的事情，但是对于下面的实际示例，这就足够了：

```
$ systemctl enable nginx.service
$ systemctl restart nginx.service
```

这是服务器基础设施配置，但还有最后一项任务。我们需要 TFTP 服务器的预执行环境二进制文件，用以发送到客户端。

尽管大多数 Linux 发行版都可以使用这些软件包（Ubuntu18.04 也不例外），但这些软件包通常都很旧（PXELINUX 的上一个稳定版本是在 2014 年），我也遇到过一些已知的 bug，尤其是在使用 UEFI 硬件时。尽管你尽可以尝试新一些的快照，但作者在标记为 6.04-pre2 的版本中取得了最大的成功，因此，我们将解释如何构建此版本并将文件复制到 TFTP 服务器的正确位置，如下所示：

1. 首先，通过输入以下代码来下载并解压缩所需的 SYSLINUX 版本（其中包含 PXELINUX 代码）：

```
$ wget
https://www.zytor.com/pub/syslinux/Testing/6.04/syslinux-6.04-pre2.
tar.gz
$ tar -xzf syslinux-6.04-pre2.tar.gz
$ cd syslinux-6.04-pre2/
```

2. 接下来，需要安装一些构建工具来成功编译代码，如下所示：

```
$ sudo apt-get install nasm uuid-dev g++-multilib
```

3. 最后，确保构建目录是干净的，然后构建代码，如下所示：

```
$ make spotless
$ make
```

构建完成后，最后一步是将文件复制到正确的位置。回想一下之前的DHCP服务器配置，我们知道需要把那些与传统BIOS引导相关的文件，以及那些发布到较新UEFI引导的文件分离出来。在这里，我们将逐步完成为BIOS和UEFI网络引导设置服务器的过程：

1. 在Ubuntu 18.04上，TFTP服务器的默认根目录是/var/lib/tftpboot。在这个路径下，创建被DHCP服务器配置引用的两个目录，如下所示：

```
$ mkdir -p /var/lib/tftpboot/{EFIx64,BIOS}
```

2. 运行这组命令，收集所有与BIOS相关的引导文件，并将其复制到新创建的BIOS目录中：

```
$ cp bios/com32/libutil/libutil.c32
bios/com32/elflink/ldlinux/ldlinux.c32 bios/core/pxelinux.0
/var/lib/tftpboot/BIOS
$ mkdir /var/lib/tftpboot/BIOS/pxelinux.cfg
$ mkdir /var/lib/tftpboot/BIOS/isolinux
$ find bios -name *.c32 -exec cp {} /var/lib/tftpboot/BIOS/isolinux
\;
```

3. 重复此步骤，但是这次，我们指定UEFI相关的引导文件，如下所示：

```
$ cp efi64/com32/elflink/ldlinux/ldlinux.e64
efi64/com32/lib/libcom32.c32 efi64/com32/libutil/libutil.c32
efi64/efi/syslinux.efi /var/lib/tftpboot/EFIx64
$ mkdir /var/lib/tftpboot/EFIx64/pxelinux.cfg
$ mkdir /var/lib/tftpboot/EFIx64/isolinux
$ find efi64/ -name *.c32 -exec cp {}
/var/lib/tftpboot/EFIx64/isolinux \;
```

完成这些步骤后，我们现在拥有了一个完整的、功能齐全的PXE服务器。我们还没有下载任何操作系统映像，因此引导过程不会进行得太远，但是如果此时要执行测试，服务器固件应该报告它已从DHCP服务器获得IP地址，并且应该显示一些与引导相关的消息。然而，本书在进行任何详细的测试之前，我们将进一步构建它，在下一节中，我们将研究如何为Linux发行版获得正确的网络安装映像。

6.2.2 获取网络安装映像

PXE 引导设置过程的下一步是构建所需的映像。幸运的是，获取引导映像非常容易，内核和包通常包含在所选 Linux 发行版的 DVD ISO 映像中。显然，这可能因发行版而异，因此需要对此进行检查。在本章中，我们将展示 Ubuntu 服务器和 CentOS 7 的例子——这些原则也可以应用于许多 Debian 衍生产品、Fedora 和 Red Hat Enterprise Linux。

网络引导所需的安装映像，以及所需的安装包，通常可在完整的 DVD 映像上找到，但 live 映像往往不够，因为它们缺少一套足够完整的包来执行安装，或者缺少支持网络引导的内核。

让我们从 CentOS 7 映像开始，如下所示：

1. 首先，从距离最近的镜像站点下载最新的 DVD 映像。例如，以下代码块中显示的代码：

```
$ wget
http://mirror.netweaver.uk/centos/7.6.1810/isos/x86_64/CentOS-7-x86
_64-DVD-1810.iso
```

2. 下载后，将 ISO 映像挂载到适当的位置，以便可以从中复制文件，如下所示：

```
$ mount -o loop CentOS-7-x86_64-DVD-1810.iso /mnt
```

3. 现在，支持网络引导的内核和初始 RAMDisk 映像应该已被复制到选择的位置，在 TFTP 服务器根目录下。

请注意，在下面的示例中，我们所做的只是为了 UEFI 引导。要设置**传统 BIOS 引导**，请遵循完全相同的过程，但将 TFTP 提供服务的所有文件放在 /var/lib/tftpboot/BIOS 中。这适用于本章其余部分。

在我们的测试系统上实现这一点的命令如下：

```
$ mkdir /var/lib/tftpboot/EFIx64/centos7

$ cp /mnt/images/pxeboot/{initrd.img,vmlinuz}
/var/lib/tftpboot/EFIx64/centos7/
```

4. 最后，需要我们之前安装的 Web 服务器来为安装程序提供文件。一旦内核和初始 RAMDisk 环境完成加载，环境的其余部分将通过 HTTP 提供服务，这更适合于大型数据传输。同样，我们将为 CentOS 内容创建一个合适的子目录，如下所示：

```
$ mkdir /var/www/html/centos7/

$ cp -r /mnt/* /var/www/html/centos7/

$ umount /mnt
```

这些步骤完成后，我们将对Ubuntu18.04 Server启动映像重复这个过程，如下：

```
$ wget
http://cdimage.ubuntu.com/releases/18.04/release/ubuntu-18.04.2-ser
ver-amd64.iso

$ mount -o loop ubuntu-18.04.2-server-amd64.iso /mnt

$ mkdir /var/lib/tftpboot/EFIx64/ubuntu1804

$ cp /mnt/install/netboot/ubuntu-installer/amd64/{linux,initrd.gz}
/var/lib/tftpboot/EFIx64/ubuntu1804/

$ mkdir /var/www/html/ubuntu1804

$ cp -r /mnt/* /var/www/html/ubuntu1804/

$ umount /mnt
```

完成这些步骤后，我们只需再进行一个配置阶段，就可以对所选操作系统执行网络引导。

不同操作系统的这个过程几乎是相同的，唯一的区别是支持网络引导的内核和RAMDisk来自ISO映像上的不同目录。

在下一节中，我们将配置构建的PXE引导服务器，以便从这些安装映像进行引导。

6.2.3 执行第一次网络引导

到目前为止，我们已将服务器配置为在启动时为客户端提供IP地址，并构建了两个安装目录树，这样就可以安装CentOS 7或Ubuntu 18.04服务器，而无须任何物理介质。然而，当目标机器通过网络引导时，它如何知道要引导什么呢？

答案是根据PXELINUX配置来确定。这在本质上与大多数Linux安装使用的**大统一引导加载程序（GRand Unified Bootloader，GRUB）**配置非常相似，用于定义从磁盘引导时的引导选项和参数。使用我们目前构建的安装，这些配置文件应该位于`/var/lib/tftpboot/EFIx64/pxelinux.cfg`（对于传统BIOS计算机是`/var/lib/tftpboot/BIOS/pxelinux.cfg`）。

现在，要注意一个关于文件命名的问题。你可能希望所有从网络接口引导的设备都执行网络引导。但是，考虑一台服务器，其有效的Linux安装在本机磁盘上，但是由于某些错误（可能是固件中的引导顺序配置错误，或者缺少引导加载程序），它从网络接口（而不是本机磁盘）引导。如果在PXE服务器上配置了完整的无人值守安装，这将擦除本机磁盘，可能会带来灾难性的后果。

如果希望所有服务器都执行网络引导，则创建一个名为`default`的特殊配置文件。

但是，如果你想更具针对性，可以创建一个基于MAC地址的配置文件。假设我们有一个MAC地址为`DE:AD:BE:EF:01:23`的服务器，我们的DHCP服务器将为其分配IP地址192.168.10.101/24（这很可能是通过静态DHCP映射实现的，这样就可以确保这个服务器始终获得这个IP地址）。当这个服务器网络使用UEFI引导时，它将首先查找/var/lib/tftpboot/EFIx64/pxelinux.cfg/01-de-ad-be-ef-01-23文件。

如果此文件不存在，它将查找以十六进制编码的IP地址命名的文件。如果还不存在，则每次从十六进制IP地址中去掉一个数字，直到找到匹配的文件。通过这种方式，服务器将查找/var/lib/tftpboot/EFIx64/pxelinux.cfg/C0A80A65文件。如果找不到，它会在不断缩短的IP地址表示中循环，直到用完所有选项。如果没有找到适当命名的文件，它最终会还原为default文件，如果该文件不存在，则客户端会报告引导失败。

因此，配置文件的完整搜索顺序如下：

1. /var/lib/tftpboot/EFIx64/pxelinux.cfg/01-de-ad-be-ef-01-23
2. /var/lib/tftpboot/EFIx64/pxelinux.cfg/C0A80A65
3. /var/lib/tftpboot/EFIx64/pxelinux.cfg/C0A80A6
4. /var/lib/tftpboot/EFIx64/pxelinux.cfg/C0A80A
5. /var/lib/tftpboot/EFIx64/pxelinux.cfg/C0A80
6. /var/lib/tftpboot/EFIx64/pxelinux.cfg/C0A8
7. /var/lib/tftpboot/EFIx64/pxelinux.cfg/C0A
8. /var/lib/tftpboot/EFIx64/pxelinux.cfg/C0
9. /var/lib/tftpboot/EFIx64/pxelinux.cfg/C
10. /var/lib/tftpboot/EFIx64/pxelinux.cfg/default

缩短IP地址文件名的意图是能够创建子网范围的配置。例如，如果192.168.10.0/24子网中的所有计算机都需要相同的启动配置，则可以创建一个名为/var/lib/tftpboot/EFIx64/pxelinux.cfg/C0A80A的文件。请特别注意文件名中的字母大小写，基于MAC地址的文件名需要小写字母，而IP地址需要大写字母。

对于这个配置文件的内容，有许多配置的排列，研究所有的可能性给读者留作一个练习，有足够的文档和示例可供PXELINUX使用。但是，为了引导网络安装映像，考虑以下文件。最初，我们用一个简单的标题和超时来定义菜单的标题，如下所示：

```
default isolinux/menu.c32
prompt 0
timeout 120

menu title --------- Enterprise Automation Boot Menu ---------
```

继续为我们构建的两个操作系统安装映像定义条目，如下所示：

```
label 1
menu label ^1. Install CentOS 7.6 from local repo
kernel centos7/vmlinuz
append initrd=centos7/initrd.img method=http://192.168.201.1/centos7
devfs=nomount ip=dhcp inst.vnc inst.vncpassword=password

label 2
menu label ^2. Install Ubuntu Server 18.04 from local repo
```

```
kernel ubuntu1804/linux
append initrd=ubuntu1804/initrd.gz vga=normal locale=en_US.UTF-8
mirror/country=manual mirror/http/hostname=192.168.201.1
mirror/http/directory=/ubuntu1804 mirror/http/proxy="" live-installer/net-
image=http://192.168.201.1/ubuntu1804/install/filesystem.squashfs
```

与本书中的其他例子一样，这些是在现实世界中测试通过的例子，能够正确工作。但是，它们应该根据需求进行定制，在将代码应用于生产环境之前，你应该努力阅读并理解代码。

在上述示例中，192.168.201.1 是我的测试设置中 PXE 服务器的 IP 地址。一定要用你的 PXE 服务器的 IP 地址替换它。

实际上，这是一个非常简单的例子，我们定义了一个简单的文本模式菜单，其中有两个条目，每个条目对应一个操作系统。每个菜单项都有一个标签（label），一个出现在菜单中的标题，然后是一个内核（kernel）和附加（append）行。kernel 行告诉客户机在 TFTP 服务器上从何处获取内核，而 append 行用于指定 RAMDisk 映像的路径和所有辅助引导参数。

正如你所看到的，这些引导参数对于不同的 Linux 发行版的区别很大，安装程序的功能也是如此。例如，CentOS 7 安装程序是图形化的（尽管有一个文本模式选项可用），并且支持 VNC 服务器，我们在第一个菜单项中配置它，使用 VNC 控制台启用远程安装，使用参数 inst.vnc 以及 inst.vncpassword=password，使用的其他参数如下：

- method=http://192.168.201.1/centos7：设置 CentOS 7 存储库的服务地址
- devfs=nomount：告诉内核不要装载 devfs 文件系统
- ip=dhcp：告诉预引导环境使用 DHCP 获取 IP 地址，以便能够访问 HTTP 服务器

相反，Ubuntu 安装程序通常以文本模式运行，因此不支持 VNC 服务器，因此需要使用不同的远程访问技术来执行交互式安装，例如 LAN 上的串行（Serial-Over-LAN，SOL）。尽管如此，这个菜单文件足以让我们根据自己的选择执行任何一个操作系统的交互式安装，并作为一个模板提供给读者，以便读者在他们认为合适的情况下进行构建和开发。使用的参数如下：

- vga=normal：告诉安装程序使用标准 VGA 模式
- locale=en_US.UTF-8：设置区域，调整此设置以适应你的环境
- mirror/country=manual：告诉安装程序我们正在手动定义存储库镜像
- mirror/http/hostname=192.168.201.1：设置之前创建的存储库镜像的主机名
- mirror/http/directory=/ubuntu1804：设置为存储库内容提供服务的存储库镜像主机上的路径

- ❑ mirror/http/proxy=""：告诉安装程序我们没有使用代理
- ❑ live-installer/net-image=http://192.168.201.1/ubuntu1804/install/filesystem.squashfs：安装程序磁盘映像所在的下载 URL

当然，在无人值守的引导场景中，不希望向服务器提供操作系统的选择——你只是希望它引导要安装的操作系统。在本例中，只需删除不需要的菜单项。

让我们实际来看看。在一台测试机器上成功地网络引导之后，我们应该看到如图 6-1 所示的菜单，正如前面定义的。

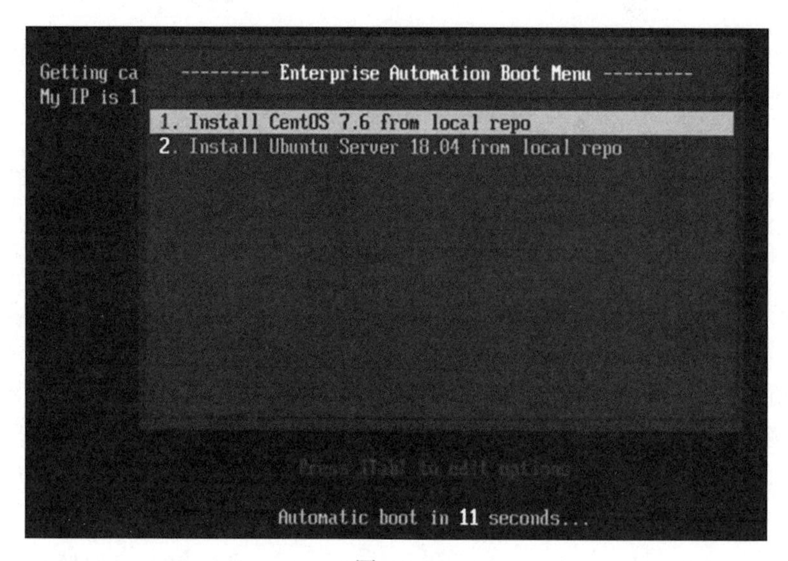

图 6-1

1. 如果选择 CentOS 映像作为引导目标，将看到内核和基本系统加载，最后是一个屏幕，要求使用 VNC 客户机连接到安装程序，如图 6-2 所示。

```
Starting installer, one moment...
anaconda 21.48.22.147-1 for CentOS 7 started.
 * installation log files are stored in /tmp during the installation
 * shell is available on TTY2
 * if the graphical installation interface fails to start, try again with the
   inst.text bootoption to start text installation
 * when reporting a bug add logs from /tmp as separate text/plain attachments
17:27:41 Starting VNC...
17:27:44 The VNC server is now running.
17:27:44

You chose to execute vnc with a password.


17:27:44 Please manually connect your vnc client to 192.168.201.56:1 to begin the install.
17:27:44 Attempting to start vncconfig

[anaconda] 1:main* 2:shell  3:log  4:storage-log  5:program-log     Switch tab: Alt+Tab | Help: F1
```

图 6-2

2. 按照说明，与 VNC 查看器连接会产生熟悉的 CentOS 7 图形安装程序界面。如图 6-3 所示。

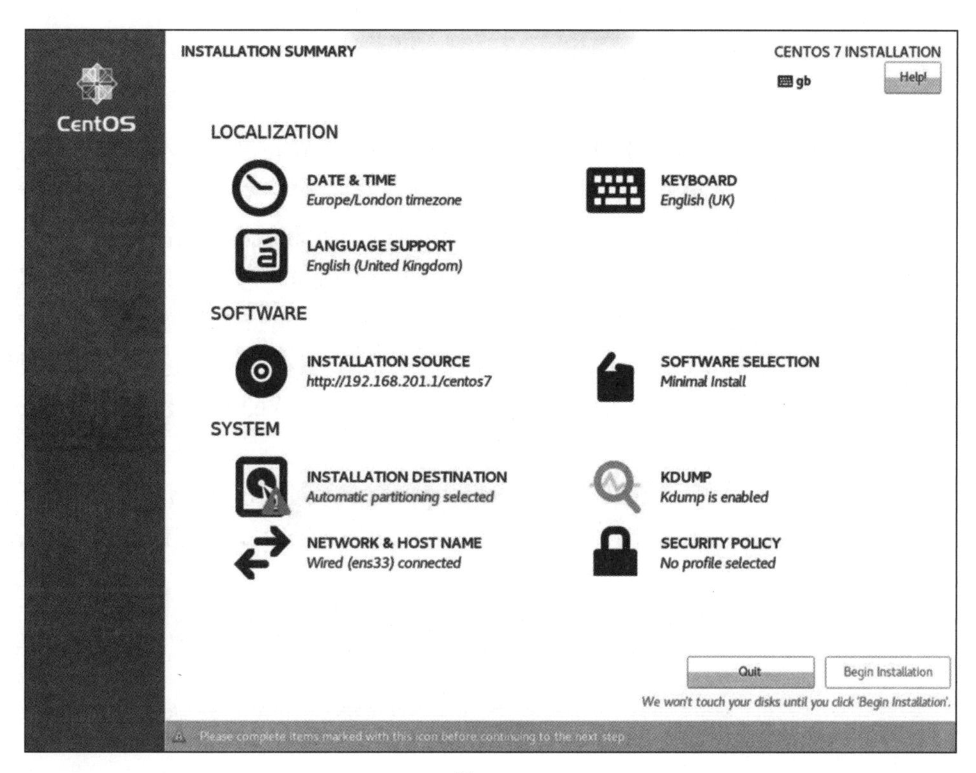

图　6-3

3. 因此，完全远程安装是可能的，无须访问服务器的位置，或连接键盘和鼠标！如果启动 Ubuntu 服务器映像，也几乎是这样，只是这一次，控制台在主机屏幕上，而不是在 VNC 上，如图 6-4 所示。

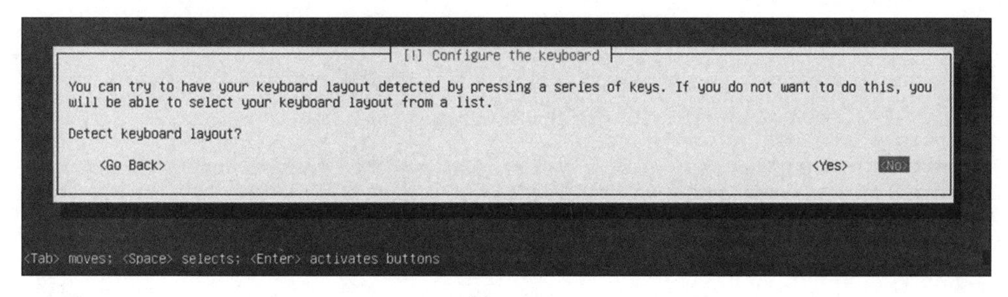

图　6-4

这有助于通过 SOL 实现或 remove KVM 选项来重定向控制台。这两个都不是特别方便，特别是因为本书的目标是自动化！因此，在下一节中，我们将使用**无人值守的构建**

(unattended build)的概念来研究执行自动化安装，也就是说，在不需要人为干预的构建中进行安装。

6.3 执行无人值守的构建

这个过程的最终目标是让服务器通过网络引导并完全配置自己，而不需要让人与之交互。尽管这不是由 Ansible 控制的过程，但它仍然是我们的 SOE 体系结构中的一个重要组件，以确保构建的一致性，并且构建标准可以被很好地文档化和版本控制。

幸运的是，CentOS（基于 Red Hat）和 Ubuntu（基于 Debian）安装程序都提供了以编程方式完成无人值守安装的功能。遗憾的是，这个过程没有通用的标准，正如将在本节中看到的，在这里讨论的两种 Linux 类型中，用于这个过程的语言是完全不同的。然而，通过研究这两种技术，我们提供了一个良好的基础，使你能够在各种各样的 Linux 系统上执行远程、无人值守的安装。

请注意，本章中的示例是完整的和有效的，因此是作为实际示例提供的，然而，它们实际上只是这些无人值守安装技术可以做什么的皮毛。扩展这些示例，并根据自己的需求构建它们是留给你的一个习题。

在下一节开始，了解如何使用 kickstart 文件在基于 Red Hat 的平台（如 CentOS）上执行无人值守构建。

6.3.1 使用 kickstart 文件执行无人值守的构建

Red Hat 安装程序 Anaconda 使用名为 kickstart 的脚本语言来定义无人值守的构建。这具有很好的文档，在互联网上有很多例子供你使用，事实上，当手动安装诸如 CentOS 7 之类的 Red Hat 衍生工具时，你将在 `/root/anaconda-ks.cfg` 中找到一个 kickstart 文件，可以用来自动化未来的构建！在下面，我们将构建简单 kickstart 文件，大致基于交互式安装程序中 CentOS 7 的最小安装。

1. 构建示例 kickstart 文件，以便在本章中使用。考虑代码如下：

```
auth --enableshadow --passalgo=sha512
url --url="http://192.168.201.1/centos7/"
graphical
firstboot --enable
ignoredisk --only-use=sda
keyboard --vckeymap=gb --xlayouts='gb'
lang en_GB.UTF-8
reboot
```

在前面的代码块中，kickstart 文件的大部分可读性都非常高，可以看到以下内容：我们正在把密码散列算法定义为 `sha512`；我们的存储库服务器位于 `http://192.168.201.1/centos7/`；我们正在执行图形化（`graphical`）安装，只使用 /dev/sda 和一些特定于 GB

(英国) 的区域设置。我们还告诉安装程序在安装成功后自动重新启动 (reboot)。

2. 通过运行以下代码建立网络 (注意，必须在创建此文件之前了解网络设备名称，因此你可能会发现先从一个 live 环境引导并检查设备名是有用的)：

```
network --bootproto=dhcp --device=ens33 --ipv6=auto --activate
network --hostname=ksautomation
```

这将新构建的服务器的主机名设置为 ksautomation，并启用 IPv6 和网络设备 ens33 上的 IPv4 DHCP。

3. 通过运行以下代码，我们定义 root 账户密码，以及将希望附加的任意账户添加到构建中。

```
rootpw --iscrypted
$6$cUkXdOxB$o8uxoU6arUj0g9SXqMGnigBYDH4rCkkQt9z/qYPm.1UYNwaZChCz2ep
QMUlbHUg8IVzN9lei9i/rschw1HydU.
user --groups=wheel --name=automation --
password=$6$eCIJyrjn$Vu30KX//UntsM0h..MLT6ik.m1GL8ayILBFWjbDrKSXowl
i5/hycMaiFzGI926YXEMfXXjAuwOFLIdANZ09/g1 --iscrypted --
gecos="Automation User"
```

请注意，此文件中必须使用密码散列，生成密码散列的方法很多。我使用了下面的 Python 代码片段来为 password 字符串生成唯一的散列 (显然，你希望选择一个更安全的密码！)：

```
$ python -c "import random,string,crypt;
pwsalt = ''.join(random.sample(string.ascii_letters,8));
print crypt.crypt('password', '\$6\$%s\$' % pwsalt)"
```

在安装了 Python 的任何 Linux 服务器的 shell 中运行前面三行代码将生成 kickstart 文件所需的密码散列，可以复制并粘贴到安装中。

前面的代码仅用于生成密码散列，不要将其包含在 kickstart 文件中！

4. 最后，我们适当地设置时区，并启用 chrony 时间同步服务。初始化所选引导设备 sda 上的磁盘标签，并使用 Anaconda 的自动分区 (由 autopart 指令指定) 来设置磁盘。

请注意，clearpart --none 实际上并不清除分区表，如果使用此处定义的 kickstart 文件运行本示例，则只有在目标磁盘上有空间安装 CentOS 7 时，安装才会完成。要让 kickstart 文件擦除目标磁盘并执行 CentOS 7 的新安装 (这可能是为了避免在重用之前必须手动擦除旧计算机)，请对 kickstart 文件执行以下更改：

1. 在 clearpart 语句上方插入 zerombr 指令以确保引导扇区已清除。

2. 将 clearpart 行更改为 clearpart --drives=sda --initlabel --all，请确保仅在 --drives= 参数中指定要清除的驱动器！

以下代码片段不包括这些更改，因为它们是破坏性的，但是，你可以在你的测试环境中随意使用它们。

```
services --enabled="chronyd"
timezone Europe/London --isUtc
bootloader --location=mbr --boot-drive=sda
autopart --type=lvm
clearpart --none --initlabel
```

定义默认安装的软件包。在这里，我们将安装 core 包组、minimal 系统包集和 chrony 包。我们还为测试服务器禁用 kdump，如下代码块所示：

```
%packages
@^minimal
@core
chrony

%end

%addon com_redhat_kdump --disable --reserve-mb='auto'

%end
```

我们可以执行额外的自定义，例如设置强密码策略，下面几行实际上是交互式安装程序的默认值，并且应该根据你的要求进行定制：

```
%anaconda
pwpolicy root --minlen=6 --minquality=1 --notstrict --nochanges --
notempty
pwpolicy user --minlen=6 --minquality=1 --notstrict --nochanges --
emptyok
pwpolicy luks --minlen=6 --minquality=1 --notstrict --nochanges --
notempty
%end
```

结束构建完整的 kickstart 文件后，就可以测试启动过程了。请记住在上一节中使用的 PXELINUX 引导配置，它几乎全部被重用，但是这次，我们需要告诉它在哪里可以找到 kickstart 文件。将刚刚创建的文件存储在 /var/www/html/centos7-config/centos7unattended.cfg。因此，它可以从我们的 HTTP 服务器下载，就像安装程序软件包一样。在本例中，PXELINUX 配置如下所示：

```
default isolinux/menu.c32
prompt 0
timeout 120

menu title --------- Enterprise Automation Boot Menu ---------

label 1
menu label ^1. Install CentOS 7.6 from local repo
kernel centos7/vmlinuz
append initrd=centos7/initrd.img
method=http://192.168.201.1/centos7 devfs=nomount ip=dhcp inst.vnc
inst.vncpassword=password
inst.ks=http://192.168.201.1/centos7-config/centos7unattended.cfg
```

让我们运行一下安装过程，看看会发生什么。最初，该过程看起来与我们在本章前面执行的交互式安装相同。

前面显示的PXE引导配置与之前的相同，注意`inst.ks`参数，告诉Anaconda从哪里下载kickstart文件。

实际上，当你在构建机器连接到机器的VNC控制台时，在CentOS 7加载的图形安装程序中，事情最初看起来是一样的，如图6-5所示。

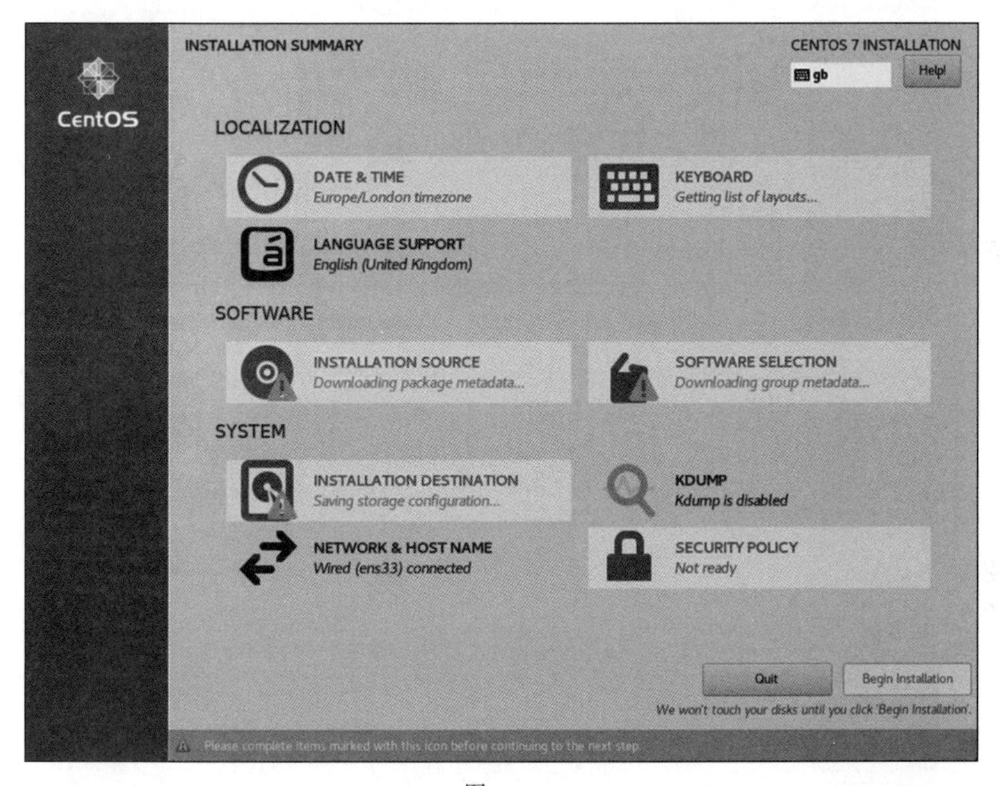

图　6-5

到目前为止，一切看起来都像一个普通的交互式安装。但是，一旦安装程序完成了列出的各种任务，例如，Saving storage configuration…，你将注意到屏幕上显示的是一个看起来很完整的屏幕，注意Begin Installation按钮是变灰的（如图6-6所示）。

请注意此处的区别，安装源现在已设置为安装过程设置的HTTP服务器。使用kickstart脚本中的配置，所有其他通常手动完成的项目（如磁盘选择）都已自动完成。事实上，如果再等一会儿，你将看到安装会自动开始，而无须单击Begin Installation按钮，如图6-7所示。

INSTALLATION SUMMARY
CENTOS 7 INSTALLATION
gb
Help!
CentOS
LOCALIZATION
DATE & TIME
Europe/London timezone
KEYBOARD
Getting list of layouts...
LANGUAGE SUPPORT
English (United Kingdom)
SOFTWARE
INSTALLATION SOURCE
http://192.168.201.1/centos7
SOFTWARE SELECTION
Minimal Install
SYSTEM
INSTALLATION DESTINATION
Automatic partitioning selected
KDUMP
Kdump is disabled
NETWORK & HOST NAME
Wired (ens33) connected
SECURITY POLICY
Not ready
Quit
Begin Installation
We won't touch your disks until you click 'Begin Installation'.

图 6-6

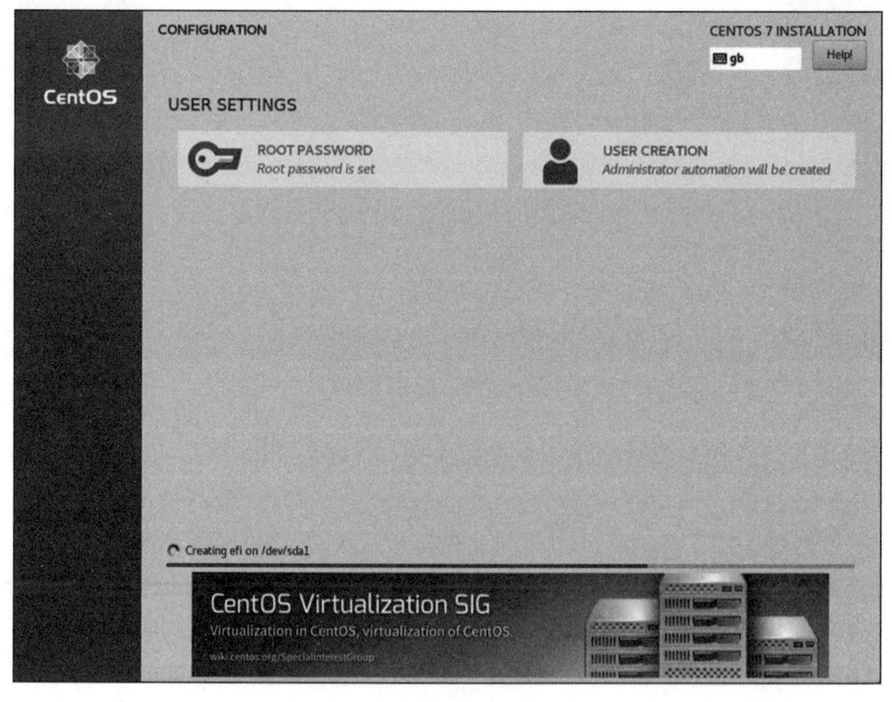
CONFIGURATION
CENTOS 7 INSTALLATION
gb
Help!
CentOS
USER SETTINGS
ROOT PASSWORD
Root password is set
USER CREATION
Administrator automation will be created
Creating efi on /dev/sda1
CentOS Virtualization SIG
Virtualization in CentOS, virtualization of CentOS.

图 6-7

现在使用 kickstart 文件中的参数继续安装。请注意，root 口令和初始用户账户创建已经完成，使用的是 kickstart 脚本中的参数，因此，这些按钮再次变灰。简而言之，尽管安装过程看起来与普通的交互式安装非常相似，但是用户无法以任何方式与该过程进行交互。

只有在两种情况下用户需要与 kickstart 安装交互，如下所示：

1. 配置不完整或不正确。在这种情况下，安装程序将暂停并期望用户干预，并（如果可能）纠正问题。

2. 在 kickstart 文件中没有指定 `reboot` 关键字。

在后一种情况下，安装将完成，但安装程序将等待单击 Reboot 按钮，如图 6-8 所示。

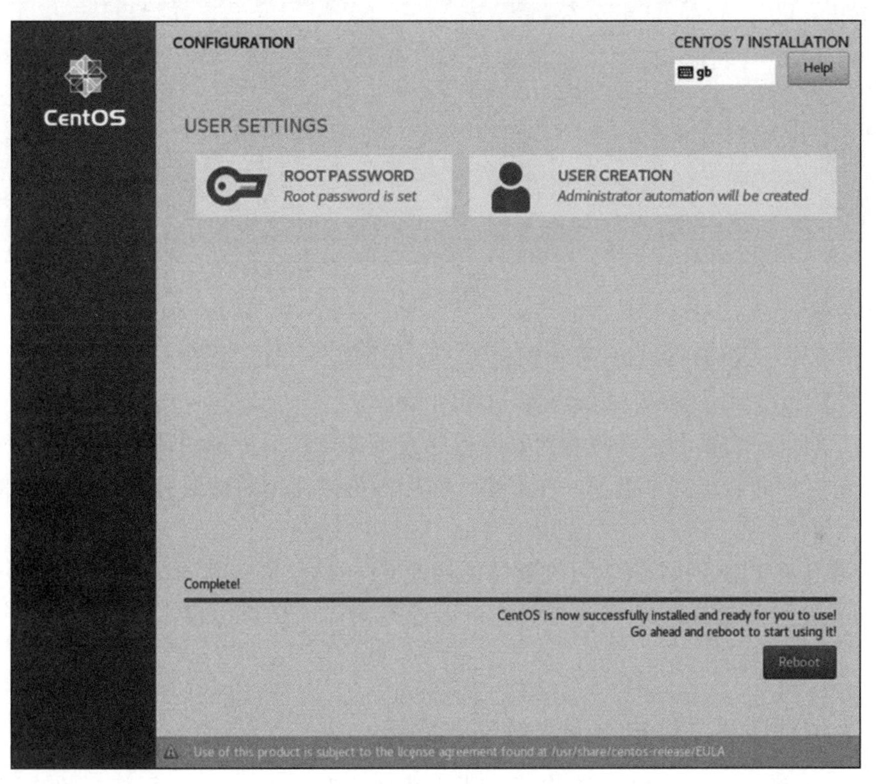

图 6-8

在 kickstart 安装结束时自动重新启动通常是可取的，因为它省去了连接控制台的需要。但是，有时情况并非如此，也许你实际上不希望新构建的服务器在当前网络上运行。或者，你可能正在构建一个用于模板化的映像，因此不希望第一次引导完成，因为这将意味着随后需要清理日志文件和其他数据。

安装的具体路径取决于你，需要注意的重要一点是，你可以连接到 VNC 控制台，如图 6-8 所示，并查看安装过程。如果有任何错误或问题，系统会提醒你。

测试一下，看看这个构建是如何执行的。以备出现任何问题，安装程序会在物理服务器上运行多个控制台，其中包含日志信息，你可以使用 Alt+Tab 或 Alt+F<n> 在这些控制台之间进行切换，其中 F<n> 是功能键之一，前六个功能键中的每一个都对应于不同的控制台，其中包含有用的日志信息。可以查询这些信息，以调试可能出现的任何问题。这些控制台的说明实际上显示在文本模式控制台屏幕的底部，请参见图 6-9。

```
Starting installer, one moment...
anaconda 21.48.22.147-1 for CentOS 7 started.
 * installation log files are stored in /tmp during the installation
 * shell is available on TTY2
 * if the graphical installation interface fails to start, try again with the
   inst.text bootoption to start text installation
 * when reporting a bug add logs from /tmp as separate text/plain attachments
17:27:41 Starting VNC...
17:27:44 The VNC server is now running.
17:27:44

You chose to execute vnc with a password.


17:27:44 Please manually connect your vnc client to 192.168.201.56:1 to begin the install.
17:27:44 Attempting to start vncconfig



[anaconda] 1:main* 2:shell  3:log  4:storage-log  5:program-log     Switch tab: Alt+Tab | Help: F1
```

图 6-9

在图 6-9 中，我们可以看到在控制台 1 上，标题为 main。控制台 2 有一个用于调试的 shell，控制台 3 到 5 显示特定于安装过程的 log 文件。

但是，如果一切顺利，你将看到安装程序在不需要任何干预的情况下运行，然后，服务器将重新启动并给出登录提示。在那里，你应该可以使用前面通过密码散列定义的密码登录。

这就结束了使用 kickstart 文件在网络上构建 CentOS 7 服务器的过程。通过使用预填写文件，Ubuntu 和其他 Debian 衍生工具也可以遵循同样的高级过程，我们将在下一节进行探讨。

6.3.2 使用预填写文件执行无人值守的构建

从广义上讲，Ubuntu 服务器构建（以及其他 Debian 衍生操作系统）的功能完全相同。可以指定一个脚本文件来告诉安装程序要执行的操作，而不是由用户选择选项。对于 Ubuntu 服务器，这称为预填写文件。现在让我们来看看这个文件，并建立一个。

预填写文件的功能是非常强大的，有大量的文档，但是，它们有时看起来会更复杂。从下面几行代码开始，我们为服务器设置适当的区域和键盘布局：

```
d-i debian-installer/locale string en_GB
d-i console-setup/ask_detect boolean false
d-i keyboard-configuration/xkb-keymap select gb
```

配置以下网络参数：

```
d-i netcfg/choose_interface select auto
d-i netcfg/get_hostname string unassigned-hostname
d-i netcfg/get_domain string unassigned-domain
d-i netcfg/hostname string automatedubuntu
d-i netcfg/wireless_wep string
```

在这里，注意到我们实际上不需要事先知道接口名称，我们可以让Ubuntu使用其自动检测算法来猜测它。我们将主机名设置为automatedubuntu；但是，请注意另一个参数用于防止安装程序提示用户输入主机名，因此，这意味着安装是真正无人值守的。接下来，我们添加一些安装程序可以从中下载其软件包的位置，如以下代码块所示：

```
d-i mirror/country string manual
d-i mirror/http/hostname string 192.168.201.1
d-i mirror/http/directory string /ubuntu1804
d-i mirror/http/proxy string
```

这些应该很自然地进行调整以适合你的网络，把HTTP服务器设置在PXE服务器上等。

其中许多参数也是在内核参数中设置的，正如我们之前在PXELINUX配置中看到的，在这里只需要确认其中的一些。

设置root账户密码和任何其他用户账户，如下所示：

```
d-i passwd/root-password password password
d-i passwd/root-password-again password password
d-i passwd/user-fullname string Automation User
d-i passwd/username string automation
d-i passwd/user-password password insecure
d-i passwd/user-password-again password insecure
d-i user-setup/allow-password-weak boolean true
d-i user-setup/encrypt-home boolean false
```

注意，我已经用纯文本指定了密码，为了突出显示这样做的可能性，你可以指定其他参数来接受密码散列，这在创建配置文件时更安全。在这里，root密码设置为password，并设置一个名为automation的用户账户，密码为insecure。与以前一样，我们的密码策略非常薄弱，可以在这里加强，或者稍后使用Ansible加强。然后根据需要设置时区，并打开NTP同步，如下所示：

```
d-i clock-setup/utc boolean true
d-i time/zone string Etc/UTC
d-i clock-setup/ntp boolean true
```

在示例中，最复杂的代码块如下所示，用于分区和设置磁盘：

```
d-i partman-auto/disk string /dev/sda
d-i partman-auto/method string lvm
d-i partman-lvm/device_remove_lvm boolean true
d-i partman-md/device_remove_md boolean true
d-i partman-lvm/confirm boolean true
d-i partman-lvm/confirm_nooverwrite boolean true
```

```
d-i partman-auto-lvm/guided_size string max
d-i partman-auto/choose_recipe select atomic
d-i partman/default_filesystem string ext4
d-i partman-partitioning/confirm_write_new_label boolean true
d-i partman/choose_partition select finish
d-i partman/confirm boolean true
d-i partman/confirm_nooverwrite boolean true
d-i partman-md/confirm boolean true
d-i partman-partitioning/confirm_write_new_label boolean true
d-i partman/choose_partition select finish
d-i partman/confirm boolean true
d-i partman/confirm_nooverwrite boolean true
```

虽然很详细，但文件的这一部分基本上是说自动划分磁盘 /dev/sda，设置 LVM，使用自动计算来确定文件系统布局，然后创建 ext4 文件系统。如你所见，我们已经把许多保护措施和确认提示都标记为 true，否则安装程序将停止并等待用户输入继续。如果发生这种情况，安装将不再真正无人值守。在这里，我们指定要安装的软件包集，如下所示：

```
tasksel tasksel/first multiselect standard
d-i pkgsel/include string openssh-server build-essential
d-i pkgsel/update-policy select none
```

前面的代码行基本上是建立一个最小的服务器构建，并在其上包括用 openssh-server 包和 build-essential 包。自动更新策略配置为不自动更新。最后，在结束该文件前，我们告诉它在哪里安装引导加载程序，并在成功完成后重新启动，如下所示：

```
d-i grub-installer/only_debian boolean true
d-i grub-installer/with_other_os boolean true
d-i finish-install/reboot_in_progress note
```

与 CentOS 示例一样，我们要用 Web 服务器提供这个文件，因此，PXELINUX 引导配置需要调整，为确保配合此文件，适当的示例如下所示：

```
default isolinux/menu.c32
prompt 0
timeout 120

menu title --------- Enterprise Automation Boot Menu ---------

label 1
menu label ^1. Install Ubuntu Server 18.04 from local repo
kernel ubuntu1804/linux
append initrd=ubuntu1804/initrd.gz
url=http://192.168.201.1/ubuntu-config/ubuntu-unattended.txt vga=normal
locale=en_US.UTF-8 console-setup/ask_detect=false console-
setup/layoutcode=gb keyboard-configuration/layoutcode=gb
mirror/country=manual mirror/http/hostname=192.168.201.1
mirror/http/directory=/ubuntu1804 mirror/http/proxy="" live-installer/net-
image=http://192.168.201.1/ubuntu1804/install/filesystem.squashfs
netcfg/get_hostname=unassigned-hostname
```

请注意，这次使用了以下新选项：

- url：告诉安装程序从何处获取预填写文件。
- console-setup/layoutcode 和 keyboard-configuration/layoutcode（控制台设置 / 布局代码和键盘 – 配置 / 布局代码）：防止安装程序在首次运行时询问键盘设置。
- netcfg/get_hostname：虽然我们已经在预填写文件中设置了主机名，但是我们必须在这里指定这个参数，否则安装程序将停止，并提示用户输入主机名。

同样，如果使用前面的配置通过网络引导服务器来测试这个安装，你应该看到服务器构建完成。与 CentOS 7 安装不同的是，你将看不到任何菜单选项。只有在预填写配置文件不正确或缺少一些重要细节时，这些选项才会显示给你。相反，当安装的各个阶段完成时，你只会看到一系列进度条闪烁而过。例如，下面图 6-10 显示，在设置分区和逻辑卷之后，基本系统已安装到磁盘上。

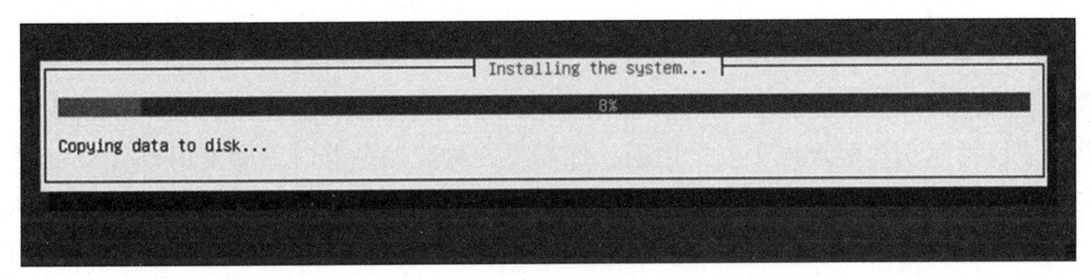

图　6-10

假设一切顺利，此过程将继续，直到出现最终进度条，该进度条显示在重新启动服务器之前完成的最终整理。

在图 6-11 中，正在卸载文件系统，为重新启动做准备。

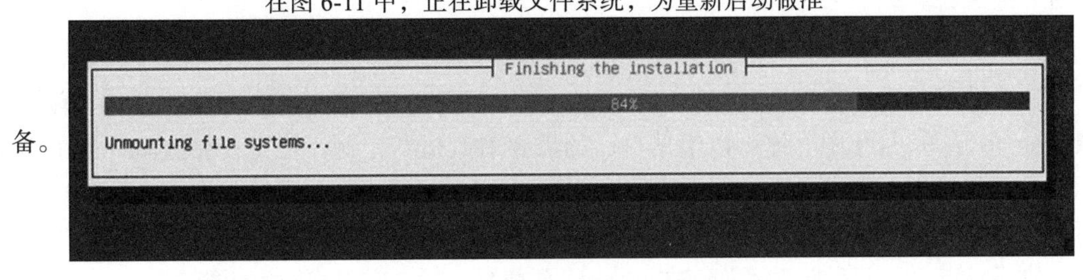

图　6-11

当最后一个进度条完成时，服务器将重新启动，并给出登录提示，你可以使用前面显示的预填写文件 d-i passwd 参数中指定的凭据从中登录。请注意，如果对构建使用不同的凭据，则必须在此处使用这些凭据，而不是前面指定的凭据。

在此阶段，你应该能够通过网络执行 CentOS 或 Ubuntu 服务器的无人值守构建，并执行基本更改，例如选择所需的包和设置凭据。在下一节中，我们将探讨除了原始操作系统之外的其他定制方法。

6.4 将自定义脚本添加到无人值守的引导配置中

正如你将从本章的示例中看到的，kickstart 和预填写文件在它们可以做的事情上非常规范。在大多数情况下，它们应该是完全足够的，允许你使用 Ansible 构建适合进一步定制的机器。实际上，本书剩余部分的大部分内容都致力于介绍如何跨服务器资产管理和自动化配置管理，这些服务器资产是根据本章和前几章中的详细信息构建的。

但是，如果你的企业有一个任务（或多个任务）必须在构建时执行——例如，可能是为了安全合规性（我们将在第 13 章中探讨它），幸运的是，我们在这里讨论的这两种技术都提供了一个选项来完成它。首先让我们看看如何在 kickstart 无人值守安装中执行自定义命令。

6.4.1 使用 kickstart 定制脚本

如前所述，对于大多数任务，建议使用 Ansible 执行生成后配置。但是，让我们举一个简单的假设性示例，假设出于安全原因，你需要在构建服务器时立即禁用 root SSH 登录，以满足安全性要求。kickstart 中没有可以执行此任务的指令，而让服务器在等待 Ansible 对其运行时启用此指令，对于公司安全团队来说可能是不可接受的，因为存在潜在攻击者的机会窗口。幸运的是，在 kickstart 文件的底部，我们可以在其中放入一个 `%post` 块，它运行你放入的任何 shell 代码。因此，我们可以从以下代码中运行 `sed` 实用程序：

```
%post --log=/root/ks.log

/bin/sed -i 's/#PermitRootLogin yes/PermitRootLogin no/'
/etc/ssh/sshd_config

%end
```

这个非常简单的代码块在安装过程完成之后（但在重新启动之前）运行，并将其输出记录到 `/root/ks.log` 中。你可以根据自己的需要对其进行定制，但是，在这里，为了简单示例，我们正在对默认 SSH 守护程序配置执行搜索和替换操作，以确保即使在第一次启动时，也禁用 root 通过 SSH 的登录。

在下一节中，我们将看到如何在 Ubuntu 预填写文件中实现相同的功能。

6.4.2 使用预填写文件定制脚本

假设我们希望使用 Ubuntu 执行相同的定制。Ubuntu 预填写文件只运行一行命令，而不是运行 kickstart 中使用的块；因此，它们可以更好地执行简单的任务，甚至可以下载用于更复杂操作的脚本。我们可以通过在底部添加以下命令行将 `sed` 命令嵌入到预填写文件中：

```
d-i preseed/late_command string in-target /bin/sed -i
's/#PermitRootLogin.*/PermitRootLogin no/' /etc/ssh/sshd_config
```

假设要运行一个更复杂的脚本，如果试图将所有脚本都写在一行中，那么阅读和管理都会变得困难，我们可以更改前面的命令，从选定的位置下载脚本并运行它，如下所示：

```
d-i preseed/late_command string in-target wget -P /tmp/
http://192.168.201.1/ubuntu-config/run.sh; in-target chmod +x /tmp/run.sh;
in-target sh -x /tmp/run.sh
```

请注意，我们使用 `wget`（在构建过程的早期安装）从我们 Web 服务器上的 `/ubuntu-config/path` 下载一个名为 `run.sh` 的文件。然后我们让它可执行并运行它。这样，更复杂的命令序列可以在构建过程结束时，正好在第一次重新启动之前运行。

通过这种方式，可以通过网络远程安装极其复杂的定制操作系统构建，而无须任何人工干预。kickstart 和预填写文件的使用也意味着这个过程是脚本化的和可重复的，这是我们必须遵守的一个重要原则。

6.5　小结

即使使用裸机服务器（和一些虚拟化平台），也完全可以编写安装过程的脚本，以确保所有构建都是一致的，从而遵守我们在本书前面阐述的 SOE 原则。通过遵循本章中列出的流程，将确保以一致的方式构建所有服务器，而不管它们在哪个平台上运行。

具体来说，获得了使用 PXE 网络引导执行交互式 Linux 安装环境的经验。然后，学习了如何使用 kickstart 和预填写脚本完全自动化构建过程，以确保构建完全无人值守（因此是自动化的）。最后，学习了如何通过向生成定义中添加自定义脚本来进一步自定义构建。

在下一章中，我们将继续研究如何使用 Ansible 来定制服务器，无论是在新构建的服务器上，还是在正在持续运行的服务器上。

6.6　思考题

1. PXE 代表什么？
2. PXE 引导需要哪些基本服务？
3. 在哪里可以获得网络启动的安装源？
4. 什么是无人值守安装？
5. kickstart 文件和预填写文件之间的区别是什么？
6. 为什么需要在 kickstart 文件中使用 `%post` 块？
7. TFTP 服务器根目录下 `BIOS` 和 `EFIx64` 目录的用途是什么？
8. 如何在预填写文件中为 `/home` 创建单独的分区？

6.7 进一步阅读

- 要查看所有可能的预填写文件选项，请访问 https://help.ubuntu.com/lts/installation-guide/example-preseed.txt。
- 要了解有关 kickstart 文件（也适用于 CentOS）的更多信息，请访问 https://access.redhat.com/documentation/en-us/red_hat_enterprise_linux/7/html/installation_guide/sect-kickstart-howto。
- 要查看 kickstart 文件命令的语法参考，请访问 https://access.redhat.com/documentation/en-us/red_hat_enterprise_linux/7/html/installation_guide/sect-kickstart-syntax#sect-kickstart-commands。

第7章 Chapter 7

使用 Ansible 进行配置管理

到目前为止，在本书中，我们已经为企业 Linux 基础架构建立了一个坚实的框架，该框架非常适合企业中典型的大规模部署，以及 Ansible 在这种规模下的自动化管理。在本章中，我们将从软件包的安装和配置开始，深入讨论此基础架构的自动化管理。

在标准化 Linux 系统的生命周期中，每个企业几乎都需要一项任务，即安装和配置服务。这可能只涉及现有系统服务的配置，甚至可能涉及服务本身的安装，然后是后期配置工作。

本章涵盖以下主题：

- 安装新软件
- 使用 Ansible 进行配置更改
- 管理企业级规模的配置

7.1 技术要求

本章包括基于以下技术的示例：

- Ubuntu Server 18.04 LTS
- CentOS 7.6
- Ansible 2.8

要运行这些示例，你需要访问运行此处列出的每个操作系统之一和 Ansible 的两台服务器或虚拟机。请注意，本章中给出的示例可能具有破坏性（例如，它们安装和卸载软件包，并对服务器配置进行更改），如果按原样运行，则只可在隔离的测试环境中运行。

一旦你拥有一个感到满意的安全操作环境，我们就可以开始研究如何使用 Ansible 安装新的软件包吧。

本章中讨论的所有示例代码都可以从 GitHub 获得，网址为：https://github.com/PacktPublishing/Hands-On-Enterprise-Automation-On-Linux/tree/master/chapter07。

7.2 安装新软件

根据你的需求，你的 SOE 操作系统版本很可能安装了足够的软件，并且只需要配置工作。但是，对于许多人来说，情况并非如此，因此我们首先介绍软件的安装。

让我们从最简单情况开始——安装本机操作系统软件包。

7.2.1 从操作系统默认存储库安装软件包

假设你正在推出一项需要数据库服务器（例如 MariaDB）的新服务。你不太可能在所有 SOE 映像中都安装并启用了 MariaDB，因此，在执行其他操作之前的第一个任务是安装软件包。

本书中的两个示例操作系统（实际上，包括它们的许多衍生产品）都包含 MariaDB 的本机软件包，因此我们可以很容易地使用它们。当涉及软件包安装时，需要了解在我们的目标操作系统的幕后发生了什么。例如，我们知道，在 Ubuntu 上，通常会使用 APT 软件包管理器安装我们选择的软件。因此，如果我们想手动安装此程序，包括用于管理的客户端，我们将使用以下命令：

```
# sudo apt install mariadb-server mariadb-client
```

当然，在 CentOS 上，情况完全不同，即使有可用的 MariaDB 软件包，安装命令也将改为以下命令：

```
# sudo yum install mariadb mariadb-server
```

虽然 Ansible 可以自动化大量的企业 Linux 需求，但它不能把不同 Linux 操作系统之间的一些基本差异抽象掉。不过，幸运的是，Ansible 让其他事情变得非常简单。考虑以下清单：

```
[servers]
ubuntu-testhost
centos-testhost
```

在本书中我们一直提倡构建一个标准的操作环境，所以这个清单在现实生活中不太可能出现，但是，它在这里是一个很好的例子，因为我们可以演示如何在两个不同的平台上安装 MariaDB 服务器。与本书前面的示例一样，我们将通过使用角色来完成此任务。

在本书前面关于模板的工作的基础上，考虑以下角色：

```
---
- name: Install MariaDB Server on Ubuntu or Debian
  apt:
    name: "{{ item }}"
    state: present
  loop:
    - mariadb-server
    - mariadb-client
  when: ansible_distribution == 'Debian' or ansible_distribution ==
'Ubuntu'

- name: Install MariaDB Server on CentOS or RHEL
  yum:
    name: "{{ item }}"
    state: present
  loop:
    - mariadb-server
    - mariadb
  when: ansible_distribution == 'CentOS' or ansible_distribution == 'Red
Hat Enterprise Linux'
```

这个简明的打包角色可以在 Ubuntu 和 CentOS 上正确运行［如果需要的话，还可以在 Red Hat Enterprise Linux（RHEL）和 Debian 上运行］，并考虑了不同的软件包管理器和不同的软件包名。当然，如果你有幸拥有一个完全统一的环境（例如，仅基于 Ubuntu 服务器），那么代码可以进一步简化。

存在一个名为 package 的 Ansible 模块，该模块根据运行剧本的操作系统，尝试检测要使用的正确的软件包管理器。尽管这样就不需要单独的基于 yum 和 apt 的任务，比如我们以前使用的那些任务，但是你仍然需要考虑不同 Linux 操作系统之间不同的软件包命名，因此你可能仍然需要 when 子句。

我们将定义一个简单的剧本来调用角色，如下所示：

```
---
- name: Install MariaDB
  hosts: all
  become: yes

  roles:
    - installmariadb
```

现在，我们可以运行剧本并观察发生了什么，如图 7-1 所示。

从图 7-1 的输出中，可以看到与每个系统无关的任务是如何被跳过的，而成功安装所需的软件包会导致状态成为 changed。另外，请注意，在 CentOS 测试系统上安装名为 mariadb 的 MariaDB 客户端软件包时，返回的任务状态是 ok。原因是 role 中定义的 loop 依次迭代每个列出的包，并安装它；在 CentOS 上，mariadb 包是 mariadb-server 包的依赖项，因此它在运行那个特定任务时已被安装了。

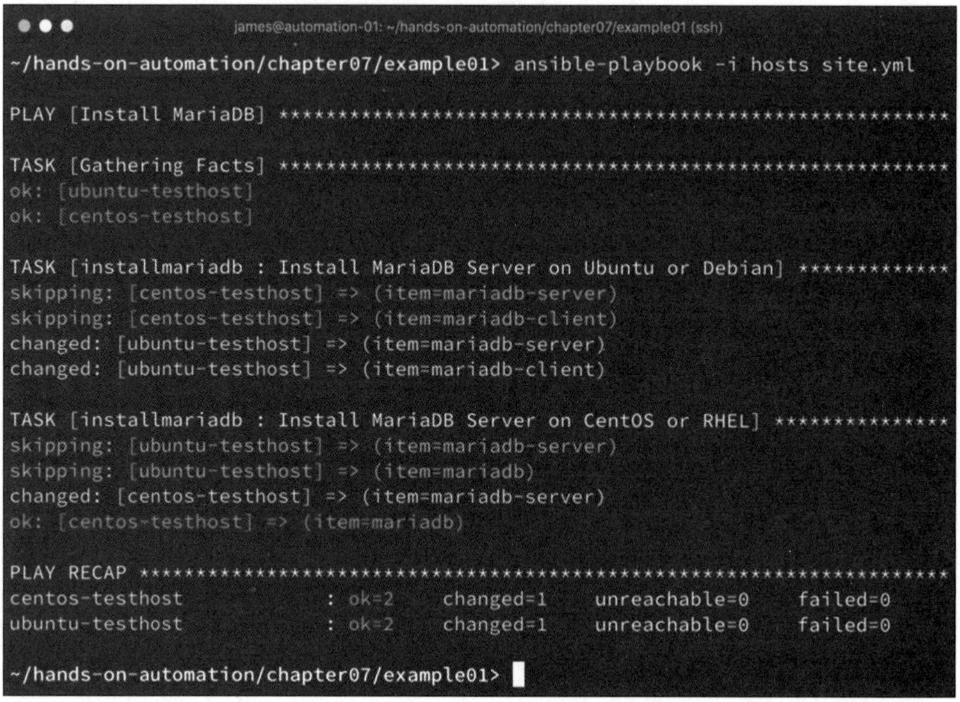

```
james@automation-01: ~/hands-on-automation/chapter07/example01 (ssh)
~/hands-on-automation/chapter07/example01> ansible-playbook -i hosts site.yml

PLAY [Install MariaDB] *************************************************************

TASK [Gathering Facts] *************************************************************
ok: [ubuntu-testhost]
ok: [centos-testhost]

TASK [installmariadb : Install MariaDB Server on Ubuntu or Debian] *************
skipping: [centos-testhost] => (item=mariadb-server)
skipping: [centos-testhost] => (item=mariadb-client)
changed: [ubuntu-testhost] => (item=mariadb-server)
changed: [ubuntu-testhost] => (item=mariadb-client)

TASK [installmariadb : Install MariaDB Server on CentOS or RHEL] ****************
skipping: [ubuntu-testhost] => (item=mariadb-server)
skipping: [ubuntu-testhost] => (item=mariadb)
changed: [centos-testhost] => (item=mariadb-server)
ok: [centos-testhost] => (item=mariadb)

PLAY RECAP *************************************************************************
centos-testhost            : ok=2    changed=1    unreachable=0    failed=0
ubuntu-testhost            : ok=2    changed=1    unreachable=0    failed=0

~/hands-on-automation/chapter07/example01>
```

图 7-1

尽管手动指定这个软件包可能被认为是多余的，但将它保留在角色中并没有坏处，因为它可以确保无论发生什么，客户端软件包都是存在的。这也是一种自动说明文档的形式，在几年后，有人可能会回头来看这个剧本，并了解到 MariaDB 客户端和服务器包都是必需的，即使他们不知道 CentOS 7 操作系统的这种细微差别。

在构建这个示例之前，请注意关于软件包删除的说明。如前所述，Ansible 任务是幂等的。例如，如果再次运行剧本，我们将看到返回的结果都是 ok。在下面的例子中，Ansible 检测到我们选择的软件包已经安装，并且没有尝试再次安装，如图 7-2 所示。

但是，如果你需要整理一些东西，或者出于安全原因，标准映像中的某个功能软件包已经过时或需要删除，该怎么办呢。在这种情况下，仅仅删除剧本或角色是不够的。虽然我们的示例角色的存在确保了软件包的安装，但是删除角色并不能逆转这一点。简而言之，如果不需要某个软件包了，我们必须手动卸载或删除更改。回退我们的安装需要如下这样一个角色：

```
---
- name: Uninstall MariaDB Server on Ubuntu or Debian
  apt:
    name: "{{ item }}"
    state: absent
```

```
  loop:
    - mariadb-server
    - mariadb-client
  when: ansible_distribution == 'Debian' or ansible_distribution ==
'Ubuntu'
- name: Uninstall MariaDB Server on CentOS or RHEL
  yum:
    name: "{{ item }}"
    state: absent
  loop:
    - mariadb-server
    - mariadb
  when: ansible_distribution == 'CentOS' or ansible_distribution == 'Red
Hat Enterprise Linux'
```

```
james@automation-01: ~/hands-on-automation/chapter07/example01 (ssh)
~/hands-on-automation/chapter07/example01> ansible-playbook -i hosts site.yml

PLAY [Install MariaDB] *********************************************************

TASK [Gathering Facts] *********************************************************
ok: [ubuntu-testhost]
ok: [centos-testhost]

TASK [installmariadb : Install MariaDB Server on Ubuntu or Debian] *************
skipping: [centos-testhost] => (item=mariadb-server)
skipping: [centos-testhost] => (item=mariadb-client)
ok: [ubuntu-testhost] => (item=mariadb-server)
ok: [ubuntu-testhost] => (item=mariadb-client)

TASK [installmariadb : Install MariaDB Server on CentOS or RHEL] ***************
skipping: [ubuntu-testhost] => (item=mariadb-server)
skipping: [ubuntu-testhost] => (item=mariadb)
ok: [centos-testhost] => (item=mariadb-server)
ok: [centos-testhost] => (item=mariadb)

PLAY RECAP *********************************************************************
centos-testhost            : ok=2    changed=0    unreachable=0    failed=0
ubuntu-testhost            : ok=2    changed=0    unreachable=0    failed=0

~/hands-on-automation/chapter07/example01>
```

图　7-2

注意两个角色的性质几乎相同，只是我们现在使用的是 `state: absent` 而不是 `state:present`。这对于你可能运行的大多数 Ansible 任务来说都很常见，如果你想定义一个过程来回退或以其他方式还原更改，则需要单独编写该过程。现在，当我们通过从合适的剧本调用前面的角色来运行它时，我们可以看到这些软件包被干净地卸载了，如图 7-3 所示。

当然，有时我们要安装的软件包不能作为默认操作系统包存储库的一部分取得。

在下一节中，我们将研究如何根据迄今为止制定的自动化原则来处理这个问题。

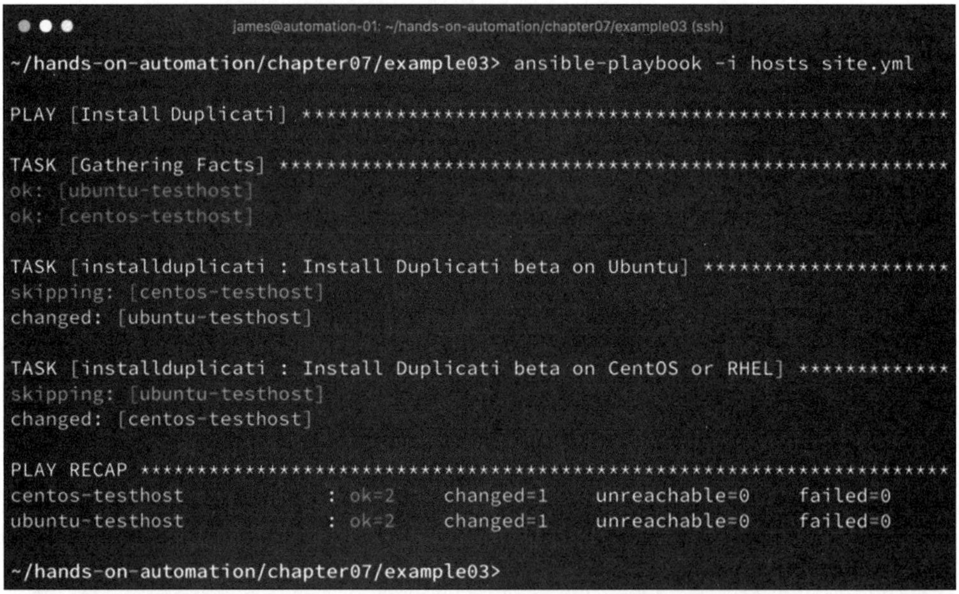

```
james@automation-01: ~/hands-on-automation/chapter07/example03 (ssh)
~/hands-on-automation/chapter07/example03> ansible-playbook -i hosts site.yml

PLAY [Install Duplicati] ***********************************************************

TASK [Gathering Facts] *************************************************************
ok: [ubuntu-testhost]
ok: [centos-testhost]

TASK [installduplicati : Install Duplicati beta on Ubuntu] *************************
skipping: [centos-testhost]
changed: [ubuntu-testhost]

TASK [installduplicati : Install Duplicati beta on CentOS or RHEL] *****************
skipping: [ubuntu-testhost]
changed: [centos-testhost]

PLAY RECAP *************************************************************************
centos-testhost            : ok=2    changed=1    unreachable=0    failed=0
ubuntu-testhost            : ok=2    changed=1    unreachable=0    failed=0

~/hands-on-automation/chapter07/example03>
```

图 7-3

7.2.2 安装非本机软件包

幸好，使用 Ansible 安装非本机软件包并不比使用本机软件包困难多少。理想情况下，在企业环境中，所有必需的软件包都将从内部存储库中提供，实际上，我们将在本书后面介绍这一点。在本例中，企业存储库将与 Ansible 角色（如上一节中的角色）结合使用。

不过，有时这是不可能的，或者是不可取的。例如，以一个开发或测试系统为例，这里正在评估一个新的软件包，当不知道是否需要将该软件包向前推进时，你可能不想将测试软件包上传到企业存储库服务器。尽管如此，我们希望坚持我们的自动化原则，并确保以可重复的、自我文档记录的方式执行测试。

假设你正在为企业评估 Duplicati 备份软件，并且需要安装最新的 beta 版本来执行一些测试。显然，你可以从它们的发布页面手动下载，将其复制到目标服务器，然后手动安装。然而，这是低效的，而且肯定不是一个可重复的过程。幸运的是，我们之前使用的 apt 和 yum 模块同时支持从本机路径和远程 URL 安装软件包。

因此，要测试 Duplicati beta 2.0.4.23 版的安装，你可以编写如下角色：

```
---
- name: Install Duplicati beta on Ubuntu
  apt:
    deb:
https://github.com/duplicati/duplicati/releases/download/v2.0.4.23-2.0.4.23
_beta_2019-07-14/duplicati_2.0.4.23-1_all.deb
  when: ansible_distribution == 'Debian' or ansible_distribution ==
'Ubuntu'
```

```
- name: Install Duplicati beta on CentOS or RHEL
  yum:
    name:
https://github.com/duplicati/duplicati/releases/download/v2.0.4.23-2.0.4.23
_beta_2019-07-14/duplicati-2.0.4.23-2.0.4.23_beta_20190714.noarch.rpm
    state: present
  when: ansible_distribution == 'CentOS' or ansible_distribution == 'Red
Hat Enterprise Linux'
```

从这个角色可以看出，安装过程中不需要先单独下载软件包，如图 7-4 所示。

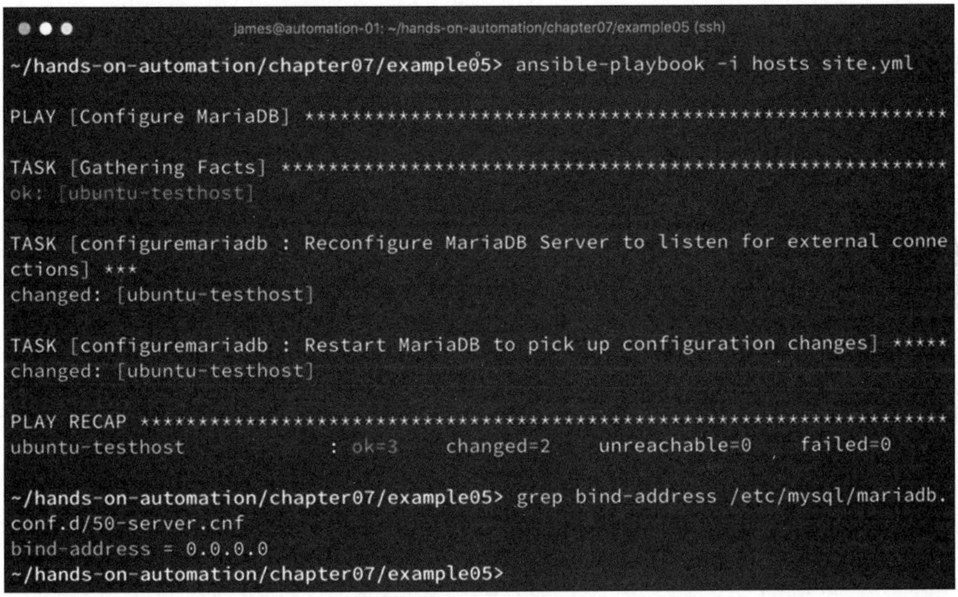

```
james@automation-01: ~/hands-on-automation/chapter07/example05 (ssh)
~/hands-on-automation/chapter07/example05> ansible-playbook -i hosts site.yml

PLAY [Configure MariaDB] *****************************************************

TASK [Gathering Facts] *******************************************************
ok: [ubuntu-testhost]

TASK [configuremariadb : Reconfigure MariaDB Server to listen for external conne
ctions] ***
changed: [ubuntu-testhost]

TASK [configuremariadb : Restart MariaDB to pick up configuration changes] *****
changed: [ubuntu-testhost]

PLAY RECAP *******************************************************************
ubuntu-testhost            : ok=3    changed=2    unreachable=0    failed=0

~/hands-on-automation/chapter07/example05> grep bind-address /etc/mysql/mariadb.
conf.d/50-server.cnf
bind-address = 0.0.0.0
~/hands-on-automation/chapter07/example05>
```

图　7-4

因此，无论是出于测试还是生产目的，你都可以安装所选操作系统的默认软件包存储库中不可用的软件包，并保持自动化的好处。在下一节中，我们将探讨 Ansible 如何手动安装未打包的软件。

7.2.3　安装未打包的软件

当然，有些软件并不提供齐备的软件包，需要更多的手动安装方法。以主机控制面板软件 Virtualmin 为例。在撰写本书时，安装 Virtualmin 通常需要用户下载 shell 脚本并执行。

幸运的是，Ansible 也可以帮助你执行这种软件的安装，考虑以下角色：

```
---
- name: download virtualmin install script
  get_url:
   url: http://software.virtualmin.com/gpl/scripts/install.sh
   dest: /root/install.sh
   mode: 0755
```

```
- name: virtualmin install (takes around 10 mins) you can see progress
using: tail -f /root/virtualmin-install.log
  shell: /root/install.sh --force --hostname {{ inventory_hostname }} --
minimal --yes
  args:
    chdir: /root
```

在这里，我们使用 Ansible `get_url` 模块下载安装脚本，然后使用 `shell` 模块运行它。还要注意我们如何将有用的指令放入任务名称中，尽管这不能替代好的文档，但非常有用，因为它告诉任何运行脚本的人如何使用 `tail` 命令检查安装进度。

> 请注意，在使用 `shell` 模块时需要小心，因为它不可能知道你给它的 shell 任务以前是否运行过，它会在每次运行剧本时运行命令。因此，如果你再次运行前面的角色，它将再次尝试安装 Virtualmin。你应该在 `shell` 任务下使用 `when` 子句，以确保它只在特定的条件下运行，在前面的示例中，条件可能是 `/usr/sbin/virtualmin`（由 `install.sh` 安装）不存在。

这个方法可以扩展到几乎任何你能想象到的软件，你甚至可以下载一个源代码 tarball 文件并提取它，然后在 Ansible 中使用一系列 `shell` 模块调用来构建代码。当然，这不太可能，但这里强调的是，即使你无法访问 RPM 或 DEB 格式的预打包软件，Ansible 也可以帮助你创建可重复的安装。

通过这种方式，几乎可以安装任何软件。毕竟，软件安装的过程就是下载一个文件（或归档文件），把它放到正确的位置，然后对它进行配置。本质上，这就是 `yum` 和 `apt` 等包管理器在幕后所做的工作，Ansible 也可以很好地处理此类活动，正如我们在这里所演示的那样。在下一节中，我们将探讨如何使用 Ansible 在已构建或安装软件的系统上进行配置的更改。

7.3 使用 Ansible 进行配置更改

在配置新服务时，很少通过简单地安装所需的软件来完成任务。安装之后几乎总是需要一个配置阶段。

让我们详细考虑一下可能需要的大量配置更改的一些基本示例。

7.3.1 使用 Ansible 进行小规模配置

在进行配置更改时，Ansible 的 `lineinfile` 模块通常是第一个调用入口，它可以处理许多可能需要的小规模更改。考虑我们在本章前面开始的部署 MariaDB 服务器的示例。尽管我们成功地安装了这些软件包，但它们将以默认配置安装，除了最基本的用例之外，这不太可能适合所有的用例。

例如，MariaDB 服务器的默认绑定地址是 `127.0.0.1`，这意味着外部应用程序无法使用这个 MariaDB 安装。我们已经确定了以可靠的、可重复的方式进行更改的必要性，所以让我们看看如何使用 Ansible 来更改它。

为了更改此配置，我们需要做的第一件事是确定默认配置的位置及其形式。从这里开始，我们将定义一个 Ansible 任务来重写配置。

以 Ubuntu 服务器为例，服务绑定地址在 `/etc/mysql/mariadb.conf.d/50-server.cnf` 文件中配置的，默认指令如下所示：

```
bind-address          = 127.0.0.1
```

因此，为了更改这一点，我们可以使用一个简单的角色，如下所示：

```
---
- name: Reconfigure MariaDB Server to listen for external connections
  lineinfile:
    path: /etc/mysql/mariadb.conf.d/50-server.cnf
    regexp: '^bind-address\s+='
    line: 'bind-address = 0.0.0.0'
    insertafter: '^\[mysqld\]'
    state: present

- name: Restart MariaDB to pick up configuration changes
  service:
    name: mariadb
    state: restarted
```

分解 `lineinfile` 任务并仔细查看：

- ❑ `path`：告诉模块要修改哪个配置文件。
- ❑ `regexp`：用于定位要修改的现有行，这样就不会出现两个冲突的 `bind-address` 指令。
- ❑ `line`：要替换 / 插入到配置文件中的行。
- ❑ `insertafter`：如果 `regexp` 不匹配（即文件中不存在该行），此指令确保 `lineinfile` 模块在 `[mysqld]` 语句后插入新行，从而确保它位于文件的正确部分。
- ❑ `state`：将此设置为 `present` 状态可确保文件中存在该行，即使在本例中原始 `regexp` 不匹配，也会根据 `line` 的值向文件中添加一行。

在这个修改之后，MariaDB 服务器将不会接收任何配置更改，除非我们重新启动它，所以在角色结束时会重新启动它。现在，如果运行这个角色，我们可以看到它达到了预期的效果，如图 7-5 所示。

对于这样的简单配置调整，在少量的系统上，这正好达到了我们想要的结果。然而，这种方法也存在一些问题需要解决，特别是当它不仅涉及做出改变的时间点，而且涉及系统的长期完整性时。即使使用世界上最好的自动化策略，进行手动更改的人也有可能破坏一致性和标准化，而这是良好自动化实践的核心，因此确实需要确保未来的剧本运行仍然会产生预期的最终结果。我们将在下一节探讨这个问题。

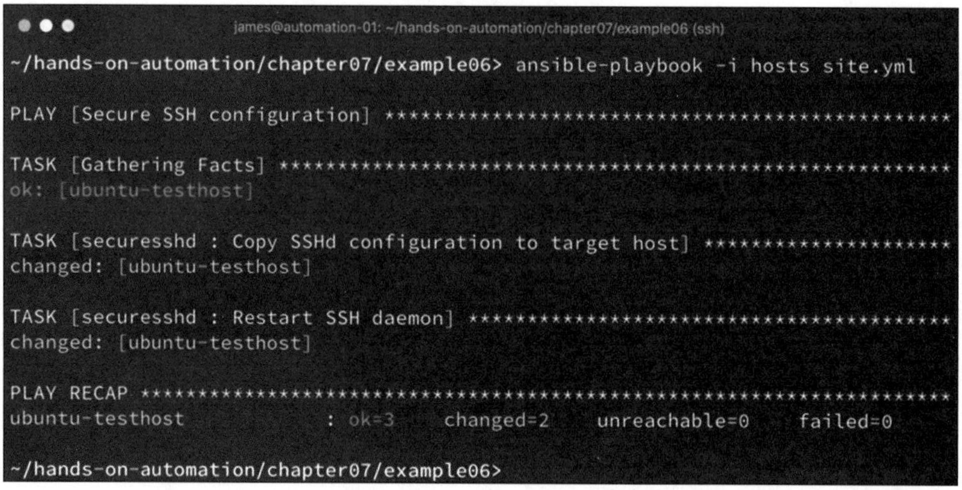

```
james@automation-01: ~/hands-on-automation/chapter07/example06 (ssh)
~/hands-on-automation/chapter07/example06> ansible-playbook -i hosts site.yml

PLAY [Secure SSH configuration] ***********************************************

TASK [Gathering Facts] ********************************************************
ok: [ubuntu-testhost]

TASK [securesshd : Copy SSHd configuration to target host] ********************
changed: [ubuntu-testhost]

TASK [securesshd : Restart SSH daemon] ****************************************
changed: [ubuntu-testhost]

PLAY RECAP ********************************************************************
ubuntu-testhost            : ok=3    changed=2    unreachable=0    failed=0

~/hands-on-automation/chapter07/example06>
```

图 7-5

7.3.2 保持配置完整性

以上述方式进行更改会影响扩展性。为生产工作负载调整 MariaDB 服务器通常需要设置 6 个或更多的参数。因此，我们以前编写的这个简单角色很可能会发展成一堆难以破译的正则表达式和指令，更不用说对它进行管理了。

正则表达式本身并不是万无一失的，它的好坏取决于它们编写出来的样子。在上一个示例中，我们使用下面的行来查找 bind-address 指令，以便对其进行更改。正则表达式 `^bind-address\s+=` 表示在文件中查找具有以下内容的行：

- 在行的开头有 `bind-address` 文本字符串（由 ^ 表示）
- 在 `bind-address` 文本字符串后面有一个或多个空格
- 在这些空格后面有一个 = 符号

此正则表达式的思想是确保忽略如下注释：

```
#bind-address = 0.0.0.0
```

然而，MariaDB 在其配置文件中对空格非常宽容，我们在这里定义的正则表达式将无法匹配此行的以下排列，所有这些排列都是同样有效的：

```
bind-address=127.0.0.1
 bind-address = 127.0.0.1
```

在这些实例中，由于 `regexp` 参数不能匹配这些行，我们的角色将向配置文件中添加一行 `bind-address=0.0.0.0` 指令。由于 MariaDB 将前面的示例视为有效的配置，因此我们在文件中得到了两条配置指令，这可能会给你带来意外的结果。不同的软件包也会以不同的方式处理这个问题，这就增加了混淆。还有其他的复杂性需要考虑。许多 Linux 服务都具有高度复杂的配置，这些配置通常被分解到多个文件中，以使它们更易于管理。在我们的测试Ubuntu系统上，本机MariaDB服务器包附带的文档说明如下：

（MariaDB/MySQL工具按以下顺序读取配置文件）

```
# The MariaDB/MySQL tools read configuration files in the following order:
# 1. "/etc/mysql/mariadb.cnf" (this file) to set global defaults,
# 2. "/etc/mysql/conf.d/*.cnf" to set global options.
# 3. "/etc/mysql/mariadb.conf.d/*.cnf" to set MariaDB-only options.
# 4. "~/.my.cnf" to set user-specific options.
```

但是，这个配置顺序是由/etc/mysql/mariadb.cnf文件指定的，它在底部有指令来包含前面代码块中第2行和第3行中列出的文件。完全有可能有人（善意的或恶意的）直接用新版本覆盖/etc/mysql/mariadb.cnf，它删除了这些子目录的include语句，而包含以下内容：

```
[mysqld]
bind-address = 127.0.0.1
```

由于使用lineinfile的角色完全不知道这个文件的变化，它会忠实地在/etc/mysql/mariadb.conf.d/50-server.cnf中设置参数，而不了解此配置文件已不再被引用，而且，服务器上的结果是不可预测的。

虽然企业自动化的目标是所有系统都应该使用Ansible等工具集中管理其更改，但实际情况是，你不能保证这种情况总是会发生。有时，事态紧急，急于解决问题的人可能会被迫绕过流程以节省时间。同样，不熟悉系统的新工作人员可能会以我们在此设想的方式进行更改。

再以我们在第5章中提出的SSH守护程序配置为例。在这里，我们提出了一个简单的角色（在下面的代码块中列出，以供参考），该角色将禁用SSH上的root登录，这是SSH守护程序的许多推荐安全参数之一：

```
---
- name: Disable root logins over SSH
  lineinfile:
    dest: /etc/ssh/sshd_config
    regexp: "^PermitRootLogin"
    line: "PermitRootLogin no"
    state: present
```

注意，我们的regexp在处理空格时与其他角色有相同的缺点。当sshd的配置文件中有两个重复的参数时，它将第一个值作为正确的值。因此，如果知道上一个代码块中列出的角色是针对某一个系统运行的，那么所要做的就是将下面这些行放在/etc/ssh/sshd_config的最上面：

```
# Override Ansible roles
  PermitRootLogin yes
```

因此，Ansible角色将在该服务器上忠实运行，并报告它已成功管理SSH守护程序配置，而实际上，我们已覆盖它并启用了root登录。

这些例子向我们展示了两件事。第一，在使用正则表达式时要非常小心。编写得越彻底越好，尤其是在处理空白时。显然，在一个理想的世界里，这甚至不是必须的，但是像这样的意外变化已经导致了许多系统的崩溃。为了防止前面的 SSH 守护程序示例成为可能，我们可以尝试以下正则表达式：

```
^\s*PermitRootLogin\s+
```

这将考虑 PermitRootLogin 关键字前面的零个或多个空格，然后考虑后面的一个或多个空格，同时考虑 sshd 中内置的空格容差。然而，正则表达式是非常刻板的，我们甚至还没有考虑到制表符！

第二，这引出了通过这些示例演示的第二个因素，即为了在企业规模上维护配置和系统完整性，并确保你对自动化及其生成的系统有高度的信心，可能需要另一种方法来进行配置管理。这正是我们将在下一节中继续探讨的在大型企业规模上可靠地管理配置的技术。

7.4 管理企业级规模的配置

显然，从这些示例来看，在企业级规模管理配置需要另一种方法。我们之前讨论过的 lineinfile 方法在良好控制的环境中进行少量更改时没有任何问题，但是考虑一种更健壮的配置管理方法，它更适合大型机构。

在下一节中，我们将首先考虑用于简单静态配置更改的可伸缩方法（即在所有服务器上相同的方法）。

7.4.1 进行可伸缩的静态配置更改

我们所做的配置更改必须是版本控制的、可重复的和可靠的，因此，让我们考虑一种实现这一目标的方法。让我们从一个简单的、重温 SSH 守护程序配置的示例开始。在大多数服务器上，这可能是静态的，因为限制远程 root 用户登录和禁用基于密码的登录等要求可能适用于整个服务器。同样，SSH 守护进程通常通过一个中心文件 /etc/ssh/sshd_config 进行配置。

在 Ubuntu 服务器上，默认配置非常简单，如果我们删除所有空格和注释，它只包含 6 行。对此文件进行一些修改，以便拒绝远程 root 用户登录，禁用 X11Forwarding，并且只允许基于密钥的登录，如下所示：

```
ChallengeResponseAuthentication no
UsePAM yes
X11Forwarding no
PrintMotd no
AcceptEnv LANG LC_*
Subsystem sftp /usr/lib/openssh/sftp-server
PasswordAuthentication no
PermitRootLogin no
```

我们将此文件存储在 roles/ 目录结构中，并使用以下角色任务部署它：

```
---
- name: Copy SSHd configuration to target host
  copy:
    src: files/sshd_config
    dest: /etc/ssh/sshd_config
    owner: root
    group: root
    mode: 0644

- name: Restart SSH daemon
  service:
    name: ssh
    state: restarted
```

在这里，我们使用 Ansible 的 copy 模块将我们在角色本身中创建和存储的 sshd_config 文件复制到目标主机，并确保它具有适合 SSH 守护程序的所有权和模式。最后，重新启动 SSH 守护进程以获取更改（请注意，此服务名称在 Ubuntu 服务器上有效，在其他 Linux 发行版上可能有所不同）。因此，我们完成的 roles 目录结构如下所示：

```
roles/
└── securesshd
    ├── files
    │   └── sshd_config
    └── tasks
        └── main.yml
```

现在，我们可以运行它来将配置部署到测试主机，如图 7-6 所示。

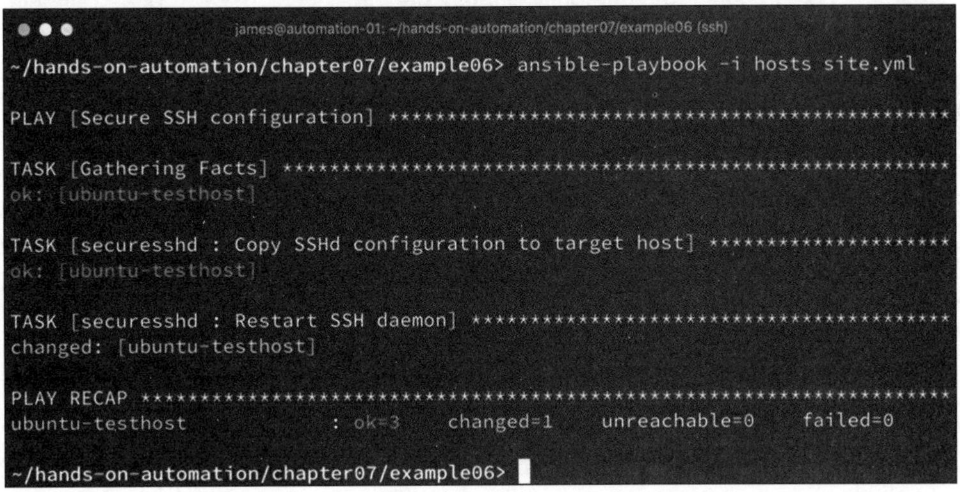

```
james@automation-01: ~/hands-on-automation/chapter07/example06 (ssh)
~/hands-on-automation/chapter07/example06> ansible-playbook -i hosts site.yml

PLAY [Secure SSH configuration] ***********************************************

TASK [Gathering Facts] ********************************************************
ok: [ubuntu-testhost]

TASK [securesshd : Copy SSHd configuration to target host] ********************
ok: [ubuntu-testhost]

TASK [securesshd : Restart SSH daemon] ****************************************
changed: [ubuntu-testhost]

PLAY RECAP ********************************************************************
ubuntu-testhost            : ok=3    changed=1    unreachable=0    failed=0

~/hands-on-automation/chapter07/example06>
```

图 7-6

与我们前面探讨过的方法相比，通过这种方式部署配置有如下诸多优点：

- 角色本身可以提交到版本控制系统，从而隐式地将配置文件本身（在角色的 files/

目录中）置于版本控制之下。

- 我们的角色任务非常简单，其他人可以很容易地获取此代码并理解它的功能，而无须“破译”正则表达式。
- 目标机器配置发生了什么事情并不重要，特别是在空白或配置格式方面。完全避免了上一节末尾讨论的陷阱，因为我们只需在部署时覆盖文件。
- 所有机器，不仅在指令方面，而且在顺序和格式方面都有相同的配置，因此确保在整个企业中审核配置是容易的。

因此，这个角色代表了企业级配置管理的一大进步。但是，如果再次对同一主机运行角色会发生什么。结果输出如图 7-7 所示。

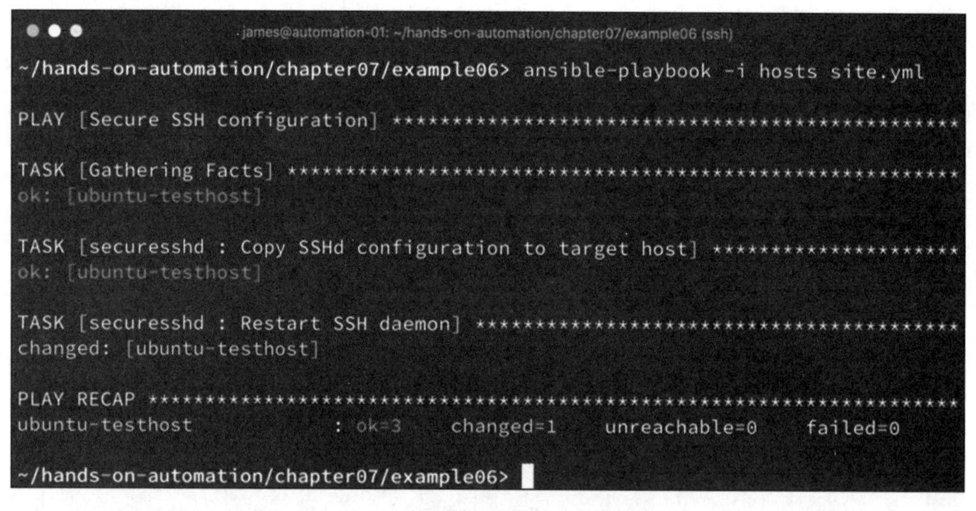

图 7-7

从图 7-7 中，我们可以看到 Ansible 已经确定 SSH 配置文件在上次运行时未被修改，因此返回 `ok` 状态。但是，尽管如此，`Restart SSH daemon` 任务的 `changed` 状态表明 SSH 守护进程已经重新启动，即使没有进行任何配置更改。重启系统服务通常会造成中断，因此除非绝对必要，否则应该避免重启。在这种情况下，除非进行配置更改，否则我们不希望重新启动 SSH 守护进程。

建议使用处理程序 `handler` 来处理此问题。处理程序 `handler` 是一个非常类似于任务的 Ansible 构造，只是它只有在发生更改时才会被调用。另外，当对一个配置进行多次更改时，可以多次通知处理程序（对于每个适用的更改一次），但是 Ansible 引擎只在任务完成后，才会批量处理所有处理程序调用并运行一次处理程序。这样可以确保在使用它来重新启动服务时（例如在本例中），服务只重新启动一次，并且只有在进行更改时才重新启动。现在让我们测试一下，如下所示：

1. 首先，从角色中删除服务重启任务并添加 `notify` 子句。通知处理程序（我们将在

一分钟内创建)。生成的角色任务应该如下所示:

```
---
- name: Copy SSHd configuration to target host
  copy:
    src: files/sshd_config
    dest: /etc/ssh/sshd_config
    owner: root
    group: root
    mode: 0644
  notify:
    - Restart SSH daemon
```

2. 现在,我们需要在角色中创建一个 handlers/ 目录并添加我们以前删除的处理程序代码,如下所示:

```
---
- name: Restart SSH daemon
  service:
    name: ssh
    state: restarted
```

3. 产生的 roles 目录结构如下所示:

```
roles/
└── securesshd
    ├── files
    │   └── sshd_config
    ├── handlers
    │   └── main.yml
    └── tasks
        └── main.yml
```

4. 现在,当在同一台服务器上运行两次剧本时(已将 SSH 配置还原为原始配置),我们看到 SSH 守护进程只在实际更改配置的实例中重新启动,如图 7-8 所示。

为了在继续之前进一步演示处理程序,考虑对角色任务的增强:

```
---
- name: Copy SSHd configuration to target host
  copy:
    src: files/sshd_config
    dest: /etc/ssh/sshd_config
    owner: root
    group: root
    mode: 0644
  notify:
    - Restart SSH daemon

- name: Perform an additional modification
  lineinfile:
    path: /etc/ssh/sshd_config
    regexp: '^\# Configured by Ansible'
    line: '# Configured by Ansible on {{ inventory_hostname }}'
    insertbefore: BOF
    state: present
  notify:
    - Restart SSH daemon
```

```
james@automation-01: ~/hands-on-automation/chapter07/example07 (ssh)
~/hands-on-automation/chapter07/example07> ansible-playbook -i hosts site.yml

PLAY [Secure SSH configuration] ***********************************************

TASK [Gathering Facts] ********************************************************
ok: [ubuntu-testhost]

TASK [securesshd : Copy SSHd configuration to target host] ********************
changed: [ubuntu-testhost]

RUNNING HANDLER [securesshd : Restart SSH daemon] *****************************
changed: [ubuntu-testhost]

PLAY RECAP ********************************************************************
ubuntu-testhost            : ok=3    changed=2    unreachable=0    failed=0

~/hands-on-automation/chapter07/example07> ansible-playbook -i hosts site.yml

PLAY [Secure SSH configuration] ***********************************************

TASK [Gathering Facts] ********************************************************
ok: [ubuntu-testhost]

TASK [securesshd : Copy SSHd configuration to target host] ********************
ok: [ubuntu-testhost]

PLAY RECAP ********************************************************************
ubuntu-testhost            : ok=2    changed=0    unreachable=0    failed=0

~/hands-on-automation/chapter07/example07>
```

图 7-8

在此处，我们部署配置文件并执行额外的修改。我们将在文件的开头添加一个注释，其中包含一个 Ansible 变量，其中包含目标主机的主机名。

这将产生目标主机上的两个 changed 状态，但是，如果恢复到默认的 SSH 守护程序配置，然后运行新的剧本，我们将看到如图 7-9 所示的内容。

请仔细注意前面的输出和任务运行的顺序。你将注意到，处理程序不是按顺序运行的，实际上是在运行结束时运行一次。

尽管我们的任务都发生了更改，因此可能会通知处理程序两次，但处理程序只在剧本运行结束时运行，将重新启动的次数最小化，正如所需。

通过这种方式，我们可以对静态配置文件进行大规模更改，甚至可以跨数百台甚至数千台机器进行更改。在下一节中，我们将在此基础上演示在需要动态数据的情况下管理配置的方法，例如，可能会在每个主机或每个组的基础上更改的配置参数。

图　7-9

7.4.2　进行可伸缩的动态配置更改

虽然前面的示例解决了在企业中进行大规模自动配置更改的许多挑战，但值得注意的是，我们的最后一个示例有些效率低下。我们部署了一个静态的、版本控制的配置文件，并再次使用 `lineinfile` 模块对其进行了更改。

这允许在文件中插入 Ansible 变量，这在许多情况下非常有用，尤其是在配置更复杂的服务时。然而，将这种修改分为两个任务就算最好也是不优雅的。此外，恢复使用 `lineinfile` 模块再次使我们面临前面讨论过的风险，这意味着对于每个要插入配置的变量，我们都需要一个 `lineinfile` 任务。

幸好，Ansible 包含了这样一个问题的解决方案。在这种情况下，Jinja2 模板的概念有助于我们解决问题。

Jinja2 是 Python 的一种模板语言，功能强大且易于使用。由于 Ansible 几乎完全是用 Python 编写的，因此它非常适合使用 Jinja2 模板。那么，Jinja2 模板在其最基本的级别上是什么呢？它是一个静态配置文件，比如我们之前为 SSH 守护进程部署的配置文件，但是可能会有变量替换。当然，Jinja2 要比它本身强大得多，本质上它是一种语言，并且具有常见的语言构造，比如 `for` 循环和 `if…elif…else` 构造，就像你在其他语言中看到的那样。这使得它非常强大和灵活，并且可以省略配置文件的整个部分（例如），这取决于 `if` 语句的求值方式。

正如你所想象的，Jinja2 语言的细节应该有一本单独的书来介绍。然而，在这里，我们将提供一个实用的 Jinja2 模板化的实践介绍，以实现企业配置管理的自动化。

让我们回到 SSH 守护进程示例，我们想把目标主机名放在文件标题的注释中。虽然这是一个精心设计的示例，但将其从 copy/lineinfile 示例升级成单个 template 任务，将会显示模板化带来的好处。从这里，我们可以进入一个更全面的例子。首先，让我们为 sshd_config 文件定义 Jinja2 模板，如下所示：

```
# Configured by Ansible {{ inventory_hostname }}
ChallengeResponseAuthentication no
UsePAM yes
X11Forwarding no
PrintMotd no
AcceptEnv LANG LC_*
Subsystem sftp /usr/lib/openssh/sftp-server
PasswordAuthentication no
PermitRootLogin no
```

注意，该文件与我们以前使用 copy 模块部署的文件相同，只是现在，我们已经将注释包含在文件标题中，并使用 Ansible 变量构造（由一对花括号表示）来插入 inventory_hostname 变量。

现在，为了理智起见，我们将这个文件命名为 sshd_config.j2，以确保我们能够区分模板和文本配置文件。模板通常放置在角色内的 templates/ 子目录中，因此受版本控制的方式与剧本、角色和任何关联的文本配置文件相同。

现在，我们可以使用 Ansible 的 template 模块部署这个模板并解析所有 Jinja2 构造，而不是复制文本文件然后用一个或多个 lineinfile 任务执行替换。

因此，我们的任务现在看起来是这样的：

```
---
- name: Copy SSHd configuration to target host
  template:
    src: templates/sshd_config.j2
    dest: /etc/ssh/sshd_config
    owner: root
    group: root
    mode: 0644
  notify:
    - Restart SSH daemon
```

请注意，该任务与之前的 copy 任务几乎相同，我们调用了处理程序，就像以前一样。

完整的模块目录结构如下所示：

```
roles
└── securesshd
    ├── handlers
    │   └── main.yml
    ├── tasks
    │   └── main.yml
    └── templates
        └── sshd_config.j2
```

让我们运行这个文件并评估结果，如图 7-10 所示。

```
james@automation-01: ~/hands-on-automation/chapter07/example09 (ssh)
~/hands-on-automation/chapter07/example09> ansible-playbook -i hosts site.yml

PLAY [Secure SSH configuration] **********************************************

TASK [Gathering Facts] *******************************************************
ok: [ubuntu-testhost]

TASK [securesshd : Copy SSHd configuration to target host] *******************
changed: [ubuntu-testhost]

RUNNING HANDLER [securesshd : Restart SSH daemon] ****************************
changed: [ubuntu-testhost]

PLAY RECAP *******************************************************************
ubuntu-testhost            : ok=3    changed=2    unreachable=0    failed=0

~/hands-on-automation/chapter07/example09> cat /etc/ssh/sshd_config
# Configured by Ansible ubuntu-testhost
ChallengeResponseAuthentication no
UsePAM yes
X11Forwarding no
PrintMotd no
AcceptEnv LANG LC_*
Subsystem       sftp    /usr/lib/openssh/sftp-server
PasswordAuthentication no
PermitRootLogin no
~/hands-on-automation/chapter07/example09>
```

图　7-10

正如在这里可以看到的，模板已被复制到目标主机，并且已处理标题注释中的变量并将其替换为相应的值。

随着配置变得越来越复杂，这个功能变得非常强大，因为无论模板有多大、多复杂，角色仍然只需要一个 template 任务。回到我们的 MariaDB 服务器，假设我们希望在每台服务器的基础上设置一些参数，以便根据我们正在部署的不同工作负载进行适当的调整。也许我们要设置以下内容：

- 服务器绑定地址，由 bind-address 定义
- 最大二进制日志大小，由 max_binlog_size 定义
- MariaDB 监听的 TCP 端口，由 port 定义

所有这些参数都在 /etc/mysql/mariadb.conf.d/50-server.cnf 中定义。但是，如前所述，我们还需要确保 /etc/mysql/mariadb.cnf 的完整性，以确保它包含这个（和其他）文件，以减少有人重写配置的可能性。首先，让我们开始构建模板——一个 50-server.cnf 文件的简化版本，它带有一些变量替换。此文件的第一部分显示在以下代码中。注意，port 和 bind-address 参数现在使用 Ansible 变量定义，通常用花括号对表示：

```
[server]
[mysqld]
user = mysql
pid-file = /var/run/mysqld/mysqld.pid
socket = /var/run/mysqld/mysqld.sock
port = {{ mariadb_port }}
basedir = /usr
datadir = /var/lib/mysql
tmpdir = /tmp
lc-messages-dir = /usr/share/mysql
skip-external-locking
bind-address = {{ mariadb_bind_address }}
```

该文件的第二部分如下所示，你将在此看到存在 mariadb_max_binlog_size 变量，而所有其他参数都保持静态：

```
key_buffer_size = 16M
max_allowed_packet = 16M
thread_stack = 192K
thread_cache_size = 8
myisam_recover_options = BACKUP
query_cache_limit = 1M
query_cache_size = 16M
log_error = /var/log/mysql/error.log
expire_logs_days = 10
max_binlog_size = {{ mariadb_max_binlog_size }}
character-set-server = utf8mb4
collation-server = utf8mb4_general_ci
[embedded]
[mariadb]
[mariadb-10.1]
```

现在，还要添加一个模板化版本的 /etc/mysql/mariadb.cnf，如下所示：

```
[client-server]
!includedir /etc/mysql/conf.d/
!includedir /etc/mysql/mariadb.conf.d/
```

此文件可能很短，但它有一个非常重要的用途。它是 MariaDB 服务加载时读取的第一个文件，它引用了要包含的其他文件或目录。如果我们没有使用 Ansible 维护对此文件的控制，那么任何具有足够权限的人都可以登录并编辑该文件，可能包括完全不同的配置，并完全绕过 Ansible 定义的配置。无论何时使用 Ansible 部署配置，都必须考虑这样的因素，否则，管理员可能会绕过你的配置更改。

如果没有要插入的变量，那么模板中就不必有任何 Jinja2 构造，就像在第二个示例中一样，只需将文件原样复制到目标机器上。

显然，使用 copy 模块将这个静态配置文件发送到远程服务器会稍微高效一些，但是这需要两个任务，我们可以使用一个带有循环的任务来处理所有模板。代码如下所示：

```
---
- name: Copy MariaDB configuration files to host
  template:
    src: {{ item.src }}
    dest: {{ item.dest }}
    owner: root
    group: root
    mode: 0644
  loop:
    - { src: 'templates/mariadb.cnf.j2', dest: '/etc/mysql/mariadb.cnf' }
    - { src: 'templates/50-server.cnf.j2', dest:
'/etc/mysql/mariadb.conf.d/50-server.cnf' }
  notify:
    - Restart MariaDB Server
```

最后，我们定义了一个处理程序，以便在配置发生更改时重新启动MariaDB，如下所示：

```
---
- name: Restart MariaDB Server
  service:
    name: mariadb
    state: restarted
```

在我们运行此程序之前，先对变量补充说明一下。在Ansible中，变量可以在许多级别上定义。在本例中，我们将不同的配置应用于具有不同用途的不同主机，在主机或主机组级别定义变量是有意义的。然而，如果忘记将这些放在清单中，或者放在另一个适当的位置，会发生什么情况呢？幸运的是，我们可以利用Ansible的变量优先级顺序来为角色定义默认变量。它们在优先级顺序上处于倒数第二位，因此几乎总是被其他位置的另一个设置覆盖，但是如果其他位置的设置被意外地忽略了，它们提供了一个安全网。正如我们前面的模板所写的那样，如果没有在任何地方定义变量，配置文件将无效，MariaDB服务器将拒绝启动，我们希望避免这种情况。

现在让我们在默认值下为角色中的这些变量定义 defaults/main.yml，如下所示：

```
---
mariadb_bind_address: "127.0.0.1"
mariadb_port: "3306"
mariadb_max_binlog_size: "100M"
```

完成此操作，角色结构如下所示：

```
roles/
└── configuremariadb
    ├── defaults
    │   └── main.yml
    ├── handlers
    │   └── main.yml
    ├── tasks
    │   └── main.yml
    └── templates
        ├── 50-server.conf.j2
        └── mariadb.cnf.j2
```

当然，我们希望覆盖默认值，因此我们将在清单组中定义这些值，这是清单组的一个很好的用例。提供相同功能的所有 MariaDB 服务器都将进入一个清单组，然后为它们分配一组共同的清单变量，以便它们都接收相同的配置。然而，在角色中使用模板意味着我们可以在许多情况下重用这个角色，只需通过变量定义提供不同的配置即可。我们将为测试主机创建如下清单：

```
[dbservers]
ubuntu-testhost

[dbservers:vars]
mariadb_port=3307
mariadb_bind_address=0.0.0.0
mariadb_max_binlog_size=250M
```

完成这些后，运行我们的剧本并观察发生了什么。结果如图 7-11 所示。

```
james@automation-01: ~/hands-on-automation/chapter07/example10 (ssh)
~/hands-on-automation/chapter07/example10> ansible-playbook -i hosts site.yml

PLAY [Secure SSH configuration] ************************************************

TASK [Gathering Facts] *********************************************************
ok: [ubuntu-testhost]

TASK [configuremariadb : Copy MariaDB configuration files to host] *************
changed: [ubuntu-testhost] => (item={u'dest': u'/etc/mysql/mariadb.cnf', u'src': u'templates/mariadb.cnf.j2'})
changed: [ubuntu-testhost] => (item={u'dest': u'/etc/mysql/mariadb.conf.d/50-server.cnf', u'src': u'templates/50-server.cnf.j2'})

RUNNING HANDLER [configuremariadb : Restart MariaDB Server] ********************
changed: [ubuntu-testhost]

PLAY RECAP *********************************************************************
ubuntu-testhost            : ok=3    changed=2    unreachable=0    failed=0

~/hands-on-automation/chapter07/example10>
```

图 7-11

成功运行这些后，我们展示了一个完整的端到端示例，演示了如何在企业级管理配置，同时避免了正则表达式替换和多部分配置的陷阱。尽管这些示例很简单，但它们应该作为任何深思熟虑的需要配置的企业自动化策略的基础。

7.5 小结

跨整个企业 Linux 资产管理配置充满了陷阱和配置漂移的可能性。这可能是出于好意的人造成的，即使是在需要匆忙进行更改的中断修复场景中也是如此。但是，它也可能是由那些具有恶意意图、试图规避安全要求的人造成的。Ansible 的良好使用（尤其是模板化）使得构建易于阅读、简洁的剧本变得容易，从而确保配置管理是可靠的、可重复的、可审核的和进行版本控制的，这是我们在本书前面为良好的企业自动化实践所阐述的所有基本原则。

在本章中，获得了使用新软件包扩展 Linux 机器的实践经验。然后，学习了如何将简单的静态配置更改应用于这些软件包，以及与此相关的潜在陷阱。最后，学习了使用 Ansible 跨企业管理配置的最佳实践。在下一章中，我们将继续研究使用 Pulp 进行内部存储库管理。

7.6 思考题

1. 对配置文件进行更改时通常使用哪些不同的 Ansible 模块？
2. 模板如何在 Ansible 中工作？
3. 为什么在使用 Ansible 进行更改时必须考虑配置文件结构？
4. 在使用正则表达式进行文件的修改时有哪些陷阱？
5. 如果模板中没有变量，它的行为是怎样的？
6. 在将已部署的配置模板提交到磁盘之前，如何检查它是否有效？
7. 如何针对一个已知的 Ansible 模板，快速审核 100 台机器的配置？

7.7 进一步阅读

- 要深入理解 Ansible，请参阅 James Freeman 和 Jesse Keating 的 *Mastering Ansible, Third Edition*（`https://www.packtpub.com/gb/virtualization-and-cloud/mastering-ansible-third-edition`）。

第三部分 Part 3

日常管理

本部分介绍企业中Linux服务器良好的构建过程为何不意味着Linux管理的结束。因为持续管理的有效性和效率至关重要。在本部分中，我们将探讨如何使用Ansible和其他工具来实现这些目标。

本部分包含以下章节：

- 第8章　使用Pulp进行企业存储库管理
- 第9章　使用Katello进行修补
- 第10章　在Linux上管理用户
- 第11章　数据库管理
- 第12章　使用Ansible执行日常维护

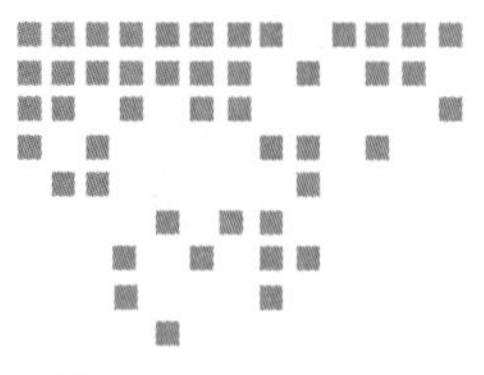

Chapter 8 第8章

使用 Pulp 进行企业存储库管理

到目前为止，我们已经在本书中介绍了在企业环境中与构建和配置 Linux 服务器进行部署相关的几个任务。虽然我们已经完成的大部分工作都可以很好地扩展到涵盖大多数场景，但必须注意的是，到目前为止，我们只安装了两个源的其中一个源的软件包，即对应于我们正在使用的每个 Linux 发行版的上游公共软件包存储库，或者来自我们在 PXE 引导章节中下载的 ISO 映像。

不用说，这带来了一些挑战，尤其是在创建可重复、可管理的 Linux 构建时。我们将在 8.2 节中更深入地探讨这些问题，但可以说，使用公开可用的存储库意味着，在两个不同的工作日执行的两个构建可能是不同的！ ISO 安装方法提供了另一个极端，无论何时执行，它总是产生一致的构建，但是在这种情况下，不会收到任何安全（或其他）更新！我们需要的是在这两个极端之间达成平衡，幸好，有一个解决方案是以一个叫作 Pulp 的软件包的形式存在的。

本章涵盖以下主题：

- 安装 Pulp 用于修补程序管理
- 在 Pulp 中构建存储库
- 使用 Pulp 进行修补

8.1 技术要求

本章包括基于以下技术的示例：

- Ubuntu Server 18.04 LTS

- CentOS 7.6
- Ansible 2.8

要运行这些示例，你需要访问两台运行前面列出的操作系统之一和Ansible的服务器或虚拟机。请注意，本章中提供的示例可能具有破坏性，如果按原样运行，只可在隔离的测试环境中运行。

本章中讨论的所有示例代码都可以在GitHub上的以下URL获得：`https://github.com/PacktPublishing/Hands-On-Enterprise-Automation-on-Linux/tree/master/chapter08`。

8.2　安装Pulp用于修补程序管理

在研究Pulp的实际安装方面之前，让我们更深入地了解一下为什么要使用它。在本书中，我们一直在主张构建一个标准化的Linux环境，它具有高度的可重复性、可审计性和可预测性。这些不仅是自动化的基础，而且是企业的良好实践。

假设你构建了一个服务器，并使用Ansible为其部署了一个新的服务，正如我们在本书前面所述。到目前为止，Ansible剧本提供了关于构建标准的文档，并确保以后可以准确地重复构建。然而，这里有一个陷阱。假设几个月后，你返回来创建另一台服务器，可能是为了扩展应用程序或用于**灾难恢复**（Disaster Recovery，DR）场景。

根据软件包的来源，将发生以下两种情况之一：

- 如果从面向Internet的公共存储库安装，则两个版本都将具有在构建之日安装的所有软件包的最新版本。这种差异可能是显著的，如果已经花费了时间在给定的Linux版本上通过了软件测试和鉴定，你可能无法在不同的软件包版本上保证这一点。当然，一切都是最新的，你会拥有所有最新的安全修补程序和对bug的修复，但每次你在不同的日子执行这个构建时，你很容易得到不同的软件包版本。这会导致可重复性问题，特别是要确保在一个环境中测试过的代码在另一个环境中正常工作时。
- 尺度的另一极端是ISO构建存储库，我们在第6章中使用了它。它们永远不会改变（除非有人下载一个较新的ISO并提取它，覆盖了旧的ISO的内容），因此，尽管它生成的版本完全已知（因此支持我们的可重复性目标），但它们永远不会收到任何安全更新。这本身可能是个问题。

当然，妥协是在这两个极端之间找到一个中间立场。如果有可能创建我们自己的软件包存储库，这些软件包是公共存储库的给定时间点的快照，那么当我们需要它们时，它们仍然是静态的（从而确保构建的一致性），而且如果出现重要的安全修复程序，还可以根据需要进行更新。我们在这里需要借助Pulp项目，它完全有能力做这些事情。它也是一些更复杂的基础设施管理解决方案（如Katello）中的一个组件，我们将在下一章中介绍。

然而，对于不需要**图形用户界面**（Graphical User Interface，GUI）的安装，Pulp完全

满足了我们的需求。让我们看看如何安装它。

安装Pulp

正如我们在第1章中所讨论的那样，在本书中，即使你可能已经围绕给定的Linux发行版（如Ubuntu服务器）构建了标准化的操作环境，但有时你也必须创建一个例外情况。Pulp就是这样一种情况，因为尽管它可以支持管理 .rpm 和 .deb 包（因此可以处理各种Linux发行版的存储库需求），但它只基于CentOS、Fedora和RHEL的操作系统被打包，因此最容易安装在这些操作系统上。仍然可以用Pulp管理Ubuntu服务器，只需要把它安装在CentOS（或者你喜欢的Red Hat变种）上。

Pulp的安装有几个方面。例如，Pulp依赖于MongoDB安装，如果需要，它可以是外部的。类似地，它也依赖于消息总线，并且可以优先使用RabbitMQ或Qpid。大多数组织对此都有自己的标准，因此定义最适合你的企业的体系结构留作练习。在本章中，我们将在一台服务器上执行一个非常简单的Pulp安装，以演示所涉及的步骤。

考虑到安装Pulp的相对复杂性，建议为Pulp安装创建一个Ansible剧本。因为Pulp的安装没有普适的，所以在本章中，我们将手动完成安装，以演示所涉及的工作，安装步骤如下：

1. 在开始安装之前，构建一个虚拟（或物理）服务器来承载Pulp仓库。对于示例，我们将以CentOS 7.6为基础，它是在编写本书时支持的最新版本。另外，请注意以下文件系统要求：

- /var/lib/mongodb：我们将在同一主机上使用MongoDB构建示例Pulp服务器。MongoDB数据库的大小可以增长到10GB以上，建议将此路径挂载到一个专用的LVM备份文件系统上，以便在需要时可以轻松地扩容它，并且如果它确实填满了，它不会造成系统的其余部分停止工作。
- /var/lib/pulp：这个目录是Pulp存储库所驻留的地方，同样，它应该位于一个专用的LVM支持的文件系统上。此目录大小将由你希望创建的存储库大小决定。例如，如果要镜像20 GB的上游存储库，则 /var/lib/pulp 的大小至少需要为20 GB。这个文件系统也必须是基于XFS的，如果是在 ext4 上创建的，就有耗尽inode的风险。

2. 一旦满足了这些要求，就必须安装EPEL存储库，因为Pulp安装将从下面提取软件包：

```
$ sudo yum install epel-release
```

3. 安装Pulp存储库文件，代码如下：

```
$ sudo wget -O /etc/yum.repos.d/rhel-pulp.repo
https://repos.fedorapeople.org/repos/pulp/pulp/rhel-pulp.repo
```

4. 设置MongoDB服务器，这必须在继续安装Pulp之前完成。预计大多数企业都有一些数据库服务器的内部标准，这里将遵循它们，带SSL加密的默认如下安装将满足我们的要求：

```
$ sudo yum install mongodb-server
```

5. 同样，可以说大多数企业都有自己的证书颁发机构，不管是内部的还是其他的。对于示例服务器，我们将使用以下命令生成一个简单的自签名证书：

```
$ sudo openssl req -x509 -nodes -newkey rsa:4096 -keyout
/etc/ssl/mongodb-cert.key -out /etc/ssl/mongodb-cert.crt -days 3650
-subj "/C=GB/CN=pulp.example.com"
```

6. 将私钥和证书连接到一个文件中，供MongoDB提取。

```
$ sudo cat /etc/ssl/mongodb-cert.key /etc/ssl/mongodb-cert.crt |
sudo tee /etc/ssl/mongodb.pem > /dev/null
```

7. 完成这些工作后，必须重新配置MongoDB以获取新创建的证书文件并启用SSL。编辑/etc/mongod.conf文件并配置以下参数（文件中的任何其他参数都可以保持默认值）：

```
# Use ssl on configured ports
sslOnNormalPorts = true

# PEM file for ssl
sslPEMKeyFile = /etc/ssl/mongodb.pem
```

8. 在这个阶段，我们现在可以启用MongoDB服务，以在系统引导时启动它，然后启动此服务。

```
$ sudo systemctl enable mongod.service
$ sudo systemctl restart mongod.service
```

9. 随着Mongo数据库服务器的运行，我们现在需要安装消息总线。同样，大多数企业都会为此制定企业标准，建议在定义这些标准的地方遵守这些标准。下面的示例是功能演示所需的最少步骤集——不应将其视为完全安全的，但为了测试和评估Pulp，它是满足功能要求的。在这里，我们只需安装所需的软件包，然后启用并启动服务。

```
$ sudo yum install qpid-cpp-server qpid-cpp-server-linearstore
$ sudo systemctl enable qpidd.service
$ sudo systemctl start qpidd.service
```

10. 基础设施完成后，现在可以安装Pulp本身了。最初的步骤是安装基本软件包。

```
$ sudo yum install pulp-server python-gofer-qpid python2-qpid qpid-
tools
```

Pulp 使用基于插件的体系结构来托管它能够服务的各种存储库。在撰写本书时，Pulp 能够承载以下内容：

- 基于 RPM 的存储库（例如，CentOS、RHEL 和 Fedora）
- 基于 DEB 的存储库（例如，Debian 和 Ubuntu）
- Python 模块（例如，用于镜像 PyPI 内容）
- Puppet 清单
- Docker 映像
- OSTree 内容

本章不准备详细讨论所有这些模块，但可以肯定的是，在宏观上，Pulp 在所有这些不同的技术中都以相同的方式运作。无论是使用 Python 模块、Docker 映像还是 RPM 包，你都可以创建一个稳定的、可以进行版本控制的中央存储库，以确保可以维护最新的环境，而又不会失去对该环境所包含内容的控制。

由于用例是提供 Linux 软件包的 Pulp，我们将安装基于 RPM 和 DEB 的插件。

```
$ sudo yum install pulp-deb-plugins pulp-rpm-plugins
```

11. 安装 Pulp 之后，必须配置核心服务。这通过编辑 /etc/pulp/server.conf 来完成，对于我们这样的简单演示，大多数默认设置都很好，但是，当在 MongoDB 后端启用 SSL 支持时，我们必须告诉 Pulp 服务器我们已经这样做了，并且禁用 SSL 验证，因为我们在使用自签名证书。上述文件的 [database] 部分应如下所示：

```
[database]
ssl: true
verify_ssl: false
```

如果查看这个文件，你将看到可以执行大量配置，所有这些配置都有很好的文档和注释。具体来说，可以自定义以下部分：

- [email]：这在默认情况下是关闭的，但是如果你希望 Pulp 服务器发送电子邮件报告，你可以在这里配置它。
- [database]：在本节中，我们只是简单地启用了 SSL 支持，但是如果数据库位于外部服务器上或需要更高级的参数，则将在此处指定这些参数。
- [messaging]：对于不同组件之间的通信，这里不需要进一步配置默认的 Qpid 消息代理，但是如果你使用 RabbitMQ 和 / 或启用了身份验证 /SSL 支持，则需要在这里配置。
- [tasks]：对于组件间通信及其异步任务，Pulp 可以有单独的消息代理，后者的代理可以在这里配置。由于我们对这两个功能都使用相同的 Qpid 实例，因此本例不需要进一步的操作。
- [server]：用于配置服务器的默认凭据、主机名等。

12. 一旦配置了 Pulp 服务器，就必须使用以下两个命令生成 RSA 密钥对和 Pulp 的 CA

证书：

```
$ sudo pulp-gen-key-pair
$ sudo pulp-gen-ca-certificate
```

13. Pulp 使用 Apache 服务其 HTTP（S）内容，因此我们必须对此进行配置。

首先，我们通过运行以下命令来初始化后端数据库（注意它是以 `apache` 用户的身份运行的）：

```
$ sudo -u apache pulp-manage-db
```

14. 如果你打算在 Apache 中使用 SSL 传输，请确保将其配置为你的企业需求。默认情况下，CentOS 会为 Apache SSL 安装自签名证书，但你可能希望将其替换为由企业 CA 签名的证书。此外，请确保禁用不安全的 SSL 协议，建议至少将以下两个设置放在 `/etc/httpd/conf.d/ssl.conf` 文件中：

```
SSLProtocol all -SSLv2 -SSLv3

SSLCipherSuite HIGH:3DES:!aNULL:!MD5:!SEED:!IDEA
```

当然，这只是一个指南，大多数企业都会有自己的安全标准，在这里应该遵守它们。

当发现新的漏洞时，这些要求可能会改变。在撰写本书时，前面的配置被认为是一种良好的做法，但可能随时会更改而不另行通知。你可以检查环境中与安全相关的所有设置。

15. 配置 Apache 后，将其设置为系统引导时启动并启动它。

```
$ sudo systemctl enable httpd.service
$ sudo systemctl start httpd.service
```

16. Pulp 有几个其他后端服务，它们是 Pulp 正常运作必需的。其中每一个都可以根据需要进行配置和调优，但是对于我们的示例服务器，依次启用和启动它们就足够了。

```
$ sudo systemctl enable pulp_workers.service
$ sudo systemctl start pulp_workers.service

$ sudo systemctl enable pulp_celerybeat.service
$ sudo systemctl start pulp_celerybeat.service

$ sudo systemctl enable pulp_resource_manager.service
$ sudo systemctl start pulp_resource_manager.service
```

17. 最后的任务是安装 Pulp 的管理组件，这样我们就可以管理我们的服务器了。

```
$ sudo yum install pulp-admin-client pulp-rpm-admin-extensions
pulp-deb-admin-extensions
```

18. 我们的服务器还有最后一项任务要完成。Pulp 被设计为远程管理，因此，它通过

SSL 进行通信，以确保所有事务的安全性。尽管我们已经创建了一个一体化（all-in-one）主机，并且在本章中，我们将从同一台主机执行服务器管理，但是我们需要告诉 Pulp 管理客户机我们正在使用自签名证书，否则，SSL 验证将失败。为此，请编辑 /etc/pulp/admin/admin.conf，在 [server] 部分，定义以下参数：

```
verify_ssl: False
```

19. 通过登录来测试 Pulp 服务器是否可以运行。

尽管 Pulp 支持多个用户账户，甚至支持与 LDAP 后端集成，但像我们这样的简单安装只提供一个管理员账户，其中用户名和口令都是 admin。

如果一切顺利，你会看到如图 8-1 所示的内容输出，并且能够查询到服务器状态（注意，输出已被截断以节省空间）。

```
root@pulp:~ (ssh)
[root@pulp2 ~]# export PS1="[\u@pulp \W] "
[root@pulp ~]
[root@pulp ~] pulp-admin login -u admin
Enter password:
Successfully logged in. Session certificate will expire at Aug 13 17:44:44 2019
GMT.

[root@pulp ~] pulp-admin status
+----------------------------------------------------------------------+
                          Status of the server
+----------------------------------------------------------------------+

Api Version:           2
Database Connection:
  Connected: True
```

图 8-1

现在有了一个完全可操作的 Pulp 服务器，我们将演示使用新构建的 Pulp 系统，为托管稳定的更新和系统构建来创建存储库的过程。

8.3 在 Pulp 中构建存储库

尽管在本章中我们将只使用 Pulp 中可用功能的一个子集，但这里演示的是一个可行的工作流，它展示了为什么可以选择 Pulp 来管理企业存储库，而不是重复你自己的解决方案（例如，我们在第 6 章中使用的从 ISO 复制软件包的方法））。

处理基于 RPM 的包存储库和基于 DEB 的包存储库的过程大致相似。

让我们从探索如何创建和管理基于 RPM 的存储库开始。

8.3.1　在 Pulp 中构建基于 RPM 的存储库

尽管安装 Pulp 是一个相当复杂的过程，但是一旦安装了它，管理存储库的过程就非常简单。但是，它确实需要对所选 Linux 发行版的存储库结构有一点了解。让我们继续使用 CentOS 7 构建，在本书中我们一直使用它作为示例。

CentOS 7 的核心存储库分为两部分：首先是操作系统存储库，它包含 CentOS 7 最新版本的所有文件（目前最新版本是 CentOS 8.3.2011）。此版本的更新随后包含在一个单独的存储库中，因此要在 Pulp 服务器中为 CentOS7 构建一个功能齐全的镜像，我们需要镜像这两个路径。

从创建基本操作系统的镜像开始：

1. 第一步是登录到 `pulp-admin` 客户端，正如我们在上一节的结尾所演示的那样。然后运行以下命令来创建一个新的存储库：

```
$ pulp-admin rpm repo create --repo-id='centos76-os' --relative-
url='centos76-os' --
feed=http://mirror.centos.org/centos/7/os/x86_64/
```

把这个命令分解如下：

- `rpm repo create`：这组关键字告诉 Pulp 服务器创建一个新的基于 rpm 的存储库定义。请注意，在此阶段没有同步或发布任何内容，这只是为新存储库创建元数据。
- `--repo-id='centos76-os'`：这告诉 Pulp 新存储库的 ID 是 `centos76-os`，这就像一个唯一的键，应该用来将新存储库与其他存储库区分开来。
- `--relative-url='centos76-os'`：这指示 Pulp 将存储库发布到何处，基于 RPM 的存储库发布在 `http(s)://pulp-server-address/pulp/repos/<relative-url>`。
- `--feed=http://mirror.centos.org/centos/7/os/x86_64/`：这是将从中同步基于 RPM 的内容的上游位置。

2. 创建了存储库定义之后，下一步是同步来自上游服务器的包。这只要简单地运行下面这个命令：

```
$ pulp-admin rpm repo sync run --repo-id='centos76-os'
```

3. 这启动了一个在服务器后台运行的异步命令。你可以随时使用以下命令检查状态：

```
$ pulp-admin rpm repo sync status --repo-id='centos76-os'
```

4. 同步完成后，存储库必须被发布，这最终使同步的内容在 Apache Web 服务器上可用，该服务器是先前安装的 Pulp 安装的一部分。

```
$ pulp-admin rpm repo publish run --repo-id='centos76-os'
```

完成此操作后，你就有了由 `--feed` 参数定义的上游 CentOS 7.6 OS 存储库的内部快照。

当然，现在我们还需要更新，以确保获得最新的安全修补程序、bug 修复等。存储库的更新频率将取决于修补周期、内部安全策略等。因此，我们将定义第二个存储库来存放更新软件包。

我们将向前面的命令发出一组几乎相同的命令来创建更新存储库，只是这次有两个关键区别：

- 我们使用 /updates/ 路径作为 feed，而不是 /os/。
- 我们在 repo-id 和 relative-url 中添加了一个日期戳。当然，你可以在此处采用自己的版本控制方案，因为此存储库将是 2019 年 8 月 7 日之前所有 CentOS 7 更新的快照，使用快照的日期作为标识符是一种明智的方法：

```
$ pulp-admin rpm repo create --repo-id='centos7-07aug19' --
relative-url='centos7-07aug19' --
feed=http://mirror.centos.org/centos/7/updates/x86_64/
$ pulp-admin rpm repo sync run --repo-id='centos7-07aug19'
$ pulp-admin rpm repo publish run --repo-id centos7-07aug19
```

这些都运行后，我们可以使用 pulp-admin 客户端来检查存储库和磁盘使用情况。目前，我们可以看到 Pulp 文件系统使用了 33 GB 的空间，尽管并不是所有这些都是针对 CentOS 的，因为这个测试系统上还有其他存储库。这一使用量的级别将马上变得非常重要。

在企业环境中，一个好的做法是根据 2019 年 8 月 7 日的快照构建或更新一组测试 CentOS 7 系统，并对其执行必要的测试，以确保构建的可靠性。这在内核更改可能导致问题的物理系统中尤其重要。一旦确信了此构建的可靠性，它将成为所有 CentOS 7 系统的基线。对于企业场景来说，这样做的好处是，所有系统（只要它们使用 Pulp 存储库）的所有软件包的版本都相同。这一点再加上良好的自动化实践，为 Linux 环境带来了几乎类似 Docker 的稳定性和平台信心。

在这个场景的基础上，假设 CentOS 7 在一夜之间发布了一个关键的安全修补程序。及时应用此修补程序非常重要，对其执行测试以确保它不会破坏任何现有服务也非常重要。因此，我们不希望更新 centos7-07aug19 存储库镜像，因为这是一个已知的稳定快照（换句话说，我们已经对它进行了测试，并且对它感到满意，它在企业环境中是稳定的）。

如果只是使用面向互联网的上游存储库，那么我们将无法控制这一点，CentOS 7 服务器将在下次运行更新时盲目地获取修补程序。同样，如果我们使用 reposync 之类的工具手动构建存储库镜像，我们将只能二选一。第一种，我们可以更新现有的镜像，这将占用很少的磁盘空间，但会带来与使用上游存储库相同的问题（即，所有服务器在更新运行后都会立即获取新的修补程序）。或者，我们可以为测试创建第二个快照。在 Pulp 服务器上镜像 CentOS 7 更新需要大约 16 GB 的磁盘空间，因此创建第二个快照需要大约 32 GB 的磁盘空间。随着时间的推移，更多的快照将需要越来越多的磁盘空间，这是非常低效的。

这正是 Pulp 真正的亮点所在，它不仅可以高效地创建和管理基于 RPM 的存储库，而且还知道不去下载同步操作中已有的软件包，也不在发布中复制软件包，因此，它在带宽和磁盘使用方面都非常高效。因此，我们可以发出以下命令集来创建 8 月 8 日 CentOS 7 更新的快照：

```
$ pulp-admin rpm repo create --repo-id='centos7-08aug19' --relative-
url='centos7-08aug19' --
feed=http://mirror.centos.org/centos/7/updates/x86_64/
$ pulp-admin rpm repo sync run --repo-id='centos7-08aug19'
$ pulp-admin rpm repo publish run --repo-id centos7-08aug19
```

你将认识到这些命令与我们在本节前面运行的创建 2019 年 8 月 7 日快照的命令很相似。事实上，除了新的存储库 ID（`--repo-id`）和 URL（`--relative-url`）之外，它们都是相同的，新的存储库 ID 和 URL 带上了新的日期，以区别先前的日期。这个过程将像以前一样运行，如图 8-2 所示，似乎所有的软件包都已下载，在这个阶段，对于幕后发生的事情几乎没有线索。

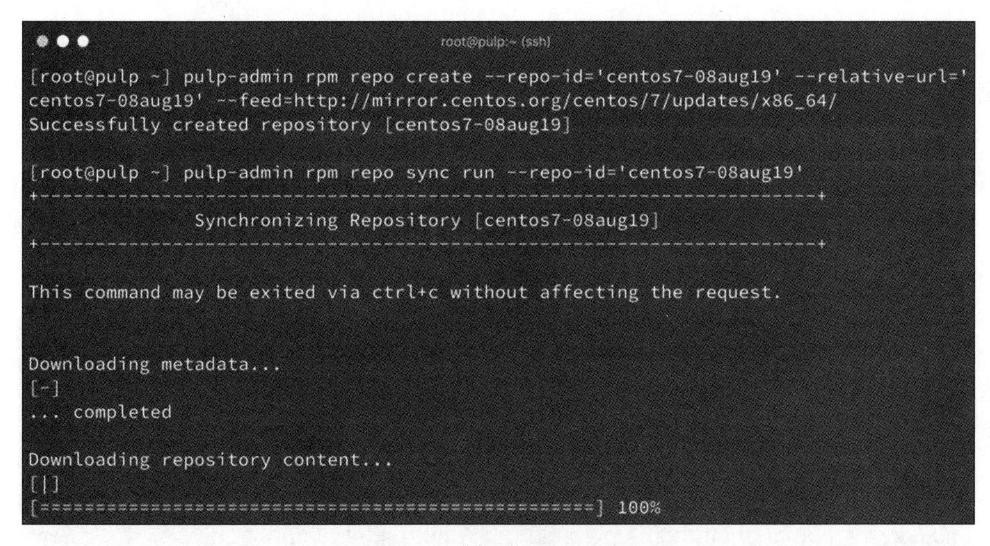

图　8-2

但是，现在让我们检查一下磁盘使用情况，如图 8-3 所示。

```
root@pulp:~ (ssh)
[root@pulp ~] df -h | grep pulp
/dev/mapper/vg_pulp-lv_pulp      60G    34G    27G   57% /var/lib/pulp
```

图　8-3

在图 8-3 里，我们可以看到磁盘使用量四舍五入后已达到 34 GB，如果使用更细粒度的度量，我们可能会发现使用量可能会更少。通过这种方式，Pulp 允许我们几乎按需创建快照，而不需要消耗大量磁盘空间，同时保留旧快照以保持稳定性，直到新快照被证明可靠，此时可以删除冗余快照。

值得一提的是，从 Pulp 中删除存储库并不一定会释放磁盘空间。原因是后端软件包的重复数据消除必须小心，不要删除仍然需要的任何软件包。在我们的示例中，8 月 7 日快照中 99% 以上的软件包也在 8 月 8 日快照中，因此，如果我们删除其中一个软件包，那么将保持另一个软件包完整是很重要的。

在 Pulp 中，这个过程被称为孤立恢复，它是一个查找不再属于任何存储库（可能是因为存储库被删除）的软件包并对其进行整理的过程。

在完成当前示例之后，假设我们测试了 8 月 8 日的快照，其中更新的软件包导致了测试中的问题。由此，确定此快照不适合生产，我们将删除它，并等待在修复可用时创建新快照。

1. 首先，我们必须删除存储库本身：

```
$ pulp-admin rpm repo delete --repo-id='centos7-08aug19'
```

这将删除 Apache 服务器上的存储库定义和已发布的 URL，以便不再使用它。

2. 要清除任何孤立软件包，可以发出以下命令：

```
$ pulp-admin orphan remove --all
```

这个命令是一个常规清理，可以从整个 Pulp 服务器中删除所有孤立项，是一个很好的常规维护步骤。但是，该命令可以接收更细粒度的控制，以仅删除特定类型的孤立（例如，可以清除所有孤立 RPM，但不能清除 DEB 包），如图 8-4 所示。

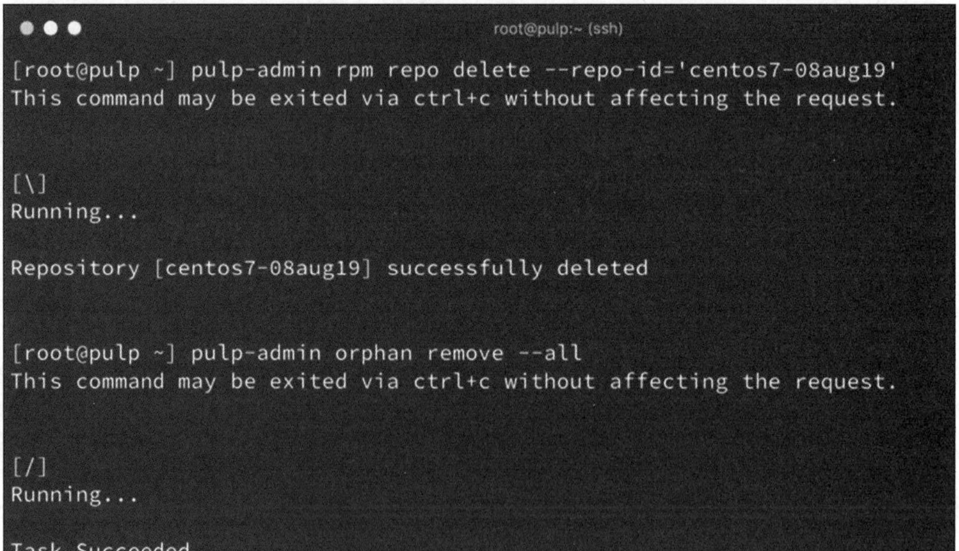

```
root@pulp:~ (ssh)
[root@pulp ~] pulp-admin rpm repo delete --repo-id='centos7-08aug19'
This command may be exited via ctrl+c without affecting the request.


[\]
Running...

Repository [centos7-08aug19] successfully deleted


[root@pulp ~] pulp-admin orphan remove --all
This command may be exited via ctrl+c without affecting the request.


[/]
Running...

Task Succeeded
```

图 8-4

3. 完成此步骤后，我们将看到新的快照所使用的额外磁盘空间已经腾退，如图8-5所示。

图 8-5

在本节中，到目前为止，我们已经手动完成了所有的Pulp命令和活动，这样做是为了让你更好地了解设置Pulp和附带的存储库所需的步骤。在常规服务中，最佳实践规定这些步骤是使用Ansible执行的，但是，没有原生Ansible模块能涵盖我们在本章中执行的所有任务。

例如，pulp_repo模块（在版本2.3中引入Ansible）能够创建和删除存储库，正如我们在本章中使用pulp-admin rpm repo create所做的那样。但是，它不能执行孤立文件清理，因此需要使用shell或Ansible模块的command发出此命令。Ansible的完全自动化留作练习。

一旦建立了存储库，最后一步就是在企业Linux服务器上使用它们，我们将在下一节中介绍这一点。

不过，首先，我们将看看在Pulp中管理DEB软件包与管理基于RPM的软件包之间的一些细微差别。

8.3.2 在Pulp中构建基于DEB的存储库

尽管用于Pulp的RPM存储库插件和DEB存储库插件在命令行结构上有一些细微的差别，但是整个过程是相同的。与以前一样，还需要对存储库结构有一些先验知识才能创建有效的镜像。在本书中，我们已经以Ubuntu Server 18.04 LTS为例进行了工作，在此基础上配置的默认存储库集如下：

- bionic：这是Ubuntu Server 18.04（代号bionic Beaver）发行版的基线存储库，与CentOS 7的OS存储库一样，它在操作系统发布后不会更改。
- bionic-security：这些是针对bionic操作系统发布后的特定于安全的更新。
- bionic-updates：这些是针对bionic操作系统发布的非安全更新。

还有其他存储库，比如backports，除了main组件（我们将在这里讨论）之外，在restricted组件、universe组件和multiverse组件中还有大量可用的包。关于Ubuntu存储库结构的更多细节已经超出了本书的范围，关于这个主题有大量的文档可用。如果镜像不同Ubuntu存储库，请参考链接https://wiki.ubuntu.com/SecurityTeam/FAQ#Repositories_and_Updates。

现在，假设我们正在更新 Ubuntu Server 18.04 LTS 的最小化版本。为此，我们只对 `main` 组件中的包感兴趣，但是我们确实需要一个给定时间点上所有安全修复和更新的快照，就像我们在 CentOS 7 构建中使用的快照一样。

1. 首先，确保登录到 `pulp-admin` 客户端。我们将在 Pulp 中为 `main` 组件和操作系统发布软件包创建一个存储库：

```
$ pulp-admin deb repo create --repo-id='bionic-amd64-08aug19' --
relative-url='bionic-amd64-08aug19' --
feed='http://de.archive.ubuntu.com/ubuntu' --releases=bionic --
components=main --architectures='amd64' --serve-http=true
```

如你所见，前面的命令与 RPM 存储库创建命令非常相似。我们以与之前相同的方式指定 `repo-id` 和 `relative-url`，并指定一个上游 `feed` URL。不过，这一次，我们将 Ubuntu 的 `releases`、`components` 和 `architectures` 为命令行选项，而在 CentOS 7 示例中，它们隐含在我们镜像的 URL 中。除了这些特定于 DEB 的配置参数之外，我们现在还指定 `--serve-http` 选项。默认情况下，Pulp 仅通过 HTTPS 提供所有存储库内容。但是，由于在 Pulp 中对 DEB 包的包签名存在一些限制（这将在本章后面讨论），我们必须启用通过普通 HTTP 提供存储库内容的服务。

注意，正如 `--releases` 选项的复数命名所暗示的，这里可以指定多个版本。尽管这在存储库创建时起作用，但在编写时，同步过程是无效的，因此必须为我们希望镜像的每个 Ubuntu 版本创建一个单独的 Pulp 存储库。这一点预计将在未来修复。

完成后，我们将为 `security` 和 `updates` 存储库再创建两个存储库：

```
$ pulp-admin deb repo create --repo-id='bionic-security-
amd64-08aug19' --relative-url='bionic-security-amd64-08aug19' --
feed='http://de.archive.ubuntu.com/ubuntu' --releases=bionic-
security --components=main --architectures='amd64' --serve-
http=true

$ pulp-admin deb repo create --repo-id='bionic-updates-
amd64-08aug19' --relative-url='bionic-updates-amd64-08aug19' --
feed='http://de.archive.ubuntu.com/ubuntu' --releases=bionic-
updates --components=main --architectures='amd64' --serve-http=true
```

2. 当存储库创建完成后，可以运行同步过程，就像以前做过的那样。

```
$ pulp-admin deb repo sync run --repo-id='bionic-amd64-08aug19'

$ pulp-admin deb repo sync run --repo-id='bionic-security-
amd64-08aug19'

$ pulp-admin deb repo sync run --repo-id='bionic-updates-
amd64-08aug19'
```

3. 发布存储库。

```
$ pulp-admin deb repo publish run --repo-id='bionic-amd64-08aug19'

$ pulp-admin deb repo publish run --repo-id='bionic-security-
amd64-08aug19'

$ pulp-admin deb repo publish run --repo-id='bionic-updates-
amd64-08aug19'
```

值得注意的是，Ubuntu 存储库往往比 CentOS 存储库大得多，尤其是 `updates` 和 `security`。在同步过程中，在将包归档到 /var/lib/pulp 目录之前，会将包临时下载到 /var/cache/pulp 中。如果 /var/cache/pulp 位于根文件系统上，则根文件系统很可能会被填满，因此，最好为此创建一个新卷，并将其挂载到 /var/cache/pulp 处，以防止磁盘已满的情况停止 Pulp 服务器运行。

用于 Pulp 的 DEB 插件与 RPM 插件具有相同的软件包重复数据消除功能，并以相同的方式通过 HTTPS（以及可选的 HTTP）发布包。通过对命令的语法进行一些更改，我们可以有效地为企业环境中的大多数主要发行版创建上游 Linux 存储库的快照。

完成本节之后，你将学习如何为 Pulp 中基于 RPM 和 DEB 的内容创建自己的存储库镜像，这些内容可能被视为稳定不变的，因此这为企业中的修补程序管理提供了极好的基础。

在下一节中，我们将研究如何将这些存储库部署到两种不同类型的 Linux 服务器上。

8.4　使用 Pulp 进行修补

Pulp 支持两种主要方法，用于分发在其内部创建的存储库中的软件包。第一种是一种基于推送的分发，它使用一种称为 **Pulp 消费者**（Pulp Consumer）的东西。

在本章中我们将不探讨这个问题，原因如下：

- Pulp 消费者只使用基于 RPM 的存储库和发行版，在撰写本书时，没有可用于 Ubuntu 或 Debian 的等效客户端。这意味着我们的流程在整个企业中不可能是统一的，而在理想情况下，它们必须是统一的。
- 使用 Pulp 消费者意味着我们将有两套重叠的自动化手段。使用 consumer 将软件包分发到节点是一项可以使用 Ansible 执行的任务，如果我们使用 Ansible 执行此任务，那么我们有一种在所有平台上通用的方法。这支持我们在本书前面围绕降低进入壁垒、增加易用性等建立的企业环境中的自动化原则。

因此，我们将构建单独的基于 Ansible 的示例，使用我们在 8.3 节中创建的存储库来管理存储库和更新。这些可以与所有其他 Ansible 剧本一起管理，并且可以通过一个平台（如 AWX）运行，以确保在任何可能的情况下为所有任务使用单一的管理界面。

让我们先看看如何使用 Ansible 和 Pulp 的组合来修补基于 RPM 的系统。

8.4.1 使用Pulp修补基于RPM的系统

在前一节中，我们为CentOS 7 build创建了两个存储库：一个用于操作系统发行版本，另一个用于包含更新。

从这些存储库更新CentOS 7构建的过程在宏观上按如下方式进行：

1. 将 /etc/yum.repos.d 中的任何现有存储库定义移到一边，以确保我们只从Pulp服务器加载存储库。

2. 使用Ansible部署适当的配置。

3. 使用Ansible采用新配置从Pulp服务器中获取更新（或任何所需的软件包）。

在继续创建适当的剧本之前，让我们先看看如果手动创建的话，CentOS 7机器上的存储库定义文件会是什么样子。理想情况下，我们希望它看起来像这样：

```
[centos-os]
name=CentOS-os
baseurl=https://pulp.example.com/pulp/repos/centos76-os
gpgcheck=1
gpgkey=file:///etc/pki/rpm-gpg/RPM-GPG-KEY-CentOS-7
sslverify=0

[centos-updates]
name=CentOS-updates
baseurl=https://pulp.example.com/pulp/repos/centos7-07aug19
gpgcheck=1
gpgkey=file:///etc/pki/rpm-gpg/RPM-GPG-KEY-CentOS-7
sslverify=0
```

此配置没有什么特别独特的地方，我们使用的是先前使用 pulp-admin 在存储库中创建的 relative-url。我们正在使用GPG检查包的完整性，以及CentOS 7 RPM GPG密钥，我们知道它已经安装在CentOS 7机器上。对这个标准配置所做的唯一调整就是关闭SSL验证，这是因为我们的演示服务器具有自签名证书。当然，如果我们使用的是企业证书颁发机构，并且CA证书已安装在每台机器上，那么这个问题就不会出现了。

考虑到Ansible的强大功能，可以在完成这项工作时采取稍微聪明一点的方法。当我们知道在某个时刻将更新存储库时，创建和部署静态配置文件是没有意义的，至少，baseurl 可能会改变。

让我们首先创建一个名为 pulpconfig 的角色来部署正确的配置，tasks/main.yml 应该如下所示：

```
---
- name: Create a directory to back up any existing REPO configuration
  file:
    path: /etc/yum.repos.d/originalconfig
    state: directory

- name: Move aside any existing REPO configuration
  shell: mv /etc/yum.repos.d/*.repo /etc/yum.repos.d/originalconfig
```

```
- name: Copy across and populate Pulp templated config
  template:
    src: templates/centos-pulp.repo.j2
    dest: /etc/yum.repos.d/centos-pulp.repo
    owner: root
    group: wheel

- name: Clean out yum database
  shell: "yum clean all"
```

附带的 templates/centos-pulp.repo.j2 模板应如下所示：

```
[centos-os]
name=CentOS-os
baseurl=https://pulp.example.com/pulp/repos/{{ centos_os_relurl }}
gpgcheck=1
gpgkey=file:///etc/pki/rpm-gpg/RPM-GPG-KEY-CentOS-7
sslverify=0

[centos-updates]
name=CentOS-updates
baseurl=https://pulp.example.com/pulp/repos/{{ centos_updates_relurl }}
gpgcheck=1
gpgkey=file:///etc/pki/rpm-gpg/RPM-GPG-KEY-CentOS-7
sslverify=0
```

请注意，每个 baseurl 行末尾的变量替换允许我们保留相同的模板（对于大多数目的来说应该是通用的），但是随着时间的推移更改存储库 URL 以适应更新。

接下来，我们将定义第二个角色，专门用于更新内核，这对于我们的示例和任务来说非常简单，而 tasks/main.yml 将包含以下内容：

```
---
- name: Update the kernel
yum:
  name: kernel
  state: latest
```

最后，我们将在剧本结构的顶层定义 site.yml，将所有这些结合在一起。正如前面所讨论的，我们可以为大量位置中的相对 URL 定义变量，但是对于这个示例，我们将把它们放在 site.yml 剧本内部：

```
---
- name: Install Pulp repos and update kernel
  hosts: all
  become: yes
  vars:
    centos_os_relurl: "centos76-os"
    centos_updates_relurl: "centos7-07aug19"

  roles:
    - pulpconfig
    - updatekernel
```

现在，如果以通常的方式运行它，我们将看到类似如图 8-6 所示的输出。

```
james@automation-01: ~/hands-on-automation/chapter08/example01 (ssh)
~/hands-on-automation/chapter08/example01> ansible-playbook -i hosts site.yml

PLAY [Install Pulp repos and update kernel] ************************************

TASK [Gathering Facts] *********************************************************
ok: [centos-testhost]

TASK [pulpconfig : Create a directory to back up any existing REPO configuration
] ***
changed: [centos-testhost]

TASK [pulpconfig : Move aside any existing REPO configuration] *****************
changed: [centos-testhost]

TASK [pulpconfig : Copy across and populate Pulp templated config] *************
changed: [centos-testhost]

TASK [pulpconfig : Clean out yum database] *************************************
 [WARNING]: Consider using the yum module rather than running 'yum'.  If you
need to use command because yum is insufficient you can add 'warn: false' to
this command task or set 'command_warnings=False' in ansible.cfg to get rid of
this message.

changed: [centos-testhost]

TASK [updatekernel : Update the kernel] ****************************************
changed: [centos-testhost]

PLAY RECAP *********************************************************************
centos-testhost            : ok=6    changed=5    unreachable=0    failed=0

~/hands-on-automation/chapter08/example01>
```

图 8-6

到目前为止，一切正常，前一个运行中changed的状态告诉我们，新配置已成功应用。

目光敏锐的读者会注意到清除yum数据库（Clean out yum database）任务上的警告，Ansible会在检测到使用与模块具有重叠功能的原始shell命令时发出该警告，并因为重复性和幂等性，所以建议使用模块，正如我们前面所讨论的那样。但是，由于我们希望确保删除任何早期yum数据库的所有跟踪信息（这可能会带来问题），因此在这里采用了暴力方法来清理旧数据库。

现在已经注意到了，这种方法的优点是，如果想测试我们在上一节中创建的08aug19存储库快照，我们要做的就是修改site.yml的vars：块，如下所示：

```
vars:
  centos_os_relurl: "centos76-os"
  centos_updates_relurl: "centos7-08aug19"
```

因此，我们可以在各种场景中重用相同的剧本、角色和模板，只需更改一个或两个变量值。在 AWX 这样的环境中，甚至可以使用 GUI 来覆盖这些变量，使整个过程更加简单。

通过这种方式，将 Ansible 与 Pulp 结合起来，就可以为管理和分发（甚至测试）更新提供一个真正稳定的企业框架。然而，在我们研究 Ubuntu 的这个过程之前，还有一件事是关于回滚的。在上一节中，我们假设了示例 `08aug19` 快照测试失败，因此必须删除。就 CentOS 7 服务器而言，回滚并不像直接安装早期的存储库定义并执行更新那样简单，这是因为更新将检测到已安装的较新软件包，并且不采取任何操作。

当然，Pulp 存储库确实提供了一个稳定的回滚基础，但是回滚通常是一个手动步骤相当多的过程，因为你必须在 `yum` 数据库中标识要回滚到的事务 ID，并验证要执行的操作，然后回滚到它所在的地方。当然，只要你有可靠的方法检索事务 ID，就可以实现自动化。

图 8-7 显示了一个简单的示例，用于识别我们刚刚自动化的内核更新的事务 ID，并确定所执行更改的详细信息。

```
james@automation-02:~ (ssh)
[james@automation-02 ~]$ sudo yum history list | head -4
Loaded plugins: fastestmirror
ID     | Login user               | Date and time    | Action(s)      | Altered
-------------------------------------------------------------------------------
    21 | James Freeman <james>    | 2019-08-12 12:16 | Install        |    1
[james@automation-02 ~]$ sudo yum history info 21
Loaded plugins: fastestmirror
Transaction ID : 21
Begin time     : Mon Aug 12 12:16:06 2019
Begin rpmdb    : 480:690551a4737caf86edb5f3fd102e34d1d29bb6e2
End time       :            12:17:08 2019 (62 seconds)
End rpmdb      : 481:4228b21b69d1b276b9de6fd9fa694963a89dbf05
User           : James Freeman <james>
Return-Code    : Success
Command Line   : -d 2 -y install kernel
Transaction performed with:
    Installed     rpm-4.11.3-35.el7.x86_64                        @anaconda
    Installed     yum-3.4.3-161.el7.centos.noarch                 @anaconda
    Installed     yum-metadata-parser-1.1.4-10.el7.x86_64         @anaconda
    Installed     yum-plugin-fastestmirror-1.1.31-50.el7.noarch   @anaconda
Packages Altered:
    Install kernel-3.10.0-957.27.2.el7.x86_64 @centos-updates
history info
[james@automation-02 ~]$
```

图 8-7

然后，我们可以（如果我们选择这样做）使用图 8-8 中显示的命令回滚事务。

使用这个简单的过程和这里提供的剧本作为指导，可以为任何基于 RPM 的 Linux 发行版建立一个可靠、稳定、自动化的更新平台。

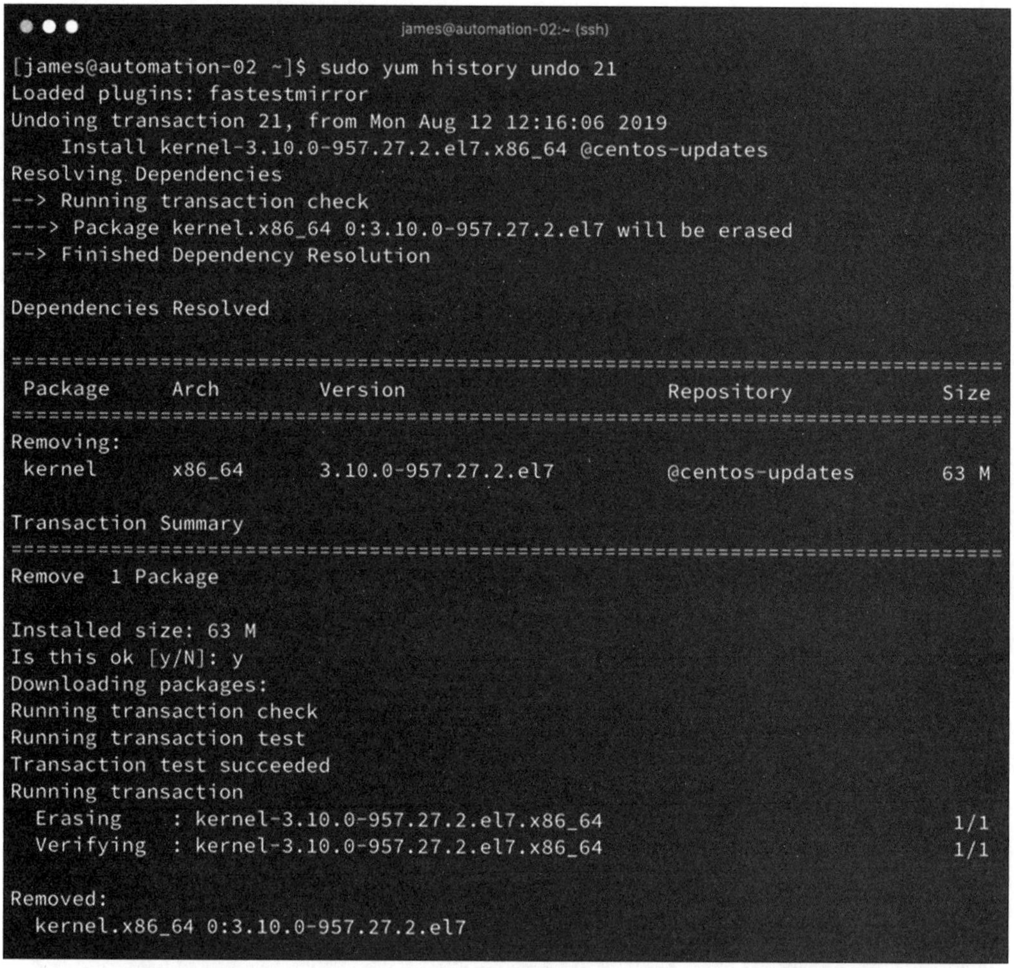

```
[james@automation-02 ~]$ sudo yum history undo 21
Loaded plugins: fastestmirror
Undoing transaction 21, from Mon Aug 12 12:16:06 2019
    Install kernel-3.10.0-957.27.2.el7.x86_64 @centos-updates
Resolving Dependencies
--> Running transaction check
---> Package kernel.x86_64 0:3.10.0-957.27.2.el7 will be erased
--> Finished Dependency Resolution

Dependencies Resolved

================================================================================
 Package      Arch         Version                     Repository          Size
================================================================================
Removing:
 kernel       x86_64       3.10.0-957.27.2.el7         @centos-updates     63 M

Transaction Summary
================================================================================
Remove  1 Package

Installed size: 63 M
Is this ok [y/N]: y
Downloading packages:
Running transaction check
Running transaction test
Transaction test succeeded
Running transaction
  Erasing    : kernel-3.10.0-957.27.2.el7.x86_64                            1/1
  Verifying  : kernel-3.10.0-957.27.2.el7.x86_64                            1/1

Removed:
  kernel.x86_64 0:3.10.0-957.27.2.el7
```

图 8-8

在下一节中，我们将研究可以用来执行相同任务集的方法，只不过这次是基于 DEB 的系统，比如 Ubuntu。

8.4.2 使用Pulp修补基于DEB的系统

在宏观上，从 Pulp 服务器管理 Ubuntu 更新的过程与管理 CentOS 基于 RPM 的更新的过程完全相同（除了我们没有选择使用 Pulp 消费者，而必须使用 Ansible 进行更新过程的事实）。

然而，在 Ubuntu 的 APT 存储库系统中使用 Pulp 时有几个限制：

- 在撰写本书时，存在一个问题，即 Pulp 同步过程没有镜像来自上游 Ubuntu 存储库的签名密钥。这意味着即使上游存储库具有 `Release.gpg`，它也不会在服务器上镜像。希望将来能解决这个问题，但在本章中，我们将通过向软件包中添加隐式信任来解决这个问题。

- 默认情况下，Ubuntu上的HTTPS支持配置为不接受来自无法验证（即自签名）证书的更新。尽管我们可以像在CentOS上那样关闭SSL验证，但Ubuntu的APT包管理器随后会搜索一个`InRelease`文件（应该嵌入前面提到的GPG密钥）。正如我们在上一点中所讨论的，Pulp DEB插件不支持对存储库的签名做镜像，因此，唯一的解决方法是使用未加密的HTTP通道。希望在将来的版本中，这两个问题会得到解决，但是在撰写本书时，似乎没有针对它们的文档化的修复或变通解决方法。

理解了这两个限制之后，我们可以为前面创建的存储库集定义APT源文件。根据上一节中的示例，`/etc/apt/sources.list`文件如下所示：

```
deb [trusted=yes] http://pulp.example.com/pulp/deb/bionic-amd64-08aug19
bionic main
deb [trusted=yes]
http://pulp.example.com/pulp/deb/bionic-security-amd64-08aug19 bionic-
security main
deb [trusted=yes]
http://pulp.example.com/pulp/deb/bionic-updates-amd64-08aug19 bionic-
updates main
```

这个`[trusted=yes]`字符串告诉APT包管理器忽略缺少软件包签名的情况。文件结构本身非常简单，因此就像CentOS示例一样，我们可以创建一个模板文件，以便使用一个变量填充相对URL。

1. 创建一个名为`pulpconfig`的角色，并创建以下`templates/sources.list.j2`模板：

```
deb [trusted=yes] http://pulp.example.com/pulp/deb/{{
ubuntu_os_relurl }} bionic main
deb [trusted=yes] http://pulp.example.com/pulp/deb/{{
ubuntu_security_relurl }} bionic-security main
deb [trusted=yes] http://pulp.example.com/pulp/deb/{{
ubuntu_updates_relurl }} bionic-updates main
```

2. 用这个角色创建一些任务来安装这个模板并把APT中的任何旧配置移走：

```
---
- name: Create a directory to back up any existing REPO
configuration
  file:
    path: /etc/apt/originalconfig
    state: directory

- name: Move existing config into backup directory
  shell: mv /etc/apt/sources.list /etc/apt/originalconfig

- name: Copy across and populate Pulp templated config
  template:
```

```
    src: templates/sources.list.j2
    dest: /etc/apt/sources.list
    owner: root
    group: root

- name: Clean out dpkg database
  shell: "apt-get clean"
```

3. 定义一个角色来更新内核，但这次使用的是 APT：

```
---
- name: Update the kernel
  apt:
    name: linux-generic
    state: latest
```

4. 用于 Ubuntu 系统的 `site.yml` 剧本如下所示，除了变量的不同，它和 CentOS 7 差不多，这再次体现了使用 Ansible 作为自动化平台的价值：

```
---
- name: Install Pulp repos and update kernel
  hosts: all
  become: yes
  vars:
    ubuntu_os_relurl: "bionic-amd64-08aug19"
    ubuntu_security_relurl: "bionic-security-amd64-08aug19"
    ubuntu_updates_relurl: "bionic-updates-amd64-08aug19"

  roles:
    - pulpconfig
    - updatekernel
```

5. 现在，把这些全都放在一起运行之后，结果如图 8-9 所示。

抛开当前对 Debian 的支持中存在的安全限制不提，这提供了一个整洁、节省空间的解决方案，以可重复的方式用于跨企业基础设施管理 Ubuntu 更新，并且非常适合自动化。与我们之前基于 CentOS 的示例一样，只需更改传递给角色的变量定义，就可以很容易地从新的快照测试软件包。

与 CentOS 一样，如果一个新的软件包集不适合生产使用，Ansible 可以很容易地恢复以前的存储库配置。然而，在 Ubuntu（以及其他基于 Debian 的发行版）上回滚软件包的过程的手工步骤比我们在上一节中看到要多得多。幸运的是，在 `/var/log/dpkg.log` 和 `/var/log/apt/history.log*` 中有大量关于软件包事务的历史记录，可用于确定安装和 / 或升级了哪些软件包以及何时进行了升级。使用 `apt-get` 命令 `apt-get install <packagename>=<version>` 语法可用于安装软件包的特定版本。在互联网上有许多优雅的脚本解决方案，所以，确定一个最适合你的需要和环境的解决方案留作练习。

```
james@automation-01: ~/hands-on-automation/chapter08/example02 (ssh)
~/hands-on-automation/chapter08/example02> ansible-playbook -i hosts site.yml

PLAY [Install Pulp repos and update kernel] ***********************************

TASK [Gathering Facts] ********************************************************
ok: [ubuntu-testhost]

TASK [pulpconfig : Create a directory to back up any existing REPO configuration
] ***
changed: [ubuntu-testhost]

TASK [pulpconfig : Move existing config into backup directory] ****************
changed: [ubuntu-testhost]

TASK [pulpconfig : Copy across and populate Pulp templated config] ************
changed: [ubuntu-testhost]

TASK [pulpconfig : Clean out dpkg database] ***********************************
 [WARNING]: Consider using the apt module rather than running 'apt-get'.  If
you need to use command because apt is insufficient you can add 'warn: false'
to this command task or set 'command_warnings=False' in ansible.cfg to get rid
of this message.

changed: [ubuntu-testhost]

TASK [updatekernel : Update the kernel] ***************************************
changed: [ubuntu-testhost]

PLAY RECAP ********************************************************************
ubuntu-testhost            : ok=6    changed=5    unreachable=0    failed=0

~/hands-on-automation/chapter08/example02>
```

图　8-9

8.5　小结

在企业环境中管理软件包存储库可能会带来许多挑战，特别是在高效存储、节省网络带宽和确保构建一致性方面。幸运的是，对于大多数常见的 Linux 发行版，Pulp 软件包为这些挑战提供了一个优雅的解决方案，并且非常适合企业的有效管理。

在本章中，你学习了如何安装 Pulp 来开始修补企业 Linux 环境，通过实践示例学习了如何在 Pulp 中为基于 RPM 和基于 DEB 的 Linux 发行版构建存储库，然后获得了使用 Ansible 部署适当的 Pulp 配置和更新软件包的实际知识。

在下一章中，我们将探讨在企业环境管理中，如何用 Katello 软件工具来补充 Pulp。

8.6 思考题

1. 为什么要使用 Pulp 来创建一个存储库，而不仅仅是一个简单的可以手动下载的文件镜像呢？

2. 在企业环境中构建和测试 Linux 修补程序存储库有哪些问题？

3. Pulp 需要运行哪些组件？

4. 指定成功安装 Pulp 所需的文件系统要求。

5. 如何从以前创建的 Pulp 存储库来修补基于 RPM 的系统。

6. 为什么要使用 Ansible，而不是 Pulp 消费者来部署来自 Pulp 存储库的修补程序呢？

7. 删除一个 Pulp 存储库会释放磁盘空间吗？如果不释放，如何执行？

8.7 进一步阅读

- 有关 Pulp 项目以及如何使用该工具的更多详细信息，请参阅官方文件（https://pulpproject.org/）。

第9章 Chapter 9

使用 Katello 进行修补

在第 8 章中，我们探讨了 Pulp 软件包，以及它如何适合在企业设置中进行自动化、可重复、可控的修补。在本章中，我们将在此基础上研究 Katello，它是对 Pulp 的补充，不仅适用于修补，而且适用于完整的基础设施管理。

Katello 是一个 GUI 驱动的工具，它为企业基础设施管理提供了高级解决方案，在许多方面可以被认为是 Spacewalk（该项目已终止）产品的继承者。我们将探讨为什么会选择 Katello 用于此目的，然后介绍如何构建 Katello 服务器和执行修补的实践示例。

本章涵盖以下主题：

- Katello 简介
- 安装 Katello 服务器
- 使用 Katello 进行修补

9.1 技术要求

完成本章实践练习的最低要求是一台 CentOS 7 服务器，分配 80 GB 左右的磁盘空间，2 个（虚拟或物理）CPU 核，以及 8 GB 内存。尽管在本章中我们将只讨论 Katello 特性的一个子集，但应该注意的是，Foreman（安装在 Katello 下）能够充当 DHCP 服务器、DNS 服务器和 PXE 引导主机，因此，如果配置不正确，把它部署在生产网络上可能会导致问题。

因此，建议在适合测试的隔离网络中执行所有练习。如果给出了 Ansible 代码，它将在 Ansible 2.8 中开发和测试。为了测试从 Katello 进行修补，需要一台 CentOS 7 虚拟机。

本书中讨论的所有示例代码均可从GitHub获得，网址为https://github.com/PacktPublishing/Hands-On-Enterprise-Automation-on-Linux。

9.2 Katello简介

Katello实际上并不是一个孤立的产品，而是几个开源基础设施管理产品的结合，它们被集成到一个统一的基础设施管理解决方案中。Pulp专注于软件包（以及基础设施管理的其他重要内容）的高效、可控存储，而Katello汇集了以下内容：

- Foreman：这是一个开源产品，旨在处理物理和虚拟服务器的资源调配和配置。Foreman包括一个内容丰富的基于Web的GUI、一个RESTful API和一个名为Hammer的CLI工具，提供了丰富多样的管理手段。它还提供了与自动化工具的集成，最初只是与Puppet集成，现在还提供了与Ansible的集成。
- Katello：Katello实际上是Foreman的一个插件，它提供了额外的特性，比如内容的丰富版本控制（不仅仅是Pulp）和订阅管理。
- Candlepin：提供软件订阅管理，特别是与诸如**Red Hat订阅管理**（**Red Hat Subscription Management，RHSM**）模型等环境的集成。虽然可以在Pulp中镜像Red Hat存储库，但该过程很麻烦，而且你有可能违反许可条款，因为无法查看你正在管理的系统的数量或它们与Red Hat订阅的关系。
- Pulp：这是我们在上一章中研究的Pulp软件，现在被集成到一个功能齐全的项目中。
- Capsule：一种代理服务，用于跨地理位置不同的基础设施分发内容和控制更新，同时维护单个管理控制台。

因此，与单独使用Pulp相比，即使仅将其用于修补程序管理（正如我们将在9.4节中探讨的那样），使用Katello也提供了一些优势，内容丰富的Web GUI、CLI和API也有助于与企业系统的集成。但除此之外，Katello（更具体地说是Foreman，它的支柱）还提供了许多其他优势，比如能够动态地PXE引导服务器并控制容器和虚拟化系统，它甚至可以充当网络的DNS和DHCP服务器。事实上，可以公平地说，Katello/Foreman的组合被设计成位于网络的核心，但它只执行你要求的功能，因此那些拥有DNS和DHCP基础设施的用户不必为此担心。

值得一提的是，Katello还与Puppet自动化工具紧密集成。最初的项目是由Red Hat赞助的，在收购Ansible之前，Red Hat和Puppet拥有一个战略联盟，这使得它成为Katello项目的重要组成部分（在商业上可作为Red Hat Satellite 6获得）。鉴于Ansible的收购，尽管Puppet集成仍在Katello中，但对与Ansible集成的支持，特别是通过Ansible Tower/AWX，已经得到迅速发展，使用哪种自动化工具完全取决于用户的意愿。

事实上，公平地说，Katello本身就值得用一本书来介绍，因为它的功能集非常丰富。

本章的目标只是提高对Katello平台的认识，并演示它如何适合在企业环境中进行修补。许多附加功能的使用（例如服务器的PXE引导）需要理解本书中已经介绍的概念，因此，如果你决定使用Katello或Satellite 6作为管理基础设施的平台，那么希望你能够在本书提供的基础上建立它，并研究额外的资料。

在下一节中，我们将实际了解如何安装一个简单的独立Katello服务器。

9.3 安装Katello服务器

这是一本实践书，所以不用多说，让我们开始设置Katello服务器。Katello除了有已经讨论过的优点之外，还有一个优点就是产品的包装。当我们设置Pulp服务器时，有许多单独的组件需要我们做出决定（例如，RabbitMQ与Qpid），还要执行其他设置（例如，MongoDB的SSL传输）。Katello的运动部件（moving parts）甚至比Pulp还多（如果Pulp仅仅被视为Katello平台的一个组件的话），因此手动安装它将是一项庞大而复杂的任务。

幸好，Katello提供了一个安装系统，只需几个命令就可以启动并运行，我们将在下一节中对此进行探讨。

准备安装Katello

就像Pulp一样，Katello只能在Enterprise Linux7变体上安装（在撰写本书时），这里将再次使用Centos 7的稳定版本。随着产品的发展，对Katello的需求会发生变化，在继续之前，你应该先查看一下安装文档。在撰写本书时，3.12版是最新的稳定版本，安装文档可在以下位置找到：`https://theforeman.org/plugins/katello/3.12/installation/index.html`。

现在，让我们按照以下步骤操作：

1. 与以前一样，我们最关心的是确保有足够的磁盘空间。正如独立的Pulp安装那样，我们必须确保在`/var/lib/pulp`和`/var/lib/mongodb`中为可能希望镜像的所有Linux发行版分配足够的磁盘空间。同样，与Pulp一样，它们应该与根卷分开，以确保如果一个卷被填满，整个服务器不会宕机。

2. 设置文件系统后，第一步是安装所需的存储库，以便安装所需的所有软件包都可以下载到，这需要设置几个外部存储库，这些存储库提供默认情况下CentOS 7不包含的软件包。下面的命令为Katello、Foreman、Puppet 6设置存储库，以及在实际安装Foreman发布包树之前的EPEL存储库：

```
$ yum -y localinstall
https://fedorapeople.org/groups/katello/releases/yum/3.12/katello/e
l7/x86_64/katello-repos-latest.rpm
$ yum -y localinstall
```

```
https://yum.theforeman.org/releases/1.22/el7/x86_64/foreman-release
.rpm
$ yum -y localinstall
https://yum.puppet.com/puppet6-release-el-7.noarch.rpm
$ yum -y localinstall
https://dl.fedoraproject.org/pub/epel/epel-release-latest-7.noarch.
rpm
$ yum -y install foreman-release-scl
```

3. 从这里开始，建议将基本系统完全更新。

```
$ yum -y update
```

4. 在实际安装之前的最后一步是安装 Katello 软件包及其依赖项。

```
$ yum -y install katello
```

5. 从此处开始，所有安装任务都由 `foreman-installer` 命令执行，可以指定大量的选项，如果你需要更改决定，可以使用不同的标志再次运行安装程序，安装程序将在不丢失任何数据的情况下执行更改。要查看所有可能的选项，请运行以下命令：

```
$ foreman-installer --scenario katello --help
```

6. 要构建演示服务器，默认值就足够了，但是如果查看这些选项，你将看到许多选项需要在企业设置中指定。例如，可以在安装时指定 SSL 证书（而不是依赖于以其他方式生成的自签名证书），设置底层传输的默认机密，等等。在生产环境中安装时，强烈建议检查前面命令的输出。现在，我们将发出以下安装命令来启动安装：

```
$ foreman-installer --scenario katello --foreman-initial-admin-
password=password --foreman-initial-location='London' --foreman-
initial-organization='HandsOn'
```

这可能是 Katello 服务器最简单的安装案例，它完美地服务于我们在这本书中的例子。但是，在 `Production` 环境中，强烈建议你研究更高级的安装功能，以确保服务器满足你的要求，特别是在涉及安全性和可用性的情况下。这留作练习去研究。

请注意，在这个场景下，安装程序会检查几个先决条件，包括 Katello 服务器名称的正向和反向 DNS 查找是否正确解析，以及计算机是否有 8 GB 可用 RAM。如果不满足这些先决条件，安装程序将拒绝继续安装。

7. Katello 安装应该运行到最后完成，所有的前提条件都满足。完成后，你将看到一个类似于图 9-1 所示的屏幕，其中详细说明了登录详细信息，以及其他相关信息，例如，如何在需要时为另一个网络设置代理服务器。

8. 安装程序唯一未完成的任务是在 CentOS 7 机器上设置本机防火墙。幸运的是，Katello 附带了一个 FirewallD 服务定义，它涵盖了所有可能需要的服务。它的名称来源于商业 Red Hat Satellite 6 产品，可以通过以 root 用户身份运行以下命令来启用：

```
$ firewall-cmd --permanent --zone=public --add-service=RH-
Satellite-6
$ firewall-cmd --reload
```

```
root@katello:~ (ssh)
[root@katello ~]# foreman-installer --scenario katello --foreman-initial-admin-p
assword=password --foreman-initial-location='London' --foreman-initial-organizat
ion='HandsOn'
Preparing installation Done
  Success!
  * Katello is running at https://katello.example.com
      Initial credentials are admin / password
  * To install an additional Foreman proxy on separate machine continue by runni
ng:

      foreman-proxy-certs-generate --foreman-proxy-fqdn "$FOREMAN_PROXY" --certs
-tar "/root/$FOREMAN_PROXY-certs.tar"
  The full log is at /var/log/foreman-installer/katello.log
[root@katello ~]#
```

图 9-1

9. 完成这些步骤后，就可以加载 Katello 的 Web 界面并使用如图 9-2 所示的详细信息登录。

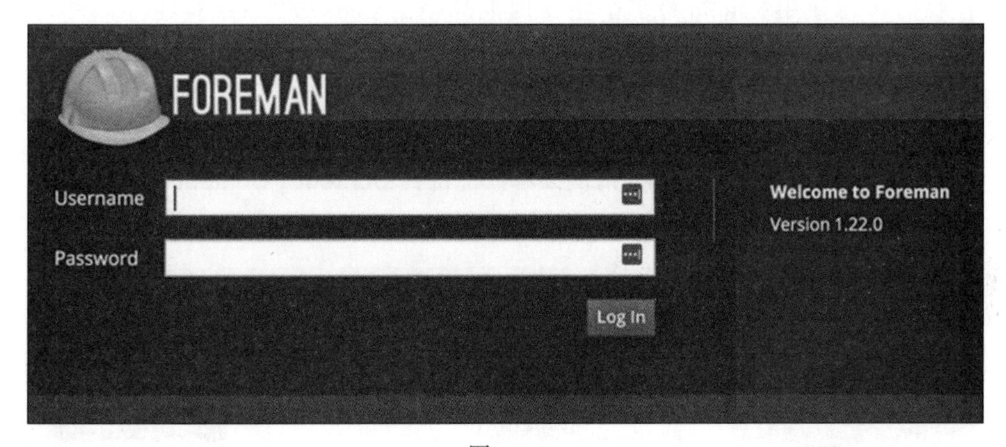

图 9-2

从技术上讲，Katello 是一个位于 Foreman 之上的模块，它提供了我们将在本章后面介绍的重要功能，例如，Pulp 存储库管理系统的 Web UI，也安装在后台。因此，代码的 Foreman 品牌非常突出，你会发现这个名字经常出现。登录后，将看到默认的仪表板页面，我们可以开始为修补配置一些存储库，这将在下一节开始介绍。

9.4 使用 Katello 进行修补

由于 Katello 建立在我们已经研究的技术，如 Pulp 等之上，因此它有 DEB 软件包的相同限制。例如，尽管可以在Katello中轻松地建立DEB包的存储库，甚至可以导入适当的GPG公钥，但生成的已发布存储库并不具有`InRelease`或`Release.gpg`，所以所有使用这些文件的主机都必须隐式信任这些存储库。类似地，尽管基于RPM的主机有一个完整的订阅管理框架可用，该框架由`subscription-manager`工具和Pulp消费者代理组成，但是对于DEB主机同样不存在这样的等价物，因此必须手动配置它们。

尽管将基于RPM的主机配置为使用内置技术是完全可能的，但是基于DEB的主机必须使用Ansible进行配置，就像配置Pulp一样，并且考虑到企业中跨环境通用性的重要性，建议以相同的方式配置所有服务器，而不是为不同的主机类型使用两种不同的解决方案。

除了Web用户界面之外，Katello带来的超越Pulp的一个优势是生命周期环境的概念。此功能认为，大多数企业将会有不同的技术环境用于不同的目的。例如，你的企业可能有一个开发环境，用于开发新软件和测试前沿软件包，然后有一个测试环境，用于测试版本，最后还有一个生产环境，其中存在最稳定的构建，并运行针对客户和客户机的服务。

现在让我们来研究一些在Katello中构建存储库以进行修补的实践示例。

9.4.1 使用Katello修补基于RPM的系统

让我们考虑使用Katello跨多个生命周期环境为CentOS 7系统构建存储库。由于Katello支持基于密钥的RPM验证，因此第一个任务是为RPM安装GPG公钥。可从CentOS项目中免费下载此公钥的副本，并可在大多数CentOS 7系统上的/etc/pki/rpm-gpg/RPM-GPG-KEY-CentOS-7中找到。

1. 要将此公钥添加到Katello，请从菜单栏定位到Content | Content Credentials。然后，单击Create Content Credential，如图9-3所示。

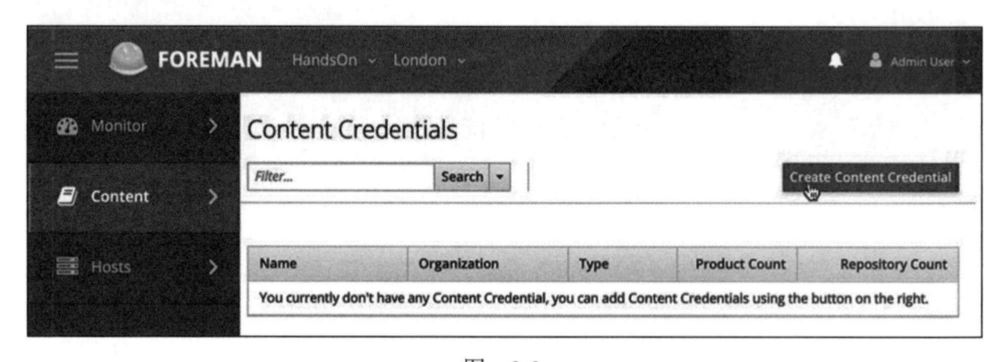

图 9-3

2. 为公钥指定一个合适的名称，然后上传公钥文件或将它的内容复制并粘贴到如图9-4所示的文本框中。完成后单击Save。

3. 接下来，我们将在Katello中创建一个产品，它是存储库的一个逻辑分组，这对于创建可管理的可伸缩配置非常有用。对于这里的示例，将只镜像CentOS 7 OS存储库，但是当

你开始镜像更新和任何其他相关存储库时，将这些存储库组合在一个产品下是有意义的。从菜单栏中，选择 Content | Products，然后单击 Create Product 按钮，如图 9-5 所示。

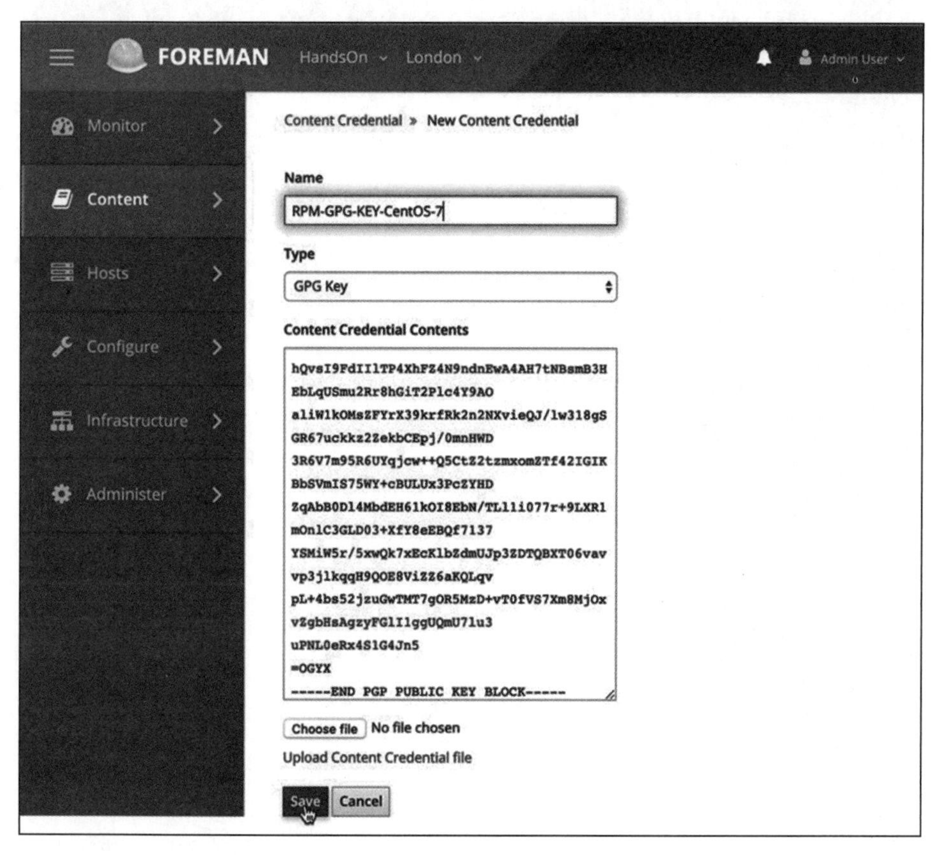

图　9-4

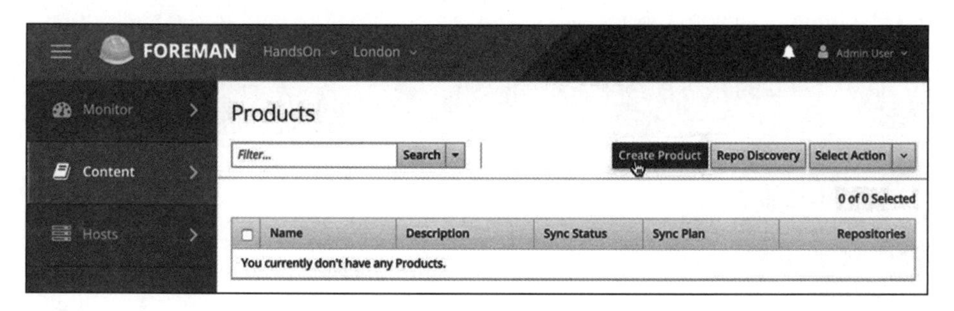

图　9-5

4. 现在，定义高级产品定义。对于简单的 CentOS 7 存储库镜像，只需要创建 Name 和 Label，并关联之前上传的 GPG 公钥。许多 SSL 选项都适用于具有双向 SSL 验证功能的上游存储库。还要注意的是，所有产品都可以根据 Sync Plan（本质上是一个定时任务）进行同步，但是，对于本例，我们将只执行手动同步。完成后，屏幕应类似于图 9-6。

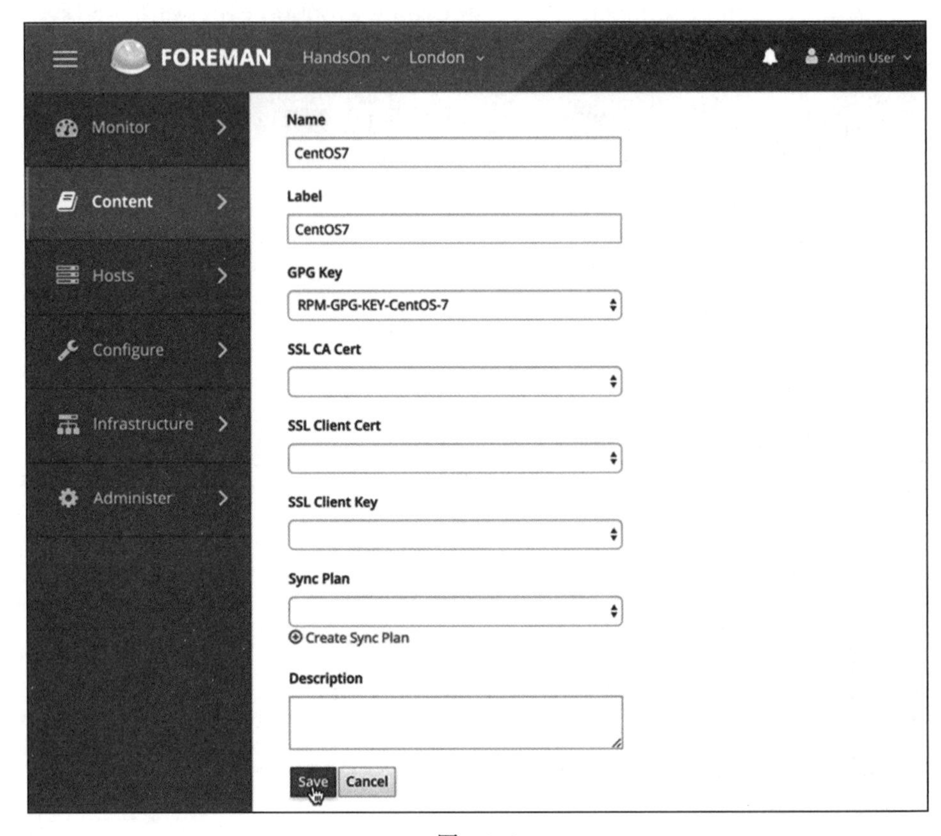

图 9-6

5. 随着高级产品定义的完成，我们现在可以通过单击 New repository 按钮，在其下创建 CentOS 7 存储库，如图 9-7 所示。

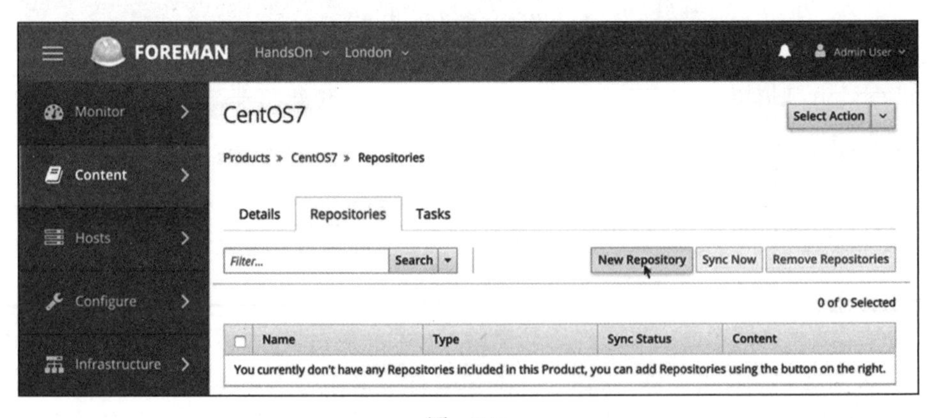

图 9-7

6. 在图 9-7 上填写存储库详细信息。将 Type 字段设置为 yum，并在相应字段中输入上游存储库的 URL（这与从命令行使用 Pulp 时的 --feed 参数相同），如图 9-8 所示。

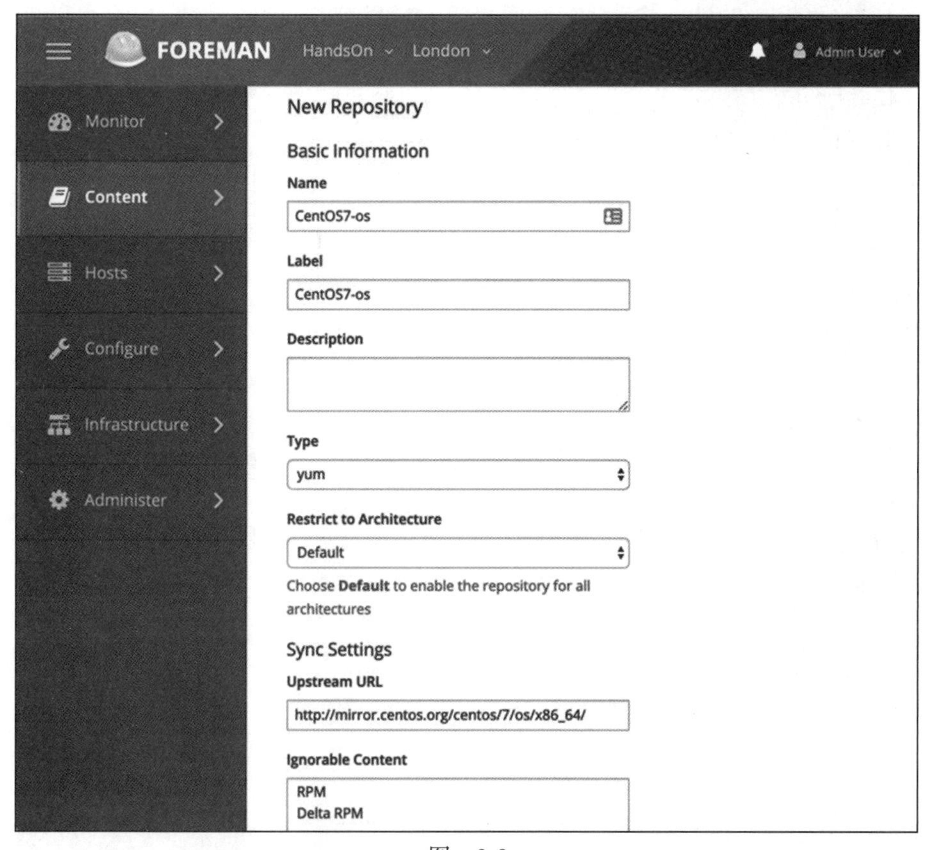

图　9-8

7. 向下滚动同一屏幕，确保勾选了 Publish via HTTP 并关联之前上传的 GPG，如图 9-9 所示。

8. 在示例中，我们将立即启动此存储库的同步，方法是在存储库表中勾选 CentOS 7-os，然后单击 Sync Now 按钮，如图 9-10 所示。

9. 同步在后台立即开始，你可以随时在菜单栏中选择 Content | Sync Status，检查其进度（并启动进一步的手动同步），如图 9-11 所示。

10. 同步过程完成后，创建一些生命周期环境。

> 请注意，虽然你可以拥有离散的产品并在其中拥有独立的存储库，但生命周期环境是全局的，适用于所有内容。在企业环境中，这是有意义的，因为不管使用哪种底层技术，你很可能仍然拥有一个开发、测试和生产（Development、Test、Production）环境。

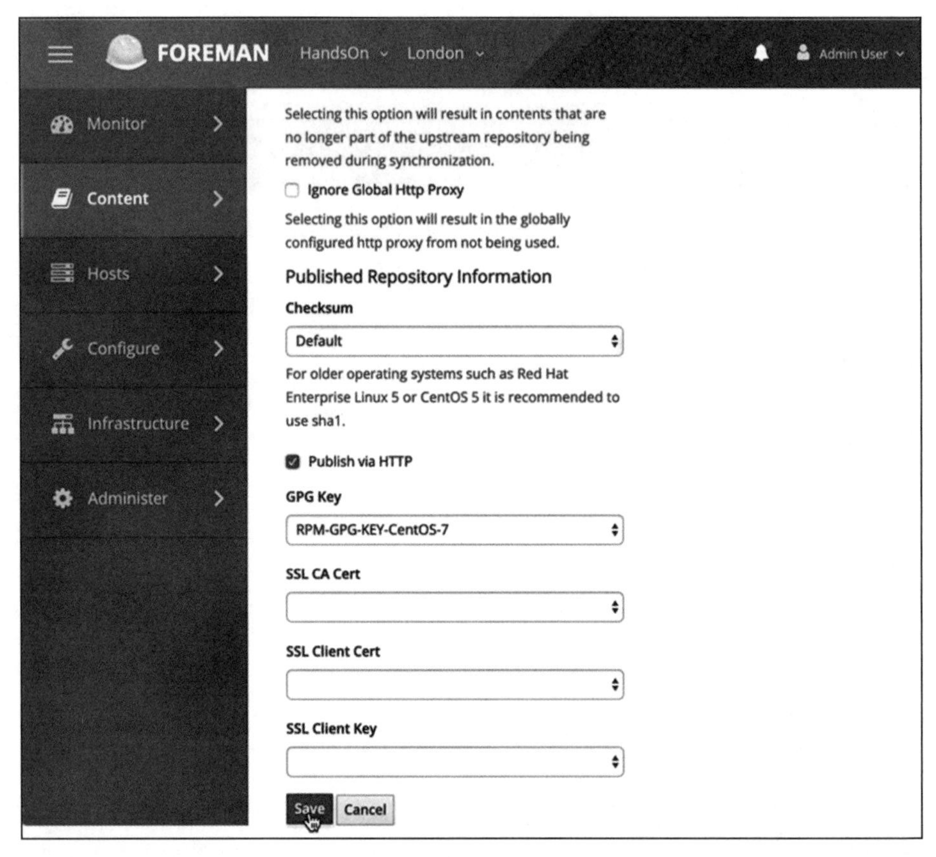
FOREMAN
HandsOn
London
Admin User
Monitor
Content
Hosts
Configure
Infrastructure
Administer
Selecting this option will result in contents that are no longer part of the upstream repository being removed during synchronization.
Ignore Global Http Proxy
Selecting this option will result in the globally configured http proxy from not being used.
Published Repository Information
Checksum
Default
For older operating systems such as Red Hat Enterprise Linux 5 or CentOS 5 it is recommended to use sha1.
Publish via HTTP
GPG Key
RPM-GPG-KEY-CentOS-7
SSL CA Cert
SSL Client Cert
SSL Client Key
Save
Cancel

图 9-9

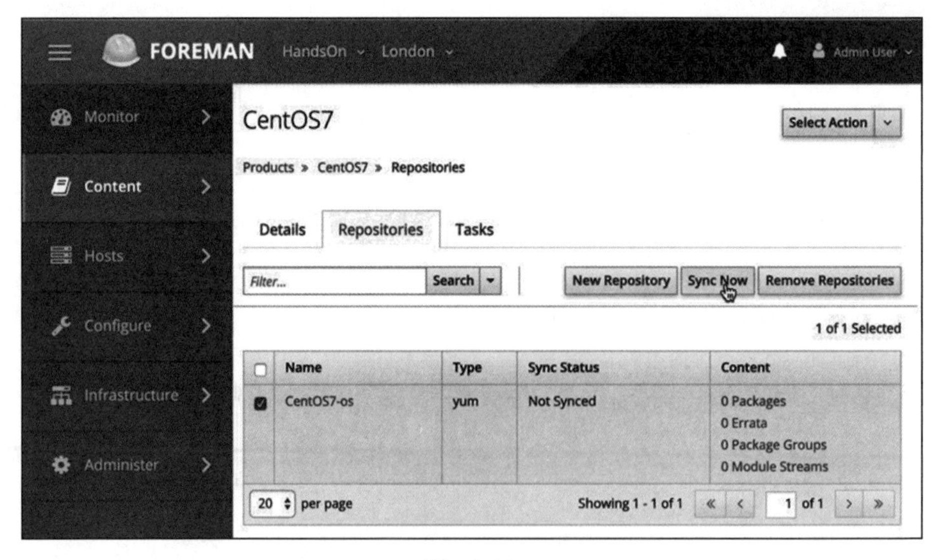
FOREMAN
HandsOn
London
Admin User
Monitor
Content
Hosts
Configure
Infrastructure
Administer
CentOS7
Select Action
Products » CentOS7 » Repositories
Details
Repositories
Tasks
Filter...
Search
New Repository
Sync Now
Remove Repositories
1 of 1 Selected
Name
Type
Sync Status
Content
CentOS7-os
yum
Not Synced
0 Packages
0 Errata
0 Package Groups
0 Module Streams
20
per page
Showing 1 - 1 of 1
1
of 1

图 9-10

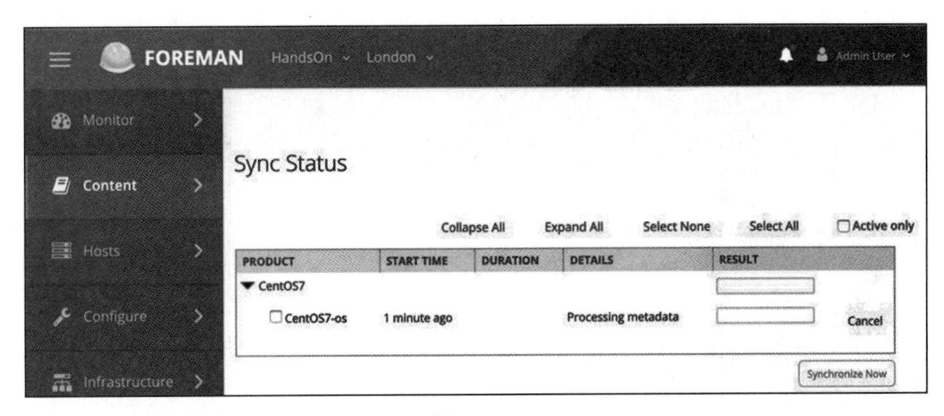

图　9-11

在菜单栏中，选择 Content | Lifecycle Environments Path，然后单击 Create Environment Path 按钮，如图 9-12 所示。

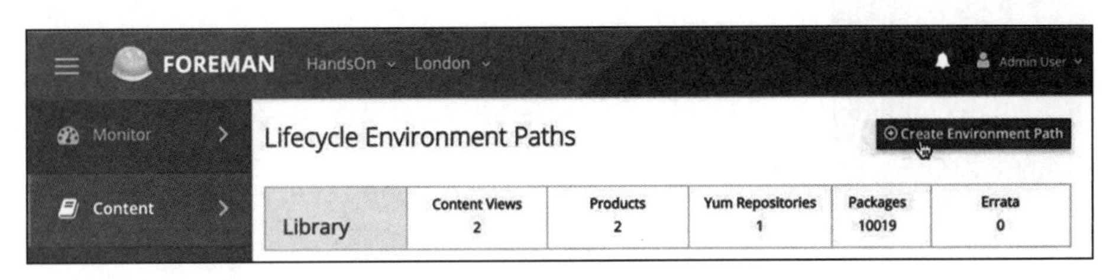

图　9-12

11. 按照图 9-12 上的说明创建一个名为 `Development` 的初始环境。你将看到一个屏幕，如图 9-13 所示。

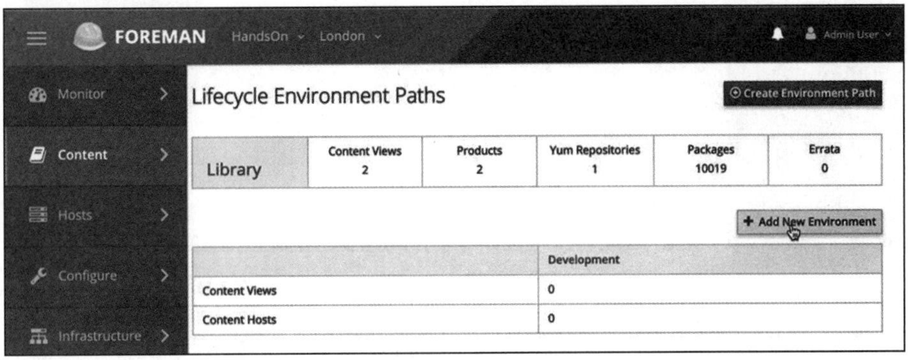

图　9-13

12. 现在，我们将添加 `Testing`（测试）和 `Production`（生产环境），以便我们的示例。企业在这三个环境中有一个逻辑流程。单击 Add New Environment 按钮，然后依次添加每个环境，确保它们设置了正确的 Prior Environment 以保持正确的顺序。图 9-14 显示了创建生产环境作为测试环境的下一步的示例。

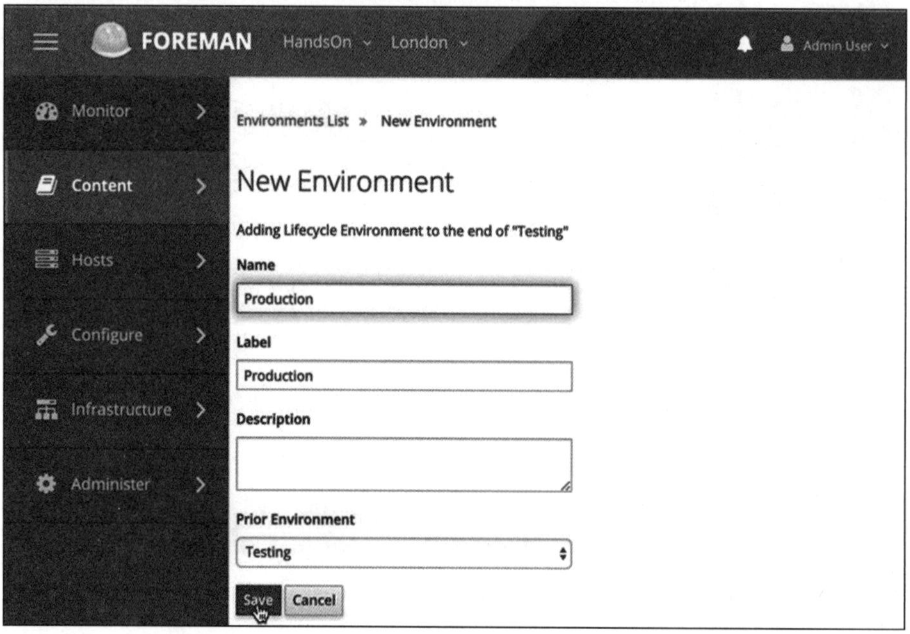

图 9-14

13. 最终的配置应该如下面的图 9-15 所示。

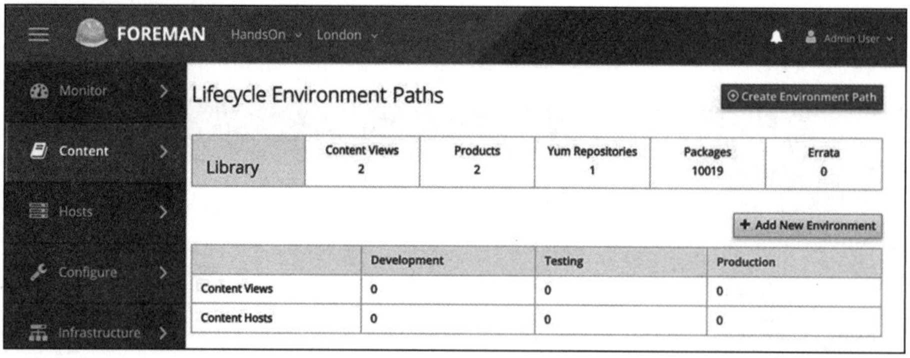

图 9-15

一旦同步过程完成并创建了环境，我们就可以进入 RPM 存储库设置的最后一部分：`Content Views`（内容视图）。在 Katello 中，内容视图是用户定义的各种内容形式的合并，这些内容形式可以被摄取、进行版本控制并分发到给定的环境中。这最好通过一个实际的例子来解释。

当单独使用 Pulp 时，我们创建了一个名为 `centos7-07aug19` 的存储库。当测试一天后发布的更新时，我们创建了第二个名为 centos7-08aug19 的存储库。尽管这是可行的，而且我们演示了 Pulp 如何消除包中的重复数据并节省磁盘空间，同时利索地发布明显不同的存储库，但你可以很快看到这种内容管理机制是怎么变得笨拙的，特别是在企业级，有许多环境和几个月（或几年）的快照需要管理的时候。

这就是 Content Views 起到解救作用的地方。尽管在这里镜像了 CentOS 7 OS 存储库，但假设我们镜像了其中一个更新。对于 Content Views，我们不需要创建新的产品或存储库来测试更新。相反，工作流在较高的级别上，如下所示：

1. 创建产品和相应的存储库并执行同步（例如，在 2019 年 8 月 7 日）。
2. 创建包含在上一步中创建的存储库的内容视图。
3. 在 2019 年 8 月 7 日发布内容视图，这将创建此存储库的一个编号的快照（例如，版本 1.0）。
4. 将内容视图提级到开发环境中。执行测试，验证后，将其提级为测试。重复该循环以达到生产。这一切都可以在接下来的步骤中异步发生。
5. 在 8 月 8 日，对步骤 1 中创建的存储库执行另一次同步（如果通过 Sync Plan 自动进行夜间同步，在 8 日上午这将完成）。
6. 同步完成后，于 2019 年 8 月 8 日发布内容视图。这将创建一个此日期的版本号加 1 的存储库版本（例如，版本 2.0）。
7. 现在，在这个阶段，有 8 月 7 日和 8 月 8 日 CentOS 7 通道的快照。不过，所有服务器仍将收到 8 月 7 日通道的更新。
8. 将开发环境升级到版本 2.0。开发环境中的机器会收到 8 月 8 日的存储库快照（不需要额外配置）。
9. 测试和生产环境，它们没有升级到这个版本，仍从 8 月 7 日快照接收软件包。

通过这种方式，Katello 可以轻松地跨不同的环境管理存储库的多个版本（快照），另外还有一个好处，即每台主机上的存储库配置始终保持不变，这样就不需要像使用 Pulp 那样通过 Ansible 推送新的存储库信息。

让我们在演示 Katello 环境中逐步完成前面过程的一个示例。

1. 首先，为前面的过程创建一个新的内容视图。
2. 选择 Content | Content Views 并单击 Create New View 按钮，如图 9-16 所示。

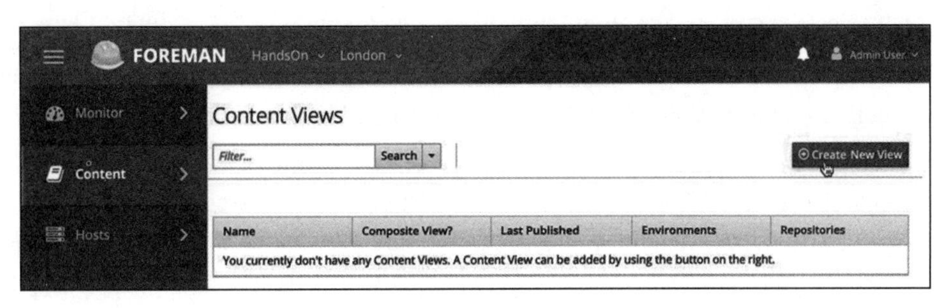

图 9-16

3. 就我们的目的而言，新的内容视图只需要 Name 和 Label，如图 9-17 所示。

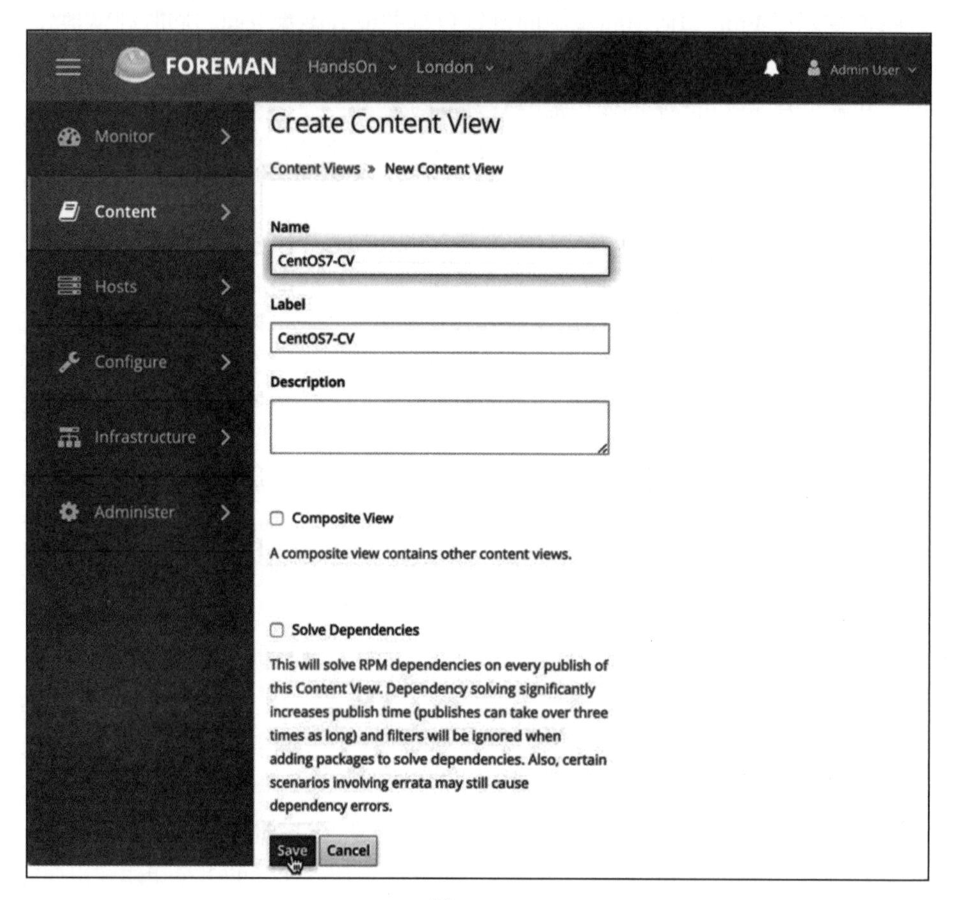

图 9-17

4. 单击 Save 按钮后，选择 Yum Content 选项卡，在新内容视图中，并确保已选中 Add 子选项卡。勾选要添加到内容视图的存储库（在我们的简单演示中，只有一个 CentOS 7 存储库，因此请选择该存储库），然后单击 Add Repositories 按钮，如图 9-18 所示。

5. 现在，选择 Versions 选项卡并单击 Publish New Version 按钮。这将创建我们前面讨论的假设的 8 月 7 日版本。请注意，`Publish`（发布）和 `Promote`（提级）操作需要大量磁盘 I/O，而且速度非常慢，特别是在速度较慢的机械备份存储阵列上。虽然 Katello 或 Red Hat Satellite 6 都没有发布 I/O 性能要求，但它们在以闪存为后台的存储上的性能最好，或者如果没有闪存为后台的存储，则在不与其他设备共享的快速机械存储上的性能最好。图 9-19 显示了在 CentOS7-CV 内容视图中单击的 Publish New Version 按钮。

6. `Publish` 操作是异步的，是自动完成的。可以看到，它被自动编号为 `Version 1.0`，在写作时，这种编号是自动的，不能选择自己的版本编号。但是，可以为每个已发布的版本添加注释，这对于跟踪版本以及创建原因非常有用。强烈建议这样做。图9-20显示了Version 1.0环境中正在进行的提级。

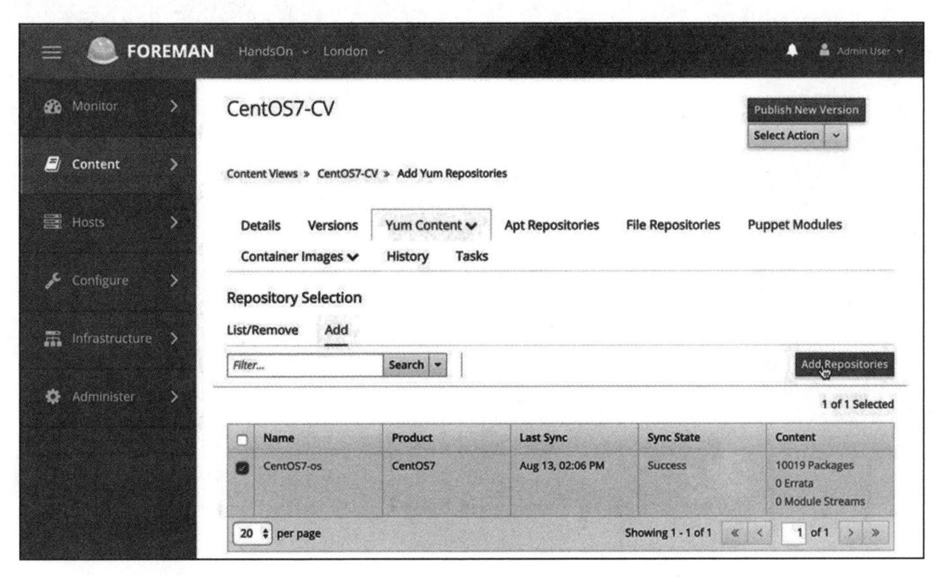

图　9-18

图　9-19

7. 一旦`Publish`操作完成，Promote按钮（在图9-20中显示为灰色的）将变为活动状态。你将注意到，此版本会自动发布到`Library`环境中。任何内容视图的最新版本始终会自动升级到此环境中。

8. 为了模拟前面讨论的8月8日的快照，让我们执行一个此内容视图的第二次发布。这将生成一个`Version 2.0`的环境，然后可以通过单击Promote按钮并选择所需的环境将其提级到`Development`环境。图9-21显示了我们的两个版本，`Version 1.0`仅可用于

Production 环境，Version 2.0 可用于 Development 环境（以及内置库 Library）。

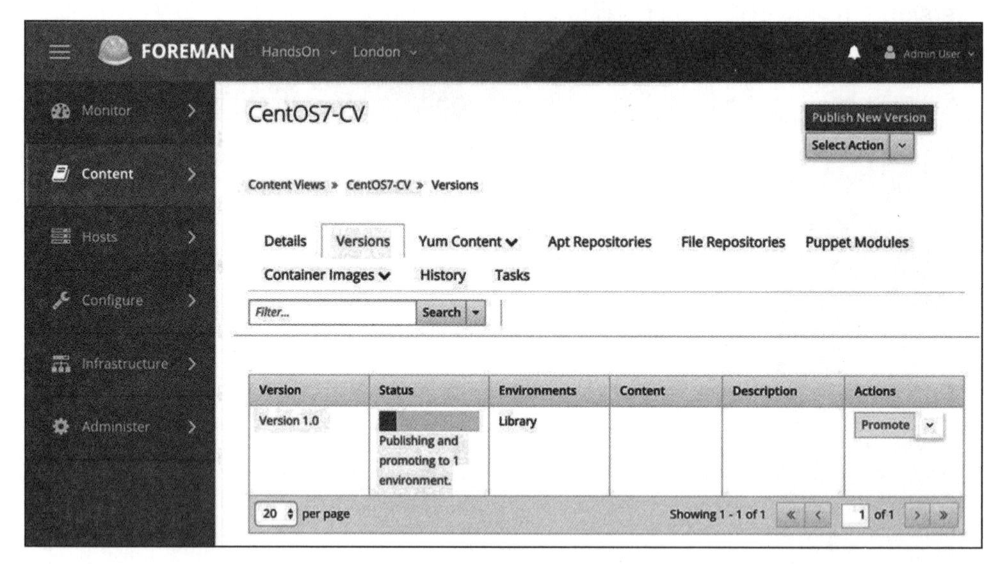

图 9-20

请注意，由于我们没有将 Testing 环境升级到这两个版本中的任何一个，所以 Testing 环境中的计算机没有可用的软件包。必须将其提级到所有需要软件包的环境中，图 9-21 显示了我们已发布的两个版本以及环境与版本的关联。

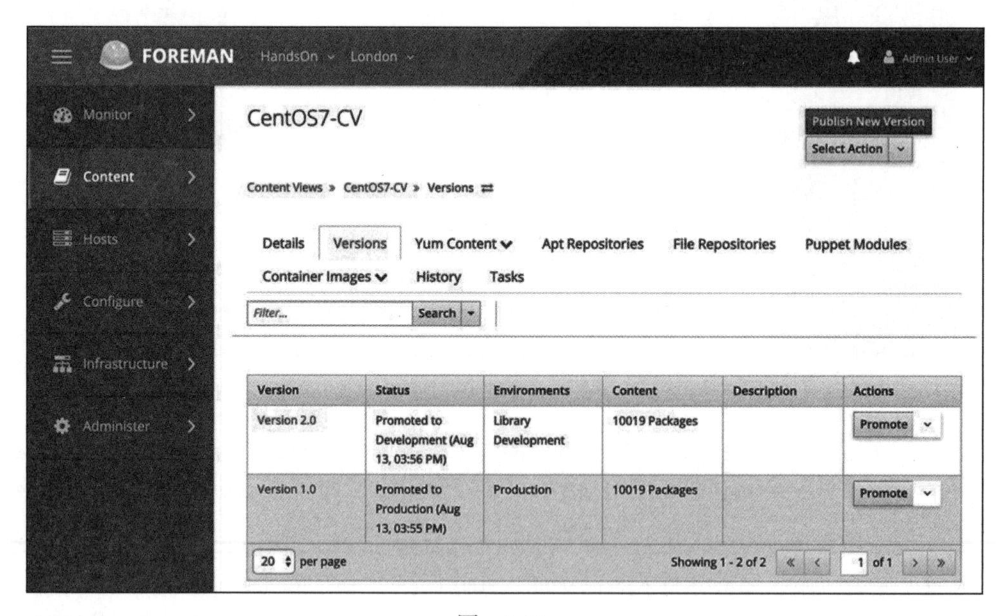

图 9-21

9. 在图9-22中，显示了提级过程以供参考。这是将Production环境提级到Version 2.0（2.0版）的过程。

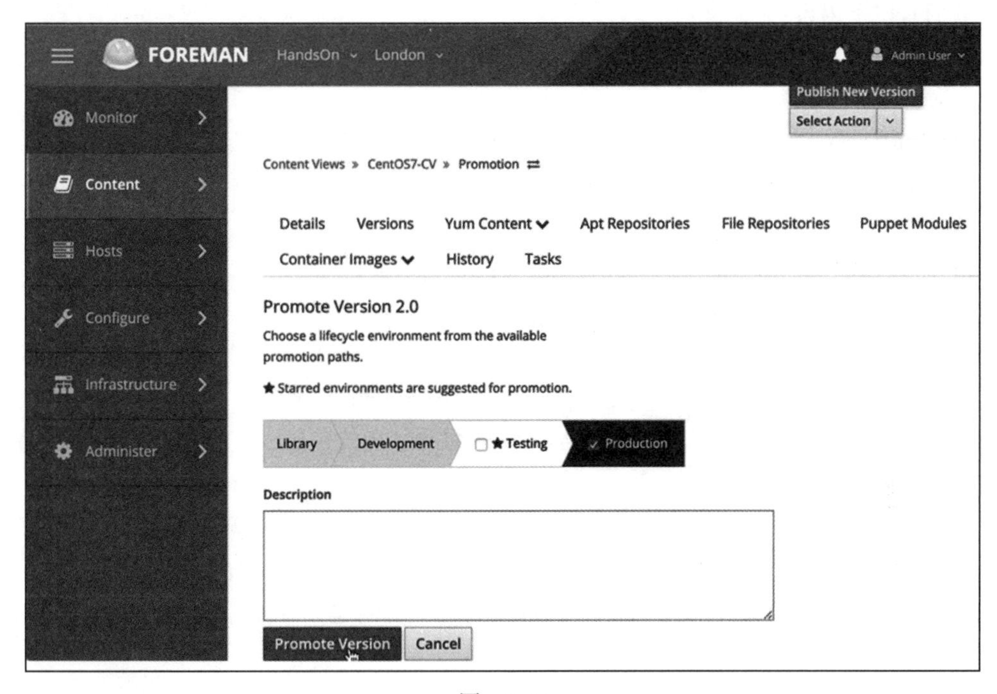

图　9-22

这里剩下的一个难题是配置客户机以从Katello服务器接收软件包。在这里，我们将执行一个简单的手动集成，因为这种方法对于基于DEB和RPM的软件包都是通用的，因此它是支持跨整个企业的通用方法。使用subscription-manager工具和Katello代理从Katello分发RPM包的过程有很好的文档记录，并留作练习。

激活密钥的官方Katello文档参见https://theforeman.org/plugins/katello/3.12/user_guide/activation_keys/index.html。

为了利用我们在本例中发布的内容，Development环境中的计算机将有一个存储库文件，其内容如下：

```
[centos-os]
name=CentOS-os
baseurl=http://katello.example.com/pulp/repos/HandsOn/Development/CentOS7-C
V/custom/CentOS7/CentOS7-os/
gpgcheck=1
gpgkey=file:///etc/pki/rpm-gpg/RPM-GPG-KEY-CentOS-7
```

你的baseURL肯定会有所不同，至少Katello主机名将不同。在Katello中发布和提级的基于 RPM 的存储库通常位于以下路径：http://KATELLOHOSTNAME/pulp/repos/ORGNAME/LIFECYCLENAME/CONTENTVIEWNAME/custom/PRODUCT/REPO

我们有以下内容：

- KATELLOHOSTNAME：Katello 服务器的主机名（或最近的容器 / 代理，如果你正在使用它们）
- ORGNAME：Content View 所在的 Katello 组织的名称。在安装过程中将名称定义为 HandsOn
- LIFECYCLENAME：Lifecycle Enviroment 的名称，例如，Development
- CONTENTVIEWNAME：为 Content View 指定的名称
- PRODUCT：为 Product 指定的名称
- REPO：为 Product 中的存储库指定的名称

这使得 URL 完全可预测，并且易于使用 Ansible 部署到目标计算机。请注意，从 Katello 通过 HTTPS 访问存储库需要安装 SSL 证书以进行信任验证，这超出了本章的范围，相反，我们将使用纯 HTTP。

由于生命周期环境名称保持不变，无论我们同步、发布或升级环境，存储库 URL（如前所示）都保持不变，因此即使发布了新的软件包存储库快照，我们也不必执行客户端配置工作，这是一个明显的优势。在 Pulp 中，每次新版本的创建，我们都将不得不使用 Ansible 推送一个新的配置。

如前所示，构建了存储库配置之后，就可以用正常方式修补系统了。这可以通过以下方式完成：

- 手动，在每台机器上使用诸如 yum update 之类的命令进行修补
- 集中化，使用 Ansible 剧本进行修补
- 在 Katello 用户界面上进行修补，如果 katello-agent 软件包已安装在目标机器上

考虑到可用工具的不同性质，在本章中，我们将不进行更深入的讨论，而是将此留作练习。经验表明，使用 Ansible 进行集中部署是最健壮的方法，但是欢迎你尝试并找到最适合自己的方法。

这就结束了我们使用 Katello 进行基于 RPM 的修补的简要过程，尽管我们希望它已经向你展示了足够的信息，让你领略到它在企业中的价值。在下一节中，我们将介绍使用 Katello 修补基于 DEB 的系统的过程。

9.4.2 使用 Katello 修补基于 DEB 的系统

通过 Katello 修补基于 DEB 的系统（如 Ubuntu）与基于 RPM 的过程大致相似，只需对 GUI 进行一些更改，以及受本章 9.4 节中讨论的有关包签名的限制，现在简要介绍一下 Ubuntu Server 18.04 的一个例子：

1. 首先，为 Ubuntu 包存储库创建一个新产品，如图 9-23 所示。

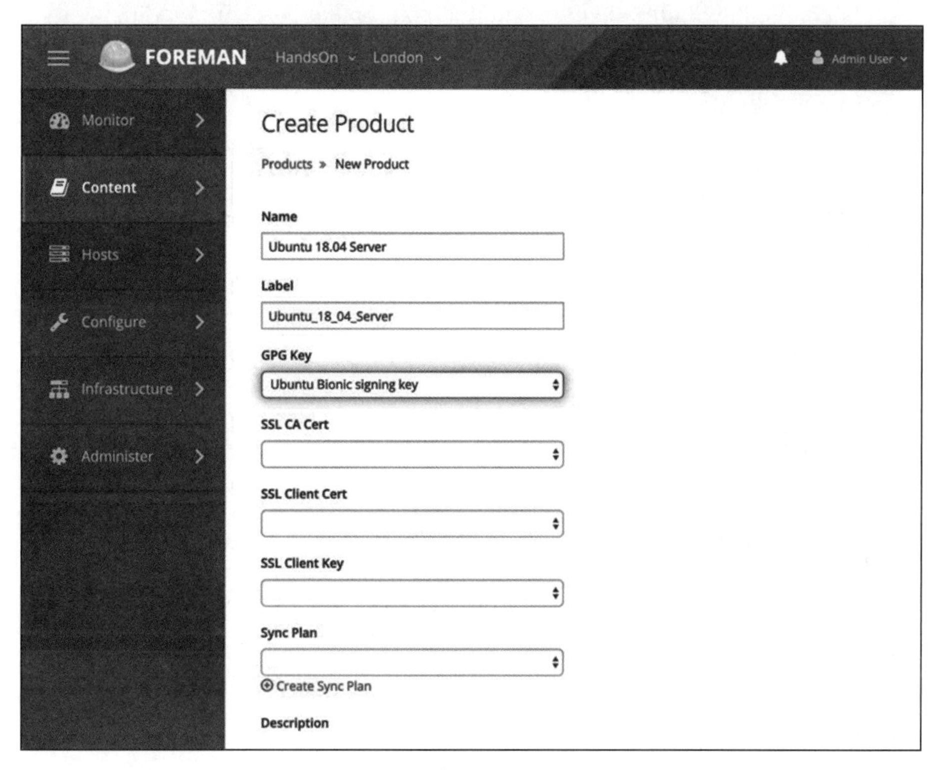

图 9-23

在此必须指出，导入 Ubuntu 签名公钥不会影响已发布的存储库，因此可以根据喜好指定或忽略。生成的存储库将不会有签名的 `Release` 文件，因此必须视为隐式信任。

2. 产品保存后，在其中创建一个新的存储库，以包含软件包，软件包镜像的创建需要与我们在命令行中使用相同的参数，如图 9-24 所示。

与以前一样同步新创建的存储库，并确保在继续创建内容视图之前已成功完成存储库的创建。

3. 完成后，为 Ubuntu 内容创建一个单独的内容视图。图 9-25 显示了正在创建的内容视图。

4. 现在，选择 Apt Repositories 选项卡并选择适当的 Ubuntu 存储库，同样，在这里的简单示例中，我们只有一个 Ubuntu 存储库，图 9-26 显示了唯一的 `Ubuntu 18.04 base` 存储库被添加到 Ubuntu1804-CV 内容视图的过程。

5. 从这里，新内容视图被发布和提级，就像我们在基于 RPM 的版本中所做的一样。生成的存储库同样可以通过可预测的 URL 访问，这一次采用以下模式：`http://KATELLOHOSTNAME/pulp/deb/ORGNAME/LIFECYCLENAME/CONTENTVIEWNAME/custom/PRODUCT/REPO`。

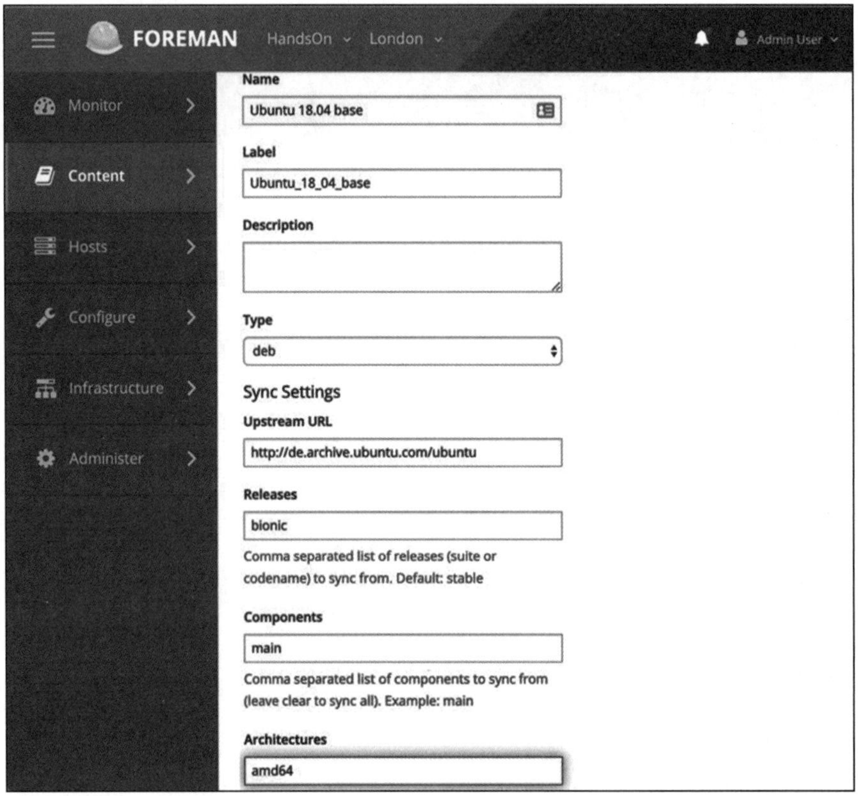

图 9-24

可以看到，除了初始路径之外，这与基于 RPM 的示例几乎相同。为了匹配我们在本例中刚刚创建的内容视图，/etc/apt/sources.list 的适当条目可能如下所示：

```
deb [trusted=yes]
http://katello.example.com/pulp/deb/HandsOn/Development/Ubuntu1804-CV/custo
m/Ubuntu_18_04_Server/Ubuntu_18_04_base/ bionic main
```

与以前一样，无论何时同步、发布或提级此内容视图，此 URL 都保持不变，因此只需将其部署到目标系统一次，以确保它们可以从 Katello 服务器接收软件包。同样，你可以通过终端系统上的 apt update 和 apt upgrade 命令手动执行此修补，或者通过 Ansible 集中执行此修补。

请注意，在撰写本书时，还没有针对基于 Debian/Ubuntu 的系统的 katello-agent 软件包。

在本章中，我们只触及了 Katello 所能做的所有任务的皮毛，然而仅此示例就说明了它对于企业补丁管理的有效性。

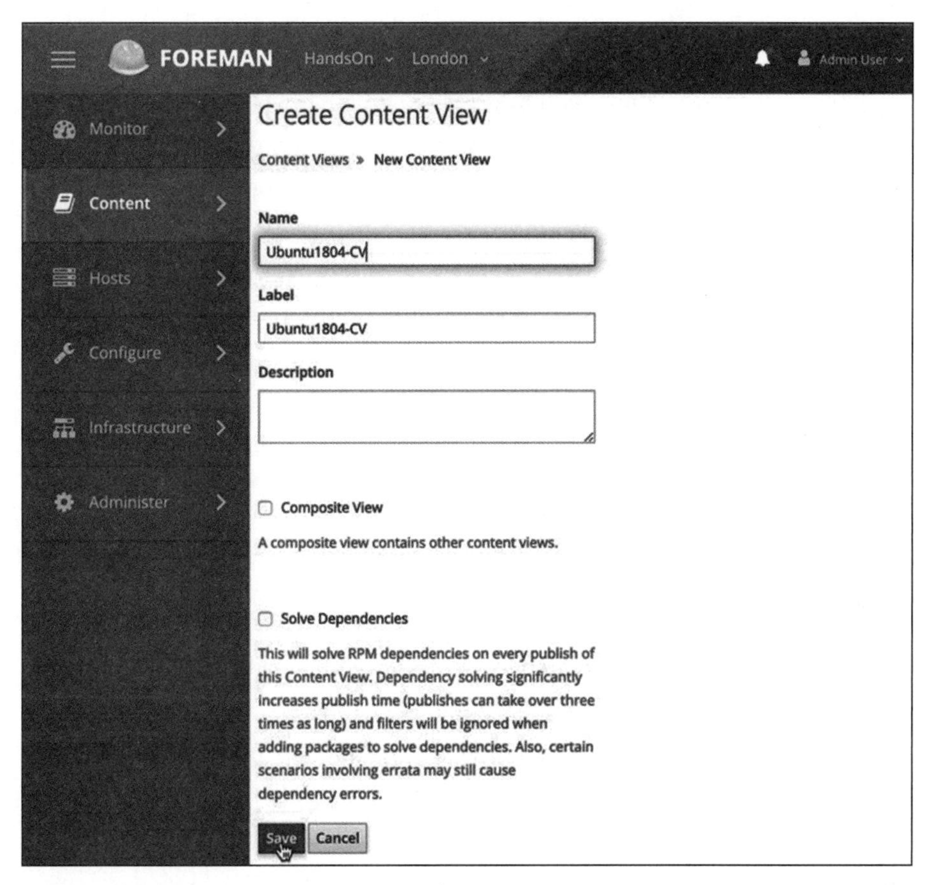
FOREMAN
HandsOn
London
Admin User
Monitor
Content
Hosts
Configure
Infrastructure
Administer
Create Content View
Content Views » New Content View
Name
Ubuntu1804-CV
Label
Ubuntu1804-CV
Description
Composite View
A composite view contains other content views.
Solve Dependencies
This will solve RPM dependencies on every publish of this Content View. Dependency solving significantly increases publish time (publishes can take over three times as long) and filters will be ignored when adding packages to solve dependencies. Also, certain scenarios involving errata may still cause dependency errors.
Save
Cancel

图　9-25

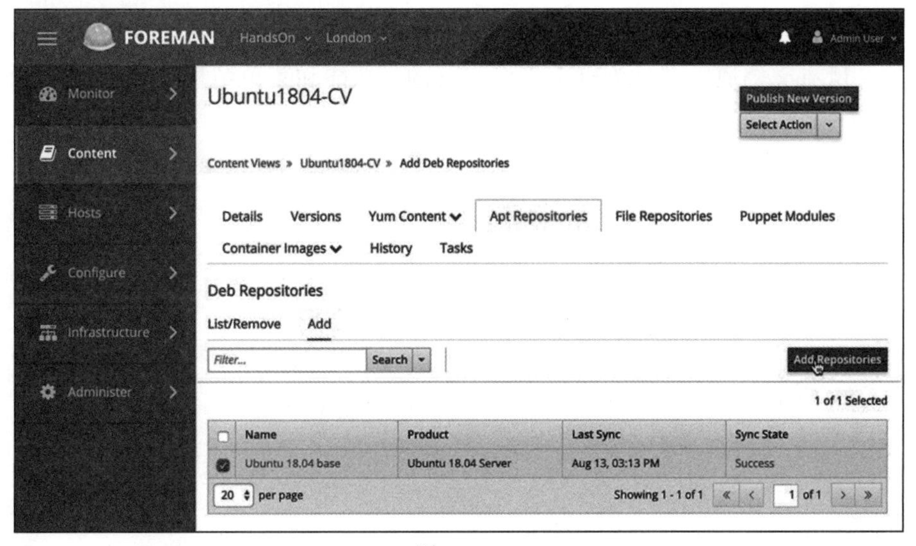
FOREMAN
HandsOn
London
Admin User
Monitor
Content
Hosts
Configure
Infrastructure
Administer
Ubuntu1804-CV
Publish New Version
Select Action
Content Views » Ubuntu1804-CV » Add Deb Repositories
Details
Versions
Yum Content
Apt Repositories
File Repositories
Puppet Modules
Container Images
History
Tasks
Deb Repositories
List/Remove
Add
Filter...
Search
Add Repositories
1 of 1 Selected
Name
Product
Last Sync
Sync State
Ubuntu 18.04 base
Ubuntu 18.04 Server
Aug 13, 03:13 PM
Success
20
per page
Showing 1 - 1 of 1
1
of 1

图　9-26

9.5 小结

Katello 实际上是几个非常强大的开源基础设施管理工具的结合，包括我们已经研究过的 Pulp。它非常擅长在基础设施环境中进行补丁管理，与独立安装相比具有许多优势，并且可以从一个界面上处理大多数构建和维护任务，比我们本章所能涵盖的还要多！

在本章中，了解了 Katello 项目的实际情况及其组成部分。然后，学习了如何为修补目的执行 Katello 的独立安装，如何构建适合修补基于 RPM 和 DEB 的 Linux 发行版的存储库，以及将这两个操作系统与 Katello 内容视图集成的基础知识。

在下一章中，我们将探讨如何在企业中有效地使用 Ansible 进行用户管理。

9.6 思考题

1. 为什么要在 Pulp 等产品之上使用 Katello？
2. 什么是 Katello 术语中的产品（Product）？
3. 什么是 Katello 中的内容视图？
4. Foreman（支持 Katello）能协助裸设备服务器的 PXE 启动吗？
5. 你将在 Katello 中如何使用生命周期环境？
6. 在内容视图上 `Publish` 和 `Promote` 操作有什么区别？
7. 你会希望何时在以前发布的内容视图上执行 `Promote` 操作？

9.7 进一步阅读

更多关于 Katello 的信息，请参考官方的 Red Hat Satellite 6 文档，因为这是 Katello 的商业版本，所有文档通常都是为这个平台编写的，功能和菜单结构几乎相同（https://access.redhat.com/documentation/en-us/red_hat_satellite/）。

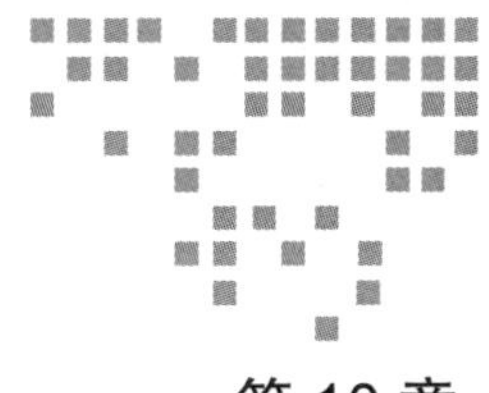

第 10 章 Chapter 10

在 Linux 上管理用户

如果没有供用户访问的方法，Linux 服务器的功能就不完整。无论是管理员还是最终用户，无论是使用本机凭据还是使用集中式凭据，Linux 服务器都需要一种供用户（甚至 Ansible 之类的工具）去访问它们的机制。

与所有良好的服务器配置和维护活动一样，用户管理也是一项持续的工作。凭据需要定期轮换，以确保系统的安全性和完整性。员工入职和离职意味着访问详细信息必须相应更新。实际上，在繁忙的机构中，访问管理本身就是一项全职工作！在本章中，我们将通过实际操作示例，探讨如何通过 Ansible 以与 SOE 模型一致的方式来自动化管理用户和访问。

本章涵盖以下主题：

- 执行用户账户管理任务
- 使用**轻型目录访问协议**（Lightweight Directory Access Protocol，LDAP）集中管理用户账户
- 强制执行配置和审计配置

10.1 技术要求

本章包括的示例，基于以下技术：

- Ubuntu Server 18.04 LTS
- CentOS 7.6
- Ansible 2.8

要运行这些示例，你需要能访问两台服务器或虚拟机，它们分别运行以上列出的操作

系统和 Ansible。请注意，本章中给出的示例可能具有破坏性（例如，它们添加和删除用户账户，并对服务器配置进行更改），如果按原样运行，则只能在隔离的测试环境中运行。

你一旦拥有一个感到满意的安全操作环境，就可以开始研究如何使用 Ansible 安装新的软件包。

本章中讨论的所有示例代码都可以从 GitHub 获得，网址如下：`https://github.com/PacktPublishing/Hands-On-Enterprise-Automation-On-Linux/tree/master/chapter10`。

10.2 执行用户账户管理任务

在最基本的水平，你的环境中的每台 Linux 服务器都需要用户具有某种程度的访问权限。在一个可能有成百上千台服务器的企业环境中，集中式用户管理系统（如 LDAP 或 Active Directory）将是一个理想的解决方案。以用户离开或更改其口令为例，在此系统中他们可以在一个地方执行此操作，而这个操作会被应用于所有服务器。我们将在下一节中探讨企业 Linux 管理和自动化与此相关的方面。

不过，现在让我们关注一下本机账户管理，即在需要访问的每个 Linux 服务器上创建的账户的管理。即使存在 LDAP 等集中式解决方案，且在目录服务失败的情况下除了用作紧急访问解决方案之外没有其他用途，本机账户仍然是必需的。

> 请注意，与本书中的所有 Ansible 示例一样，它们可以在 1 台、100 台甚至 1000 台服务器上同样出色地运行。事实上，Ansible 的使用减少了对集中式用户管理系统的需求，因为用户账户的更改可以轻松地推送到整个服务器系统中。但是，不能完全依赖于此，这有充分的理由。例如，一台服务器在 Ansible 剧本运行期间因维护而停机意味着它将不会收到正在进行的账户更改信息。在最坏的情况下，此服务器一旦恢复使用，就可能会带来安全风险。

从下一节开始，我们将探讨 Ansible 如何协助你进行本机账户管理。

10.2.1 使用 Ansible 添加和修改用户账户

无论你是在构建全新服务器后首次配置该服务器，还是在新员工加入公司时进行更改，向服务器添加用户账户都是一项常见的必需任务。值得庆幸的是，Ansible 有一个名为 `user` 的模块，它用来执行用户账户管理任务，我们将继续使用这个模块。

在前面的例子中，我们强调了 Ubuntu 和 CentOS 等平台之间的差异，用户账户管理也需要在这里稍加考虑。

以下面的 shell 命令为例（我们稍后将在 Ansible 中自动执行）：

```
$ useradd -c "John Doe" -s /bin/bash johndoe
```

这个命令可以在 CentOS 7 或 Ubuntu Server 18.04 上运行，并将产生相同的结果，即：

- 用户账户 `johndoe` 将被添加，它具有用户的下一个空闲的**用户标识号（User Ldentification Number，UID）**。
- 账户注释将设置为 `John Doe`。
- shell 将设置为 `/bin/bash`。

实际上，几乎可以在任何 Linux 系统上运行这个命令，而且它都可以工作。然而，当考虑组（尤其是内置组）时，差异就开始产生了。例如，如果你希望此账户能够使用 sudo 进行 root 访问（即 `johndoe` 是系统管理员），则需要将此账户放入 CentOS 7 上的 `wheel` 组中。然而，在 Ubuntu 服务器上没有 wheel 组，试图将用户放入这样的组会导致错误。相反，在 Ubuntu 服务器上，这个用户会进入 `sudo` 组。

当涉及跨不同 Linux 发行版的自动用户账户管理时，像这样的细微差别可能会让你感到困惑。但是，只要注意到这些事情，你就可以轻松地创建易懂的剧本或角色，以轻松地管理 Linux 用户。

在这个示例的基础上，创建一个具有 Ansible 角色的 `johndoe` 用户，就可以在所有 Linux 服务器上用此用户进行访问。要执行与前面命令的 shell 相同的功能，`roles/addusers/tasks/main.yml` 的代码如下所示：

```
---
- name: Add required users to Linux servers
  user:
    name: johndoe
    comment: John Doe
    shell: /bin/bash
```

如果以常规方式运行此角色，我们可以看到在第一次运行时创建了用户账户，如果第二次运行此剧本，则不会执行任何操作。这在图 10-1 中表示，其中显示前一个角色被运行了两次，分别在添加用户账户时显示 `changed` 状态，以及由于该账户已存在而未采取任何操作时显示 `ok`。

到目前为止，这个例子工作得很好，但是，这个例子在本质上是非常简单的，我们的用户没有口令集，没有组成员资格，也没有经过授权的 SSH 密钥。在前面演示过，我们可以多次运行包含用户模块的 Ansible 角色，并且只有在需要时才会进行更改，我们可以利用这个优势。现在扩展示例角色，添加这些内容。

在进入下一个示例之前，我们将演示如何使用 Ansible 生成口令散列。在这里，将选择 `secure123` 这个词。在 Ansible 的 `user` 模块中，可以设置和修改用户账户口令，但它不允许你以明文形式指定口令（原因很充分）。相反，必须创建一个口令散列，发送到正在配置的计算机。在第 6 章中，我们研究了一种使用少量 Python 代码实现此目的的方法，欢迎在这里重用该方法。但是，也可以利用 Ansible 的大量过滤器，从字符串生成口令散列。从

shell 运行以下命令：

```
$ ansible localhost -i localhost, -m debug -a "msg={{ 'secure123' |
password_hash('sha512') }}"
```

```
james@automation-01: ~/hands-on-automation/chapter10/example01 (ssh)
~/hands-on-automation/chapter10/example01> ansible-playbook -i hosts site.yml

PLAY [Manage user accounts] ****************************************************

TASK [Gathering Facts] *********************************************************
ok: [ubuntu-testhost]

TASK [addusers : Add required users to Linux servers] **************************
changed: [ubuntu-testhost]

PLAY RECAP *********************************************************************
ubuntu-testhost            : ok=2    changed=1    unreachable=0    failed=0

~/hands-on-automation/chapter10/example01> ansible-playbook -i hosts site.yml

PLAY [Manage user accounts] ****************************************************

TASK [Gathering Facts] *********************************************************
ok: [ubuntu-testhost]

TASK [addusers : Add required users to Linux servers] **************************
ok: [ubuntu-testhost]

PLAY RECAP *********************************************************************
ubuntu-testhost            : ok=2    changed=0    unreachable=0    failed=0
```

图 10-1

运行此命令将生成一个口令散列，可以将其复制并粘贴到角色中，如图 10-2 所示。

```
james@automation-01: ~/hands-on-automation/chapter10 (ssh)
~/hands-on-automation/chapter10> ansible localhost -i localhost, -m debug -a "ms
g={{ 'secure' | password_hash('sha512') }}"
localhost | SUCCESS => {
    "msg": "$6$rf7816bRc7mZLXpE$4qCnSYiwi/LhER.aOZsdnPDDNk2Ip3H13/4x/V5bfbyD.okm
2pHhooBa8jrSmN1WIbCBRbp4iJo32rGgIozfE/"
}
```

图 10-2

这本身非常有用，但是请记住：不存在完全安全的口令散列。MD5 散列曾经被认为是安全的，但现在不再被认为安全了。理想情况下，也不应该以明文形式存储散列，应该在每个系统上重新生成它，因为它包含唯一的 salt。幸运的是，我们可以在角色中直接使用 password_hash 过滤器来实现这一点。

在下面的示例中，我们演示了如何将口令字符串存储在变量中，以及如何使用 password_hash 过滤器为远程系统生成散列。在真实的用例中，你将用 Ansible vault 文件替换明文变量文件，这样原始口令或散列就不会被未加密存储。

1. 首先，创建 roles/addusers/vars/main.yml，并在一个变量中存储 John Doe 的口令：

```
---
johndoepw: secure123
```

2. 接下来，在目录 roles/addusers/files/ 中为这个用户创建一个 SSH 密钥对。这通过在该目录中运行以下命令来完成：

```
$ ssh-keygen -b 2048 -t rsa -f ./johndoe_id_rsa -q -N ''
```

当然，在企业设置中，用户可能会生成自己的密钥对，并向管理员提供公钥，以便分发到他们将使用的系统。对于这里的示例，使用新生成的密钥对进行演示更容易。

3. 最后，假设 johndoe 将管理 Ubuntu 系统，那么，这个账户应该在 sudo 组。结果角色如下：

```
---
- name: Add required users to Linux servers
  user:
    name: johndoe
    comment: John Doe
    shell: /bin/bash
    groups: sudo
    append: yes
    password: "{{ johndoepw | password_hash('sha512') }}"

- name: Add user's SSH public key
  authorized_key:
    user: johndoe
    state: present
    key: "{{ lookup('file', 'files/johndoe_id_rsa.pub') }}"
```

4. 运行代码会产生 changed 的结果，正如我们所期望的，图 10-3 显示成功添加了用户及其相应的 SSH 公钥。

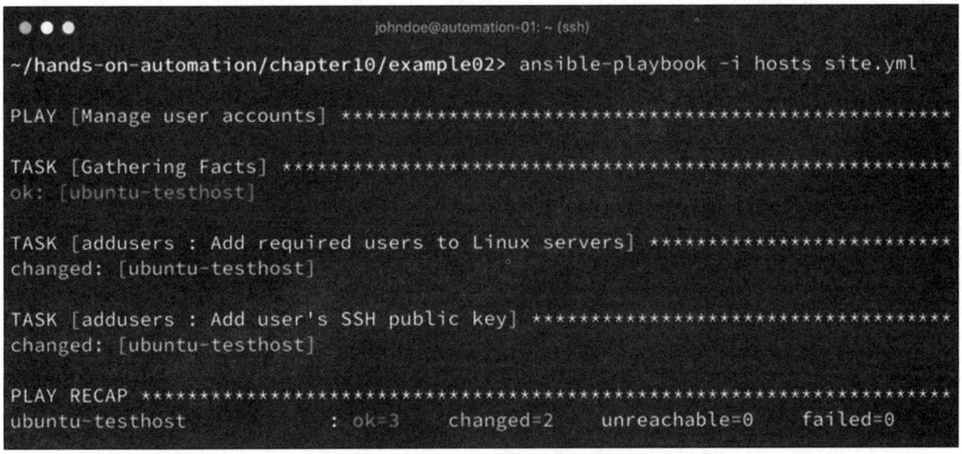

```
johndoe@automation-01: ~ (ssh)
~/hands-on-automation/chapter10/example02> ansible-playbook -i hosts site.yml

PLAY [Manage user accounts] ***************************************************

TASK [Gathering Facts] ********************************************************
ok: [ubuntu-testhost]

TASK [addusers : Add required users to Linux servers] *************************
changed: [ubuntu-testhost]

TASK [addusers : Add user's SSH public key] ***********************************
changed: [ubuntu-testhost]

PLAY RECAP ********************************************************************
ubuntu-testhost            : ok=3    changed=2    unreachable=0    failed=0
```

图　10-3

请注意，我们在这里成功地修改了 johndoe 账户，正如在本节前面创建它那样，但是，我们也可以在创建账户之前运行这个最新的角色，最终结果是相同的。这就是 Ansible 的优点，你不需要为修改和添加操作编写不同的代码。user 模块还有许多其他可能的修改，它应该可以满足你的大部分需求。

回到我们在前面创建的 vars/main.yml 文件上来，为了简单起见，我们当时将其保存为纯文本。可以使用以下命令非常轻松地加密现有文件：

```
$ ansible-vault encrypt main.yml
```

图 10-4 显示了此加密过程的实际操作。

```
james@automation-01: ~/hands-on-automation/chapter10/example02/roles/addusers/vars (ssh)
~/hands-on-automation/chapter10/example02/roles/addusers/vars> ansible-vault enc
rypt main.yml
New Vault password:
Confirm New Vault password:
Encryption successful
~/hands-on-automation/chapter10/example02/roles/addusers/vars> ls
main.yml
~/hands-on-automation/chapter10/example02/roles/addusers/vars> cat main.yml
$ANSIBLE_VAULT;1.1;AES256
643431303934336339393633337313534346663633031373864346265336364623933353566656534
6530313665613739306434326132353738333632623837300a643162663362643335333139356138
386234323036656661383634653031353265396538643631633373863333931373665303063663431
6633343530333331340a333262626438633733356264363866643161613264386333636535623963
62333434373461386338346538303361633564623637393132326330386466333131
```

图 10-4

数据现在在静止状态下被加密了！我们仍然可以在不解密的情况下运行剧本，只需将 --ask-vault-pass 参数添加到 ansible-playbook 命令中，并在发出提示时输入所选的 vault 口令。

在结束本节之前，值得注意的是，我们还可以利用 loop（循环）一次创建多个账户。下面的示例创建了两个具有不同组成员身份的新用户，并且他们具有不同的用户名和匹配其账户的注释。扩展此示例以解决初始口令和 / 或 SSH 密钥的问题留作练习，你应该有足够的信息来实现这一点。代码如下所示：

```
---
- name: Add required users to Linux servers
  user:
    name: "{{ item.name }}"
    comment: "{{ item.comment }}"
    shell: /bin/bash
    groups: "{{ item.groups }}"
    append: yes
    state: present
  loop:
    - { name: 'johndoe', comment: 'John Doe', groups: 'sudo'}
    - { name: 'janedoe', comment: 'Jane Doe', groups: 'docker'}
```

注意，在本章前面创建了 johndoe，可以看到，如果运行这个角色，唯一被创建的账户是 janedoe 用户，这是因为它在此之前还不存在。图 10-5 正好显示了这一点。janedoe 显示一个 changed 的状态，通知我们已进行更改。在本例中，janedoe 用户账户已创建。johndoe 用户账户的 ok 状态显示没有执行任何操作，如图 10-5 所示。

```
james@automation-01: ~/hands-on-automation/chapter10/example03 (ssh)
~/hands-on-automation/chapter10/example03> ansible-playbook -i hosts site.yml

PLAY [Manage user accounts] ************************************************

TASK [Gathering Facts] *****************************************************
ok: [ubuntu-testhost]

TASK [addusers : Add required users to Linux servers] **********************
ok: [ubuntu-testhost] => (item={u'comment': u'John Doe', u'name': u'johndoe', u'groups': u'sudo'})
changed: [ubuntu-testhost] => (item={u'comment': u'Jane Doe', u'name': u'janedoe', u'groups': u'docker'})

PLAY RECAP *****************************************************************
ubuntu-testhost            : ok=2    changed=1    unreachable=0    failed=0

~/hands-on-automation/chapter10/example03>
```

图　10-5

通过这种方式，可以跨大量 Linux 服务器大规模地创建和管理用户账户。正如我们在图 10-5 中所看到的，以通常的 Ansible 方式，只进行所需的更改，而现有用户账户保持不变。虽然添加用户账户很简单，但必须考虑到员工会离开企业，因此，在这种情况下还需要清理用户账户。

在下一节中，我们将探讨 Ansible 如何协助删除用户账户并清理这些账户。

10.2.2　使用 Ansible 删除用户账户

虽然我们已经证明使用 Ansible 添加和修改用户账户很容易，但必须将删除作为一个单独的案例来考虑。其中原因很简单，Ansible 假设，如果我们将 user 模块与 loop 一起使用来添加 johndoe 和 janedoe，那么如果它们不存在，将添加它们；否则，将修改它们。当然，如果它们符合角色或剧本所描述的状态，那么将什么也不做。

但是，Ansible 在运行之前对状态不作任何假设。因此，如果从前面描述的循环中删除 johndoe 并再次运行剧本，则不会删除此用户账户。因此，必须单独处理用户账户删除。

下面的代码将删除此用户账户：

```
---
- name: Remove user
  user:
    name: johndoe
    state: absent
```

如果运行此命令，则输出如图 10-6 所示。

```
james@automation-01: ~/hands-on-automation/chapter10/example04 (ssh)
~/hands-on-automation/chapter10/example04> ansible-playbook -i hosts site.yml

PLAY [Manage user accounts] ****************************************************

TASK [Gathering Facts] *********************************************************
ok: [ubuntu-testhost]

TASK [addusers : Add required users to Linux servers] **************************
changed: [ubuntu-testhost]

PLAY RECAP *********************************************************************
ubuntu-testhost            : ok=2    changed=1    unreachable=0    failed=0
```

图 10-6

运行此角色相当于在 shell 中使用 `userdel` 命令，用户账户以及所有组成员身份都将被删除。但是，`home` 目录保持不变。这通常是最安全的路径，因为用户可能在 `home` 目录中存储了重要的代码或其他数据，而且通常，最好是有人在实际删除目录之前检查该目录是否可以被安全删除。如果确定要删除该目录（出于安全和释放磁盘空间的原因，这是最佳做法），请将以下代码添加到刚刚创建的角色中。

```
- name: Clean up user home directory
  file:
    path: /home/johndoe
    state: absent
```

这将执行指定 `path` 的递归删除，因此请小心使用！

有了这些实际的例子和文档中的一些附加细节，你应该能够使用 Ansible 自动执行本机账户任务了。在下一节中，我们将探讨使用 LDAP 集中管理用户账户。

10.3 使用 LDAP 集中管理用户账户

尽管 Ansible 在跨服务器管理用户账户方面做得很好，但企业中的最佳实践是使用集中式目录系统。集中式目录系统能够执行许多 Ansible 无法执行的任务，例如，强制执行口令安全标准，包括口令长度和字符类型、口令过期以及在尝试过多错误口令时锁定账户。因此，强烈建议在企业中使用这样的系统。

事实上，许多企业已经有了这样的系统，其中两个常见的是 FreeIPA 和**微软 AD**（**Active Directory，活动目录**）。下面我们将探讨这两个系统与 Linux 服务器的集成。

10.3.1 微软 AD

这是一本关于 Linux 自动化的书，对微软 AD 及其设置和配置的深入讨论远远超出了本书的范围。可以说，在 Linux 环境下，AD 最适合于集中管理用户账户，当然，它的功能远不止这些。大多数需要 AD 服务器的组织都已经建立了 AD 服务器，因此，我们关注的不是这个方面，而是如何让 Linux 服务器利用其进行身份验证。

在大多数现代 Linux 发行版上，realmd 工具用于将所讨论的 Linux 服务器连接到 AD。接下来，我们将考虑一个假设的示例，将 CentOS 7 服务器连接到 AD。但是，每个机构，其 AD 设置、机构的单位等都会有所不同，因此，这里没有适合所有人的解决方案。

毫无疑问，你现在已经意识到，在 Ubuntu 上执行这个过程将非常相似，只是你将使用 apt 模块代替 yum，并且软件包名可能不同。一旦安装了 realmd 及其所需的包，过程是相同的。

不过，我们希望下面给出的代码能为你提供一个很好的基础，在此基础上可以开发自己的 Ansible 角色来加入 AD。

1. 在开始加入目录的过程之前，Linux 服务器必须正在使用包含域的相应 Service（SRV）记录的正确 DNS 服务器。通常，这些 DNS 服务器本身就是 AD 服务器，但也会因组织而异。

2. 必须安装 realmd 工具以及许多支持软件包。使用熟悉的 roles 目录结构创建一个名为 realmd 的角色。roles/realmd/tasks/main.yml 应以以下代码开头，以安装所需的包：

```
---
- name: Install realmd packages
  yum:
    name: "{{ item }}"
    state: present
  loop:
    - realmd
    - oddjob
    - oddjob-mkhomedir
    - sssd
    - samba-common
    - samba-common-tools
    - adcli
    - krb5-workstation
    - openldap-clients
    - policycoreutils-python
```

这些软件包中的一些提供了支持功能，例如，openldap-clients 不是直接需要的，但是在调试目录问题时非常有用。

3. 一旦安装了必备软件包，下一个任务就是加入活动目录本身。这里，假设存在 roles/realmd/vars/main.yml，它设置了 realm_join_password、realm_join_user 和 realm_domain 变量。由于此文件可能包含有足够权限加入 AD 域的口令，因此建议使用 ansible-vault 对此变量文件进行加密。运行以下代码：

```
- name: Join the domain
    shell: echo '{{ realm_join_password }}' | realm join --user={{
realm_join_user }} {{ realm_domain }}
    register: command_result
    ignore_errors: True
    notify:
      - Restart sssd
```

需要特别考虑使用 `shell` 模块执行 `realm join`，因为运行两次此任务不会产生 Ansible 的正常清洁行为。实际上，当服务器已经是域成员时，执行第二个 `realm join` 会导致错误。因此，我们将设置 `ignore_errors: True`，并 `register` 该命令的结果，以便稍后评估它是否成功运行。我们还通知一个将在稍后定义的处理程序，以便重新启动 `sssd` 服务。前面提到的 `vars` 文件如下所示：

```
---
realm_join_password: securepassword
realm_join_user: administrator@example.com
realm_domain: example.com
```

确保用适合自己环境的值来替换变量值。

4. 我们立即检查这个任务，看看 `realm join` 是否成功。如果成功，我们应该得到一个返回码 `0` 或者一个错误，通知我们服务器 `Already joined to this domain`。如果没有得到这些预期的结果，那么我们将使整个任务失败，以确保问题可以得到纠正，如下所示：

```
- name: Fail the play when the realm join fails
    fail:
      msg="Realm join failed with this error: {{
command_result.stderr }}"
    when: "'Already joined to this domain' not in
command_result.stderr and command_result.rc != 0"
```

5. 最后，我们创建处理程序，用于在 `roles/realmd/handlers/main.yml` 中重新启动 `sssd`。如下所示：

```
---
- name: Restart sssd
  service:
    name: sssd
    state: restarted
    enabled: yes
```

这些步骤都足以执行将 Linux 服务器基本添加到 AD 域的操作。尽管这个例子是针对 CentOS 7 的，但是对于像 Ubuntu 这样的操作系统，只要考虑到不同的软件包管理器和软件包名，这个过程应该大致相似。

当然，可以对前面的过程进行大量的增强，其中大部分将通过 `realm` 命令执行。遗憾的是，在写作本书时，Ansible 还没有 `realm` 模块，因此，所有 `realm` 命令都必须与 `shell` 模块一起发出，尽管这仍然允许使用 Ansible 自动向 Linux 服务器推出 AD 成员资格。

可以考虑对前面的过程进行以下增强（所有这些都可以通过扩展我们之前建议的示例剧本轻松实现自动化）:

- 指定连接完成时 Linux 服务器要进入的**机构单位**（Organizational Unit，OU）。如果不指定此项，它将进入默认的 `Computers` OU。可以通过在 `realm join` 命令中指定类似于 `--computer-ou=OU=Linux`、`OU=Servers`、`OU=example`、`DC=example`、`DC=com` 这样的内容来改变这一点。确保已首先创建 OU，并调整前面的参数以匹配环境。
- 默认情况下，所有有效的域用户账户都可以登录到 Linux 服务器，这可能不可取。如果不可取，首先需要使用命令 `realm deny --all` 拒绝所有访问。如果你希望允许 `LinuxAdmins` AD 组中的所有用户访问，可以发出以下命令：`realm permit -g LinuxAdmins`。
- AD 中不太可能有一个名为 `wheel` 或 `sudo` 的组，因此，AD 用户可能会发现自己无法执行特权命令。这可以通过将适当的用户或组添加到 `/etc/sudoers` 中来纠正，更好的方法是在 `/etc/sudoers.d` 下添加一个 Ansible 可以管理的唯一文件。例如，使用以下内容创建 `/etc/sudoers.d/LinuxAdmins` 将使 `LinuxAdmins` AD 组的所有成员都能够执行 sudo 命令，而无须重新输入口令：

```
%LinuxAdmins ALL=(ALL) NOPASSWD: ALL
```

这些任务都作为练习，本章提供的信息足以帮助你建立适合你的 AD 基础设施的剧本。

在下一节中，我们将介绍 Linux 自带的 FreeIPA 目录服务的使用，以及如何使用 Ansible 将其集成到环境中。

10.3.2　FreeIPA

FreeIPA 是一个免费提供的开源目录服务，易于安装和管理。它运行在 Linux 上，主要运行在 CentOS 或 Red Hat Enterprise Linux（RHEL）上，尽管在 Ubuntu 和其他 Linux 平台上提供了客户端支持。它甚至可能与 Windows AD 集成，尽管这不是必需的。

如果你正在构建一个纯 Linux 环境，那么可以考虑使用 FreeIPA，而不是使用 Microsoft AD 等专有解决方案。

> FreeIPA 和 Microsoft AD 绝不是市场上仅有的两个目录服务选项，现在有许多基于云的替代方案，包括 JumpCloud、AWS 目录服务等。在这个领域快速发展的时候，尤其是在基于云的目录服务方面，需要独立地做出关于最佳选择的决定。

与上一节有关 Microsoft AD 的内容一样，FreeIPA 基础设施的设计和部署超出了本书的范围。目录服务是网络上的核心服务，如果只构建了一个目录服务器，那么维护时就不得不关闭它。即使是简单的重启也会让用户在服务关闭期间无法登录到所有加入它的机器。由于这些原因，设计目录服务基础设施时，考虑冗余和灾难恢复非常重要。同样重要的是，如果目录基础结构发生故障，你必须拥有安全可靠的本机账户，如 10.2 节所述。

一旦为 FreeIPA 安装设计了适当的冗余基础设施，GitHub 上就有一系列由 FreeIPA 团队创建的剧本和角色可用于安装服务器和客户端。可登录 https://github.com/freeipa/ansible-freeipa 进一步了解这些内容。

本书把安装 FreeIPA 基础设施的任务留给了你，但是，让我们看看如何使用免费提供的 FreeIPA 角色在基础设施上安装客户端。毕竟，共享知识、信息和代码是开源软件的主要好处之一。

1. 将 ansible-freeipa 存储库克隆到本机机器上，然后切换到它的目录以使用它，如下所示：

```
$ cd ~
$ git clone https://github.com/freeipa/ansible-freeipa
$ cd ansible-freeipa
```

2. 创建指向刚刚克隆到本机 Ansible 环境的 roles 和 modules 的符号链接，如下所示：

```
$ ln -s ~/ansible-freeipa/roles/ ~/.ansible/
$ mkdir ~/.ansible/plugins
$ ln -s ~/ansible-freeipa/plugins/modules ~/.ansible/plugins/
$ ln -s ~/ansible-freeipa/plugins/module_utils/ ~/.ansible/plugins/
```

3. 完成这些后，必须创建一个包含适当变量的简单清单文件，以定义 FreeIPA realm（域）和 domain（域），以及 admin 用户的口令（将新服务器加入 IPA 域需要口令）。下面给出了一个示例，但一定要根据你的需求对其进行自定义：

```
[ipaclients]
centos-testhost

[ipaclients:vars]
ipaadmin_password=password
ipaserver_domain=example.com
ipaserver_realm=EXAMPLE.COM
```

4. 设置适当的变量并编译清单后，就可以用从 GitHub 下载的代码运行所提供的剧本了。FreeIPA 客户端安装剧本运行的例子如图 10-7 所示。

前面显示的输出被截断，但显示了 FreeIPA 客户端的安装过程。与本书中的其他示例一样，我们保持了简单性，但这也可以很容易地在 100 台甚至 1000 台服务器上运行。

由于这些剧本和角色都是由官方的 FreeIPA 项目提供的，因此它们是安装服务器和客户机的可靠来源，尽管强烈建议你测试和检查下载的任何代码，但这些应该可以很好地用于构建基于 FreeIPA 的基础设施。

在下一节中，我们将介绍 Ansible 如何辅助强制执行配置和审计配置。

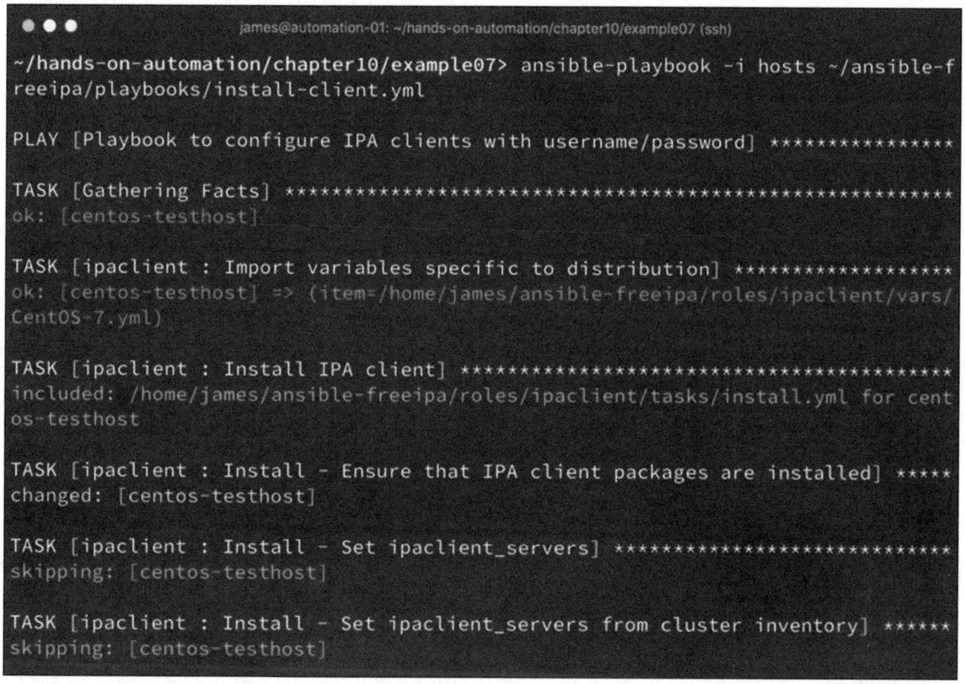

```
james@automation-01: ~/hands-on-automation/chapter10/example07 (ssh)
~/hands-on-automation/chapter10/example07> ansible-playbook -i hosts ~/ansible-f
reeipa/playbooks/install-client.yml

PLAY [Playbook to configure IPA clients with username/password] ****************

TASK [Gathering Facts] **********************************************************
ok: [centos-testhost]

TASK [ipaclient : Import variables specific to distribution] *******************
ok: [centos-testhost] => (item=/home/james/ansible-freeipa/roles/ipaclient/vars/
CentOS-7.yml)

TASK [ipaclient : Install IPA client] *******************************************
included: /home/james/ansible-freeipa/roles/ipaclient/tasks/install.yml for cent
os-testhost

TASK [ipaclient : Install - Ensure that IPA client packages are installed] *****
changed: [centos-testhost]

TASK [ipaclient : Install - Set ipaclient_servers] ******************************
skipping: [centos-testhost]

TASK [ipaclient : Install - Set ipaclient_servers from cluster inventory] ******
skipping: [centos-testhost]
```

图　10-7

10.4　强制执行配置和审计配置

当涉及用户账户管理时，安全性非常重要。正如我们在 10.3 节中所讨论的，Ansible 并不是专门为强制执行或审计而设计的。但是，它可以极大地帮助我们。让我们从 sudoers 文件开始，了解 Ansible 可以帮助缓解的用户管理方面的一些安全风险。

10.4.1　使用 Ansible 管理 sudoers

在大多数 Linux 系统上，/etc/sudoers 文件是最敏感的文件之一，因为它定义了哪些用户账户可以作为超级用户运行命令。不用说，以未经授权的方式泄露或修改此文件不仅会对所涉及的 Linux 服务器，而且会对整个网络造成巨大的安全风险。

幸好，Ansible 模板可以帮助我们有效地管理这个文件。与其他现代 Linux 配置一样，sudoers 配置被分解成几个文件，以使其更易于管理。这些文件通常如下所示：

- /etc/sudoers：这是主文件，并且引用了可能考虑的所有其他文件。
- /etc/sudoers.d/*：这些文件通常包含在 /etc/sudoers 文件的引用中。

正如我们在第 7 章中所讨论的，有人可能会编辑 /etc/sudoers，并且除了 /etc/sudoers.d/* 之外，还在其中包括一个完全不同的路径，这意味着通过模板部署此文件非常重要。这确保了我们能够控制哪些文件提供 sudo 配置。

我们将不再重复讨论模板及其在 Ansible 中的部署，因为第 7 章“ Ansible 配置管理”中讨论的技术在这里同样适用。然而，我们将补充一个重要的警告。如果你通过部署一个包含（比方说）语法错误的文件来破坏 sudo 配置，则可能会将所有用户锁定在特权访问之外。这意味着解决此问题的唯一方法是使用 root 账户登录服务器，如果禁用此功能（这在 Ubuntu 上是默认设置，在许多环境中也是推荐的），那么恢复途径就会变得相当棘手。

就像很多场景一样，预防胜于治疗，我们之前使用的 template 模块有一个窍门，可以帮助我们解决这个问题。在 Linux 系统上使用 visudo 编辑 sudoers 文件时，在将创建的文件写入磁盘之前并自动检查该文件。如果出现错误，系统会警告并给予纠正错误的选项。Ansible 可以通过向 template 模块添加 validate 参数来使用此程序。因此，一个非常简单的角色——用 Ansible 部署 sudoers 文件的新版本，如下所示：

```
---
- name: Copy a new sudoers file on if visudo validation is passed
  template:
    src: templates/sudoers.j2
    dest: /etc/sudoers
    validate: /usr/sbin/visudo -cf %s
```

在前面的示例中，template 模块传递 dest 指定的文件名到 validate 参数中的命令，这是我们使用 %s 的重要性所在。如果验证通过，则新文件将写入到位。如果验证失败，则不会写入新文件，而保留旧文件。此外，当验证失败时，任务将导致 failed 状态，从而结束剧本播放并提醒用户纠正该情况。

这不是 validate 参数可以用来完成的唯一任务，它可以用来检查任何模板操作的结果，前提是你可以定义一个 shell 命令来对模板操作执行适当的检查。这可能与使用 grep 检查文件中的行或检查服务是否重新启动一样简单。

在下一节中，我们将了解 Ansible 如何帮助在大量服务器上强制执行和审计用户账户。

10.4.2 使用 Ansible 审计用户账户

假设企业有 1000 台 Linux 服务器，所有服务器都使用目录服务进行身份验证。现在，假设一个行为不轨的用户希望绕过这个特权管理机制，设法在一台服务器上创建一个名为 john 的本机账户。当权限更改请求被临时授予并再被收回时，可能会发生这种情况，因为行为不轨的人可以轻松地创建自己的访问方法，从而绕过目录服务提供的安全性。

怎么才能发现这种情况呢？虽然 Ansible 在技术上不是一个审计工具，但它的好处是能够在 1000 台服务器上同时运行一个命令（或一组命令），并将结果返回给你进行处理。

由于所有服务器的构建都应该符合给定的标准（请参阅第 1 章），因此你应该知道每个

Linux 服务器上应该有哪些账户。可能会有一些差异，例如，如果安装 PostgreSQL 数据库服务器，通常会创建一个名为 postgres 的本机用户账户。然而，这些案例是很好理解的，并且可以快速而容易地被过滤掉。

甚至不需要为 Ansible 编写一个完整的剧本来帮助我们，一旦有了一个目录文件和 Linux 服务器，你就可以运行所谓的 adhoc（临时）命令。这只是一个单行命令，可以带一组参数运行任何一个 Ansible 模块，就像只包含一个任务的剧本一样。

因此，要获得所有服务器上所有用户账户的列表，我可以运行以下命令：

```
$ ansible -i hosts -m shell -a 'cat /etc/passwd' all
```

Ansible 将连接到由 -i 参数指定的清单文件中的所有服务器，并将 /etc/passwd 文件内容转储到屏幕。可以通过管道将此输出传输到一个文件以进行进一步的处理和分析，而不必登录到每台机器。尽管 Ansible 实际上并没有做任何分析，但它是一个非常强大和简单的工具，可以为审计目的执行数据收集，而且，正如 Ansible 的优点一样，远程机器上不需要安装代理。

图 10-8 显示了 Ansible 从一个测试系统中获取本机账户的示例，使用一个简单的 grep 命令筛选掉两个常见的账户。当然，可以根据自己的意愿扩展此示例，以改进数据处理，从而使任务更轻松。

```
james@automation-01: ~/hands-on-automation/chapter10/example08 (ssh)
~/hands-on-automation/chapter10/example08> ansible -i hosts -m shell -a "cat /et
c/passwd | grep -Ev 'root|daemon'" all
ubuntu-testhost | CHANGED | rc=0 >>
bin:x:2:2:bin:/bin:/usr/sbin/nologin
sys:x:3:3:sys:/dev:/usr/sbin/nologin
sync:x:4:65534:sync:/bin:/bin/sync
games:x:5:60:games:/usr/games:/usr/sbin/nologin
man:x:6:12:man:/var/cache/man:/usr/sbin/nologin
lp:x:7:7:lp:/var/spool/lpd:/usr/sbin/nologin
mail:x:8:8:mail:/var/mail:/usr/sbin/nologin
news:x:9:9:news:/var/spool/news:/usr/sbin/nologin
uucp:x:10:10:uucp:/var/spool/uucp:/usr/sbin/nologin
proxy:x:13:13:proxy:/bin:/usr/sbin/nologin
www-data:x:33:33:www-data:/var/www:/usr/sbin/nologin
backup:x:34:34:backup:/var/backups:/usr/sbin/nologin
list:x:38:38:Mailing List Manager:/var/list:/usr/sbin/nologin
irc:x:39:39:ircd:/var/run/ircd:/usr/sbin/nologin
gnats:x:41:41:Gnats Bug-Reporting System (admin):/var/lib/gnats:/usr/sbin/nologi
n
nobody:x:65534:65534:nobody:/nonexistent:/usr/sbin/nologin
systemd-network:x:100:102:systemd Network Management,,,:/run/systemd/netif:/usr/
sbin/nologin
systemd-resolve:x:101:103:systemd Resolver,,,:/run/systemd/resolve:/usr/sbin/nol
ogin
syslog:x:102:106::/home/syslog:/usr/sbin/nologin
```

图 10-8

通过这种方式，可以充分利用 Ansible，从大量系统中收集有用的信息，以便进一步处理，在结果直接返回到终端时，很容易将它们通过管道传输到一个文件，然后使用喜欢的工具（例如 AWK）处理它们，以确定是否有任何被查询的系统违反了企业安全策略。虽然这个示例是用本机账户列表执行的，但它可以同样有效地在远程系统上的任何给定文本文件上执行。

如你所见，这是一个非常简单的示例，但它是一个基本的构建块，可以在此基础上构建其他剧本。下面是一些供你自己进一步探索的想法：

- 更改以前运行的临时命令，并将其作为剧本运行。
- 计划在 AWX 中定期运行前面的剧本。
- 修改剧本以检查某些关键用户账户。

审计用户的能力并不止于此，尽管集中式日志记录应该（也可能会）成为基础设施的一部分，但你也可以使用 Ansible 查询日志文件。使用前面显示的特殊命令结构，你可以对一组 Ubuntu 服务器运行以下命令：

```
$ ansible -i hosts -m shell -a 'grep "authentication failure | cat"
/var/log/auth.log' all
```

在 CentOS 上，这些日志消息将显示在 /var/log/secure 中，因此你将相应地更改这些系统的路径。

如果找不到指定的字符串，grep 命令将返回代码 1，而 Ansible 则将此解释为一个失败，并将任务状态报告为失败。因此，我们将 grep 的输出通过管道传输到 cat 命令中，cat 命令总是返回零，因此，即使没有找到正在搜索的字符串，任务也不会失败。

相信你现在已经意识到，这些命令最好作为一个剧本来运行，对操作系统进行一些检测，并在每种情况下使用适当的路径。然而，本节的目标不是为你提供一套详尽的解决方案，而是启发你根据这些示例构建自己的代码，帮助你使用 Ansible 审计基础设施。

Ansible 可以执行各种各样的命令，并且它在整个基础设施中具有无代理访问，这意味着它可以成为工具箱中的一个有效解决方案，用于配置 Linux 服务器和维护配置的完整性，甚至用于审计它们。

10.5 小结

用户账户和访问管理是任何企业 Linux 环境都具备的一个组成部分，Ansible 在大量服务器上进行配置和运行时都是一个关键组件。实际上，在 FreeIPA 的例子中，已经有了免费的 Ansible 角色和剧本，不仅可以设置 Linux 客户端，甚至可以设置服务器架构。因此，可以实现 Linux 基础设施中所有关键组件的自动化。

在本章中，首先学习了如何在大量 Linux 服务器上使用 Ansible 有效地管理用户账户，然后学习了如何使用 Ansible 将登录与常见的目录服务器（如 FreeIPA 和微软 AD）进行集成，最后学习了如何使用 Ansible 强制执行配置和审计其状态。

在下一章中，我们将探讨 Ansible 在数据库管理中的使用。

10.6　思考题

1. 即使部署了目录服务，本机账户还有什么好处？
2. 在 Ansible 中使用哪个模块来创建和操作用户账户？
3. 如何只使用 Ansible 生成一个加密的口令散列？
4. 哪个软件包用于将 Linux 服务器与 AD 集成？
5. 如何使用 Ansible 审核一组服务器的配置？
6. 从模板部署 `sudoers` 文件时，验证它的目的是什么？
7. 模板目录服务除了可以在所有服务器上部署用户账户，还带来了哪些 Ansible 无法提供的其他好处？
8. 你如何在 FreeIPA 和 AD 之间做出选择？

10.7　进一步阅读

- 要深入了解 Ansible，请参阅 *Mastering Ansible*，*Third Edition*，作者 James Freeman 和 Jesse Keating（`https://www.packtpub.com/gb/virtualization-and-cloud/mastering-ansible-third-edition`）。
- 为了更深入地探索 AD 的设置和使用，读者可以参考 *Mastering Active Directory*，*Second Edition*，作者 Dishan Francis（`https://www.packtpub.com/cloud-networking/mastering-active-directory-second-edition`）。

Chapter 11 第 11 章

数据库管理

没有数据，应用程序栈就不完整，而数据通常存储在数据库中。当你的平台是 Linux 时，有无数的数据库可供选择，而数据库管理的整个主题通常需要一本书来讲述，事实上，通常讲述每种数据库技术都需要一本书。尽管数据库管理的主题涉及面很广，但在这方面，了解 Ansible 对其会有很大的帮助。

实际上，无论你是安装新的数据库服务器，还是在现有的数据库服务器上执行维护或管理任务，我们在第 1 章中讨论的最初原则仍然适用。事实上，为什么要千方百计地标准化 Linux 环境并确保所有更改都是自动化的，而唯独坚持手动管理数据库层呢？这很容易导致缺乏标准化和缺乏可审计性，甚至缺乏可跟踪性（例如，谁做了哪些更改，什么时候做的更改）。Ansible 可以通过模块执行数据库操作和配置。它也许不能替代市场上一些更高级的数据库管理工具，但是如果这些工具可以通过命令行驱动，它就可以代表你执行这些工具，并自行处理许多任务。最终，你希望所有更改都被记录在文档（或自动文档化）中并可审计，而 Ansible（与 Ansible Tower 或 AWX 结合）可以帮助你实现这一点。本章将探讨有助于你解决此问题的方法。

本章涵盖以下主题：

- 使用 Ansible 安装数据库
- 导入和导出数据
- 执行日常维护

11.1　技术要求

本章包括基于以下技术的示例：

- Ubuntu Server 18.04 LTS
- CentOS 7.6
- Ansible 2.8

要运行这些示例，你需要访问两台服务器或虚拟机，它们分别运行以上列出的操作系统和 Ansible。请注意，本章中给出的示例可能具有破坏性（例如，它们添加与删除数据库和表，并更改数据库配置），如果按原样运行，则只可在隔离的测试环境中运行。一旦你拥有一个感到满意的安全操作环境，就可以开始研究如何使用 Ansible 安装新的软件包。本章中讨论的所有示例代码都可以从 GitHub 获得，网址如下：

`https://github.com/PacktPublishing/Hands-On-Enterprise-Automation-on-Linux/tree/master/chapter11`。

11.2　使用 Ansible 安装数据库

在第 7 章中，我们探索了几个软件包安装的示例，并在一些示例中使用了 MariaDB 服务器。当然，MariaDB 只是 Linux 上众多可用数据库中的一个，这里要详细介绍的数据库太多了。Ansible 可以帮助你在 Linux 上安装几乎所有的数据库服务器，在本章中，我们将继续介绍一系列示例，这些示例将为你提供安装自己的数据库服务器的工具和技术。

我们以安装 MariaDB 的示例为基础开始下一节的介绍。

11.2.1　使用 Ansible 安装 MariaDB 服务器

尽管在本书的前面，我们安装了 CentOS 7 附带的本机 `mariadb-server` 软件包，但是大多数需要 MariaDB 服务器的企业都会选择直接从 MariaDB 的某个特定版本上标准化。这通常比给定 Linux 发行版附带的版本更新，因此提供了更新的特性，有时还提供了性能改进。此外，直接从 MariaDB 发布版本上标准化可以确保平台的一致性，这是我们在本书中一直遵循的原则。

举一个简单的例子，假设你正在 Red Hat Enterprise Linux（RHEL）7 上运行基础设施。该版本附带提供了 MariaDB 版本 5.5.64。现在，假设你想在最新发布的 RHEL 8 上标准化基础设施，如果依赖 Red Hat 提供的软件包，这会突然将你移至 MariaDB 的 10.3.11 版本，这意味着不仅要升级 Linux 基础设施，还要升级数据库。

相反，最好是直接从 MariaDB 本身预先标准化一个版本。在撰写本书时，MariaDB 的最新稳定版本是 10.4，但是假设你已经在 10.3 版本上实现了标准化，并且在你的环境中成功地进行了测试。

安装过程非常简单，在 MariaDB 网站上有很好的文档记录，对于 CentOS 和 Red Hat 的特定示例，可查看 `https://mariadb.com/kb/en/library/yum/`。但是，这只详细说明了手动安装过程，而我们希望使用 Ansible 实现这一过程的自动化。现在让我们把它构建成一个真实可行的例子。

在本例中，我们将遵循 MariaDB 的说明，其中包括从其存储库下载包。尽管为了简单起见，我们将遵循这个示例，但你可以将 MariaDB 包存储库镜像到 Pulp 或 Katello 中，如第 8 章和第 9 章中所述。

1. 首先，可以从安装文档中看到，我们需要创建一个 `.repo` 文件，告诉 `yum` 从何处下载软件包。我们可以使用一个模板来提供这一点，这样 MariaDB 版本就可以由一个变量来定义，并因此在将来认为有必要迁移到版本 10.4（或者任何其他未来版本）时进行更改。

因此，我们在 `roles/installmariadb/templates/mariadb.repo.j2` 中定义的模板文件如下所示：

```
[mariadb]
name = MariaDB
baseurl = http://yum.mariadb.org/{{ mariadb_version }}/centos7-
amd64
gpgkey=https://yum.mariadb.org/RPM-GPG-KEY-MariaDB
gpgcheck=1
```

2. 一旦创建了这个模板，我们还应该为这个版本变量创建一个默认值，以防如果在角色运行时未指定版本号，而产生的任何问题或错误，这个变量将在 `roles/installmariadb/defaults/main.yml` 中定义。通常，该变量会在给定服务器或服务器组的清单文件中提供，或者由 Ansible 中许多其他受支持的方法之一提供，但 `defaults` 提供了一个“兜底”，以防它被忽略。运行以下代码：

```
---
mariadb_version: "10.3"
```

3. 定义此代码后，现在可以开始在 `roles/installmariadb/tasks/main.yml` 中构建角色中的任务，如下所示：

```
---
- name: Populate MariaDB yum template on target host
  template:
    src: templates/mariadb.repo.j2
    dest: /etc/yum.repos.d/mariadb.repo
    owner: root
    group: root
    mode: '0644'
```

这将确保把正确的存储库文件写入服务器，并且如果该文件被错误地修改，则将其恢复到它原来所期望的状态。

在 CentOS 或 RHEL 上，你也可以使用 yum_repository Ansible 模块来执行此任务，但是，这样做的缺点是无法修改现有的存储库定义，因此，在将来可能希望更改存储库版本的情况下，最好使用模板。

4. 接下来，我们应该清除 yum 缓存，这在将 MariaDB 升级到新版本时特别重要，因为软件包名称将保持相同，并且缓存的信息可能会导致安装问题。目前，清理 yum 缓存是使用 shell 模块运行 yum clean all 命令实现的。但是，由于这是一个 shell 命令，因此它将始终运行，这可能被认为是低效的，特别是因为运行此命令将导致任何未来的软件包操作都需要再次更新 yum 缓存，即使我们没有修改 MariaDB 存储库定义。因此，我们希望只有在 template 模块任务导致状态更改时才运行它。

为此，必须首先将这一行添加到模板任务中，以存储任务的结果：

```
register: mariadbtemplate
```

5. 现在，当我们定义 shell 命令时，我们可以告诉 Ansible 仅在 template 任务导致状态 changed 时才运行它，如下所示：

```
- name: Clean out yum cache only if template was changed
  shell: "yum clean all"
  when: mariadbtemplate.changed
```

6. 适当地清除缓存后，我们就可以安装所需的 MariaDB 软件包。以下代码块显示的任务中使用的列表取自本节前面引用的 MariaDB 文档，但是你应该根据自己的具体要求进行定制。

```
- name: Install MariaDB packages
  yum:
    name:
      - MariaDB-server
      - galera
      - MariaDB-client
      - MariaDB-shared
      - MariaDB-backup
      - MariaDB-common
    state: latest
```

使用 state:latest 可确保我们始终从 template 任务创建的存储库文件安装最新的包。因此，此角色可用于初始安装和升级到最新版本。但是，如果不希望出现这种行为，请将此语句更改为 state:present，这只会确保列出的软件包已安装在目标主机上。如果是这样，即使有可用的更新，也不会将它们更新到最新版本，它只是返回一个 ok 状态并继续执行下一个任务。

7. 安装了软件包后，必须确保 MariaDB 服务器服务在系统引导时启动。我们可能还想现在就启动它，这样就可以对它执行任何初始配置工作。因此，我们将向 installmariadb 角色添加最后一个任务，如下所示：

```
- name: Ensure mariadb-server service starts on boot and is started
now
  service:
    name: mariadb
    state: started
    enabled: yes
```

8. 我们知道 CentOS 7 在默认情况下启用了防火墙，因此，必须更改防火墙规则以确保可以访问新安装的 MariaDB 服务器。执行此任务如下所示：

```
- name: Open firewall port for MariaDB server
  firewalld:
    service: mysql
    permanent: yes
    state: enabled
    immediate: yes
```

9. 现在运行此角色并查看它的实际操作，输出如图 11-1 所示。

```
james@automation-01: ~/hands-on-automation/chapter11/example01 (ssh)
~/hands-on-automation/chapter11/example01> ansible-playbook -i hosts site.yml

PLAY [Install MariaDB] ***********************************************************

TASK [Gathering Facts] ***********************************************************
ok: [centos-testhost]

TASK [installmariadb : Populate MariaDB yum template on target host] ***********
changed: [centos-testhost]

TASK [installmariadb : Clean out yum cache only if template was changed] *******
 [WARNING]: Consider using the yum module rather than running 'yum'.  If you
need to use command because yum is insufficient you can add 'warn: false' to
this command task or set 'command_warnings=False' in ansible.cfg to get rid of
this message.

changed: [centos-testhost]

TASK [installmariadb : Install MariaDB packages] *********************************
changed: [centos-testhost]
```

图 11-1

此输出被截断以节省空间，但它清楚地显示了正在进行的安装。请注意，如果 Ansible 引擎检测到 `yum clean all` 命令并建议我们使用 `yum` 模块，则可以安全地忽略此警告。但是，此实例中的 `yum` 模块没有提供我们需要的功能，因此，我们使用了 `shell` 模块来代替。

安装并运行数据库后，接下来要执行以下三个高级任务：

- 更新 MariaDB 配置。
- 安全加固 MariaDB 安装。
- 将初始数据（或模式）加载到数据库中。

在这些任务中，我们在第 7 章中详细探讨了如何有效地使用 Ansible 的 template 模块来管理 MariaDB 配置（请参阅 7.4.2 节）。因此，在这里不再详细讨论这个问题，但是，请检查所选版本的 MariaDB 的配置文件结构，因为它可能与前面章节中所示的不同。

如果已经在 CentOS 等平台上安装了 MariaDB RPM，则可以通过在 root shell 中运行命令 rpm -qc MariaDB-server 来找出配置文件所在的位置。

因此，假设有现成的数据库服务器的安装和配置，让我们继续加固它。这至少需要更改 root 密码，不过良好实践表明，还应该删除默认 MariaDB 安装附带的远程 root 访问、test 数据库和匿名用户账户。

MariaDB 附带了一个名为 mysql_secure_installation 的命令行实用程序，可以准确地执行这些任务。然而，它是一个交互式工具，不适合使用 Ansible 实现自动化。幸运的是，Ansible 提供了与数据库交互的模块，可以帮助我们准确地执行这些任务。

为了将这些任务从安装中分离出来，我们将创建一个名为 securemariadb 的新角色。在定义任务之前，必须定义一个变量来包含 MariaDB 安装的 root 密码。请注意，通常情况下，你会以更安全的方式提供此功能，可能是通过 Ansible Vault 文件，也可能是使用 AWX 或 Ansible Tower 中的一些高级功能。为了简单起见，在本例中，我们将在角色文件（roles/securemariadb/vars/main.yml）中定义一个变量，如下所示：

```
---
mariadb_root_password: "securepw"
```

现在，为角色建立任务。Ansible 包含一些用于数据库管理的原生模块，我们可以在这里使用这些模块，对 MariaDB 数据库进行必要的更改。

注意，有些模块有特定的 Python 需求，在示例系统 CentOS 7 上的 MariaDB 中，我们必须安装 MySQL-python 软件包。

知道了这一点，构建角色的第一步是安装必备的 Python 包，如下所示：

```
---
- name: Install the MariaDB Python module required by Ansible
  yum:
    name: MySQL-python
    state: latest
```

我们最直接的任务是，一旦安装了这个模块，就要在本机 root 账户上设置密码，并阻止任何人不经身份验证登录。运行以下代码：

```
- name: Set the local root password
  mysql_user:
    user: root
    password: "{{ mariadb_root_password }}"
    host: "localhost"
```

到目前为止，这是一个如何使用 mysql_user 模块的教科书示例，但是从这里开始，我们的用法有一个转折。前面的示例利用了这样一个事实，即没有设置 root 密码——它以 root 用户的身份隐式地操作数据库，这是因为我们将在 site.yml 中设置 become: yes。因此，剧本将以 root 用户身份运行。运行此任务时，root 用户没有密码，因此，上述任务将正常运行。

解决方法是将 login_user 和 login_password 参数添加到模块中，以便将来执行所有任务，以确保我们已成功通过数据库身份验证，以执行所需任务。

此角色只会在写入时成功运行一次，因为它在再次运行时，MariaDB root 用户已被设置了密码，而前面的任务将失败。但是，如果我们为上述任务指定一个 login_password，并且密码为空（与初始运行时一样），则该任务也将失败。有很多方法可以解决这个问题，比如在另一个变量中设置旧密码，或者，实际只运行这个角色一次。还可以在此任务下指定 ignore_errors:yes，这样，如果已经设置了 root 密码，我们就可以继续执行下一个任务，该任务会成功运行。

理解了这个条件后，我们现在向角色添加另一个任务，删除远程 root 账户，如下所示：

```
- name: Delete root MariaDB user for remote logins
  mysql_user:
    user: root
    host: "{{ ansible_fqdn }}"
    state: absent
    login_user: root
    login_password: "{{ mariadb_root_password }}"
```

代码还是很一目了然的，请注意，再次运行此任务也会产生错误，这一次出错是因为在第二次运行时，这些特权将不存在，因为我们在第一次运行时删除了它们。因此，这几乎肯定是一个只运行一次的角色，或者必须对代码和错误处理逻辑进行仔细考虑的角色。

添加一个任务来删除匿名用户账户，如下所示：

```
- name: Delete anonymous MariaDB user
  mysql_user:
    user: ""
    host: "{{ item }}"
    state: absent
    login_user: root
    login_password: "{{ mariadb_root_password }}"
  loop:
```

```
      - "{{ ansible_fqdn }}"
      - localhost
```

在这里 loop（循环）用于在单个任务中删除本机和远程权限。最后，我们通过运行以下代码来删除 test 数据库，这在大多数企业场景中是多余的：

```
- name: Delete the test database
  mysql_db:
    db: test
    state: absent
    login_user: root
    login_password: "{{ mariadb_root_password }}"
```

角色完全完成后，我们可以按常规方式运行它，加固新安装的数据库。输出如图 11-2 所示。

图 11-2

有了这两个角色和第 7 章中的一些输入，我们已经成功地在 CentOS 上安装、配置并加固了 MariaDB 数据库。显然，这是一个非常特定的例子，但是，如果在 Ubuntu 上执行这个操作，过程非常相似。区别如下：

- 在所有任务中 apt 模块将替代 yum 模块。
- Ubuntu 中的软件包名必须更改。
- 将在 /etc/apt 而不是 /etc/yum.repos.d 下定义存储库源，并相应调整文件格式。
- Ubuntu 上的 MariaDB 的配置路径可能不同。
- Ubuntu 通常使用 ufw 而不是 firewalld。默认情况下，你可能会发现 ufw 被禁用，因此可以跳过这一步。

考虑到这些变化，前面的过程可以很快适应 Ubuntu（或者任何其他平台，只要做了适当的改变）。一旦安装和配置了这些包，由于 mysql_user 和 mysql_db 等模块是跨平台的，因此它们在所有支持的平台上都能正常工作。

到目前为止，我们的关注重点都在 MariaDB 上，这并不是因为对这个数据库有任何固有的倾向，也不应该将它推断为任何建议。它只是被选为一个相关的例子，并作为整本书的基础。在继续研究将数据或模式加载到新安装的数据库中的过程之前，我们将在下一节简要介绍如何将我们迄今所学的过程应用到另一种流行的 Linux 数据库——PostgreSQL 中。

11.2.2 使用 Ansible 安装 PostgreSQL 服务器

在本节中，我们将演示到目前为止我们在 CentOS 上针对 MariaDB 研究的原理和宏观过程如何应用于另一个平台。从宏观的角度来看，这些过程配以适当的注意细节，可以应用于几乎任何数据库和 Linux 平台。在这里，我们将把 PostgreSQL 服务器安装到 Ubuntu 服务器上，然后通过设置 root 密码来保护它，这与我们在上一节中执行的过程类似。

让我们先创建一个名为 installpostgres 的角色。在这个角色中，我们将再次为从 PostgreSQL 官方源代码下载的包定义一个模板，这次是根据我们使用的 Ubuntu 服务器而不是 CentOS 来定制它。下面的代码显示了模板文件，注意，这是特定于 Ubuntu Server18.04 LTS 的代码名 bionic：

```
deb http://apt.postgresql.org/pub/repos/apt/ bionic-pgdg main
```

与以前一样，一旦定义了软件包源，我们就可以继续创建将安装数据库的任务。对于 Ubuntu，除了将前面的模板复制到适当的位置之外，还必须将包签名密钥手动添加到 apt keyring 中。

因此，我们在角色中的任务开始如下：

```
---
- name: Populate PostgreSQL apt template on target host
  template:
    src: templates/pgdg.list.j2
    dest: /etc/apt/sources.list.d/pgdg.list
    owner: root
    group: root
    mode: '0644'
```

我们也可以在这里使用 apt_repository，但是为了与前面的 MariaDB 示例保持一致，我们使用的是 template。两者将达到相同的最终结果。

当 template 软件包就位后，我们必须将包签名密钥添加到 apt 的密钥环中，如下所示：

```
- name: Add key for PostgreSQL packages
  apt_key:
    url: https://www.postgresql.org/media/keys/ACCC4CF8.asc
    state: present
```

然后（根据 https://www.postgresql.org/download/linux/ubuntu/）安装 postgresql-11 和其他支持包，如下所示：

```
- name: Install PostgreSQL 11 packages
  apt:
    name:
      - postgresql-11
      - postgresql-client-11
    state: latest
    update_cache: yes
```

由于默认的 Ubuntu 服务器安装没有运行防火墙，因此剧本中的最后一项任务是启动服务，并确保它在系统引导时启动，如下所示：

```
- name: Ensure PostgreSQL service is installed and started at boot time
  service:
    name: postgresql
    state: started
    enabled: yes
```

运行此操作将产生的输出如图 11-3 所示。

```
james@automation-01: ~/hands-on-automation/chapter11/example03 (ssh)
~/hands-on-automation/chapter11/example03> ansible-playbook -i hosts site.yml

PLAY [Install PostgreSQL] *****************************************************

TASK [Gathering Facts] ********************************************************
ok: [ubuntu-testhost]

TASK [installpostgres : Populate PostgreSQL yum template on target host] *******
changed: [ubuntu-testhost]

TASK [installpostgres : Add key for PostgreSQL packages] **********************
changed: [ubuntu-testhost]

TASK [installpostgres : Install PostgreSQL 11 packages] ***********************
changed: [ubuntu-testhost]

TASK [installpostgres : Ensure PostgreSQL service is installed and started at bo
ot time] ***
ok: [ubuntu-testhost]

PLAY RECAP ********************************************************************
ubuntu-testhost            : ok=5    changed=3    unreachable=0    failed=0
```

图　11-3

默认情况下，PostgreSQL 的**开箱即用**（out-of-the-box）安装比 MariaDB 安全得多。如果没有额外的配置，则根本不允许远程登录，尽管没有为超级用户账户设置密码，但只能从 postgres 用户账户在计算机本机上访问。类似地，也没有删除测试数据库。

因此，尽管宏观过程是相同的，但你必须了解所使用的数据库服务器和底层操作系统的细微差别。

作为示例，为了完成本节，让我们创建一个名为 production 的数据库，以及一个名为 produser 的关联用户，该用户可以访问上述数据库。虽然从技术上讲，这与下一节加载初始数据重叠，但这里提供的内容与上一节的 MariaDB 类似，并演示如何使用适用于 PostgreSQL 的原生 Ansible 模块。

1. 创建一个名为 setuppostgres 的角色，首先定义一个安装必需的 Ubuntu 软件包的任务来支持 Ansible PostgreSQL 模块：

```
---
- name: Install PostgreSQL Ansible support packages
  apt:
    name: python-psycopg2
    state: latest
```

2. 然后，添加一个任务来创建数据库（这是一个非常简单的示例，你会希望根据具体需求进行定制），如下所示：

```
- name: Create production database
  postgresql_db:
    name: production
    state: present
  become_user: postgres
```

3. 注意我们如何利用目标计算机上的本机 postgres 账户使用 become_user 语句进行数据库超级用户访问。下一步将添加用户，并授予他们在该数据库上的权限，如下所示：

```
- name: Add produser account to database
  postgresql_user:
    db: production
    name: produser
    password: securepw
    priv: ALL
    state: present
  become_user: postgres
```

通常，你不会像这里这样以明文形式指定密码。为了简单起见，这里已经这样做了。像往常一样，用适当的数据替换变量，如果这些变量是敏感的，可以使用 Ansible Vault 在安全时对它们进行加密，或者在运行剧本时提示用户输入它们。

4. 现在，要让 PostgreSQL 监听此用户的远程连接，我们需要再做两个动作。需要在 pg_hba.conf 文件上加一行，告诉 PostgreSQL 允许刚刚创建的用户从相应的网络访问此数据库，前面的示例如下所示，但一定要根据网络和要求进行定制：

```
- name: Grant produser access to the production database over the
local network
  postgresql_pg_hba:
    dest: /etc/postgresql/11/main/pg_hba.conf
    contype: host
    users: produser
    source: 192.168.81.0/24
    databases: production
    method: md5
```

5. 我们还必须更改 postgresql.conf 文件中的 listen_addresses 参数，默认为仅本机连接。此文件的确切位置因操作系统和 PostgreSQL 版本而异。下面的示例适用于在 Ubuntu Server 18.04 上安装的 PostgreSQL 11：

```
- name: Ensure PostgreSQL is listening for remote connections
  lineinfile:
    dest: /etc/postgresql/11/main/postgresql.conf
    regexp: '^listen_addresses ='
    line: listen_addresses = '*'
  notify: Restart PostgreSQL
```

6. 观察敏锐的读者也会注意到这里使用了处理程序，必须重新启动 postgresql 服务才能获取对此文件的任何更改。但是，这应该只在文件更改时执行，因此我们使用处理程序。handlers/main.yml 文件如下所示：

```
---
- name: Restart PostgreSQL
  service:
    name: postgresql
    state: restarted
```

7. 组装好剧本后，我们现在可以运行它，输出如图 11-4 所示。

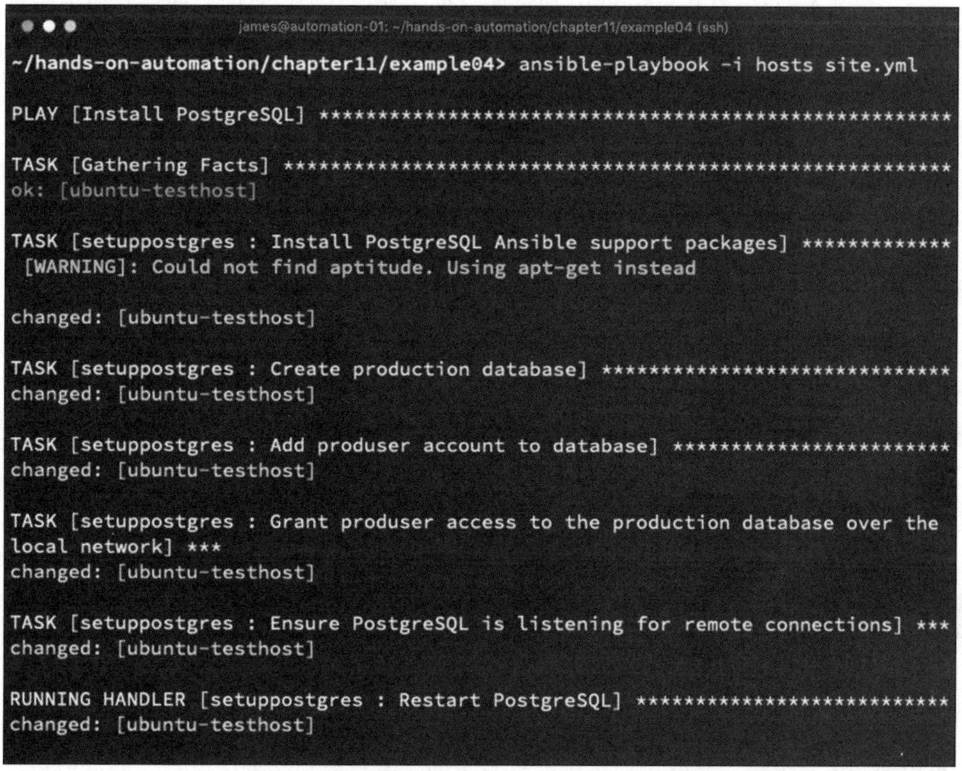

```
james@automation-01: ~/hands-on-automation/chapter11/example04 (ssh)
~/hands-on-automation/chapter11/example04> ansible-playbook -i hosts site.yml

PLAY [Install PostgreSQL] ******************************************************

TASK [Gathering Facts] *********************************************************
ok: [ubuntu-testhost]

TASK [setuppostgres : Install PostgreSQL Ansible support packages] *************
 [WARNING]: Could not find aptitude. Using apt-get instead

changed: [ubuntu-testhost]

TASK [setuppostgres : Create production database] ******************************
changed: [ubuntu-testhost]

TASK [setuppostgres : Add produser account to database] ************************
changed: [ubuntu-testhost]

TASK [setuppostgres : Grant produser access to the production database over the
local network] ***
changed: [ubuntu-testhost]

TASK [setuppostgres : Ensure PostgreSQL is listening for remote connections] ***
changed: [ubuntu-testhost]

RUNNING HANDLER [setuppostgres : Restart PostgreSQL] ***************************
changed: [ubuntu-testhost]
```

图 11-4

虽然这个示例与上一节中的 mysql_secure_installation 工具的复制并不完全相同，但它确实展示了如何使用本机 Ansible 模块来配置和保护 PostgreSQL 数据库，并展示了 Ansible 如何有力地帮助你设置和保护新的数据库服务器。尽管每个数据库可用的模块会有所不同，但这些原则可以应用于几乎所有与 Linux 兼容的数据库服务器。可在 https://docs.ansible.com/ansible/latest/modules/list_of_database_modules.html 找到模块的完整列表。

现在我们已经了解了安装数据库服务器的过程，在下一节中，我们将在安装工作的基础上加载初始数据和模式。

11.3 导入和导出数据

对于数据库，只安装软件并进行配置是不够的，经常有一个非常重要的中间阶段，即加载初始数据集。这可能是以前数据库的备份、出于测试目的而经过清理的数据集，或者，只不过是可以将应用程序数据加载到其中的模式。

尽管 Ansible 有用于有限的一组数据库功能的模块，但是这里的功能并不像其他自动化任务那样完整。Ansible 为 PostgreSQL 数据库提供的支持是最完整的，而对其他一些数据库的支持较少。通过巧妙地使用 shell 模块，可以在命令行上执行的任何手动任务都可以复制到 Ansible 任务中。由你对任务应用逻辑来处理错误或条件，例如，数据库已经存在，我们将在下一节中看到这方面的示例。

在下一节中，我们将介绍如何使用 Ansible 自动化将示例数据库加载到 MariaDB 数据库。

使用 Ansible 自动化 MariaDB 数据加载

对于本章来说 MariaDB 是一个很好的选择，因为在使用 Ansible 进行数据库管理时，它提供了一个中途（middle-of-the-road）视角。Ansible 中有一些原生模块支持，但并不是所有要执行的任务都可以用它来完成。因此，我们将开发以下示例，该示例仅使用 shell Ansible 模块自动加载一组示例数据。然后，我们将开发它来展示如何使用 mysql_db 模块来完成，从而为你提供两种自动化技术之间的直接比较。

> 请注意，使用 shell 模块执行的以下示例可以适用于几乎任何可以从命令行管理的数据库，因此希望这些示例能够为自动化数据库管理任务提供有价值的参考。

在示例数据库方面，我们将使用公开的 Employees 示例数据库，因为阅读本书的每个人都可以使用该数据库。当然，你可以选择自己的一组数据来处理，但是，希望下面这个实际示例能够教会你使用 Ansible 将数据加载到新安装的数据库中所需的技能。

1. 首先，创建一个名为 loadmariadb 的角色。进入 roles 目录结构，创建一个名为 files/ 的目录，并克隆 employees 示例数据库。这在 GitHub 上是公开的，在撰写本书时，可以使用以下命令进行克隆：

```
$ git clone https://github.com/datacharmer/test_db.git
```

2. 从这里开始，在角色中创建一个 tasks/ 目录，并为任务本身编写代码。首先，需要通过运行以下代码将数据库文件复制到数据库服务器：

```
---
- name: Copy sample database to server
  copy:
    src: "{{ item }}"
    dest: /tmp/
  loop:
    - files/test_db/employees.sql
    - files/test_db/load_departments.dump
    - files/test_db/load_employees.dump
    - files/test_db/load_dept_emp.dump
    - files/test_db/load_dept_manager.dump
    - files/test_db/load_titles.dump
    - files/test_db/load_salaries1.dump
    - files/test_db/load_salaries2.dump
    - files/test_db/load_salaries3.dump
    - files/test_db/show_elapsed.sql
```

3. 一旦数据文件被复制到服务器上，就只需把它们加载到数据库中。但是，由于没有用于此任务的模块，必须回到 shell 命令来处理此问题，如以下代码块所示：

```
- name: Load sample data into database
  shell: "mysql -u root --password={{ mariadb_root_password }} <
/tmp/employees.sql"
  args:
    chdir: /tmp
```

4. 角色任务本身很简单，但是在运行剧本之前，我们需要设置 mariadb_root_password 变量，理想情况下是在 vault 中，但是为了简单起见，在本书中，我们将把它放在角色中的一个纯文本 vars 文件中。文件 vars/main.yml 如下所示：

```
---
mariadb_root_password: "securepw"
```

正如你将看到的，本剧本假设已经在以前的角色中安装并配置了 MariaDB，前面代码块中使用的密码是我们在上一节中安装 MariaDB 并使用 Ansible 保护它时设置的密码。

5. 运行 playbook，结果如图 11-5 所示。

在这里，我们不仅将示例模式加载到数据库中，还将示例数据也加载到数据库中。在企业中，你可以根据需要选择单独执行这两个任务中的任何一个。

你可能已经注意到这个剧本非常危险。正如我们前面所讨论的，在 Ansible 剧本中使用 shell 模块的问题是，只要无论是否有必要运行某个 shell 命令，都始终运行此 shell 命令，

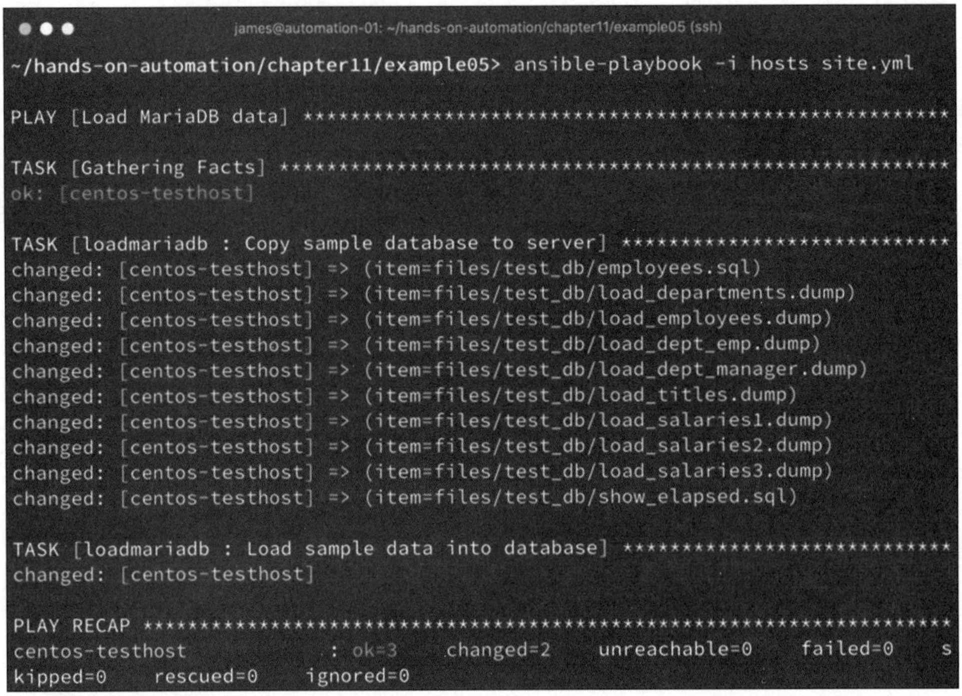

```
james@automation-01: ~/hands-on-automation/chapter11/example05 (ssh)
~/hands-on-automation/chapter11/example05> ansible-playbook -i hosts site.yml

PLAY [Load MariaDB data] ******************************************************

TASK [Gathering Facts] ********************************************************
ok: [centos-testhost]

TASK [loadmariadb : Copy sample database to server] ***************************
changed: [centos-testhost] => (item=files/test_db/employees.sql)
changed: [centos-testhost] => (item=files/test_db/load_departments.dump)
changed: [centos-testhost] => (item=files/test_db/load_employees.dump)
changed: [centos-testhost] => (item=files/test_db/load_dept_emp.dump)
changed: [centos-testhost] => (item=files/test_db/load_dept_manager.dump)
changed: [centos-testhost] => (item=files/test_db/load_titles.dump)
changed: [centos-testhost] => (item=files/test_db/load_salaries1.dump)
changed: [centos-testhost] => (item=files/test_db/load_salaries2.dump)
changed: [centos-testhost] => (item=files/test_db/load_salaries3.dump)
changed: [centos-testhost] => (item=files/test_db/show_elapsed.sql)

TASK [loadmariadb : Load sample data into database] ***************************
changed: [centos-testhost]

PLAY RECAP ********************************************************************
centos-testhost            : ok=3    changed=2    unreachable=0    failed=0    s
kipped=0    rescued=0    ignored=0
```

图 11-5

任务的结果就会发生变化。因此，如果对一个名为 employees 的现有数据库的服务器运行这个剧本，它将用示例数据覆盖其中的所有数据！与此相对应的是 copy 模块，该模块仅在接收端不存在文件时复制这些文件。

假定在编写本书时，缺少这些原生数据库模块，我们需要设计一种更智能的方法来运行这个命令。在这里，我们可以利用 Ansible 内置的一些巧妙的错误处理来达到目的。

如果 shell 模块返回退出代码 0，则它认为正在运行的命令已成功运行。这将导致任务返回我们在此剧本运行中看到 changed 状态。但是，如果退出代码不是零，shell 模块将返回 failed 状态。

我们可以利用这些知识，并将其与一个有用的 MariaDB 命令相结合，如果我们查询的数据库存在，该命令将返回退出代码 0，如果不存在，则返回非零退出代码，如图 11-6 所示。

我们可以在加载数据的任务之前运行此命令。可以忽略命令中的任何错误，而将它们注册到变量中。我们使用它来有条件地运行数据加载，仅在发生错误时加载它（这是数据库不存在的情况，因此加载数据是安全的）。

复制任务保持不变，但是任务的末尾如下所示：

```
- name: Check to see if the database exists
  shell: "mysqlshow -u root --password={{ mariadb_root_password }}
```

```
employees"
  ignore_errors: true
  register: dbexists

- name: Load sample data into database
  shell: "mysql -u root --password={{ mariadb_root_password }} <
/tmp/employees.sql"
  args:
    chdir: /tmp
  when: dbexists.rc != 0
```

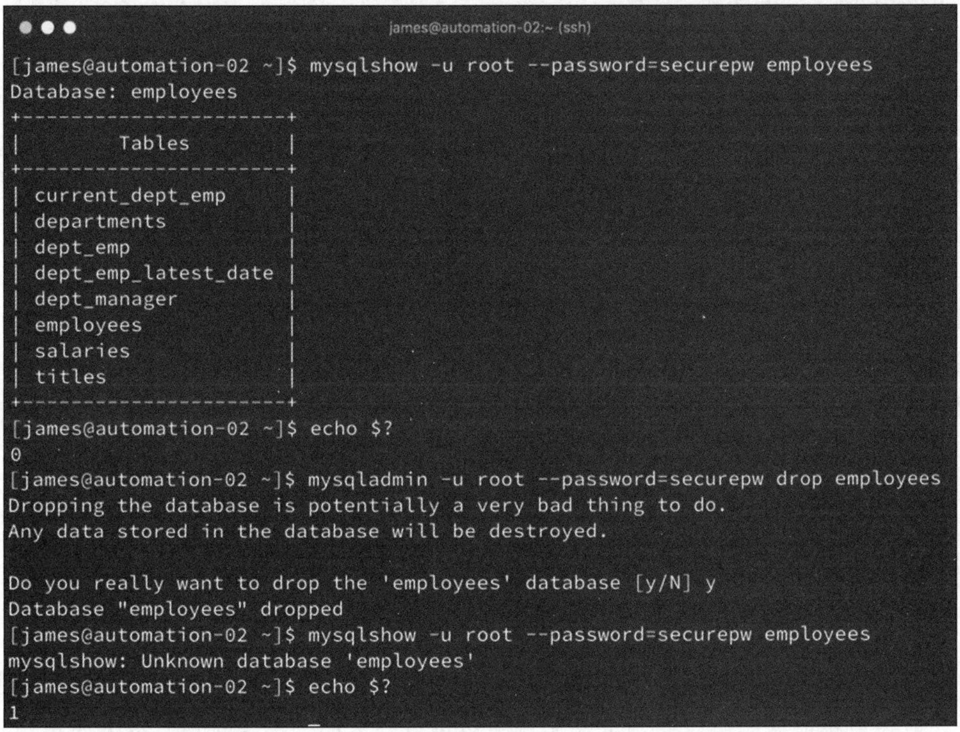

```
james@automation-02:~ (ssh)
[james@automation-02 ~]$ mysqlshow -u root --password=securepw employees
Database: employees
+----------------------+
|        Tables        |
+----------------------+
| current_dept_emp     |
| departments          |
| dept_emp             |
| dept_emp_latest_date |
| dept_manager         |
| employees            |
| salaries             |
| titles               |
+----------------------+
[james@automation-02 ~]$ echo $?
0
[james@automation-02 ~]$ mysqladmin -u root --password=securepw drop employees
Dropping the database is potentially a very bad thing to do.
Any data stored in the database will be destroyed.

Do you really want to drop the 'employees' database [y/N] y
Database "employees" dropped
[james@automation-02 ~]$ mysqlshow -u root --password=securepw employees
mysqlshow: Unknown database 'employees'
[james@automation-02 ~]$ echo $?
1
```

图 11-6

现在，我们只在数据库不存在时加载数据。为了提供一个示例，这段代码一直保持简单，你可以通过将文件名和数据库名放入一个变量来增强它，这样角色就可以在各种情况下重用（毕竟，这是编写角色的目标之一）。

如果现在运行这段代码，我们可以看到它在第一次运行时如你所愿地运行，数据被加载，如图 11-7 所示。

但是，在第二次运行时，情况不是这样，如图 11-8 所示，剧本第二次运行，并且由于数据库已存在而跳过数据加载任务。

尽管这些示例是特定于 MariaDB 的，这里执行的宏观过程应该适用于任何数据库。关键因素是使用 shell 模块来加载数据或模式，但是它的执行方式要处理好剧本被运行两次

```
james@automation-01: ~/hands-on-automation/chapter11/example06 (ssh)
~/hands-on-automation/chapter11/example06> ansible-playbook -i hosts site.yml

PLAY [Load MariaDB data] ****************************************************

TASK [Gathering Facts] ******************************************************
ok: [centos-testhost]

TASK [loadmariadb : Copy sample database to server] *************************
changed: [centos-testhost] => (item=files/test_db/employees.sql)
changed: [centos-testhost] => (item=files/test_db/load_departments.dump)
changed: [centos-testhost] => (item=files/test_db/load_employees.dump)
changed: [centos-testhost] => (item=files/test_db/load_dept_emp.dump)
changed: [centos-testhost] => (item=files/test_db/load_dept_manager.dump)
changed: [centos-testhost] => (item=files/test_db/load_titles.dump)
changed: [centos-testhost] => (item=files/test_db/load_salaries1.dump)
changed: [centos-testhost] => (item=files/test_db/load_salaries2.dump)
changed: [centos-testhost] => (item=files/test_db/load_salaries3.dump)
changed: [centos-testhost] => (item=files/test_db/show_elapsed.sql)

TASK [loadmariadb : Check to see if the database exists] ********************
fatal: [centos-testhost]: FAILED! => {"changed": true, "cmd": "mysqlshow -u root
 --password=securepw employees", "delta": "0:00:00.009714", "end": "2019-09-19 1
6:04:53.643027", "msg": "non-zero return code", "rc": 1, "start": "2019-09-19 16
:04:53.633313", "stderr": "mysqlshow: Unknown database 'employees'", "stderr_lin
es": ["mysqlshow: Unknown database 'employees'"], "stdout": "", "stdout_lines":
[]}
...ignoring

TASK [loadmariadb : Load sample data into database] *************************
changed: [centos-testhost]

PLAY RECAP ******************************************************************
centos-testhost            : ok=4    changed=3    unreachable=0    failed=0    s
```

图 11-7

的情况，以降低有用的数据库被覆盖的可能性。你应该将此逻辑扩展到执行的所有其他任务。最终目标应该是，如果剧本是无意中被运行的，那么不会对现有数据库造成任何破坏。

完成了这个示例之后，值得注意的是，Ansible 确实提供了一个名为 mysql_db 的模块，该模块可以原生处理转储和导入数据库数据等任务。现在开发一个使用原生 mysql_db 模块的示例。

1. 如果我们要开发一个角色来执行与前一个角色完全相同的任务，但是这个角色使用原生模块，则首先要检查数据库是否像以前一样存在，将结果注册到一个变量，如下所示：

```
---
- name: Check to see if the database exists
  shell: "mysqlshow -u root --password={{ mariadb_root_password }}
employees"
  ignore_errors: true
  register: dbexists
```

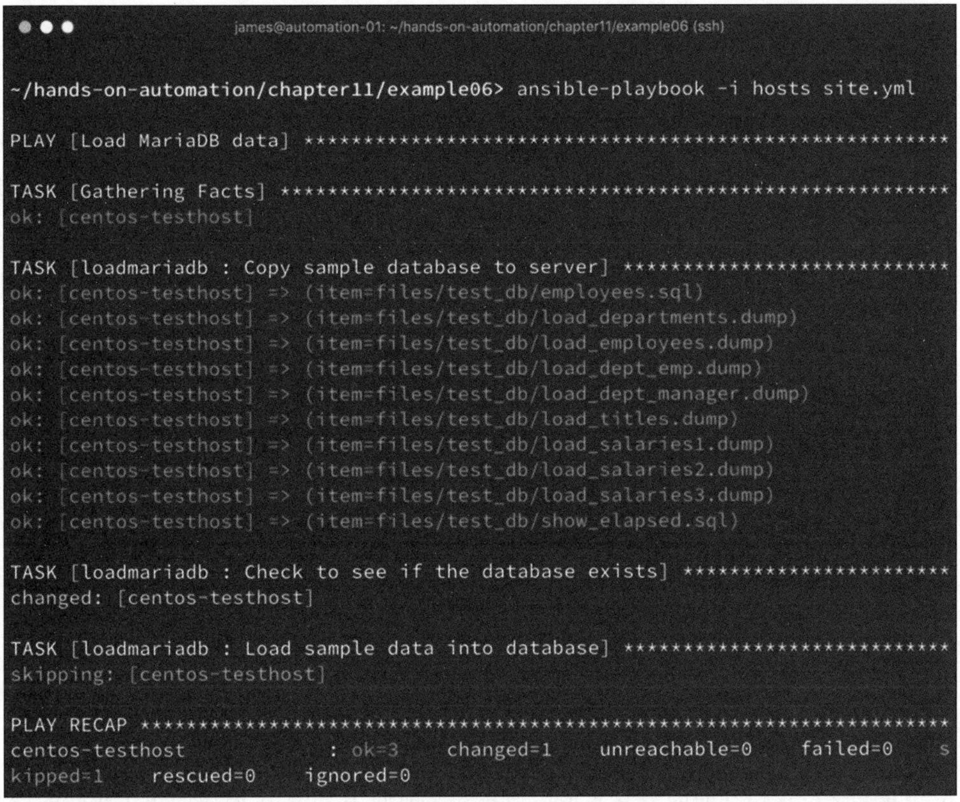

```
james@automation-01: ~/hands-on-automation/chapter11/example06 (ssh)

~/hands-on-automation/chapter11/example06> ansible-playbook -i hosts site.yml

PLAY [Load MariaDB data] *****************************************************

TASK [Gathering Facts] *******************************************************
ok: [centos-testhost]

TASK [loadmariadb : Copy sample database to server] **************************
ok: [centos-testhost] => (item=files/test_db/employees.sql)
ok: [centos-testhost] => (item=files/test_db/load_departments.dump)
ok: [centos-testhost] => (item=files/test_db/load_employees.dump)
ok: [centos-testhost] => (item=files/test_db/load_dept_emp.dump)
ok: [centos-testhost] => (item=files/test_db/load_dept_manager.dump)
ok: [centos-testhost] => (item=files/test_db/load_titles.dump)
ok: [centos-testhost] => (item=files/test_db/load_salaries1.dump)
ok: [centos-testhost] => (item=files/test_db/load_salaries2.dump)
ok: [centos-testhost] => (item=files/test_db/load_salaries3.dump)
ok: [centos-testhost] => (item=files/test_db/show_elapsed.sql)

TASK [loadmariadb : Check to see if the database exists] *********************
changed: [centos-testhost]

TASK [loadmariadb : Load sample data into database] **************************
skipping: [centos-testhost]

PLAY RECAP *******************************************************************
centos-testhost            : ok=3    changed=1    unreachable=0    failed=0    s
kipped=1    rescued=0    ignored=0
```

图　11-8

2. 然后我们在任务文件中创建一个 `block`，这是因为执行此步骤之后，如果数据库存在，运行这些任务中的任何一个都没有意义。此 `block` 使用之前使用的 `when` 子句来确定是否应该运行其中的任务，如下所示：

```
- name: Import new database only if it doesn't already exist
  block:

  when: dbexists.rc != 0
```

3. 在此 `block` 中，我们就像以前一样复制所有要导入的 SQL 文件。如下所示：

```
- name: Copy sample database to server
  copy:
    src: "{{ item }}"
    dest: /tmp/
  loop:
    - files/test_db/employees.sql
    - files/test_db/load_departments.dump
    - files/test_db/load_employees.dump
    - files/test_db/load_dept_emp.dump
    - files/test_db/load_dept_manager.dump
    - files/test_db/load_titles.dump
```

```
    - files/test_db/load_salaries1.dump
    - files/test_db/load_salaries2.dump
    - files/test_db/load_salaries3.dump
    - files/test_db/show_elapsed.sql
```

4. 现在，在使用shell模块和mysql_db之间出现了一个重要的区别。在使用shell模块时，我们使用chdir参数将工作目录更改为/tmp，这是把所有SQL文件复制到的目录。mysql_db模块没有chdir（或等效的）参数，因此在尝试通过employees.sql加载*.dump文件。为了解决这个问题，我们使用Ansible的replace模块，将这些文件的完整路径添加到employees.sql中，如下所示：

```
  - name: Add full paths to employees.sql as mysql_db won't know
where to load them from otherwise
    replace:
      path: /tmp/employees.sql
      regexp: '^source (.*)$'
      replace: 'source /tmp/\1'
```

5. 最后，使用mysql_db模块加载数据（这类似于我们在前面的示例中执行的shell命令）：

```
- name: Load sample data into database
  mysql_db:
    name: all
    state: import
    target: /tmp/employees.sql
    login_user: root
    login_password: "{{ mariadb_root_password }}"
```

6. 当我们运行这份代码时，它实现了与我们之前使用shell模块的角色相同的最终结果。如图11-9所示。

这个过程同样适用于备份数据库。如果要使用shell模块，可以使用mysqldump命令备份数据库，然后将备份的数据复制到Ansible主机（实际上是另一个主机）进行存档。实现这一点的示例代码可以用如下步骤构造：

1. 因为我们希望备份文件名是动态的，并且包含有用的信息（例如执行备份的当前日期和主机名），所以使用set_fact模块以及一些内部Ansible变量来定义备份数据的文件名，如下所示：

```
---
- name: Define a variable for the backup file name
  set_fact:
    db_filename: "/tmp/{{ inventory_hostname }}-backup-{{
ansible_date_time.date }}.sql"
```

2. 然后使用shell模块运行mysqldump，并使用适当的参数创建备份，对这些内容的深入研究超出了本书的范围，但下面的示例将创建服务器上所有数据库的备份，在备份期间不锁定表：

```
- name: Back up the database
  shell: "mysqldump -u root --password={{ mariadb_root_password }}
```

```
--all-databases --single-transaction --lock-tables=false --quick >
{{ db_filename }}"
```

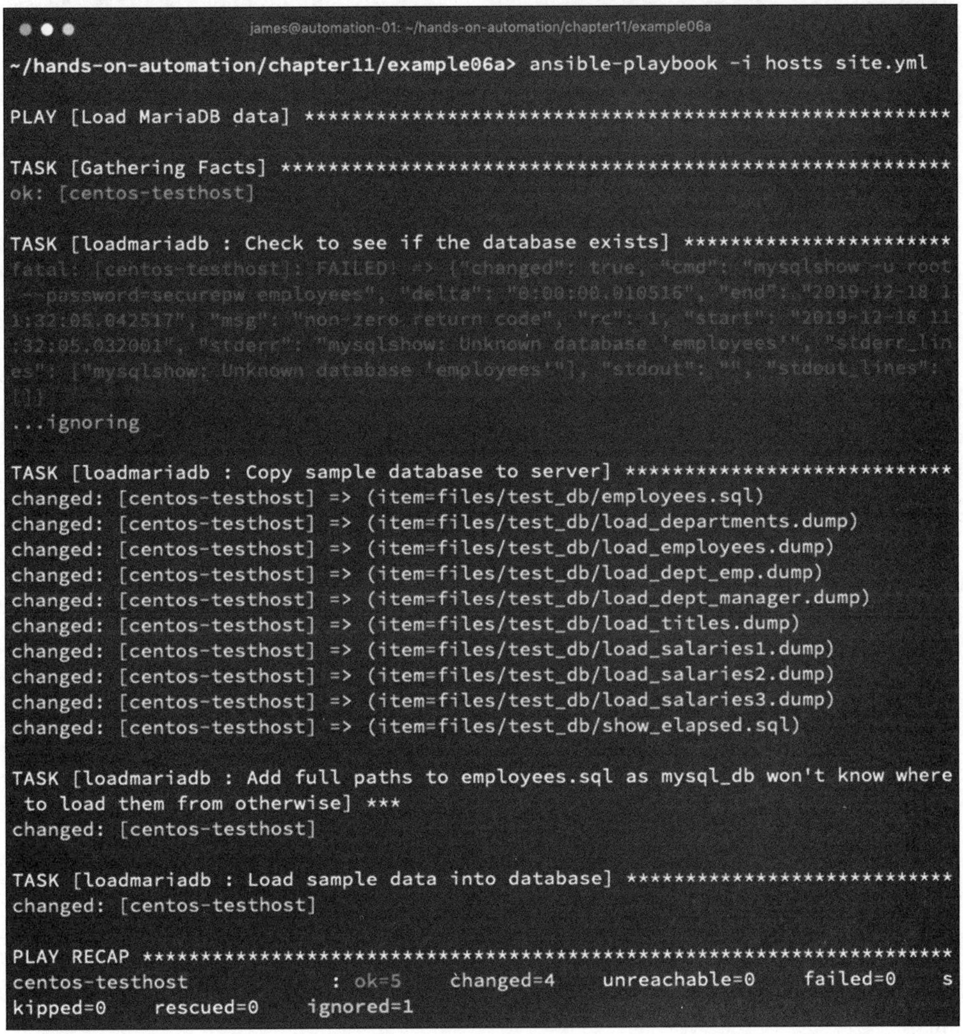

```
james@automation-01: ~/hands-on-automation/chapter11/example06a
~/hands-on-automation/chapter11/example06a> ansible-playbook -i hosts site.yml

PLAY [Load MariaDB data] *****************************************************

TASK [Gathering Facts] *******************************************************
ok: [centos-testhost]

TASK [loadmariadb : Check to see if the database exists] *********************
fatal: [centos-testhost]: FAILED! => {"changed": true, "cmd": "mysqlshow -u root
 --password=securepw employees", "delta": "0:00:00.010516", "end": "2019-12-18 1
1:32:05.042517", "msg": "non-zero return code", "rc": 1, "start": "2019-12-18 11
:32:05.032001", "stderr": "mysqlshow: Unknown database 'employees'", "stderr_lin
es": ["mysqlshow: Unknown database 'employees'"], "stdout": "", "stdout_lines":
[]}
...ignoring

TASK [loadmariadb : Copy sample database to server] **************************
changed: [centos-testhost] => (item=files/test_db/employees.sql)
changed: [centos-testhost] => (item=files/test_db/load_departments.dump)
changed: [centos-testhost] => (item=files/test_db/load_employees.dump)
changed: [centos-testhost] => (item=files/test_db/load_dept_emp.dump)
changed: [centos-testhost] => (item=files/test_db/load_dept_manager.dump)
changed: [centos-testhost] => (item=files/test_db/load_titles.dump)
changed: [centos-testhost] => (item=files/test_db/load_salaries1.dump)
changed: [centos-testhost] => (item=files/test_db/load_salaries2.dump)
changed: [centos-testhost] => (item=files/test_db/load_salaries3.dump)
changed: [centos-testhost] => (item=files/test_db/show_elapsed.sql)

TASK [loadmariadb : Add full paths to employees.sql as mysql_db won't know where
 to load them from otherwise] ***
changed: [centos-testhost]

TASK [loadmariadb : Load sample data into database] **************************
changed: [centos-testhost]

PLAY RECAP *******************************************************************
centos-testhost            : ok=5    changed=4    unreachable=0    failed=0    s
kipped=0    rescued=0    ignored=1
```

图　11-9

3. 然后使用 `fetch` 模块提取数据用于归档，fetch 的工作原理与 `copy` 模块一样，只是它以相反的方向复制数据（即从清单主机复制到 Ansible 服务器）。运行以下代码：

```
- name: Copy the backed up data for archival
  fetch:
    src: "{{ db_filename }}"
    dest: "/backup"
```

4. 以常规方式运行此操作将产生数据库的完整备份，结果文件被复制到 Ansible 服务器上，如图 11-10 所示。

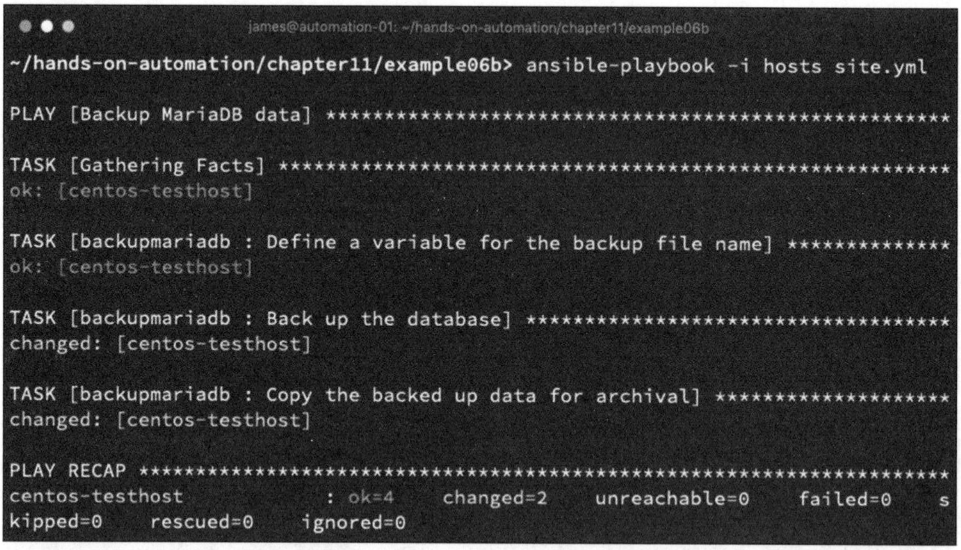

```
james@automation-01: ~/hands-on-automation/chapter11/example06b
~/hands-on-automation/chapter11/example06b> ansible-playbook -i hosts site.yml

PLAY [Backup MariaDB data] ****************************************************

TASK [Gathering Facts] ********************************************************
ok: [centos-testhost]

TASK [backupmariadb : Define a variable for the backup file name] **************
ok: [centos-testhost]

TASK [backupmariadb : Back up the database] ***********************************
changed: [centos-testhost]

TASK [backupmariadb : Copy the backed up data for archival] *******************
changed: [centos-testhost]

PLAY RECAP ********************************************************************
centos-testhost            : ok=4    changed=2    unreachable=0    failed=0    s
kipped=0    rescued=0    ignored=0
```

图 11-10

这个例子也可以使用 mysql_db 模块实现，就像我们之前所做的那样，set_fact 和 fetch 任务保持完全相同，但 shell 任务要替换为以下代码：

```
- name: Back up the database
  mysql_db:
    state: dump
    name: all
    target: "{{ db_filename }}"
    login_user: root
    login_password: "{{ mariadb_root_password }}"
```

因此，Ansible 可以帮助你将数据加载到数据库并进行备份。正如我们前面所讨论的，通常最好尽可能使用原生 Ansible 模块（如 mysql_db），但是，在原生模块不存在或它无法提供你需要的功能的时候，如果对 shell 模块应用了正确的逻辑，那么它也可以帮助你完成工作。

我们已经考虑了创建数据库并将数据加载到其中的过程，将在下一节中继续演示如何在此工作的基础上使用 Ansible 执行日常数据库维护。

11.4 执行日常维护

加载模式或数据并不是需要使用 Ansible 在数据库上执行的唯一任务。有时，需要手动干预数据库。例如，PostgreSQL 需要不时地执行 VACUUM 操作，以释放数据库中未使用的空间。MariaDB 有一个名为 mysqlcheck 的维护工具，可以用来验证表的完整性和执行优化。每个平台都有自己的维护操作专用工具，在你选择的平台上建立数据库维护的最佳做法取决于你。此外，有时需要对数据库进行简单的更改。例如，可能需要从表中删除（或更新）行，以清除应用程序中发生的错误情况。

当然，所有这些活动都可以手动执行，但这（一如既往地）会导致对发生了什么、谁运行了任务以及他们如何运行任务（例如，提供了哪些选项）失去跟踪的风险。如果我们把这个例子移到 Ansible 和 AWX 的世界中，突然之间，我们对活动有了一个完整的审计跟踪，并且确切地知道运行了什么以及它是如何运行的。此外，如果任务需要特殊的选项，这些选项将存储在剧本中，因此 Ansible 提供的自动文档化也可以在这里使用。

由于到目前为止我们的示例都是以 MariaDB 为中心的，让我们看看如何使用 Ansible 在 PostgreSQL 中对表运行完全 vacuum。

使用 Ansible 对 PostgreSQL 进行日常维护

PostgreSQL 是 Ansible 的一个特例，因为它比大多数其他数据库有更多的原生模块来支持数据库活动。让我们考虑一个例子：对 `sales.creditcard` 表（可从 `https://github.com/lorint/AdventureWorks-for-Postgres` 获得）执行 vacuum。

Vacuum 是 PostgreSQL 特有的一个维护过程，需要考虑定期运行这个过程，尤其是在表有大量删除或修改操作的情况下。尽管对这一点的全面讨论超出了本书的范围，但重要的是要考虑到，受这些活动影响的表可能会变得臃肿，查询可能会随着时间的推移变得缓慢，而 vacuum 是释放未使用的空间并再次加快查询速度的一种方法。

现在，要手动在此表上执行 vacuum，你需要使用适当的凭据登录到 `psql` 客户端实用程序，然后运行以下命令连接到数据库并执行任务：

```
postgres=# \c AdventureWorks
AdventureWorks=# vacuum full sales.creditcard;
```

在真正的企业中，这将是一项包含更多的表，甚至更多数据库的任务，但在这里，我们将再次保持示例的简单性，以演示所涉及的原理。然后把扩充它作为一项任务留给你执行。首先使用 Ansible 中的 `shell` 模块自动化这个过程。这是一个很有用的例子，因为这种技术适用于大多数主要数据库，你必须建立特定维护操作所需的命令，然后运行它。

执行此任务的简单角色如下所示：

```
---
- name: Perform a VACUUM on the sales.credit_card table
  shell: psql -c "VACUUM FULL sales.creditcard" AdventureWorks
  become: yes
  become_user: postgres
```

与以前一样，`shell` 模块的使用非常简单，只不过，注意这次我们使用 `become_`

user 参数切换到 postgres 用户账户，该账户对我们连接的主机上的数据库具有超级用户权限。让我们看看当运行它时会发生什么，如图 11-11 所示。

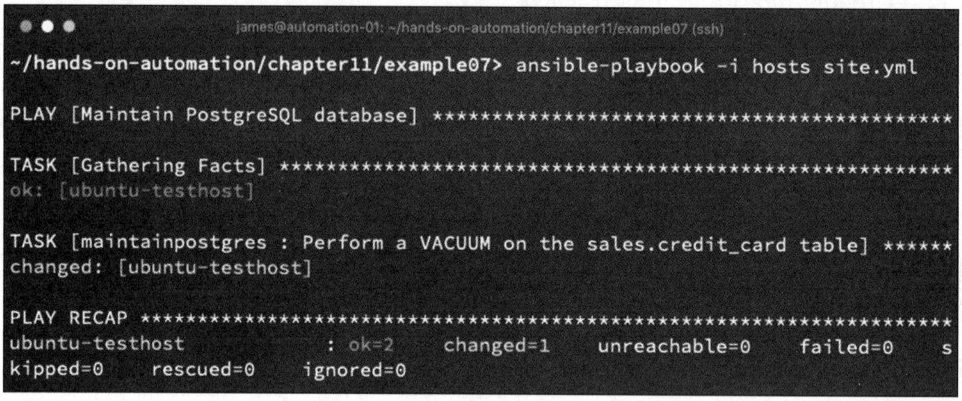

```
james@automation-01: ~/hands-on-automation/chapter11/example07 (ssh)
~/hands-on-automation/chapter11/example07> ansible-playbook -i hosts site.yml

PLAY [Maintain PostgreSQL database] *****************************************

TASK [Gathering Facts] ******************************************************
ok: [ubuntu-testhost]

TASK [maintainpostgres : Perform a VACUUM on the sales.credit_card table] ******
changed: [ubuntu-testhost]

PLAY RECAP ******************************************************************
ubuntu-testhost            : ok=2    changed=1    unreachable=0    failed=0    s
kipped=0    rescued=0    ignored=0
```

图 11-11

当然，它可以扩展到几乎任何其他数据库。例如，你可以在 MariaDB 数据库上使用 mysql 客户端工具，甚至可以运行 mysqlcheck 工具，如前所述。限制实际上是编写可以在 shell 模块中运行的脚本上，因为 Ansible 通过 SSH 在数据库服务器的本机上运行命令，所以你不必担心需要打开数据库以便通过网络进行访问，它可以保持严格锁定。

除了使用 shell 模块外，Ansible 还提供了直接从名为 postgresql_query 的模块运行查询的选项。这是独一无二的，但是如果有人愿意编写并提交模块，也可以为任何其他数据库添加这种支持。

遗憾的是，对于 2.9 之前的 Ansible 版本，无法将 VACUUM 示例扩展到这种方法上，因为 postgresql_query 模块在块内运行事务，并且不可能在事务块内运行 VACUUM。如果运行的是 2.9 或更高版本，现在就可以使用示例代码运行 VACUUM，如下所示：

```
---
- name: Perform a VACUUM on the sales.credit_card table
  postgresql_query:
    db: AdventureWorks
    query: VACUUM sales.creditcard
    autocommit: yes
  become_user: postgres
  become: yes
```

我们还可以使用 postgresql_query 模块直接操作数据库。

假设使用此数据库的应用程序中发生了错误，操作员必须手动将信用卡号插入数据库。执行此操作的 SQL 代码如下所示：

```
INSERT INTO sales.creditcard ( creditcardid, cardtype, cardnumber,
expmonth, expyear ) VALUES ( 0, 'Visa', '0000000000000000', '11', '2019' );
```

我们可以在 Ansible 中实现相同的最终结果，使用如下所示的角色：

```
---
- name: Manually insert data into the creditcard table
  postgresql_query:
    db: AdventureWorks
    query: INSERT INTO sales.creditcard ( creditcardid, cardtype,
cardnumber, expmonth, expyear ) VALUES ( 0, 'Visa', '0000000000000000',
'11', '2019' );
  become_user: postgres
  become: yes
```

当然，你会对数据值使用变量，而且此类敏感数据应始终存储在保险库（vault）中（或者，在运行角色时手动输入）。

AWX 有一个名为 Survey 的特性，它在运行剧本之前为用户提供一系列预定义的问题。这些问题的答案存储在 Ansible 变量中，因此，前面的角色可以参数化，并从 AWX 运行，将所有值输入到 Survey 中，消除了对保险库的需要以及对 Ansible 中存储的敏感客户数据的担忧。

正如你在这里看到的，运行这个角色，当 INSERT 操作成功时，我们实际上会得到一个已更改的状态，这对于监控此类任务并确保它们按预期运行非常有用。图 11-12 显示了正在运行的此角色以及已更改的状态，表示已成功将数据插入 sales.creditcard 表。

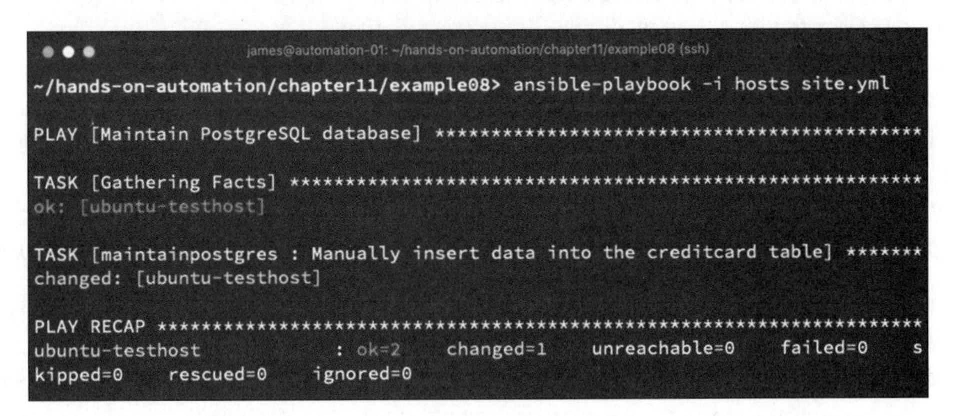

图 11-12

使用 Ansible 进行数据库管理非常方便，而且，无论需要执行什么样的任务，我们都希望所有数据库任务都以标准化、可重复、可审计的方式处理，就像企业 Linux 的其他部分一样。希望本章能在一定程度上向你展示如何实现这一目标。

11.5 小结

数据库是大多数企业应用程序栈的核心部分，Linux 平台上有许多可用的数据库。尽管许多数据库都有自己的管理工具，但 Ansible 非常适合辅助执行各种各样的数据库管理任务，从安装数据库服务、加载初始数据或模式（甚至从备份中恢复）到处理日常维护任务。结合 Ansible 的错误处理和安全自动化，你可以使用 Ansible 执行的数据库管理任务的类型几乎没有限制。

在本章中，学习了如何使用 Ansible 以一致和可重复的方式安装数据库服务器。然后，学习了如何导入初始数据和模式，以及如何将其扩展以自动化备份任务。最后，通过 Ansible 获得了一些日常数据库维护任务的实践知识。

在下一章中，我们将了解 Ansible 如何帮助你完成 Linux 服务器的日常维护任务。

11.6 思考题

1. 为什么要谨慎使用 Ansible 安装和管理数据库平台？
2. 使用 Ansible 管理数据库配置文件的最佳实践是什么？
3. Ansible 如何帮助你保持数据库在网络上的安全？
4. 何时使用 `shell` 模块而不是 Ansible 中的原生数据库模块？
5. 为什么要使用 Ansible 执行日常维护？
6. 如何使用 Ansible 执行 PostgreSQL 数据库备份？
7. 你将使用哪个模块来操纵 MariaDB 数据库上的用户？
8. 现在 PostgreSQL 是如何在 Ansible 中独特支持的？

11.7 进一步阅读

- 要深入了解 Ansible，请参阅 James Freeman 和 Jesse Keating 的 *Mastering Ansible*, *Third Edition*,（`https://www.packtpub.com/gb/virtualization-and-cloud/mastering-ansible-third-edition`）。
- 要了解更多关于 PostgreSQL 数据库管理的细节，可以参考 Andrey Volkov 和 Salahadin Juba 的 *Learning PostgreSQL 11*, *Third Edition*（`http://www.packtpub.com/gb/big-data-and-business-intelligence/learning-postgresql-11-third-edition`）。
- 要了解有关 MariaDB 数据库管理的更多信息，可以参考 MariaDB Essentials Maririco Razzoli 和 Emilien Kenler 的 *MariaDB Essentials*（`https://www.packtpub.com/gb/application-development/mariadb-essentials`）。
- 有关可用 Ansible 模块的完整列表，可以参考 `https://docs.ansible.com/ansible/latest/modules/list_of_database_modules.html`。

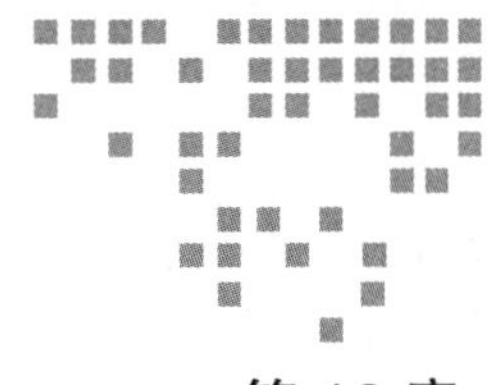

第 12 章 Chapter 12

使用 Ansible 执行日常维护

到这里，你已经为企业定义和构建一个支持自动化的 Linux 环境完成了许多步骤。然而，Ansible 对环境的帮助并没有到此为止。即使是一个已经建成并正在积极使用的环境，也需要不时地进行维护和干预。历史上，这些干预都是由系统管理员使用 shell 命令或脚本手动执行的。

正如我们在本书中多次讨论的那样，手工操作的任务给企业带来了许多挑战，尤其是它们可能没有很好的文档记录，因此对于新员工来说，学习有一定的困难。除此之外，可审计性和可重复性也难以实现，如果每个人都登录到 Linux 机器的 shell 并手动执行任务，你如何确定谁做了什么，何时做了什么呢?

本章，我们将探索 Ansible 如何帮助企业进行 Linux 资产的日常管理，特别是执行日常维护任务。Ansible 非常强大，日常维护的范围并不局限于本章中的示例，而是旨在让你开始了解，并通过示例展示可以自动执行的各种任务。

本章涵盖以下主题：

- 整理磁盘空间
- 监控配置漂移
- 使用 Ansible 管理进程
- 使用 Ansible 滚动更新

12.1 技术要求

本章的示例基于以下技术：

- ❑ Ubuntu Server 18.04 LTS
- ❑ CentOS 7.6
- ❑ Ansible 2.8

要运行这些示例，你将需要访问两台服务器或虚拟机，每台服务器或虚拟机都运行以上列出的操作系统中的一种，还需要能够访问 Ansible。请注意，本章中给出的示例可能具有破坏性（例如，它们删除文件并更改服务器配置），如果按原样运行，则只可在隔离的测试环境中运行。

你对有一个安全的操作环境感到满意，就可以开始使用 Ansible 进行日常系统维护了。

本章中讨论的所有示例代码都可以从 GitHub 获得，网址如下：

`https://github.com/PacktPublishing/Hands-On-Enterprise-Automation-on-Linux/tree/master/chapter12`。

12.2 整理磁盘空间

系统管理员必须例行完成的最常规、最平常（也是最重要的）任务之一就是清理磁盘空间。虽然在理想情况下，系统应该表现良好，例如，日志文件应该轮换，临时文件应该清理，但业界有经验的人知道，情况并非总是这样。本书的作者曾在这样的环境中工作过：清除给定的目录被认为是一项例行任务，因此，它是自动化的主要候选对象。

当然，你不会只是从文件系统中随机删除文件。任何像这样的任务都应该以精确的方式执行。让我们继续一个假设的例子，创建一些测试文件来使用。假设我们虚构的应用程序每天创建一个数据文件，并且从来不修剪其 `data` 目录。为了综合这些情况，我们可以创建一些数据文件，如下所示：

```
$ sudo mkdir -p /var/lib/appdata
$ for i in $(seq 1 20); do DATE=$(date -d "-$i days" +%y%m%d%H%M); sudo
touch -t $DATE /var/lib/appdata/$DATE; done
```

前面的命令创建一个名为 `/var/lib/appdata` 的目录，然后为最近 20 天的每一天都创建一个（空）文件。当然，可以在其中创建包含数据的文件，但这对于本例而言没有区别，我们实际上不想填满磁盘！

现在，假设磁盘已经满了，我们想删减这个目录，只保留最后 5 天的内容。如果手工操作，我们可以使用 `find` 命令列出符合标准的文件，并删除任何旧的文件，如下所示：

```
$ sudo find /var/lib/appdata -mtime +5 -exec rm -f '{}' \;
```

这是一个非常简单的命令，你可能会惊讶地发现，在 Linux 服务器的企业运行手册中，这样的命令是多么常见。让我们用 Ansible 改进一下。我们知道，如果在 Ansible 中实现这一点，将出现以下情况：

- ❑ Ansible 引擎将返回适当的状态：`ok`、`changed` 或 `failed`，具体取决于所采取的操作。无论它是否删除任何文件，前面代码块中显示的 find 命令将返回相同的输出和退出代码。

- 我们编写的 Ansible 代码将是自动文档化的，例如，它将以一个合适的 name 开始，可能是 Prune/var/lib/appdata。
- Ansible 代码可以从 AWX 或 Ansible Tower 运行，确保可以使用内置的基于角色的访问控制将此例行任务委派给相应的团队。
- 此外，可以在 AWX 中为任务指定一个对用户友好的名称，这意味着操作员不需要任何专业知识就可以有效地协助 Linux 进行环境管理。
- AWX 和 Ansible Tower 将忠实地记录任务运行的输出，以确保将来可以审计这些清理作业。

当然，这些 Ansible 的好处对我们来说都不是什么新鲜事，但我还是想让你记住企业中有效的自动化的好处。先定义一个角色来执行这个函数，使用 Ansible 修剪存在 5 天以上的文件目录。

1. 首先使用 Ansible 中的 find 模块，它使我们能够像 find shell 命令一样创建文件系统对象（如文件或目录）的列表。我们将在 Ansible 变量中 register（注册）输出，以便稍后使用它，如下所示：

```
- name: Find all files older than {{ max_age }} in {{ target_dir }}
  find:
    paths: "{{ target_dir }}"
    age: "{{ max_age }}"
    recurse: yes
  register: prune_list
```

此处显示的代码片段应该是非常容易理解的，但是请注意，我们使用变量作为 path 和 age 参数，这是有充分理由的。使用角色是为了重用代码，如果使用变量定义这些参数，我们可以重用这个角色来删减其他目录（例如，对于不同的应用程序），而不需要更改角色代码本身。你还将看到，我们可以在任务名称中使用的变量，在将来审计 Ansible 运行时非常有用和强大。

2. find 模块将建立一个需要删除的文件列表，但是假定审计目标是在 Ansible 输出中打印这些文件名，以确保稍后可以返回并准确地找出删除的内容。请注意，我们可以打印更多的数据，而不仅仅是路径，还可以采集文件大小和时间戳信息。所有这些都可以在前面采集的 prune_list 变量中找到，这留作练习供你探索。（提示：用 msg: "{{item }}" 来替换 msg: "{{ item.path }}"，查看 find 任务采集的所有信息。）运行以下代码：

```
- name: Print file list for auditing purposes
  debug:
    msg: "{{ item.path }}"
  loop:
    "{{ prune_list.files }}"
  loop_control:
    label: "{{ item.path }}"
```

这里，我们只是简单地使用Ansible循环来迭代find模块生成的数据，从变量中的files字典中提取path字典项。loop_control选项防止Ansible在每个debug消息上方打印整个字典结构，而只使用每个文件的path作为label。

3. 最后，我们使用file模块删除文件，再次循环prune_list，就像我们以前做的一样，代码如下：

```
- name: Prune {{ target_dir }}
  file:
    path: "{{ item.path }}"
    state: absent
  loop:
    "{{ prune_list.files }}"
  loop_control:
    label: "{{ item.path }}"
```

4. 这个角色完成后，我们必须为剧情定义变量。对于本例，在引用新角色的剧本site.yml中定义它们，如下所示：

```
---
- name: Prune Directory
  hosts: all
  become: yes
  vars:
    max_age: "5d"
    target_dir: "/var/lib/appdata"

  roles:
    - pruneappdata
```

使用本节前面生成的测试文件运行此代码，结果如图12-1所示。

图12-1减少了测试文件集，以确保它适合在一页屏幕中显示，但是，你可以清楚地看到输出内容，以及哪些文件被删除。

虽然良好的磁盘清理是服务器维护的一个重要部分，但有时只有在绝对必要的情况下才需要采取措施（例如修剪目录）。如果我们决定只有在包含/var/lib/appdata的文件系统上剩余的磁盘空间低于10%时才运行此角色，那么下面的过程演示了如何使用Ansible执行带条件的清理，仅在磁盘已满90%以上时才运行。

1. 从修改现有角色开始，首先，我们在角色中添加了一个新任务，从target目录获取磁盘使用率的百分比，如下所示：

```
---
- name: Obtain free disk space for {{ target_dir }}
  shell: df -h "{{ target_dir }}" | tail -n 1 | awk {'print $5 '} |
sed 's/%//g'
  register: dfresult
  changed_when: false
```

尽管存在包含磁盘使用率信息的Ansible fact（事实），但在这里使用df命令，因为它可以直接查询目录，如果我们要成功地使用Ansible fact，就必须以某种方式将它追溯到它

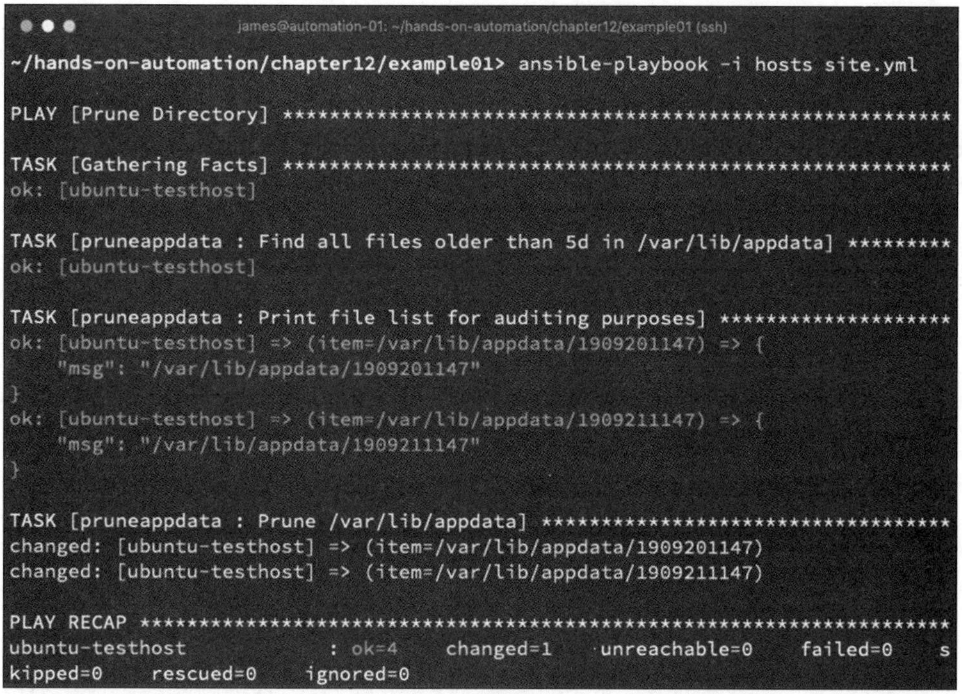

```
james@automation-01: ~/hands-on-automation/chapter12/example01 (ssh)
~/hands-on-automation/chapter12/example01> ansible-playbook -i hosts site.yml

PLAY [Prune Directory] *************************************************************

TASK [Gathering Facts] *************************************************************
ok: [ubuntu-testhost]

TASK [pruneappdata : Find all files older than 5d in /var/lib/appdata] *********
ok: [ubuntu-testhost]

TASK [pruneappdata : Print file list for auditing purposes] *******************
ok: [ubuntu-testhost] => (item=/var/lib/appdata/1909201147) => {
    "msg": "/var/lib/appdata/1909201147"
}
ok: [ubuntu-testhost] => (item=/var/lib/appdata/1909211147) => {
    "msg": "/var/lib/appdata/1909211147"
}

TASK [pruneappdata : Prune /var/lib/appdata] **********************************
changed: [ubuntu-testhost] => (item=/var/lib/appdata/1909201147)
changed: [ubuntu-testhost] => (item=/var/lib/appdata/1909211147)

PLAY RECAP *************************************************************************
ubuntu-testhost            : ok=4    changed=1    unreachable=0    failed=0    s
kipped=0    rescued=0    ignored=0
```

图　12-1

所在的挂载点。我们还使用了 `changed_when:false`，因为此 shell 任务将始终显示已更改的结果，输出中的 changed 中可能会令人混淆，因为这是一个只读查询，因此不应更改任何内容！

2. 收集这些数据并将其注册到 `dfresult` 变量中，然后把现有的代码包装在一个块中。Ansible 中的块只是将一组任务包装在一起的一种方式，因此，我们不必在前面示例中的三个任务中都设置 `when` 条件，而只需在块上设置条件。块的开头是这样的：

```
- name: Run file pruning only if disk usage is greater than 90
percent
  block:

  - name: Find all files older than {{ max_age }} in {{ target_dir
}}
    find:
```

注意前一组任务现在是如何缩进两个空格的。这确保 Ansible 把它理解为块的一部分。缩进所有现有任务，并用以下代码结束该块：

```
  loop_control:
    label: "{{ item.path }}"
when: dfresult.stdout|int > 90
```

这里，我们使用 `dfresult` 变量中采集的标准输出，将其转换为整数，然后检查它是否为 90% 或更高。因此，我们仅在文件系统已满 90% 以上时才运行清理任务。当然，这只是一种条件，在其他各种情况下，你可以收集运行任何任务所需的任何数据。在测试服务器（磁盘利用率远低于 90%）上运行这个新角色，显示此清理任务正被完全跳过，如图 12-2 所示。

```
james@automation-01: ~/hands-on-automation/chapter12/example02 (ssh)
~/hands-on-automation/chapter12/example02> ansible-playbook -i hosts site.yml

PLAY [Prune Directory] *******************************************************

TASK [Gathering Facts] *******************************************************
ok: [ubuntu-testhost]

TASK [pruneappdata : Obtain free disk space for /var/lib/appdata] ************
ok: [ubuntu-testhost]

TASK [pruneappdata : Find all files older than 5d in /var/lib/appdata] *******
skipping: [ubuntu-testhost]

TASK [pruneappdata : Print file list for auditing purposes] ******************
skipping: [ubuntu-testhost]

TASK [pruneappdata : Prune /var/lib/appdata] *********************************
skipping: [ubuntu-testhost]

PLAY RECAP *******************************************************************
ubuntu-testhost            : ok=2    changed=0    unreachable=0    failed=0    s
kipped=3    rescued=0    ignored=0
```

图 12-2

通过这种方式，我们可以很容易地在大型企业资产中执行常规的磁盘管理任务，而使用 Ansible 的情况也是如此，你所能做的工作几乎不受限制。希望本节中的示例能为你提供一些关于如何着手的思路。在下一节中，我们将研究如何使用 Ansible 有效地监控整个 Linux 环境中的配置漂移。

12.3 监控配置漂移

在第 7 章中，我们探索了 Ansible 在企业级部署配置和实施配置的方法。现在让我们在此基础上监控配置漂移。

正如我们在第 1 章中所讨论的，手动更改是自动化的敌人。除此之外，它们也是一种安全风险。让我们用一个具体的例子来演示。正如本书前面所建议的，建议使用 Ansible 管理 Secure Shell（SSH）服务器配置。SSH 是管理 Linux 服务器的标准协议，不仅可以用于管理，还可以用于文件传输。简言之，它是人们访问服务器的关键机制之一，因此它的安全性至关重要。

但是，对于许多人来说，拥有 Linux 服务器的 root 访问权限也是很常见的。无论开发人员是在部署代码，还是系统管理员在执行例行（或中断的修复）工作，对许多人来说，拥有对服务器的 root 访问权限都是非常正常的。如果每个人都行为端正，并且积极支持企业中的自动化原则，这是很好的。但是，如果有人通过 SSH 配置进行未经授权的更改，将会发生什么？

通过 SSH 配置，他们可能会启用远程 root 登录。当你禁用基于密码的身份验证而支持基于密钥的身份验证时，他们可能又会启用基于密码的身份验证。很多时候，这些类型的更改都是为了支持惰性，例如，作为 root 用户复制文件更容易。

无论意图和根本原因是什么，有人手动对以前部署的 Linux 服务器进行这些更改都是一个问题。可是如何去检测它们呢？当然，你没有时间登录每一台服务器，并手动检查文件。然而，Ansible 能帮上忙。

在第 7 章中，我们提出了一个简单的 Ansible 示例，该示例从模板部署 SSH 服务器配置，并在使用处理程序更改配置时重新启动 SSH 服务。

实际上，我们可以将此代码重新用于配置漂移检查。即使不做任何代码更改，也可以在 `check`（检查）模式下使用 Ansible 运行剧本。Check 模式不会对其工作的系统进行任何更改，而是尽最大努力预测可能发生的任何更改。这些预测的可靠性在很大程度上取决于角色中使用的模块。例如，`template` 模块可以可靠地预测更改，因为它知道将要写入的文件是否与现有的文件不同。相反，`shell` 模块永远无法知道 `change` 和 `ok` 结果之间的区别，因为它是一个多用途的模块（尽管它可以以合理的精度检测故障）。因此，我强烈主张在使用这个模块时使用 `changed_when`。

让我们看看如果重新运行以前的 `securesshd` 角色会发生什么，这次是在 check 模式下运行。结果可以在图 12-3 中看到。

```
james@automation-01: ~/hands-on-automation/chapter12/example03 (ssh)
~/hands-on-automation/chapter12/example03> ansible-playbook -C -i hosts site.yml


PLAY [Secure SSH configuration] ***********************************************

TASK [Gathering Facts] ********************************************************
ok: [ubuntu-testhost]

TASK [securesshd : Copy SSHd configuration to target host] ********************
changed: [ubuntu-testhost]

RUNNING HANDLER [securesshd : Restart SSH daemon] *****************************
changed: [ubuntu-testhost]

PLAY RECAP ********************************************************************
ubuntu-testhost            : ok=3    changed=2    unreachable=0    failed=0    s
kipped=0    rescued=0    ignored=0
```

图　12-3

在这里，我们可以看到确实有人更改了 SSH 服务器的配置，如果它与我们提供的模板匹配，那么输出结果将如图 12-4 所示。

```
james@automation-01: ~/hands-on-automation/chapter12/example03 (ssh)
~/hands-on-automation/chapter12/example03> ansible-playbook -C -i hosts site.yml

PLAY [Secure SSH configuration] ***********************************************

TASK [Gathering Facts] ********************************************************
ok: [ubuntu-testhost]

TASK [securesshd : Copy SSHd configuration to target host] ********************
ok: [ubuntu-testhost]

PLAY RECAP ********************************************************************
ubuntu-testhost            : ok=2    changed=0    unreachable=0    failed=0    s
kipped=0    rescued=0    ignored=0
```

图 12-4

到目前为止，你可以在 100 台甚至 1000 台服务器上运行它，你会知道，任何 changed 的结果都来自 SSH 服务器配置不再与模板匹配。你甚至可以再次运行剧本来纠正这种情况，只是这次不在 check 模式下运行（也就是说，没有命令行上的 -C 标志）。

在 AWX 或 Ansible Tower 这样的环境中，作业（也就是说，运行剧本）分为两种不同的状态：成功和失败。成功被归类为任何运行到完成的剧本，只产生 changed 或 ok 的结果。失败是由剧本运行返回的一个或多个 failed 或 unreachable（无法访问）的状态引起的。

因此，如果配置文件与模板版本不同，我们可以通过让剧本发出 failed 状态来增强它。大部分角色保持完全相同，但是在模板任务中，我们添加了以下子句：

```
  register: template_result
  failed_when: (template_result.changed and ansible_check_mode == True) or
template_result.failed
```

这些子句对该任务的操作有以下影响：

- 任务的结果登记在 template_result 变量中。
- 我们将此任务的失败条件更改为：
- 模板任务结果已更改，并且我们正在检查模式下运行它。
- 模板任务由于其他原因而失败，这是一个兜底的情况，以确保我们仍然正确地报告其他失败情况（例如，拒绝访问文件）。

你将观察到 failed_when 子句中逻辑 and 和 or 运算符的使用，这是扩展 Ansible 操作的一种有效方法。现在，当我们在 check 模式下运行剧本并且文件已经更改时，我们会看到如图 12-5 所示的结果。

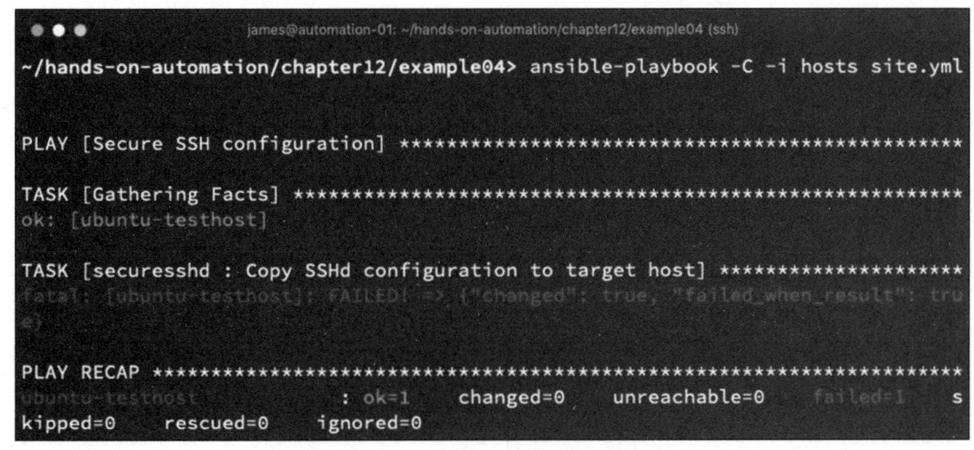

图　12-5

现在，我们可以非常清楚地看到主机上有一个问题，它也会在 AWX 和 Ansible Tower 中报告为失败。

当然，这对于纯文本文件非常有效。那么对二进制文件呢？当然 Ansible 不能完全替代文件完整性监控工具，如**高级入侵检测环境（Advanced Intrusion Detection Environment，AIDE）**或著名的 Tripwire，但是它可以帮助使用二进制文件。其实，这个过程非常简单。假设希望确保 /bin/bash 的完整性，这是大多数系统默认使用的 shell，因此该文件的完整性非常重要。如果有空间在 Ansible 服务器上存储原始二进制文件的副本，那么可以使用 copy 模块将其复制到目标主机。copy 模块使用校验和来确定是否需要复制文件，因此，你可以确定，如果 copy 模块导致 changed 的结果，则目标文件与原始版本不同，并且完整性受到影响。用于此的角色代码看起来与下面的模板示例非常相似：

```
---
- name: Copy bash binary to target host
  copy:
    src: files/bash
    dest: /bin/bash
    owner: root
    group: root
    mode: 0755
  register: copy_result
  failed_when: (copy_result.changed and ansible_check_mode == True) or
copy_result.failed
```

当然，将原始二进制文件存储在 Ansible 服务器中效率低下，而且意味着必须根据服务器修补计划使它们保持最新，这在需要检查大量文件时是不可取的。幸运的是，Ansible stat 模块可以生成校验和，并返回许多其他有关文件的有用数据，因此，我们可以非常轻松地编写一个剧本，通过运行以下代码来检查 Bash 的二进制文件是否未被篡改：

```
---
- name: Get sha256 sum of /bin/bash
  stat:
```

```
      path: /bin/bash
      checksum_algorithm: sha256
      get_checksum: yes
    register: binstat

  - name: Verify checksum of /bin/bash
    fail:
      msg: "Integrity failure - /bin/bash may have been compromised!"
    when: binstat.stat.checksum !=
'da85596376bf384c14525c50ca010e9ab96952cb811b4abe188c9ef1b75bff9a'
```

这是一个非常简单的示例，它可以通过确保文件路径和名称以及校验和是变量而不是静态值来大幅度增强。它也可以循环对一个字典中的文件和它们各自的校验和进行检查，这些任务留作练习，使用在本书中涵盖的技术，这是完全可能实现的。现在，如果运行这个剧本（无论是否在 check 模式下），如果 Bash 的完整性没有得到维护，我们将看到一个失败的结果，否则是 `ok`，如图 12-6 所示。

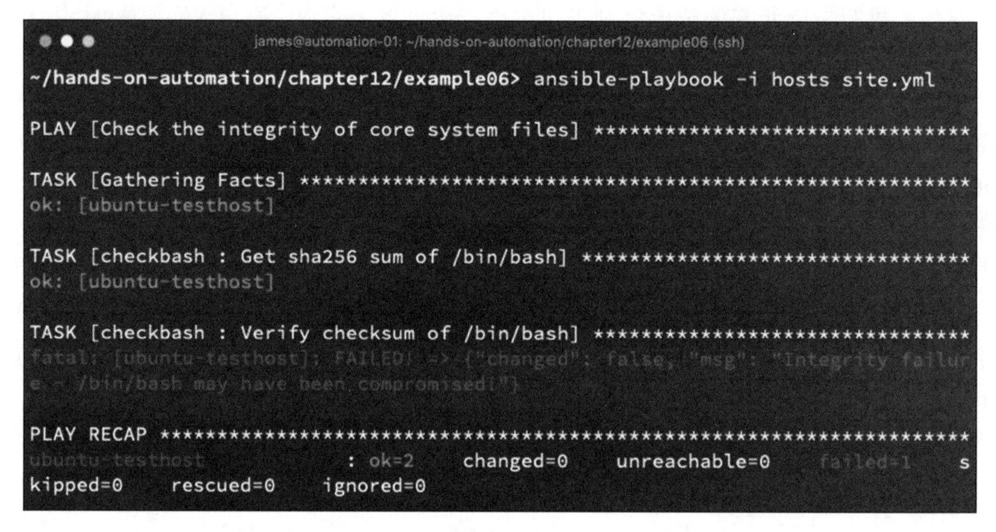

图 12-6

校验和也可以用来验证配置文件的完整性，所以，这个示例角色为你可能希望执行的任何文件完整性检查提供了良好的基础。

我们现在已经用 Ansible 完成了对文件和完整性监控的探索，并因此完成了对配置漂移进行检查的能力。在下一节中，我们将了解如何使用 Ansible 在企业的 Linux 资产中管理流程。

12.4 使用 Ansible 管理进程

迟早会有这样的结果：你最终需要在企业内的一台或多台 Linux 服务器上管理甚至终

止进程。显然，这不是一个理想的场景，在日常操作中，大多数服务都应该使用 Ansible 的 service 模块进行管理，我们在本书中看到了许多这样的示例。

但是，如果你确实需要终止一个明显挂起的服务，系统管理员可以通过 SSH 连接到错误的服务器并发出如下命令：

```
$ ps -ef | grep <processname> | grep -v grep | awk '{print $2}'
$ kill <PID1> <PID2>
```

如果进程顽固地拒绝终止，接下来可能需要做以下工作：

```
$ kill -9 <PID1> <PID2>
```

虽然这是一个相当标准的实践，大多数系统管理员都非常熟悉这个实践（实际上，他们可能用自己喜欢的工具来处理，比如 pkill），但它遇到的问题与服务器上的大多数手动干预一样，即如何跟踪发生的事情，如果使用了数字**进程 ID（Process ID，PID）**，哪些进程会受到影响，那么即使可以访问命令历史，仍然无法判断哪个进程历史上持有该数字 PID。

我们在这里提出的是 Ansible 的一种非常规用法，如果通过 AWX 或 Ansible Tower 等工具运行，将进程名称放入参数中，它将使我们能够跟踪执行的所有操作，以及运行这些操作的详细信息和目标。如果将来分析问题的历史记录，那么这将非常有用，可以很容易地检查哪些服务器被操作，哪些进程被定位，以及精确的操作时间戳。

建立一个角色来执行这组任务。本章最初是针对 Ansible 2.8 编写的，Ansible 2.8 没有用于流程管理的模块，因此，下面的示例使用本机 shell 命令来处理这种情况。

1. 首先运行本节前面提出的流程列表，但是这次，将 PID 列表注册到 Ansible 变量中，如下所示：

```
---
- name: Get PID's of running processes matching {{ procname }}
  shell: "ps -ef | grep -w {{ procname }} | grep -v grep | grep -v
ansible | awk '{print $2\",\"$8}'"
  register: process_ids
```

大多数熟悉 shell 脚本的人都应该能够理解这一行代码，我们正在筛选系统进程表中与 Ansible 变量 procname 匹配的整个单词，并删除任何可能出现并混淆输出的无关进程名，如 grep 和 ansible。最后，我们使用 awk 将输出处理成一个逗号分隔的列表，第一列包含 PID，第二列包含进程名本身。

2. 现在，在先前填充的 process_ids 变量上循环，针对输出中的第一列（即数字 PID）发出 kill 命令，如下所示：

```
- name: Attempt to kill processes nicely
  shell: "kill {{ item.split(',')[0] }}"
  loop:
    "{{ process_ids.stdout_lines }}"
  loop_control:
    label: "{{ item }}"
```

你将观察到 Jinja2 过滤的用法，在这里我们可以使用内置的 split 函数来分割在前面的代码块中创建的数据，只取第一列输出（数字 PID）。但是，我们使用 loop_control 标签来设置包含 PID 和进程名称的任务标签，这在审计或调试场景中非常有用。

3. 任何有经验的系统管理员都知道，只向进程发出 kill 命令是不够的，某些进程挂起时必须强制终止。并非所有进程都会立即退出，因此当 /proc 目录中的 PID 不存在时，我们将使用 Ansible 的 wait_for 模块来检查它，如果结果变成 absent，我们就知道进程已经退出了。运行以下代码：

```
- name: Wait for processes to exit
  wait_for:
    path: "/proc/{{ item.split(',')[0] }}"
    timeout: 5
    state: absent
  loop:
    "{{ process_ids.stdout_lines }}"
  ignore_errors: yes
  register: exit_results
```

我们将此处的超时设置为 5 秒，但是，你应该在环境中适当地设置它。我们再次将输出登记到一个变量，需要知道哪些进程未能退出，因此，尝试更有力地终止它们。注意，在这里设置了 ignore_errors，因为如果在指定的 timeout 内没有出现所需的状态（即，/proc/PID 变为 absent），wait_for 模块就会产生错误。这不应该是我们角色中的错误，而应该是进一步处理的提示。

4. 我们现在循环 wait_for 的结果，只是这次使用 Jinja2 的 selectattr 函数，只选择声明为 failed 的字典项。我们不想强制终止不存在的 PID。运行以下代码：

```
- name: Forcefully kill stuck processes
  shell: "kill -9 {{ item.item.split(',')[0] }}"
  loop:
    "{{ exit_results.results | selectattr('failed') | list }}"
  loop_control:
    label: "{{ item.item }}"
```

现在，我们尝试用 -9 标志终止卡住的进程，通常这足以终止大多数挂起的进程。再次注意使用 Jinaj2 过滤和清理标记循环，以确保我们可以使用这个角色的输出进行审计和调试。

5. 现在，运行剧本，为 procname 指定一个值，没有默认进程要被终止。为这个变量设置默认值是不安全的。因此，在图 12-7 中，在调用 ansible-playbook 命令时使用了 -e 标志来设置它。

从图 12-7 中，我们可以清楚地看到剧本终止 mysqld 进程，并且剧本的输出整洁而简明，但是包含了足够的信息，以便在需要时进行调试。

作为附录，如果你使用的是 Ansible 2.8 或更高版本，那么现在有一个名为 pids 的原生 Ansible 模块，如果给定名字的进程正在运行，它将返回一个漂亮、干净的 PID 列表。为

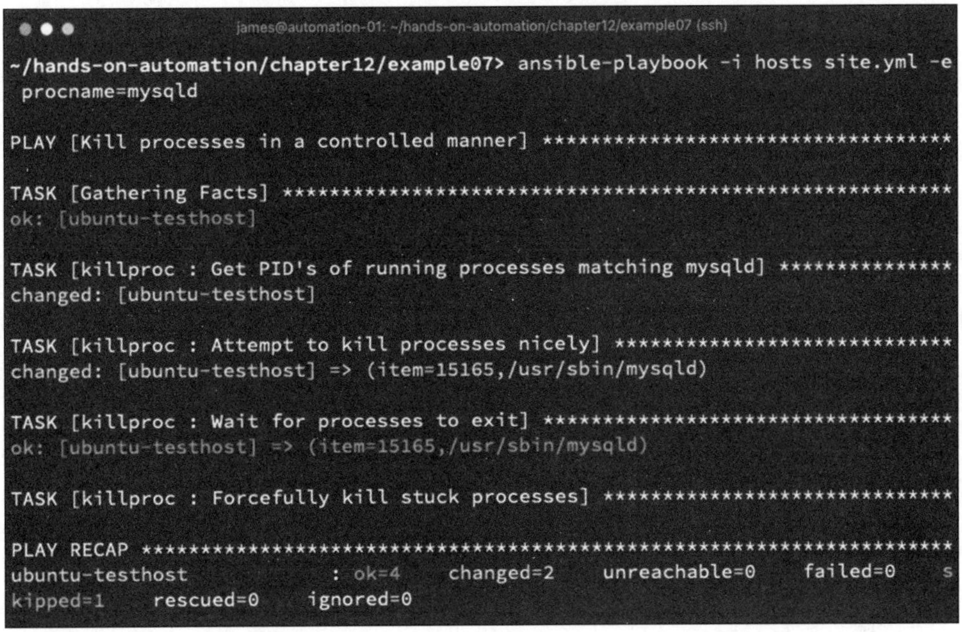

```
james@automation-01: ~/hands-on-automation/chapter12/example07 (ssh)
~/hands-on-automation/chapter12/example07> ansible-playbook -i hosts site.yml -e
 procname=mysqld

PLAY [Kill processes in a controlled manner] ***********************************

TASK [Gathering Facts] *********************************************************
ok: [ubuntu-testhost]

TASK [killproc : Get PID's of running processes matching mysqld] ***************
changed: [ubuntu-testhost]

TASK [killproc : Attempt to kill processes nicely] *****************************
changed: [ubuntu-testhost] => (item=15165,/usr/sbin/mysqld)

TASK [killproc : Wait for processes to exit] ***********************************
ok: [ubuntu-testhost] => (item=15165,/usr/sbin/mysqld)

TASK [killproc : Forcefully kill stuck processes] ******************************

PLAY RECAP *********************************************************************
ubuntu-testhost            : ok=4    changed=2    unreachable=0    failed=0    s
kipped=1    rescued=0    ignored=0
```

图　12-7

这个新功能调整我们的角色，首先，我们可以删除 shell 命令并用 pids 模块替换它，这个模块更容易阅读，比如：

```
---
- name: Get PID's of running processes matching {{ procname }}
  pids:
    name: "{{ procname }}"
  register: process_ids
```

这个角色与前一个几乎相同，只是我们没有从 shell 命令生成逗号分隔的列表，而是有一个简单的 PID 列表，其中只包含每个正在运行的与 name 中的 procname 变量匹配的进程的 PID。因此，在对变量执行命令时，不再需要对变量使用 Jinja2 的 split 过滤器。运行以下代码：

```
- name: Attempt to kill processes nicely
  shell: "kill {{ item }}"
  loop:
    "{{ process_ids.pids }}"
  loop_control:
    label: "{{ item }}"

- name: Wait for processes to exit
  wait_for:
    path: "/proc/{{ item }}"
    timeout: 5
    state: absent
  loop:
    "{{ process_ids.pids }}"
```

```
    ignore_errors: yes
    register: exit_results

  - name: Forcefully kill stuck processes
    shell: "kill -9 {{ item.item }}"
    loop:
      "{{ exit_results.results | selectattr('failed') | list }}"
    loop_control:
      label: "{{ item.item }}"
```

这段代码执行与以前相同的功能，只是现在它的可读性更强，因为减少了所需的Jinja2过滤器的数量，并且借助pids模块删除了一个shell命令。这些技术与前面讨论的service模块相结合，将为你提供一个良好的基础，使你能够使用Ansible满足所有的进程控制需求。

在下一节中，我们将研究如何在集群中有多个节点时使用Ansible，并且不希望一次性将它们全部停用。

12.5 使用Ansible滚动更新

如果关于日常维护的章节不涉及滚动更新，它就不完整。到目前为止，在本书中，我们使用一台或两台主机保持了示例的简单性，并且基于所有示例都可以扩展到使用相同的角色和剧本管理数百台（不是数千台）服务器。

总的来说，这是正确的，然而，在某些特殊情况下，我们可能需要更深入地研究Ansible的操作。构建一个假设的示例，其中在负载均衡器后面有4台Web应用程序服务器。现在有新版本的Web应用程序代码需要部署，而部署过程需要分多个步骤（因此需要多个Ansible任务）。在简单示例中，部署过程如下：

1. 将Web应用程序代码部署到服务器。
2. 重新启动Web服务器服务，以获取新代码。

在生产环境中，你几乎肯定希望采取进一步的步骤来确保Web服务的完整性，例如，如果Web服务位于负载均衡器后面，那么你将在代码部署期间使其退出服务，并确保在验证其正常工作之前不将其返回服务。但并不是每个人都能接触到这样的环境，所以，书中的例子一直保持简单，以确保每个人都能尝试。

我们可以很容易地编写一个简单的Ansible角色来执行此任务。示例如下：

```
---
- name: Deploy new code
  template:
    src: templates/web.html.j2
    dest: /var/www/html/web.html
```

```
  - name: Restart web server
    service:
      name: nginx
      state: restarted
```

这段代码按照要求依次执行两个步骤。不过，让我们看看在剧本中运行此角色时会发生什么。结果显示在图 12-8 中。

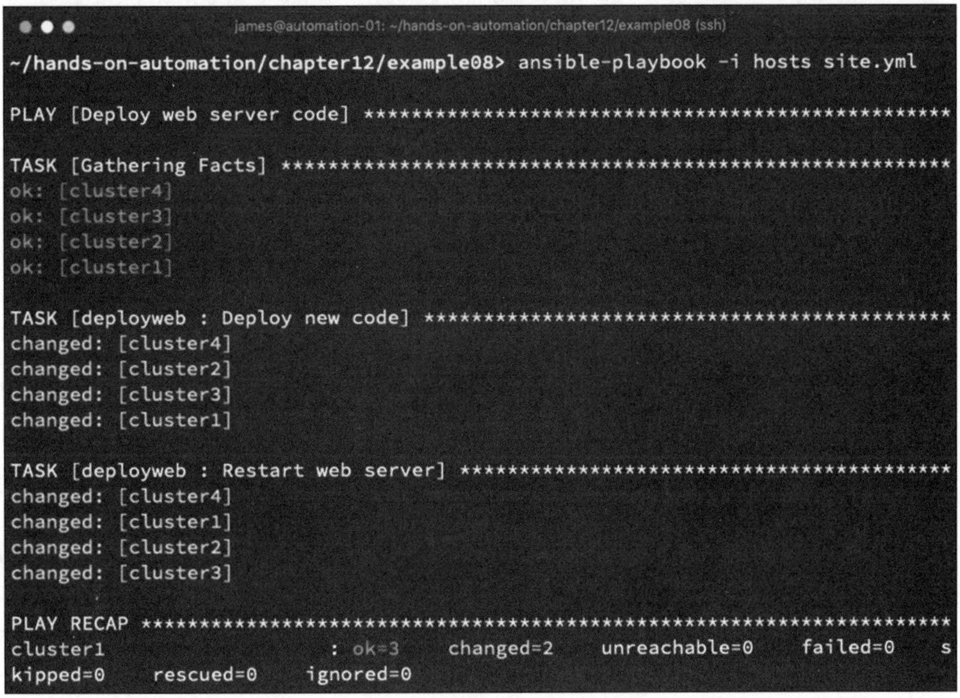

```
james@automation-01: ~/hands-on-automation/chapter12/example08 (ssh)
~/hands-on-automation/chapter12/example08> ansible-playbook -i hosts site.yml

PLAY [Deploy web server code] ***************************************************

TASK [Gathering Facts] **********************************************************
ok: [cluster4]
ok: [cluster3]
ok: [cluster2]
ok: [cluster1]

TASK [deployweb : Deploy new code] **********************************************
changed: [cluster4]
changed: [cluster2]
changed: [cluster3]
changed: [cluster1]

TASK [deployweb : Restart web server] *******************************************
changed: [cluster4]
changed: [cluster1]
changed: [cluster2]
changed: [cluster3]

PLAY RECAP **********************************************************************
cluster1                   : ok=3    changed=2    unreachable=0    failed=0    s
kipped=0    rescued=0    ignored=0
```

图　12-8

注意 Ansible 是如何执行任务的。首先，新代码被部署在所有 4 台服务器上，直到部署完成，它们才重新启动。这可能是不可取的，原因有很多。例如，在第一个任务之后，服务器可能处于不一致的状态，你不希望所有 4 台服务器同时处于不一致的状态，因为任何使用 Web 应用程序的人都会遇到错误。另外，如果剧本由于某种原因出错并产生 failed 状态，它将在所有 4 台服务器上统一地失败，从而破坏所有人的整个 Web 应用程序，并导致服务中断。

为了防止发生此类问题，我们可以使用 `serial` 关键字，要求 Ansible 一次只在给定数量的服务器上执行更新。例如，如果我们在调用此角色的 `site.yml` 剧本中插入 `serial: 2` 时，行为突然变得非常不同，如图 12-9 所示。

前面的输出被截断以节省空间，但清楚地显示这个剧本现在一次只在两台服务器上运行，因此，在运行的初始阶段，只有 `cluster1` 和 `cluster2` 是不一致的，而 `cluster3`

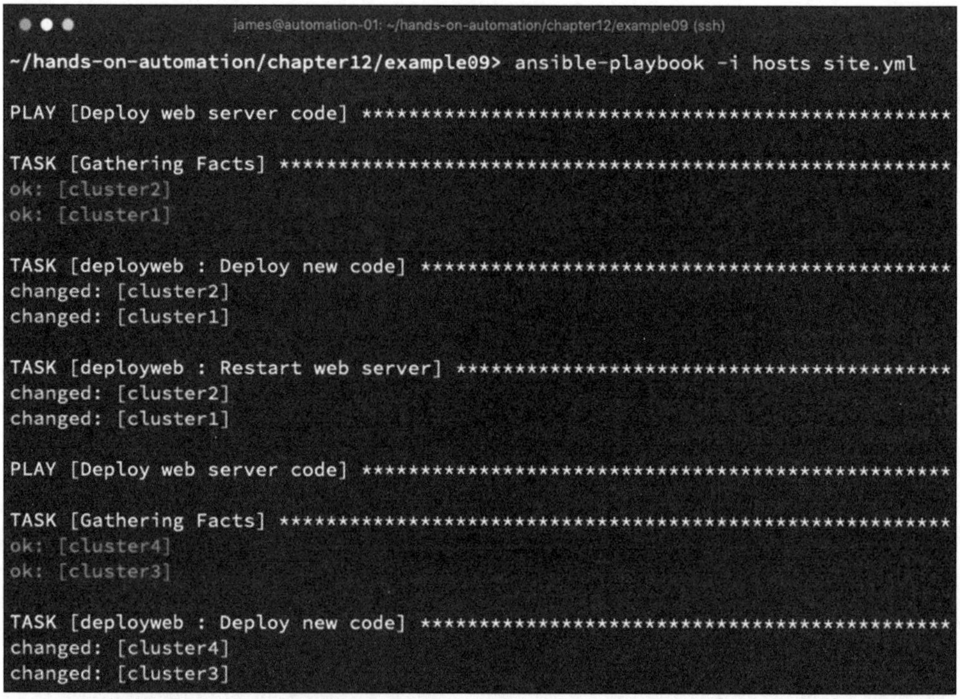

```
james@automation-01: ~/hands-on-automation/chapter12/example09 (ssh)
~/hands-on-automation/chapter12/example09> ansible-playbook -i hosts site.yml

PLAY [Deploy web server code] ************************************************

TASK [Gathering Facts] *******************************************************
ok: [cluster2]
ok: [cluster1]

TASK [deployweb : Deploy new code] *******************************************
changed: [cluster2]
changed: [cluster1]

TASK [deployweb : Restart web server] ****************************************
changed: [cluster2]
changed: [cluster1]

PLAY [Deploy web server code] ************************************************

TASK [Gathering Facts] *******************************************************
ok: [cluster4]
ok: [cluster3]

TASK [deployweb : Deploy new code] *******************************************
changed: [cluster4]
changed: [cluster3]
```

图 12-9

和 `cluster4` 保持一致和不变。只有在前两台服务器上完成所有任务后，才能处理后两台服务器。

故障处理也很重要，自动化的一个危险是，如果代码或剧本中存在问题，则可能很容易破坏整个环境。例如，如果 `deploy new code` 任务对所有服务器都失败，那么一次在两台服务器上运行剧本将没有帮助。Ansible 仍将执行要求的操作，在这种情况下，最终将中断所有 4 台服务器。

在这种情况下，最好将 `max_fail_percentage` 参数也添加到剧本中。例如，如果将其设置为 `50`，那么 Ansible 将在其清单的 50% 失败后立即停止处理主机，如图 12-10 所示。

正如我们在这里看到的，尽管清单没有更改，但 Ansible 在处理 `cluster1` 和 `cluster2` 之后仍停止了处理，因为它们失败了，它不在 `cluster3` 和 `cluster4` 上执行任何任务。因此，尽管出现了故障，至少有两个主机仍然使用良好的代码，允许用户继续使用 Web 应用程序。

在处理负载均衡的大型环境时，使用这些 Ansible 特性非常重要，以确保故障不会传播到整个服务器区。尽管有无数的可能性，但再次希望本章给你一些启发和示例。

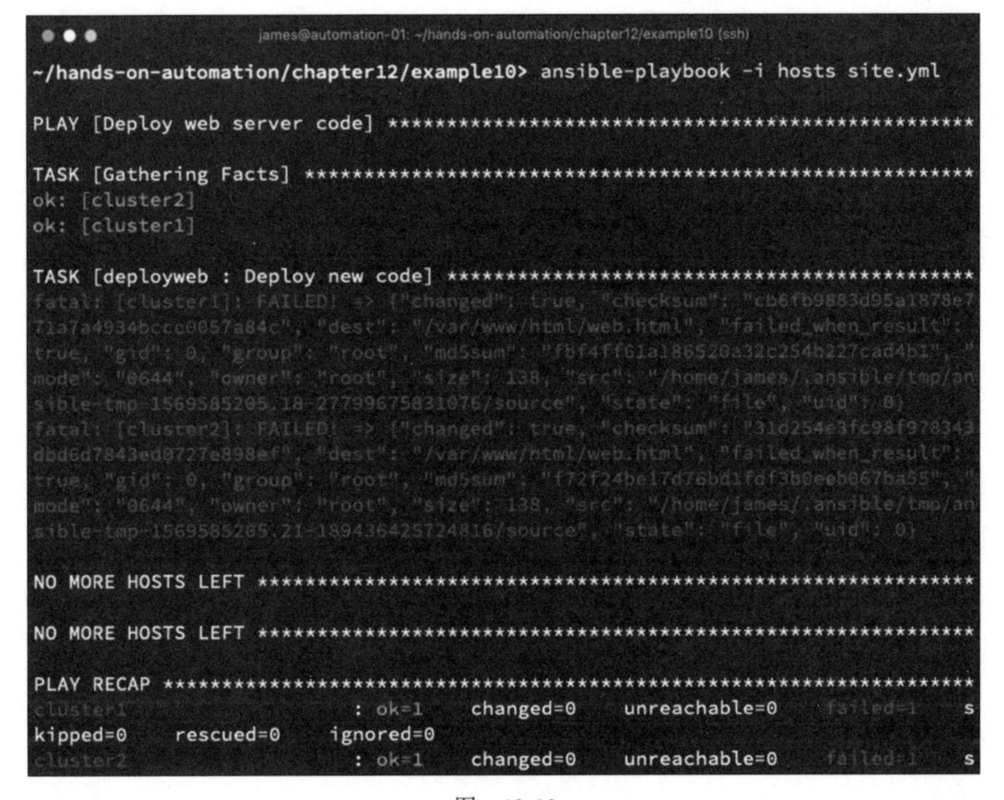

图　12-10

12.6　小结

Ansible 是一个非常强大的工具，不仅限于部署和配置管理。尽管这些都是它的核心优势，但它在处理日常管理任务时也有强大的作用。当与企业管理工具（如 AWX 或 Ansible Tower）结合使用时，它在 Linux 资产的管理中变得非常重要，特别是在审计和调试方面。

在本章中，你学习了如何使用 Ansible 整理磁盘空间，以及如何使其有条件执行；了解了 Ansible 如何帮助监控配置漂移，甚至警告可能篡改二进制文件；学习了如何使用 Ansible 管理远程服务器上的进程，以及如何以优雅且受管理的方式跨负载均衡的服务器池执行滚动更新。

在下一章中，我们将介绍如何以标准化的方式使用 CIS 基准来保护 Linux 服务器。

12.7　思考题

1. 在检查磁盘空间时，为什么要使用 `df` 命令的输出而不是使用 Ansible fact？

2. Ansible 哪个模块用于根据给定的条件（如年龄）定位文件？

3. 为什么监控配置漂移很重要？

4. 在 Ansible 中，有哪两种方法可以监控基于文本的配置文件的更改？

5. 如何使用 Ansible 管理远程服务器上的 `systemd` 服务？

6. 在 Ansible 中，可以帮助处理字符串输出（例如，拆分逗号分隔的列表）的内置过滤的名称是什么？

7. 在 Ansible 变量中，如何拆分逗号分隔的列表？

8. 在负载均衡的环境中运行时，为什么不希望一次性在所有服务器上执行所有的任务？

9. 哪个 Ansible 特性可以防止你将失败的任务转给所有服务器？

12.8 进一步阅读

- 要深入了解 Ansible，请参阅 *Mastering Ansible*，*Third Edition*，James Freeman 和 Jesse Keating（`https://www.packtpub.com/gb/virtualization-and-cloud/mastering-ansible-third-edition`）。

第四部分 Part 4

保护 Linux 服务器

在这一部分，我们将亲身体验安全基准测试并介绍如何在企业中应用、实施和审计它们的实例。

本部分包括以下章节：

- 第 13 章 使用 CIS 基准
- 第 14 章 使用 Ansible 进行 CIS 加固
- 第 15 章 使用 OpenSCAP 审计安全策略
- 第 16 章 提示和技巧

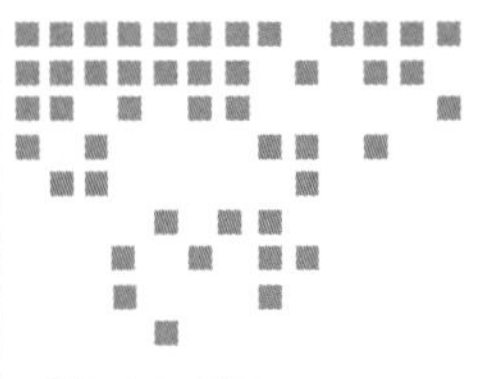

Chapter 13 第 13 章

使用 CIS 基准

在企业中实施 Linux 时，安全性至关重要。安全是一个不断变化的目标。例如，SSLv2 曾被认为是安全的，多年来一直被用来保护互联网上的网站。然而 2016 年的 DROWN（溺水）袭击让它变得不安全。2015 年为互联网流量提供安全保护的服务器（可能是前端 Web 服务器）在当时被认为是安全的。然而，在 2017 年，它会被认为是非常脆弱的。

Linux 本身一直被认为是一种安全的操作系统，尽管它的高采用率和采用率的不断增长已经导致了更多的攻击。在本书中，我们一直在宏观上提倡在设计 Linux 属性时采用良好的安全实践，例如，不要在基本操作系统映像上安装不必要的服务。尽管如此，我们仍可以进一步提高 Linux 环境的安全性。在本章中，我们将探讨根据已建立的标准来确保 Linux 环境安全的方法。具体来说，我们将使用 CIS 基准，以及介绍应用这些基准的一些实际例子。

本章涵盖以下主题：

- 了解 CIS 基准
- 明智地应用安全策略
- 服务器加固的脚本化部署

13.1 技术要求

本章包括基于以下技术的示例：

- CentOS 7.6
- Ansible 2.8

要运行这些示例，你需要访问两台运行在前面列出的操作系统以及 Ansible 上的服务器或虚拟机。请注意，本章中给出的示例可能具有破坏性（例如，它们删除文件并更改服务器配置），如果按原样运行，则只可在隔离的测试环境中运行。

一旦有感到满意的安全操作环境，我们就可以开始使用Ansible进行日常系统维护。

本章中讨论的所有示例代码都可以从GitHub获得，网址如下：`https://github.com/PacktPublishing/Hands-On-Enterprise-Automation-on-Linux/tree/master/chapter13`。

13.2 了解CIS基准

在深入研究CIS基准的组成之前，让我们先看看它们存在的原因，以及它们是什么。

13.2.1 什么是CIS基准

无论其操作系统如何，保护服务器都是一项艰巨的任务。它要求在发现新的攻击面和漏洞时不断更新（请参阅本章简介中提到的DROWN攻击和SSLv2）。有些事情是众所周知的，被认为是正常的。例如，在Linux上，通常不赞成以root用户身份登录，几乎普遍认为每个用户都应该有自己的用户账户，并且应该使用`sudo`命令执行所有需要提升权限的命令。因此，一些Linux发行版（如Ubuntu）在默认情况下禁用了远程root访问。其他的发行版（如CentOS）则不然。即使在企业中常见的这两种重要发行版之间，你也知道，对于一种，需要主动关闭远程root SSH访问；对于另一种，只需要检查它是否已关闭。

当然，定义安全策略比是否允许通过SSH进行root访问要深入得多。多年来，人们积累了丰富的知识，知道什么是有效的，也许通过艰苦的学习，还会知道什么是无效的。但是，环境的安全性不应该由系统管理员的经验来定义。相反，对于如何最好地保护服务器以防止大多数常见攻击，以及确保在需要审计以查找事件根本原因的情况下记录适当级别的信息，应该有一些已定义的标准。

这就是CIS基准的概念所在。许多人都熟悉将基准测试作为性能测试（即速度）的概念。但是，服务器是否安全可以通过寻找特定的标准来测试，因此CIS基准是存在的。直接引用用**互联网安全社区（Community for Internet Security，CIS）**网站的话：

“CIS基准是通过一个独特的基于共识的过程制定的，该过程由世界各地的网络安全专业人士和主题专家组成。”

因此，这些基准可以被视为行业内的专业人士最佳实践的融合。此外，它们会定期更新，因此工程师和管理员可以使用它们来了解有关服务器安全的最佳实践。

当然，应该指出的是，还有其他安全标准比CIS的基准更深入，例如FedRAMP和NSA安全要求。我们不可能详细介绍本书中提供的所有不同标准，只重点介绍CIS基准，它是免费提供的（需要交换一些个人信息），也很受欢迎。

本书关注的是 CIS 基准测试，这不应该被看作一种盲从的声明，即你应该在服务器资产上实现这些基准测试，以确保其安全性。每个读者都有责任确保他们了解自己的安全要求，并相应地实施正确的要求。在本章中，我们将使用 CIS 基准测试作为服务器加固到给定标准的工作示例。

另外值得注意的是，CIS 的基准是按技术划分的。例如，Red Hat Enterprise Linux 7 和 Ubuntu Server 都有一个 CIS 基准，你可以将其应用于企业 Linux 资产。但是，这些都集中在保护基本操作系统上，如果在其上安装了应用程序层，那么必须为此采取适当的安全策略。

有 140 多种技术都有它们的 CIS 基准，包括常见的 Linux 服务，如 nginx、Apache 和 PostgreSQL。因此，如果你正在构建一个面向网络的 Web 服务器，那么应用操作系统基准测试以及为所选 Web 服务器应用适当的基准测试是有意义的。

如果你有一个定制的应用程序层，或者实际上只是在使用 CIS 网站上未列出的技术，也不要失望，请使用适当的基准来保护底层操作系统，然后以最佳方式应用安全实践。通常，网上有好的建议，但弄清楚这一点超出了本书的范围。

有关 CIS 基准的技术的完整列表可以在 `https://www.cisecurity.org/cis-benchmarks/` 找到。

一旦获得了所选操作系统的安全基准，就应该考虑应用它了。不过，在这一步之前，我们将先更详细地探讨 Linux 操作系统的 CIS 基准测试的内容。

13.2.2 详细探讨 CIS 基准

举一个实际的例子：通过查看 RHEL7 的基准来更详细地探讨 CIS 基准。在撰写本书时，CIS 基准的发行版是 2.2.0，共 386 页！因此，我们可以立即看到，实现这个基准不太可能是一个轻而易举的任务。

该文档的 Recommendations 部分分为几个小节，其中每个小节都侧重于操作系统中特定的安全领域：第 1 节介绍了操作系统的初始设置以及在构建时应用的参数和配置；第 2 节是关于保护可能默认安装在 RHEL7 服务器上的公共服务的；第 3 节讨论网络配置；第 4 节详细介绍了日志记录和审计日志记录设置，以确保在日常使用过程中采集所需的数据量，从而在你遗憾遭受破坏或停机时，确保你可以审计服务器，并找出发生了什么；第 5 节讨论了对服务器的访问和身份验证（在这里你会发现提到了 SSH 服务器安全性，事实上，你会看到我们禁用远程 root 登录的示例是文档版本 2.2.0 中的基准 5.2.8）；第 6 节题为“系统维护”，目的不是一次运行，而是定期运行，以确保系统的完整性。

当然，我们在前面已经讨论论过，任何具有 root 权限的人都可以更改核心系统配置，因此建议定期运行（或至少检查）所有基准测试，以确保服务器符合原始策略。

我们将在接下来的两章中对此进行探讨。不过，现在，继续深入了解 CIS 基准本身。

当查看每一条建议时，你会注意到每一条建议都有一个与之相关联的级别，并且它的取值只有**评分**（Scored）或**不评分**（Not Scored），这在每个基准的标题中都有说明。

这些基准中的每一个都旨在作为合规性检查的一部分，为系统的最终报告或评分做出贡献，而评分后的建议实际上会为最终评分做出贡献。因此，如果你的系统符合检查要求，那么最终分数将增加；如果不符合检查要求，那么最终分数将减少。那些被标记为**不评分**的项对最终得分没有任何影响。换句话说，你没有因为没有实现它们而受到惩罚。

当然，这并不意味着它们不重要。例如，让我们考虑一下 2.2.0 版 RHEL 7 基准测试的基准测试 3.7，它的标题是“确保禁用无线接口”。每个基准之间的基本原理在基准的细节中给出，这一点说明如下：

“如果不使用无线，则可以禁用无线设备以减少潜在的攻击面。”

这是一种逻辑方法，我们知道，如果你的设备具有无线接口，则应禁用该接口，除非正在使用。此外，无线安全协议在历史上已经被攻破，就像 SSLv2 一样，因此，从长远来看，无线网络通信可能不是真正安全的。尽管如此，在运行 RHEL 7 的公司笔记本电脑上，你不能保证它将连接到有线网络连接。在这种情况下，无线网络可能是唯一的选择，你需要保持它处于打开状态。

当然，CIS 基准不能为你做出这个决定，只有你知道系统是否需要启用其无线网络适配器（如果存在），因此这是一个不评分的项目是合理的。

相比之下，基准测试 5.2.8（禁用远程 root SSH 访问）是评分的，因为应该没有合理的理由在企业环境中启用远程 root SSH 访问。因此，如果不能达到这一基准，预计我们的系统将被降级。

每个基准都有关于如何测试所述条件或配置是否存在的详细信息，以及关于如何应用所需配置的详细信息。

除了这些细节之外，你还将注意到每个基准都有一个与其相关联的级别，可以是 1 或 2。在每种情况下，对于 RHEL 7，你将看到这些级别应用于两种不同的场景：将 RHEL 7 用作服务器和工作站。同样，当我们深入研究这些级别的意义时，这也是有意义的。

级别 1 是一个合理的安全基线，可以应用于环境以减少攻击面。它并不打算对 Linux 环境的日常业务使用产生广泛的影响，因此级别 1 基准是打扰较少的。

相比之下，提供级别 2 基准是为了提供更严格的安全级别，并且极有可能对环境的日常使用产生影响。

如果再看一下基准 3.7，我们将看到它被分类为服务器的级别 1 和工作站的级别 2。这是有意义的——服务器不太可能有无线网络适配器，甚至不太可能使用它，即使有，禁用它对服务器的日常使用几乎没有影响。然而，如果在 RHEL 7 笔记本上实现基准 3.7，那么它的便携性就会大大降低，因此 2 级分类警告我们这一点。想象一下，拥有一台笔记本电脑却无法在无线网络上使用，这是什么概念呢！

基准 5.2.8 对于服务器和工作站都被认为是 1 级的，因为它已经被认为是不使用 root 账户进行日常操作的良好实践，因此，禁用通过 SSH 对它的访问应该不会对日常工作产生任何影响。

在理想的情况下，在应用基准之前，你应该阅读并理解所有基准，以防它们对你的工作方式产生影响。例如，我仍然遇到使用 SSH 上的 root 账户进行脚本操作的系统，虽然我的第一个任务通常是纠正这一点，如果盲目地将 CIS 基准应用于这些系统，就会破坏一个原本正常工作的设置。

然而，鉴于管理企业 Linux 环境的任何人都非常忙的事实，可以将评分为 1 级的基准应用于系统的行为可以被原谅。事实上，这将给你一个合理的安全基线，同时产生相对较低的风险，但没有什么可以替代彻底的检查。

在下一节中，我们将更详细地了解如何明智地选择基准，且不会在环境中造成问题！

13.3 明智地应用安全策略

如前所述，每个 CIS 基准都有一个与其相关的级别和评分。我们特别关注级别，因为虽然希望尽可能有效地保护系统，但不希望破坏任何正在运行的系统。因此，在将应用程序部署到生产环境之前，最好在一个隔离的测试环境中应用基准并测试应用程序。实际上，如果某个基准的应用破坏了一个给定的系统，那么应该在企业中执行以下过程来解决它：

1. 确定是哪个基准导致了问题。
2. 确定哪些内部系统受到这个基准的影响。
3. 决定是否可以更改内部系统以便它配合这个基准工作。例如，在 SSH 上使用非特权账户，而不是 root。
4. 实施内部系统的变更并普遍地应用此基准，或（只有在有充分理由的情况下）为此基准设定一个例外并记录它。

> CIS 基准测试甚至可能会破坏 Ansible 自动化。最简单的例子是你正在使用 root 账户执行自动化任务，并且你将此作为 CIS 基准部署的一部分禁用。在本例中，你会发现所有系统都锁定了 Ansible，在最坏的情况下，你必须手动修改每个服务器以恢复 Ansible 访问。

虽然我们不能在本章中逐一介绍每个基准，但在下面的小节中，我们将探讨一些需要注意的相关示例。希望这将为你提供足够的信息，以便为你选择的 Linux 版本检查基准，然后就哪些安全策略最符合你的环境做出明智的决定。

我们将继续使用 RHEL 7 基准版本 2.2.0 的示例。然而，这里描述的大部分内容也适用于其他 Linux 平台。配置文件路径甚至日志文件路径可能会有所不同，但这些路径将在操作系统的相关 CIS 基准中详细说明，因此请务必下载与你最相关的基准。

既然我们已经考虑了安全策略应用的总体原则，那么在下一节中从 SELinux 策略开始，我们将深入研究一些具体的示例。

13.3.1　应用 SELinux 安全策略

RHEL7 基准的 1.6.1 节涉及 SELinux 的实现，包括确保 SELinux 处于强制模式而不是在某个级别被禁用的检查。你将注意到，这些检查都是 2 级基准，这意味着它们可能会破坏现有系统。

在支持 SELinux 的操作系统上启用和应用 SELinux 是一个非常好的主意，但即使在撰写本书时，仍有许多 Linux 应用程序无法与之配合使用，并且其安装说明中指出，必须禁用 SELinux 才能使应用程序正常工作。当然，这并不理想，你应该创建一个 SELinux 策略，允许应用程序栈工作，而无须禁用它。

但并非所有企业都有足够的时间来完成这项工作，因此需要仔细考虑这套基准。简言之，如果可能的话，应该采用这套基准，但可能需要例外。

如果你使用的是 Ubuntu，那么同样的逻辑应该应用于 AppArmor，这在 Ubuntu 服务器上是默认启用的。

下面我们将了解 CIS 基准如何影响 Linux 上挂载文件系统的方式。

13.3.2　挂载文件系统

Linux 中的所有文件系统都必须先挂载才能使用。这非常简单，就是将块设备（如磁盘上的分区）映射到某个路径。对于大多数用户来说，这是透明的，并且在引导时发生，但是对于那些负责配置系统的用户来说，这需要多加注意。例如，`/tmp` 文件系统通常对所有用户都是可写的，因此不允许人们从这个目录执行文件是可取的，因为他们可以将任意二进制文件放在其中由自己或其他人运行。因此，这个文件系统通常使用 `noexec` 标志来实现这一点。

在已经部署的计算机上，更改分区的挂载选项（实际上是分区结构）可能会有问题。此外，许多云平台都具有扁平的文件系统结构，因此，前面的 `/tmp` 示例可能无法实现，因为它不能与 `root` 分区分开挂载。因此，建议将 CIS 基准的这一部分考虑到服务器（或映像）构建过程中，并在需要时为公共云平台创建排除项。

CIS 基准（标题为文件系统配置）的 1.1 节中的基准测试正好涉及这些细节，而且，这些细节需要根据环境进行定制。例如，基准测试 1.1.1.8 建议禁用挂载 FAT 文件系统的功能，1.1.5 节建议禁用 `/tmp` 上的二进制执行，如前所述。这些都是评分基准，在撰写本书时，应该不需要使用或挂载 FAT 卷或从 `/tmp` 执行文件。但是，在某些遗留环境中，这仍然是必需的，因此应用时要谨慎。

类似地，对于重要路径（如 /tmp 和 /var）使用单独的文件系统以及特殊的挂载选项也有许多建议。所有这些都将在大多数情况下起作用，但是，再次强调，声明这将对每个人都起作用（特别是在先前存在的环境中）是过于大胆的，因此这些应该在理解环境要求的情况下应用。

在研究了 CIS 基准测试对如何挂载文件系统的影响之后，我们将继续研究关于使用文件校验和进行入侵检测的建议。

13.3.3 安装高级入侵检测环境

基准 1.3.1 涉及**高级入侵检测环境（Advanced Intrusion Detection Environment，AIDE）**的安装。这是一种现代化的 Tripwire 实用程序的替代品，它可以扫描文件系统并对所有文件进行校验和的计算，从而提供一种可靠的方法来检测对文件系统的修改。

从表面上看，安装和使用 AIDE 是一个非常好的主意，但是，如果你的环境中有 100 台机器，并且你更新了所有这些机器，将得到 100 个报告，其中每个报告都包含大量文件更改的详细信息。这个问题还有其他解决方案，包括开源 OSSEC 项目（https://www.ossec.net/），但这并不是作为 CIS 基准的一部分进行检查的，因此你可以自行决定适合的企业的解决方案。

当然，这并不是说不应该用 AIDE。而是说，如果你选择使用 AIDE，请确保你有适当的流程来处理和理解报告，并确保能够区分误报（例如，由于包更新导致的二进制校验和更改）和真正恶意及意外的修改（例如，即使未执行软件包更新，bin/ls 也会更改）。

在研究了 AIDE 是否是在 Linux 基础设施上安装的可行工具之后，我们将继续研究 CIS 基准如何影响引导时服务的默认配置。

13.3.4 了解 CIS 服务基准

本基准的 2.2 节详细介绍了围绕要禁用的服务的一些评分为 1 级的基准。同样，这背后的基本原理是攻击面应该最小化，因此，例如，httpd 不应该运行，除非某服务器打算成为 Web 服务器。

尽管这一部分本身是合乎逻辑的，但回顾一下这一部分会发现大量对环境至关重要的服务，包括 squid、httpd 和 snmpd。对于所有这些基准，只有在这样做有意义的情况下，才应适用这些基准。你不会在 Web 服务器上关闭 Apache，也不会在代理服务器上禁用 squid。

但是，对于这些基准，我们提供了关于何时应用它们的良好指导，在 snmpd 的情况下，如果你的环境出于监控目的依赖这些服务，基准中甚至还提供了关于保护该服务的指导。

13.3.5 X Windows

基准 2.2.2 尽可能确保 X Windows 服务器实际上已从系统中卸载。大多数服务器都是无显示器的，可以做到这一点，但是，对于工作站或执行远程桌面功能的系统，你不会这样做。

一定要把这个基准应用到服务器上，但是只有当你知道应用它是安全的时候才能这么做。

13.3.6 允许主机通过网络连接

基准 3.4.2 和 3.4.3 要求确保配置了 `/etc/hosts.allow` 和 `/etc/hosts.deny`，这意味着，对于处理这两个文件的所有服务，实际上只处理来自允许的网络的连接。

这通常是个好主意，但是，许多组织都有很好的防火墙，有些组织实际上有不允许在其服务器上使用本机防火墙的策略，因为这会使调试过程复杂化。如果一个连接被拒绝了，那么你拥有的防火墙越多，要找出它在哪里被拒绝，你就要检查越多的地方。

因此，建议你根据公司的安全策略应用这两个基准。

13.3.7 本机防火墙

同样适用于 3.6 节中涉及 iptables 安装和配置的基准。尽管这个本机防火墙提高了服务器的安全级别，但它与许多公司的安全策略冲突，这些策略使用更少、更集中的防火墙，而不是许多本机化的防火墙。请根据公司策略应用这些基准。

13.3.8 关于评分的总体指导

你会注意到，我建议你在应用时要谨慎实施的许多基准实际上是被评分的。这将我们带到一个关于评分的更广泛的点，应用 CIS 基准的目的不是要达到 100% 的分数，而是为了达到适合你的环境并使你的企业能够正常运作的尽可能最高的分数。

评分应该被用来建立你自己的基线，一旦以本章讨论的方式完成了所有的基准测试，你就会知道哪些是适合你的企业的，因此，你的目标得分是多少也就确定了。

通过对重复应用基准的结果进行审计的过程，可以进行重复的评分练习，以跟踪总体环境合规性和随时间推移的漂移。例如，如果重复审计显示分数不断下降，那么你就知道在基准的合规性方面存在问题，因为必须确定根本原因是否是用户对系统进行了未经授权的更改，甚至推出了未经正确保护的新服务器。

无论哪种方式，CIS 基准分数都将成为一个有用的工具，用于监控 Linux 资产是否符合安全策略。在下一节中，我们将探讨实现 CIS 基准应用和合规性的脚本化方法。

13.4 服务器加固的脚本化部署

我们已经研究了 CIS 基准以及它们的使用方法。现在，让我们把注意力转向更实际的问题，即如何审计和如何实施。在本书中，我们将重点介绍 Ansible 作为我们选择的自动化此类任务的工具，事实上，Ansible 是实现这一目标的一个极好的解决方案。当然，你会注意到，CIS 基准文档本身中的示例通常是 shell 命令，或者在某些情况下，只是关于给定文件中应该存在（或不存在）的配置行的语句。

为了清楚地解释 Linux 系统上 CIS 基准测试的审计和实现，我将示例一分为二。在本节中，我们将开发传统的 shell 脚本，用于检查 CIS 基准的符合性，然后在需要时实现这些建议。这看起来与 CIS 基准文档本身非常相似，因此有助于理解如何实施这些标准。然后，在下一章中，我们将把这些基于 shell 脚本的示例开发成 Ansible 角色，这样就可以使用我们最喜欢的自动化工具来管理 CIS 基准合规性。

让我们通过一些示例来演示如何开发这样的脚本，从通过 SSH 的 root 登录示例开始。

13.4.1 确保禁用 SSH 的 root 登录

CIS 在 RHEL 7 基准的 2.2.0 版本中，建议 5.2.8 要求禁用远程的 root 登录。我们已经以其他方式讨论了这个示例，在这里，将特别关注 CIS 基准文档中的建议，以帮助理解应该如何实现这一点。

该文档规定，为了审计该要求（并因此对该项进行评分），应观察以下测试结果：

```
# grep "^PermitRootLogin" /etc/ssh/sshd_config
PermitRootLogin no
```

注意，该命令是供人解释其输出的。而不管该命令是启用的还是禁用的，它将从该文件返回 `PermitRootLogin` 行。文本显示了所需的输出，但假设运行测试的人员将读取输出并检查它是否启用，这在小范围可行，但对于自动化目的来说不可行。建议的补救措施是编辑 `/etc/ssh/sshd_config` 来设置以下参数：

```
PermitRootLogin no
```

到目前为止，一切都很好，CIS 基准文档非常具有描述性，甚至为我们的编码提供了一个良好的开端。然而，如前所述，这些代码片段并不能真正帮助我们以自动化的方式检查或实现这个建议。

假设我们想使用 shell 脚本来审计这个条件。在本例中，我们希望运行基准文档中提到的 `grep` 命令，但是使用更精确的模式来确保仅在 `PermitRootLogin` 行设置为 `no` 时匹配它。然后，我们将检查所需的输出，并根据检查结果向控制台回显（`echo`）适当的消息。此脚本可能如下所示（注意，在 shell 脚本中有多种方法可以实现相同的最终结果！）：

```
#!/bin/sh
#
# This file implements CIS Red Hat Enterprise Linux 7 Benchmark
# Recommendation 5.2.8 from version 2.2.0
echo -n "Ensure root logins are disabled on SSH... "
OUTPUT=$(grep "^PermitRootLogin no" /etc/ssh/sshd_config)
if [ "x$OUTPUT" == "x" ]; then
  echo FAILED!
```

```
else
  echo OK
fi
```

对于熟悉 shell 脚本的人来说，这个脚本相当简单，简言之，它包括以下步骤：

1. 我们在文件顶部的注释中放置一些有用的文档，以便我们知道测试的是哪个建议。请注意，建议编号可能会在文档版本之间发生变化，因此同时记录建议编号及所属版本很重要。

2. 回显（echo）一行正在运行的测试的信息性文本。

3. 运行 CIS 基准建议的审计命令，但此次我们检查是否有 PermitRootLogin no 行。输出被采集在 OUTPUT 变量中。

4. 如果 OUTPUT 的内容为空，则要检查的行在文件中不存在，并且假定这项测试失败。我们可以安全地假设这一点，因为在 OpenSSH 服务器中 root 登录是默认启用的，因此如果配置文件中没有这一行，那么只要 grep 模式没有问题，root 登录就是启用的。我们将其回显到终端，以便用户知道如何采取行动。

5. OUTPUT 变量应该包含文本的唯一条件是 grep 命令找到了所需的模式。如果达到了这个条件，那么我们为用户回显一个不同的消息，这样他们就知道这个测试已经通过了，不需要进一步的操作。

这个脚本的实际操作如图 13-1 所示，并尝试手动解决问题。

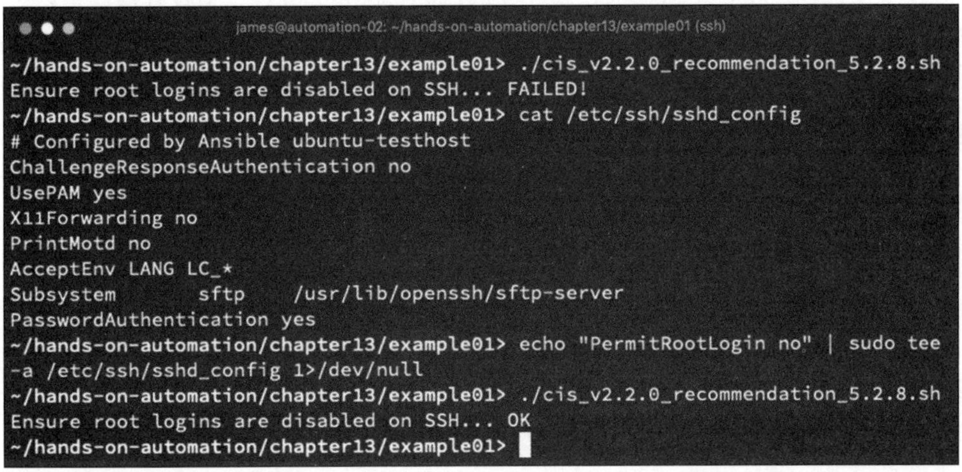

```
james@automation-02: ~/hands-on-automation/chapter13/example01 (ssh)
~/hands-on-automation/chapter13/example01> ./cis_v2.2.0_recommendation_5.2.8.sh
Ensure root logins are disabled on SSH... FAILED!
~/hands-on-automation/chapter13/example01> cat /etc/ssh/sshd_config
# Configured by Ansible ubuntu-testhost
ChallengeResponseAuthentication no
UsePAM yes
X11Forwarding no
PrintMotd no
AcceptEnv LANG LC_*
Subsystem       sftp    /usr/lib/openssh/sftp-server
PasswordAuthentication yes
~/hands-on-automation/chapter13/example01> echo "PermitRootLogin no" | sudo tee
-a /etc/ssh/sshd_config 1>/dev/null
~/hands-on-automation/chapter13/example01> ./cis_v2.2.0_recommendation_5.2.8.sh
Ensure root logins are disabled on SSH... OK
~/hands-on-automation/chapter13/example01>
```

图　13-1

在这里，我们可以看到手动过程的一个典型示例，许多系统管理员和工程师在管理他们的资产时都会熟悉这个过程。我们运行了前面定义的检查脚本，生成 FAILED 响应。因此，第一步是查看配置文件以了解测试失败的原因。有两种可能会导致这个结果，要么包含 PermitRootLogin 的行根本不存在，要么它被注释掉了。在本例中，实际情况被证明是前者。

如果这一行已经存在，但是被注释掉了，可以使用 sed（或其他内联编辑工具）取消对行的注释，并将参数设置为 no。但是，由于该行不存在，我们需要将该行附加到文件中，这是在图 13-1 中使用 tee -a 命令所做的。请注意，这与 sudo 结合使用是必要的，因为只有 root 用户才能写入此文件。然后再次运行测试，它通过了。当然，你会注意到，完全可以使用 vim（或你最喜欢的编辑器）打开此文件并手动更正问题；但是，前面的示例可以使用脚本化的解决方案。

如前一个例子所示，这是一个极其缓慢的手动过程。这对于在单台服务器（例如，模板映像）上执行来说已经足够糟糕了，但是想象一下，把它扩展到全部 Linux 服务器资产上，然后扩展到 CIS 基准文档中的所有建议，对某些人来说，这项任务将是一项全职（而且非常乏味）的工作。

最好自动化这个过程，你会注意到，在 CIS 基准文档中，不仅有一个用于审计服务器上的建议的测试用例，还有一个建议的更改。在大多数情况下，这只是给定配置文件中应该出现的行的语句。在本例中，我们希望声明以下内容：

```
PermitRootLogin no
```

如果我们要通过进一步开发 shell 脚本来尝试解决此问题，那么当测试结果状态是 FAILED! 时，我们需要执行以下步骤（在结果状态是 OK 时，不需要进一步的操作）：

1. 由于未能匹配文件中所需的模式，我们知道此行要么存在，但设置错误，要么根本不存在（不存在或被注释掉）。我们可以忽略最后两种可能性之间的差异，因为将注释掉的行保留在适当的位置并添加正确的行是没有坏处的。因此，不管它的设置是什么，第一个任务是测试 PermitRootLogin 行是否存在。

```
OPTPRESENT=$(grep -e "^PermitRootLogin.*" /etc/ssh/sshd_config)
if [ "x$OPTPRESENT" == "x" ]; then
...
else
...
fi
```

2. 在图 13-1 中，我们正在查找配置文件中以 PermitRootLogin 开始的任何一行。如果返回为空（我们的阳性测试用例），那么我们知道必须通过在 If 语句下直接添加以下内容来向文件中添加行：

```
    echo "Configuration not present - attempting to add"
    echo "PermitRootLogin no" | sudo tee -a /etc/ssh/sshd_config
1>/dev/null
```

3. 至此，一切正常。但是，如果 grep 命令确实返回了一些输出，那么此行存在并且值不正确，因此可以使用 sed 之类的工具修改此行如下：

```
    echo "Configuration present - attempting to modify"
    sudo sed -i 's/^PermitRootLogin.*/PermitRootLogin no/g'
/etc/ssh/sshd_config
```

4. 当修改了文件（无论采用何种方法修改），必须重新启动 sshd 才能使更改生效。因此，在内部 if 结构的关闭 fi 语句下，添加了以下内容：

```
sudo systemctl restart sshd
```

5. 当我们使用不存在此设置的 SSH 配置来运行它时，那么我们会看到如图 13-2 所示的行为。注意，第二次运行脚本表明修改是成功的。

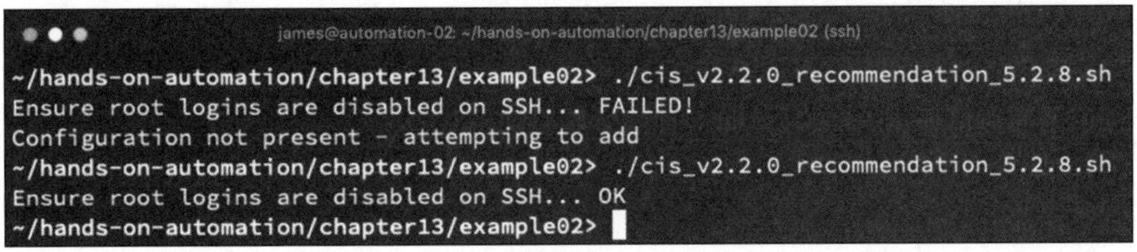

```
james@automation-02: ~/hands-on-automation/chapter13/example02 (ssh)
~/hands-on-automation/chapter13/example02> ./cis_v2.2.0_recommendation_5.2.8.sh
Ensure root logins are disabled on SSH... FAILED!
Configuration not present - attempting to add
~/hands-on-automation/chapter13/example02> ./cis_v2.2.0_recommendation_5.2.8.sh
Ensure root logins are disabled on SSH... OK
~/hands-on-automation/chapter13/example02>
```

图　13-2

6. 类似地，如果运行它，并且根据 CIS 基准，该行存在并且不正确，我们将看到如图 13-3 所示的内容。

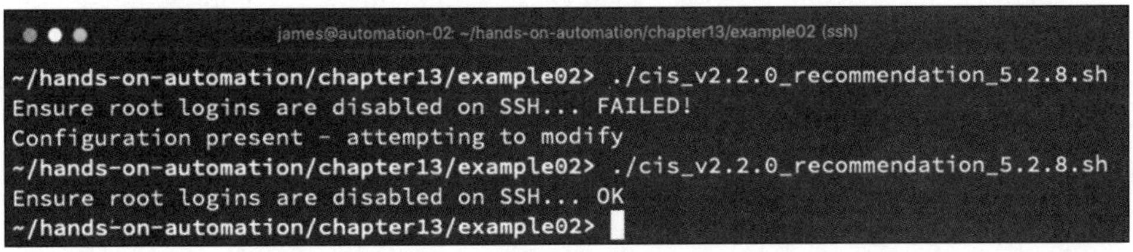

```
james@automation-02: ~/hands-on-automation/chapter13/example02 (ssh)
~/hands-on-automation/chapter13/example02> ./cis_v2.2.0_recommendation_5.2.8.sh
Ensure root logins are disabled on SSH... FAILED!
Configuration present - attempting to modify
~/hands-on-automation/chapter13/example02> ./cis_v2.2.0_recommendation_5.2.8.sh
Ensure root logins are disabled on SSH... OK
~/hands-on-automation/chapter13/example02>
```

图　13-3

这太棒了，我们刚刚使用 shell 脚本自动化了 CIS 基准测试文档中的一个建议。但是，你会注意到，我们开发的 shell 中包含大量重复脚本，这不容易被其他人接受。

此外，此建议比较简单，在本例中，一个文件中只有一行需要修改。如果建议更深入呢？这将在下一节中介绍。

13.4.2　确保禁用数据包重定向发送

版本 2.2.0 RHEL 基准的建议 3.1.2 更为详细。这是一个评分为 1 级的基准，可确保服务器不会向其他主机发送路由信息。除非它们被配置为路由器，否则没有理由这么做。

从文件本身来看，我们可以看到建议的审计命令（和结果）如下：

```
$ sysctl net.ipv4.conf.all.send_redirects
net.ipv4.conf.all.send_redirects = 0
$ sysctl net.ipv4.conf.default.send_redirects
net.ipv4.conf.default.send_redirects = 0
$ grep "net\.ipv4\.conf\.all\.send_redirects" /etc/sysctl.conf
/etc/sysctl.d/*
```

```
net.ipv4.conf.all.send_redirects = 0
$ grep "net\.ipv4\.conf\.default\.send_redirects" /etc/sysctl.conf
/etc/sysctl.d/*
net.ipv4.conf.default.send_redirects= 0
```

要运行的命令以 $ 字符开头，而所需的结果显示在下一行。我们已经看到，将其开发为 shell 脚本需要做一些工作——需要验证两个 sysctl 命令的输出，然后检查配置文件，以确保这些参数在重新启动和内核参数重新加载期间保持不变。

我们可以很容易地使用一些 shell 代码检查当前的内核参数设置，例如：

```
echo -n "Ensure net.ipv4.conf.all.send_redirects = 0... "
OUTPUT=$(sysctl net.ipv4.conf.all.send_redirects | grep
"net.ipv4.conf.all.send_redirects = 0" 2> /dev/null)
if [ "x$OUTPUT" == "x" ]; then
    echo FAILED!
  else
    echo OK
fi
```

注意到，这个代码结构几乎与我们用来检查 SSH 的 PermitRootLogin 参数的代码结构相同，因此，尽管自动化审计过程的代码变得越来越容易，但也变得高度重复和低效。然后将使用一个类似的代码块来检查 net.ipv4.conf.default.send_redirects 重定向参数。

我们还可以再次检查这些参数的持久配置，通过将来自 CIS 基准文档的审计命令构建到一个与我们之前所做的类似的条件结构中：

```
echo -n "Ensure net.ipv4.conf.all.send_redirects = 0 in persistent
configuration..."
OUTPUT=$(grep -e "^net\.ipv4\.conf\.all\.send_redirects = 0"
/etc/sysctl.conf /etc/sysctl.d/*)
if [ "x$OUTPUT" == "x" ]; then
    echo FAILED!
  else
    echo OK
fi
```

我们将再次为 net.ipv4.conf.default.send_redirects 参数复制此代码块。因此，再一次成功地构建了一个脚本来审计在系统上运行的这个基准测试，如图 13-4 所示。

```
james@automation-02: ~/hands-on-automation/chapter13/example03 (ssh)
~/hands-on-automation/chapter13/example03> ./cis_v2.2.0_recommendation_3.1.2.sh
Ensure net.ipv4.conf.all.send_redirects = 0... FAILED!
Ensure net.ipv4.conf.default.send_redirects = 0... FAILED!
Ensure net.ipv4.conf.all.send_redirects = 0 in persistent configuration...FAILED
!
Ensure net.ipv4.conf.default.send_redirects = 0 in persistent configuration...FA
ILED!
~/hands-on-automation/chapter13/example03>
```

图 13-4

这是 35 行的 shell 脚本（尽管在文件的顶部有一些注释），其中大部分都是重复的，我们只为了知道完全没有满足这个要求！再一次，如果我们要扩展这个例子来解决问题，还需要扩展脚本。

设置活动内核参数非常简单，只需要在前两个 if 构造的 FAILED! 分支中添加一系列命令，如下所示：

```
echo "Attempting to modify active kernel parameters"
sudo sysctl -w net.ipv4.conf.all.send_redirects=0
sudo sysctl -w net.ipv4.route.flush=1
```

我们可以在适当的地方为 net.ipv4.conf.default.send_redirects 添加上类似的命令。

然而，对于持久参数来说，事情有点棘手，我们需要像 PermitRootLogin 示例一样处理两种可能的配置文件场景，但是现在我们有了一个由一系列文件组成的配置，如果参数不存在，必须选择要修改那个文件。

因此，必须再次构建一个代码块来处理这两种不同的情况：

```
    OPTPRESENT=$(grep -e "^net\.ipv4\.conf\.all\.send_redirects"
/etc/sysctl.conf /etc/sysctl.d/*)
    if [ "x$OPTPRESENT" == "x" ] ; then
      echo "Line not present - attempting to append configuration"
      echo "net.ipv4.conf.all.send_redirects = 0" | sudo tee -a
/etc/sysctl.conf 1>/dev/null
    else
      echo "Line present - attempting to modify"
      sudo sed -i -r
's/^net\.ipv4\.conf\.all\.send_redirects.*/net.ipv4.conf.all.send_redirects
= 0/g' /etc/sysctl.conf /etc/sysctl.d/*
    fi
```

这是一段很难看很难读懂的代码。它所做的工作如下：

1. 它对已知的配置文件运行第二个 grep，以查看参数是否在其中，而不管其值如何。

2. 如果未设置参数，则选择将其追加到 /etc/sysctl.conf 文件中。

3. 如果设置了参数，则使用 sed 修改参数，将其强制为期望值 0。

现在，当运行这个脚本时，得到了如图 13-5 所示的结果。

正如我们所看到的，它工作得很好。然而，现在有多达 57 行的 shell 代码，其中大部分代码都开始变得不可读。而所有这些都只是为了设置两个内核参数，尽管我们现在已经建立了一个相当可靠的代码库来进行 CIS 基准测试（以及它们推荐的审计和修正步骤），但是它的扩展性并不好。

此外，在前面的示例中，这些脚本都是在本机运行的。如果想从一个中心位置运行它们该怎么办？在下一节中，我们将仔细研究一下。

```
james@automation-02: ~/hands-on-automation/chapter13/example04 (ssh)
~/hands-on-automation/chapter13/example04> ./cis_v2.2.0_recommendation_3.1.2.sh
Ensure net.ipv4.conf.all.send_redirects = 0... FAILED!
Attempting to modify active kernel parameters
net.ipv4.conf.all.send_redirects = 0
net.ipv4.route.flush = 1
Ensure net.ipv4.conf.default.send_redirects = 0... FAILED!
Attempting to modify active kernel parameters
net.ipv4.conf.default.send_redirects = 0
net.ipv4.route.flush = 1
Ensure net.ipv4.conf.all.send_redirects = 0 in persistent configuration...FAILED
!
Line not present - attempting to append configuration
Ensure net.ipv4.conf.default.send_redirects = 0 in persistent configuration...FA
ILED!
Line not present - attempting to append configuration
~/hands-on-automation/chapter13/example04> ./cis_v2.2.0_recommendation_3.1.2.sh
Ensure net.ipv4.conf.all.send_redirects = 0... OK
Ensure net.ipv4.conf.default.send_redirects = 0... OK
Ensure net.ipv4.conf.all.send_redirects = 0 in persistent configuration...OK
Ensure net.ipv4.conf.default.send_redirects = 0 in persistent configuration...OK
~/hands-on-automation/chapter13/example04>
```

图 13-5

13.4.3 从远程位置运行 CIS 基准脚本

shell 脚本化的挑战是，虽然在脚本所在的机器上运行很容易，但在远程机器上执行却有点困难。

我们之前开发的脚本设计为从非特权账户运行，因此，我们在具体要求运行 root 访问权限的步骤上使用了 `sudo`。当你设置了无口令 `sudo` 访问时，这是可以的，但是当使用 sudo 提升访问需要密码时，这会使远程运行脚本的任务更加复杂。

当然，整个脚本可以以 root 用户身份运行，并且根据你的用例和安全需求，这可能是可取的，也可能是不可取的。让我们看看在名为 `centos-testhost` 的远程系统上运行 send redirect 示例的任务。要实现这一点，我们需要执行以下操作：

1. 利用 SSH 登入远程系统并使用密码或以前设置的 SSH 密钥进行身份验证。
2. 调用运行我们开发的脚本所需的 shell。在本例中是 `/bin/bash`。
3. 将 `-s` 标志添加到 `bash` 命令，这将导致 shell 读取来自标准输入的命令（也就是说，命令可以通过管道传输给它）。
4. 将脚本传输给 `bash`。

这种方法还有一个警告，在脚本中，我们大胆地假设我们所依赖的命令（如 `sysctl`）存在于 PATH 变量中定义的一个目录中。可以说，这是有缺陷的，但是，它也可以使脚本开发更容易，特别是在构建可能在跨平台环境中使用的脚本时。

例如，虽然我们在本章中专门使用 RHEL 7 CIS 基准测试，但可以合理地假设，Ubuntu 服务器也希望禁用 SSH root 登录，并且不发送数据包重定向信息，除非它被显式配置为路由器。因此，我们可以合理地预期到目前为止我们已经开发的脚本可以在这两个系统上工作，并为我们节省一些开发工作。

但是，在 RHEL 7（和 CentOS 7）上，sysctl 命令位于 /usr/sbin/sysctl，而在 Ubuntu 上它位于 /sbin/sysctl。这种差异本身可以通过在脚本顶部的变量中定义 sysctl 的路径来处理，然后通过该变量调用它。然而，即使如此，也意味着修改许多与 CIS 加固相关的脚本，类似于：

```
# RHEL 7 systems
SYSCTL=/usr/sbin/sysctl
$SYSCTL -w net.ipv4.conf.all.send_redirects=0

# Ubuntu systems
SYSCTL=/sbin/sysctl
$SYSCTL -w net.ipv4.conf.all.send_redirects=0
```

简言之，这比原来的方法要好，但仍然是非常手动和凌乱的。

返回到远程运行现有脚本的任务，将所有需求放在一起，我们可以使用以下命令运行它：

```
$ ssh centos-testhost 'PATH=$PATH:/usr/sbin /bin/bash -s' <
cis_v2.2.0_recommendation_3.1.2.sh
```

前面的命令假设我们正在本机系统上以当前用户身份运行脚本，通过在主机名之前添加用户来显式地设置用户：

```
$ ssh james@centos-testhost 'PATH=$PATH:/usr/sbin /bin/bash -s' <
cis_v2.2.0_recommendation_3.1.2.sh
```

在远程系统上运行此命令（包括第二次运行以确保有效地进行修改）的情况如图 13-6 所示。

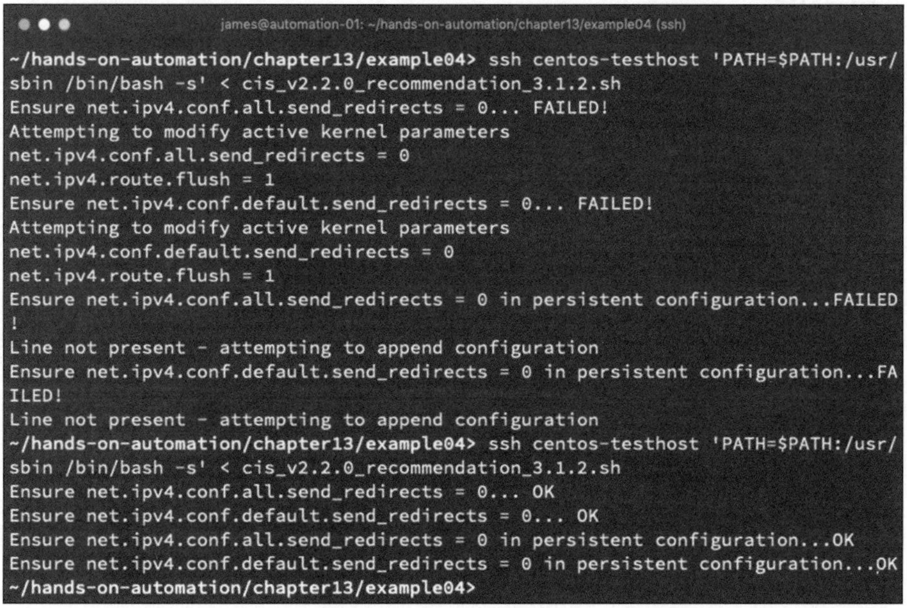

```
james@automation-01: ~/hands-on-automation/chapter13/example04 (ssh)
~/hands-on-automation/chapter13/example04> ssh centos-testhost 'PATH=$PATH:/usr/
sbin /bin/bash -s' < cis_v2.2.0_recommendation_3.1.2.sh
Ensure net.ipv4.conf.all.send_redirects = 0... FAILED!
Attempting to modify active kernel parameters
net.ipv4.conf.all.send_redirects = 0
net.ipv4.route.flush = 1
Ensure net.ipv4.conf.default.send_redirects = 0... FAILED!
Attempting to modify active kernel parameters
net.ipv4.conf.default.send_redirects = 0
net.ipv4.route.flush = 1
Ensure net.ipv4.conf.all.send_redirects = 0 in persistent configuration...FAILED
!
Line not present - attempting to append configuration
Ensure net.ipv4.conf.default.send_redirects = 0 in persistent configuration...FA
ILED!
Line not present - attempting to append configuration
~/hands-on-automation/chapter13/example04> ssh centos-testhost 'PATH=$PATH:/usr/
sbin /bin/bash -s' < cis_v2.2.0_recommendation_3.1.2.sh
Ensure net.ipv4.conf.all.send_redirects = 0... OK
Ensure net.ipv4.conf.default.send_redirects = 0... OK
Ensure net.ipv4.conf.all.send_redirects = 0 in persistent configuration...OK
Ensure net.ipv4.conf.default.send_redirects = 0 in persistent configuration...OK
~/hands-on-automation/chapter13/example04>
```

图 13-6

我们可以看到这是对远程系统有效，不需要修改原始脚本。所有这些虽然非常有效果，但都有些低效率和麻烦，尤其是与我们使用 Ansible 的经验相比。事实上，可以公平地说，这些示例展示了 Ansible 对自动化基本系统管理任务所带来的价值。为了发展这一点，在下一章中，我们将研究如何通过开发 Ansible 脚本来在 CIS 基准上建立我们的基础，以执行所需的任务。

13.5 小结

在当今高度互联的世界中，系统安全是最重要的，尽管 Linux 长期以来一直被视为一种安全的操作系统，但为了提高其安全性，仍有许多事情可以做。CIS 基准提供了这样一种标准化方法，它汇集了来自整个技术行业的关于安全最佳实践的共识。然而，CIS 基准是广泛的，如果手动应用的话，工程师在单个系统上实现就需要很长时间。因此，自动化的部署是至关重要的。

在本章中，你了解了 CIS 基准、用途以及它们带来的好处。还了解了安全性和应用程序支持之间的平衡，以及如何在应用某种服务器加固策略时做出明智的决策。最后学习了如何使用 shell 脚本在 Linux 服务器上应用一些安全策略示例。

在下一章中，我们将通过演示使用 Ansible 自动部署 CIS 基准建议的有效方法来进一步发展这个概念。

13.6 思考题

1. 为什么 CIS 基准测试与保护 Linux 服务器相关？
2. 如果你用适当的基准测试来保护 Ubuntu 服务器，然后在那台服务器上安装 nginx，它是否也需要加固？
3. 1 级基准和 2 级基准之间的区别是什么？
4. 为什么有些基准是评分项而有些不是？
5. 如何使用 shell 脚本检查给定的审计需求是否被满足？
6. 说明与使用 shell 脚本自动修改配置文件相关的三个可能问题。
7. 为什么 shell 脚本在 CIS 基准测试的自动推出中不能很好地扩展？
8. 如何使用 SSH 在远程服务器上运行 CIS 基准 shell 脚本？
9. 为什么要使用变量来指定用于实现一个 CIS 建议的二进制文件的路径？
10. 为什么你可以对脚本中的单个命令使用 sudo，而不需要以 root 身份运行整个脚本？

13.7　进一步阅读

- 要查看有关 CIS 基准的常见问题，请参阅 https://www.cisecurity.org/cis-benchmarks/cis-benchmarks-faq/。
- 有关 CIS 基准的完整列表，请访问 https://www.cisecurity.org/cis-benchmarks/。
- 要更好地理解 Linux shell 脚本，请参阅 Andrew Mallett 和 Mokhtar Ebrahim 的 *Mastering Linux Shell Scripting*，*Second Edition*（https://www.packtpub.com/gb/virtualization-and-cloud/mastering-linux-shell-scripting-second-edition）。
- 要了解有关 SELinux 的更多信息以及如何创建自己的策略，请参阅 Sven Vermeulen 的 *SELinux System Administration*，*Second Edition*（https://www.packtpub.com/gb/networking-and-servers/selinux-system-administration-second-edition）。

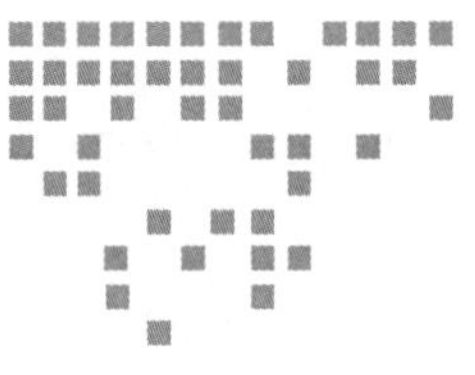

Chapter 14 第 14 章

使用 Ansible 进行 CIS 加固

在第 13 章中，我们详细探讨了 CIS 基准的概念、它们如何有利于企业中的 Linux 安全，以及如何应用它们。我们详细地研究了一个 CIS 加固基准的示例，即用于 Red Hat Enterprise Linux（和 CentOS）7 的示例。尽管得出结论，基准文档提供了大量有关验证检查的细节，甚至包括如何实现基准的方法，但我们也看到整个过程都是极端手工的操作。此外，对于一个单操作系统基准测试，有将近 400 页的详细信息，我们确定工程师在单台服务器上实现这一点的潜在工作量也将是巨大的。

在本章中，我们将再次考虑 Ansible。Ansible 非常适合企业规模的自动化，CIS 基准的实施也不例外。随着本章的展开，我们将学习如何在 Ansible 中重写 CIS 基准、如何在企业级应用这些基准，以及继续监督 Linux 服务器对这些基准的持续合规性。为此，我们将开发一种高度可扩展、可重复的方法，以一种可管理、可重复、可靠和安全的方式在企业中实施安全基准，这都是在企业中达成有效自动化的标志。

本章涵盖以下主题：

- 编写 Ansible 安全策略
- 使用 Ansible 应用企业范围的策略
- 使用 Ansible 测试安全策略

14.1 技术要求

本章包括基于以下技术的示例：

- CentOS 7.6

❑ Ansible 2.8

要运行这些示例，需要访问运行在前面列出的操作系统以及 Ansible 上的服务器或虚拟机。请注意，本章中给出的示例可能具有破坏性（例如，它们删除文件并更改服务器配置），如果按原样所示运行，则只可在隔离的测试环境中运行。

一旦有感到满意的安全操作环境，就可以开始使用 Ansible 进行日常系统维护。

本章中讨论的所有示例代码都可以在 GitHub 上的以下 URL 获得：`https://github.com/PacktPublishing/Hands-On-Enterprise-Automation-On-Linux/tree/master/chapter14`。

14.2 编写 Ansible 安全策略

在第 13 章中，我们研究了 Red Hat Enterprise Linux 7 的 CIS 基准（版本 2.2.0），并详细介绍了文档和实现技术。尽管在本书中，我们重点介绍了企业中两种更为常见的操作系统：Ubuntu Server LTS 和 RHEL/CentOS 7。但在上一章中，我们选择仅关注 RHEL 7 的 CIS 基准测试。这纯粹是为了简单起见，因为许多适用于 RHEL 7 的良好安全实践也适用于 Ubuntu Server LTS。例如，两种系统都不应该启用 root SSH 登录，也不应该启用包重定向发送，除非它是其充当的角色的核心工作。

在本章中，我们将继续开发基于 RHEL 7 的示例。本章中使用 Ansible 自动实现此基准的大部分技术都同样适用于 Ubuntu Server LTS，因此希望从本章中获得的知识能够很好地帮助你在 Ubuntu 或任何其他 Linux 服务器上实现安全基准。

让我们直接进入一些开发 CIS 基准实现的实际例子，只是这次我们将使用 Ansible，而不是基于 CIS 基准测试文档中的示例代码的 shell 脚本。

首先介绍远程 root 登录。

14.2.1 确保禁用远程 root 登录

在上一章中，我们设计了以下 shell 脚本来测试 CIS 基准的建议 5.2.8（RHEL 7，基准测试版本 2.2.0）中描述的条件，然后在不满足条件时实现它。在这里介绍它以便与将要创建的 Ansible 解决方案进行对比：

```
#!/bin/bash
#
# This file implements CIS Red Hat Enterprise Linux 7 Benchmark
# Recommendation 5.2.8 from version 2.2.0
echo -n "Ensure root logins are disabled on SSH... "
OUTPUT=$(grep -e "^PermitRootLogin no" /etc/ssh/sshd_config)
if [ "x$OUTPUT" == "x" ]; then
  echo FAILED!
  OPTPRESENT=$(grep -e "^PermitRootLogin.*" /etc/ssh/sshd_config)
  if [ "x$OPTPRESENT" == "x" ]; then
    echo "Configuration not present - attempting to add"
```

```
    echo "PermitRootLogin no" | sudo tee -a /etc/ssh/sshd_config
1>/dev/null
  else
    echo "Configuration present - attempting to modify"
    sudo sed -i 's/^PermitRootLogin.*/PermitRootLogin no/g'
/etc/ssh/sshd_config
  fi
  sudo systemctl restart sshd
else
  echo OK
fi
```

此 shell 脚本仅用于众多的基准测试中的一个，尽管它确实有效，但非常脆弱，不能跨多个系统扩展。此外，脚本也不易读，可以想象一下，如果实现了所有 CIS 基准测试建议，脚本的规模将是多么庞大！

让我们考虑一下如何在 Ansible 角色中重写此功能。首先，我们知道正在测试单个文件中的特定配置行。如果不存在这样的行，那么现有配置（隐式或显式）允许远程 root 登录。在本例中，我们执行两项操作：首先，修改配置文件以插入正确的行（或者修改现有行，如果它存在但配置了错误的值）；然后，如果配置文件被更改，我们将重新启动 SSH 守护进程。

使用 Ansible 的经验表明，`lineinfile` 模块可以处理几乎所有与检查配置文件和在没有正确配置必要的行时修改配置文件有关的工作。我们还了解到，`service` 模块可以轻松地重新启动 SSH 守护进程，并且该模块将从 `handler` 程序而不是在主任务流中运行，以确保除非实际修改了配置，否则守护进程不会重新启动。

因此，我们可以在名为 `rhel7cis_recommendation528` 的角色中定义一个包含如下所示的单个任务的角色：

```
---
- name: 5.2.8 Ensure SSH root login is disabled (Scored - L1S L1W)
  lineinfile:
    state: present
    dest: /etc/ssh/sshd_config
    regexp: '^PermitRootLogin'
    line: 'PermitRootLogin no'
  notify: Restart sshd
```

注意我们如何给出任务是一个有意义的名称——实际上，直接取自 CIS 基准文档本身。因此，我们确切地知道这是哪一个基准、它的目的是什么，以及它是否被评分。我们还将级别信息插入标题中，因为这将再次避免我们以后交叉引用原始的 CIS 基准文档。

除了角色任务外，我们还希望创建一个处理程序，以便在修改配置文件时重新启动 SSH 守护进程（如果没有此步骤，它将不会接收更改），此处理程序的合适代码示例如下：

```
---
- name: Restart sshd
  service:
    name: sshd
    state: restarted
```

我们已经看到，此剧本更易于使用，比原来的 shell 脚本可读性要好——在 shell 脚本中实现这个基准测试时，我们没有发现任何代码重复，`lineinfile` 模块的功能非常强大，它将所有的各种检查都封装到一个 Ansible 任务中。

在启用了远程 root 登录的系统上运行这个角色应该会产生类似于图 14-1 所示的输出。

```
james@automation-01: ~/hands-on-automation/chapter14/example01 (ssh)
~/hands-on-automation/chapter14/example01> ansible-playbook -i hosts site.yml

PLAY [Test and implement CIS benchmark 5.2.8] **********************************

TASK [Gathering Facts] *********************************************************
ok: [centos-testhost]

TASK [rhel7cis_recommendation528 : 5.2.8 Ensure SSH root login is disabled (Scor
ed - L1S L1W)] ***
changed: [centos-testhost]

RUNNING HANDLER [rhel7cis_recommendation528 : Restart sshd] ********************
changed: [centos-testhost]

PLAY RECAP *********************************************************************
centos-testhost            : ok=3    changed=2    unreachable=0    failed=0    s
kipped=0    rescued=0    ignored=0
```

图 14-1

相比之下，如果已经实现了建议，那么输出将如图 14-2 所示。

```
james@automation-01: ~/hands-on-automation/chapter14/example01 (ssh)
~/hands-on-automation/chapter14/example01> ansible-playbook -i hosts site.yml

PLAY [Test and implement CIS benchmark 5.2.8] **********************************

TASK [Gathering Facts] *********************************************************
ok: [centos-testhost]

TASK [rhel7cis_recommendation528 : 5.2.8 Ensure SSH root login is disabled (Scor
ed - L1S L1W)] ***
ok: [centos-testhost]

PLAY RECAP *********************************************************************
centos-testhost            : ok=2    changed=0    unreachable=0    failed=0    s
kipped=0    rescued=0    ignored=0
```

图 14-2

如你所见，如果满足条件，`lineinfile` 模块不做任何更改（导致在图 14-2 中看到的 `ok` 状态），并且处理程序根本不运行。

这本身就非常强大，而且在可管理性和编码工作方面都比 shell 脚本有了巨大的改进。尽管如此，RHEL 7 CIS 基准包含了近 400 条建议，不必在剧本运行中创建和包含 400 个角色，因为这会降低 Ansible 自动化的可管理性。

在下一节中，我们将通过添加 CIS 基准第 5 节中的另一条建议来扩展当前的剧本，从而以可伸缩、可管理的方式构建剧本代码。

14.2.2 在 Ansible 中构建安全策略

如果像上一节中所做的那样进行，那么当涉及 RHEL 7 CIS 基准版本 2.2.0 的 5.2.9 节（确保禁用了 `SSH PermittyPasswords`）时，我们将创建一个名为 `rhel7cis_recommendation529` 的新角色，并将相关任务和处理程序放入其中。

可以肯定，这并不能很好地扩展，创建一个新角色意味着我们需要在顶级剧本中指定它，该剧本将如下所示：

```
---
- name: Test and implement CIS benchmark
  hosts: all
  become: yes

  roles:
    - rhel7cis_recommendation528
    - rhel7cis_recommendation529
```

每行有一个角色，总共包含近 400 个角色，剧本很快就会变得单调乏味，这降低了 Ansible 代码的高度可管理性。

具体如何将任务划分为角色取决于你自己，你应该使用你认为最易于管理的方法。不过，作为一项建议，查看示例 CIS 基准的目录，可以看到建议分为六个部分。第 5 节中的内容专门涉及访问、身份验证和授权，因此，我们可能希望将所有这些内容组合到一个角色（可能称为 `rhel7cis_section5`）中，这是完全合乎逻辑的。

在这个关于剧本结构的决定下，我们现在可以继续将建议 5.2.8 和 5.2.9 的检查构建到相同的角色中。它们也可以共享同一个处理程序，因为两者都与 SSH 守护程序配置有关。因此，新角色的任务如下所示：

```
---
- name: 5.2.8 Ensure SSH root login is disabled (Scored - L1S L1W)
  lineinfile:
    state: present
    dest: /etc/ssh/sshd_config
    regexp: '^PermitRootLogin'
    line: 'PermitRootLogin no'
  notify: Restart sshd

- name: 5.2.9 Ensure SSH PermitEmptyPasswords is disabled (Scored - L1S
L1W)
  lineinfile:
    state: present
    dest: /etc/ssh/sshd_config
    regexp: '^PermitEmptyPasswords'
    line: 'PermitEmptyPasswords no'
  notify: Restart sshd
```

生成的代码仍然具有很高的可读性，并被分解为可管理的块，但现在的粒度不是很细，所以顶级剧本也不会很难维护。

处理程序代码与以前一样，现在当我们在一个不符合上述任何一个建议的系统上运行这个角色时，输出应该与图 14-3 类似。

```
james@automation-01: ~/hands-on-automation/chapter14/example02 (ssh)
~/hands-on-automation/chapter14/example02> ansible-playbook -i hosts site.yml

PLAY [Test and implement CIS benchmarks - section 5] ***************************

TASK [Gathering Facts] *********************************************************
ok: [centos-testhost]

TASK [rhel7cis_section5 : 5.2.8 Ensure SSH root login is disabled (Scored - L1S
L1W)] ***
changed: [centos-testhost]

TASK [rhel7cis_section5 : 5.2.9 Ensure SSH PermitEmptyPasswords is disabled (Sco
red - L1S L1W)] ***
changed: [centos-testhost]

RUNNING HANDLER [rhel7cis_section5 : Restart sshd] *****************************
changed: [centos-testhost]

PLAY RECAP *********************************************************************
centos-testhost            : ok=4    changed=3    unreachable=0    failed=0    s
kipped=0    rescued=0    ignored=0
```

图　14-3

这个输出非常干净整洁，如果选择这样做的话，那么希望能够看到，在实现 CIS 基准中的近 400 条建议时，它是如何很好地扩展。然而，这也引起了一个重要的考虑：在一个理想的世界里，CIS 的所有建议都将适用于每一台机器，然而在现实中，这并不总是可能的。在 13.3 节中，我们讨论了各种建议，你可以谨慎地实施这些建议。此外，尽管永远不通过 SSH 使用 root 账户执行远程登录是很理想的，但有些系统在被更新之前实际上需要支持某种遗留系统。

总之，在策略执行过程中总会有例外的要求。重要的是要以优雅的方式处理这件事。假设你有 100 台 Linux 机器要应用新编写的 mini 安全策略，但其中的两台机器需要启用远程 root 登录。

在这个例子中，有两种选择：

- 为有例外要求的两台服务器维护一组单独的剧本。
- 找到一种方法来有选择地运行角色中的任务，而不必修改这些选择中的任何一个。

第二种选择显然更好一些，因为它支持我们维护一个单独的剧本。但是，如何实现这一点呢？

Ansible 为我们提供了两个工具来解决这个问题。第一个是 `when` 子句。到目前为止，我们只看到了这个子句以编程方式计算一个条件（例如，在磁盘上的可用空间低于某个值的情况下运行磁盘清理）。在这个例子中，我们使用了一个更简单的实现——简单地计算布尔值是否为真。

假设我们在任务下面添加以下代码来实现建议 5.2.8：

```
when:
  - recommendation_528|default(true)|bool
```

这两行计算一个名为 recommendation_528 的变量，并应用两个 Jinja2 过滤器来确保它被正确处理，但未定义该变量。

- default 过滤器将该变量设置为默认情况下为 true，因为如果 Ansible 遇到任何未定义的变量，则 Ansible 将导致剧情播放失败并出现错误。这就不需要我们预先定义这些变量了——角色只是将它们默认为 true，除非我们另外设置它们。
- 第二个过滤器将它们转换为 bool 类型，以确保对条件的可靠计算。

记住，true 既可以是字符串，也可以是布尔值，这取决于你如何解释它。使用 |bool 过滤器可确保 Ansible 在布尔上下文中对其计算。

类似地，对于第二个任务，我们将在 notify 子句下面添加以下内容：

```
when:
  - recommendation_529|default(true)|bool
```

如果我们运行剧本而不对不兼容的系统执行任何其他操作，它的行为将与以前完全一样，如图 14-4 所示。

```
james@automation-01: ~/hands-on-automation/chapter14/example03 (ssh)
~/hands-on-automation/chapter14/example03> ansible-playbook -i hosts site.yml

PLAY [Test and implement CIS benchmarks - section 5] ***************************

TASK [Gathering Facts] *********************************************************
ok: [centos-testhost]

TASK [rhel7cis_section5 : 5.2.8 Ensure SSH root login is disabled (Scored - L1S
L1W)] ***
changed: [centos-testhost]

TASK [rhel7cis_section5 : 5.2.9 Ensure SSH PermitEmptyPasswords is disabled (Sco
red - L1S L1W)] ***
changed: [centos-testhost]

RUNNING HANDLER [rhel7cis_section5 : Restart sshd] *****************************
changed: [centos-testhost]

PLAY RECAP *********************************************************************
centos-testhost            : ok=4    changed=3    unreachable=0    failed=0    s
kipped=0    rescued=0    ignored=0
```

图 14-4

现在，如果我们想在一个希望跳过其中一个或两个建议的系统上运行它时，那么神奇的事情就发生了。假设主机 `legacy-testhost` 是一个遗留系统，它仍然需要远程 root 登录。要在这个特定的系统上使用这个角色，我们知道必须将 `recommendation_528` 设置为 `false`。这个设置可以在不同的级别上执行，清单可能是定义它的最合理的地方，因为它可以防止将来有人在没有定义它的情况下意外地运行剧本，从而通过拒绝远程 root 登录破坏遗留代码。我们可以为这个系统创建一个新的清单，如下所示：

```
[legacyservers]
legacy-testhost

[legacyservers:vars]
recommendation_528=false
```

把要跳过的建议的变量设置为 `false` 后，我们就可以针对这个新清单运行角色，结果如图 14-5 所示。

```
james@automation-01: ~/hands-on-automation/chapter14/example03 (ssh)
~/hands-on-automation/chapter14/example03> ansible-playbook -i legacyhosts site.
yml

PLAY [Test and implement CIS benchmarks - section 5] ***************************

TASK [Gathering Facts] *********************************************************
ok: [legacy-testhost]

TASK [rhel7cis_section5 : 5.2.8 Ensure SSH root login is disabled (Scored - L1S
L1W)] ***
skipping: [legacy-testhost]

TASK [rhel7cis_section5 : 5.2.9 Ensure SSH PermitEmptyPasswords is disabled (Sco
red - L1S L1W)] ***
changed: [legacy-testhost]

RUNNING HANDLER [rhel7cis_section5 : Restart sshd] *****************************
changed: [legacy-testhost]

PLAY RECAP *********************************************************************
legacy-testhost            : ok=3    changed=2    unreachable=0    failed=0    s
kipped=1    rescued=0    ignored=0
```

图　14-5

这正是我们想要的，在遗留系统上跳过了建议 5.2.8，我们所要做的只是在清单中定义一个变量，来自所有其他服务器的角色代码就可以被重用。

使用带有简单布尔变量的 `when` 子句可以很好地处理像这样的简单决策，但是当有多个条件要计算时会怎么样？尽管 `when` 子句可以计算逻辑 `and` 和 `or` 结构，但随着复杂性的增加，这可能会变得有些难以管理。

在这里帮助我们的第二个工具是 Ansible 标签，这是一个特殊的功能，专门设计为允许只运行角色或剧本中所需的部分，而不必从头到尾运行整个过程。假设我们在实现建议 5.2.8 的任务下面添加以下标记：

```
tags:
  - notlegacy
  - allservers
```

在建议 5.2.9 的任务下面，我们可以添加以下标记：

```
tags:
  - allservers
```

这些标记的行为最好用示例来解释。首先要注意的是，除非你指定要运行或跳过哪些标记，否则向剧本（或剧本中的角色）添加标记绝对不会起任何作用。因此，如果我们以当前的形式运行剧本，那么尽管添加了标记，但它的行为与以往完全一样，如图 14-6 所示。

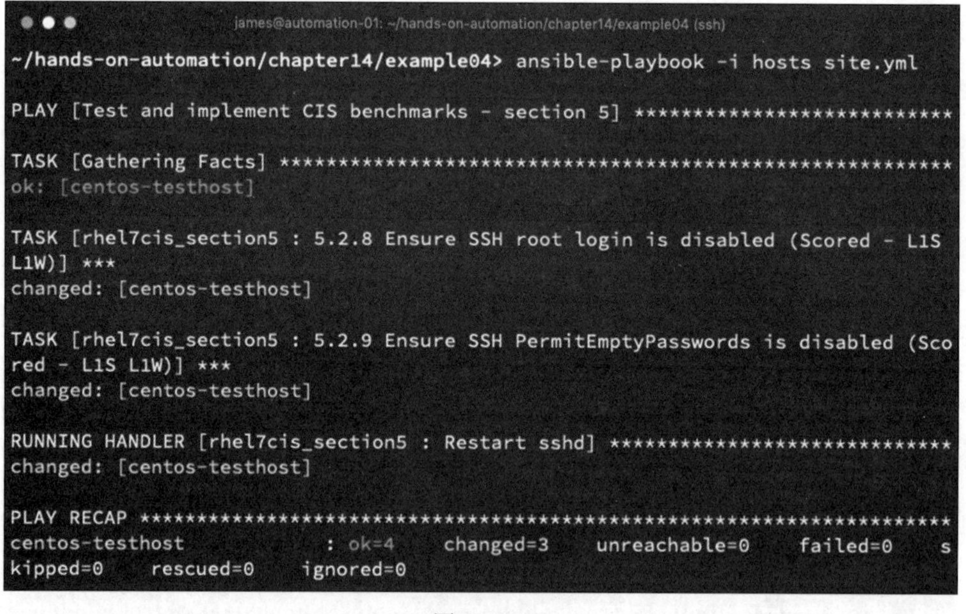

图 14-6

但当我们指定要运行哪些标记时，魔力就来了。重复前面的命令，但这次添加 `--skip-tags=notlegacy`。这个开关完全按照它所暗示的执行——所有带有 `notlegacy` 标记的任务都被忽略了。图 14-7 显示了这个剧本的输出。

在这里，我们看到了使用标记与使用 `when` 子句的一个显著区别，之前我们观察到，我们的建议 5.2.8 的任务先被计算了，但后来被跳过了，它甚至没有出现在前面的剧本输出中——简言之，整个任务就被当作好像它不存在一样。

如果我们用 `--tags=allservers` 选项运行剧本，会观察到这两个任务都在运行，因为它们都用这个值标记了。

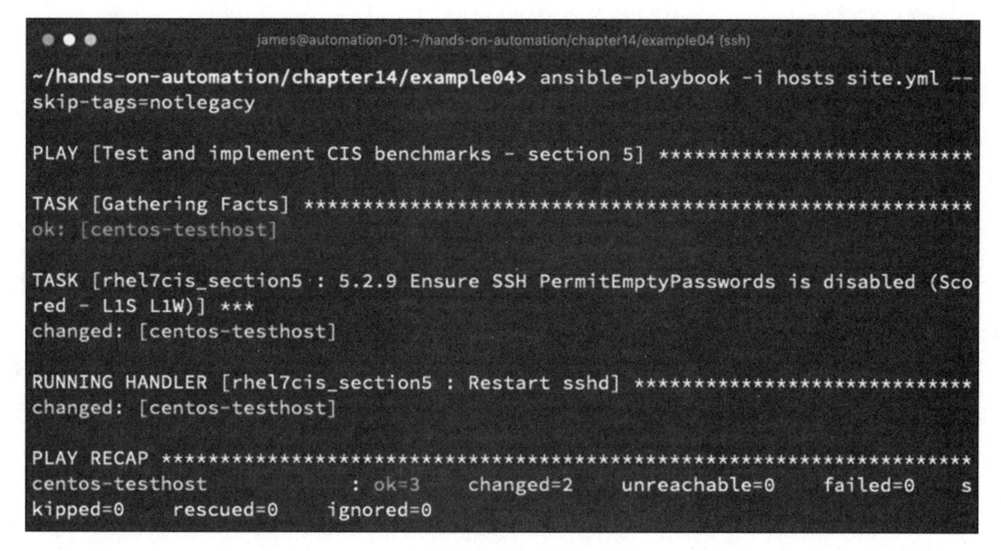

图　14-7

这不仅对这里的示例非常有用，而且在考虑更广泛的基准文档时也非常有用。例如，我们已经讨论过所有建议都是 1 级或 2 级的。同样，我们知道有些建议是评分项，有些建议不是评分项。

我们知道 1 级基准不太可能中断 Linux 服务器的日常运行，因此可以在一个剧本中实现所有建议，并将 level1 作为每个建议的一个标记，然后如果使用 `--tag=level1` 运行剧本，那么只会实现 1 级建议。在本例中使用此方法，我们建议 5.2.8 的任务的标记如下所示：

```
tags:
  - notlegacy
  - allservers
  - level1
  - scored
```

在构建角色和剧本以实现安全基准时，无论操作系统或安全标准如何，都建议尽可能地使用 `when` 子句和标记。请记住，在企业级实现自动化时，最不希望看到的就是要管理大量零碎的代码，而所有这些代码都是相似的，但所做的事情略有不同。标准化的程度越高，企业的可管理性就越强，适当地使用这些特性可以很好地确保你可以维护一个单独的 Ansible 代码库，同时在运行时调整其操作以处理服务器资产中例外的一些机器。

由于我们一直在为安全基准考虑合适的剧本和角色结构，所以在本节中故意保持示例的简单性。在下一节中，我们将重温在第 13 章中重点强调的一些更复杂的示例，并演示 Ansible 如何使它们更易于编码和理解。

14.2.3　在 Ansible 中实现更复杂的安全基准

我们在第 13 章中详细讨论过的使用 CIS 基准的示例之一是建议 3.1.2，它与禁用数据包重定向发送有关。这在任何不应该充当路由器的机器上都是很重要的（但它不应该在路由器上实现，因为它会阻止路由器正常工作）。

表面上看，这个建议看起来非常简单——只需要设置这两个内核参数，如下所示：

```
net.ipv4.conf.all.send_redirects = 0
net.ipv4.conf.default.send_redirects = 0
```

尽管如此简单，我们最终还是开发了将近 60 行 shell 脚本来实现这个检查，因为我们必须检查当前活动的内核参数和持久配置文件中的值，如果这些值未按预期设置，则执行相应的更改。

在这里，Ansible 再一次拯救了我们。Ansible 中的 `sysctl` 模块封装了我们构建到 shell 脚本中的许多测试和配置工作。此外，我们可以使用循环，这样同一个任务代码就可以运行两次，针对前面提到的每个内核参数都执行一次。

在为这个角色开发角色时，我们可以定义一个如下所示的任务：

```
---
- name: 3.1.2 Ensure packet redirect sending is disabled (Scored - L1S L1W)
  sysctl:
    name: "{{ item.paramname }}"
    value: "{{ item.paramvalue }}"
    reload: yes
    ignoreerrors: yes
    sysctl_set: yes
    state: present
  loop:
    - { paramname: net.ipv4.conf.all.send_redirects, paramvalue: 0 }
    - { paramname: net.ipv4.conf.default.send_redirects, paramvalue: 0 }
  notify:
    - Flush IPv4 routes
```

建议还指出，如果实现这些更改，还应该刷新系统上的 IPv4 路由。这也是通过一个 `sysctl` 参数实现的，因此我们只需再次使用 `sysctl` 模块，只是这次在处理程序（`handler`）中使用。

```
- name: Flush IPv4 routes
  sysctl:
    name: net.ipv4.route.flush
    value: "1"
    sysctl_set: yes
```

在测试系统上运行此命令，结果如图 14-8 所示。

正如图 14-8 中所示，此代码已成功运行并应用了基准推荐的设置，作为更改的直接结果，处理程序已启动并刷新 IPv4 路由。这样做的总体结果是，过去用了 57 行可读性很差的 shell 脚本实现的功能，现在可以用 14 行更可读的 YAML 来实现。

到目前为止，我们已经清楚地了解了 Ansible 如何使 CIS 建议的设计和实现变得简单，尤其是与 shell 脚本等替代方案相比。我们已经注意到，`sysctl` 和 `lineinfile` 等原生 Ansible 模块可以优雅地包装许多本应由 shell 脚本执行的步骤。然而，有时作为剧本的作者，你必须为剧本做一些重要的决定，我们将在下一节更详细地讨论这个问题。

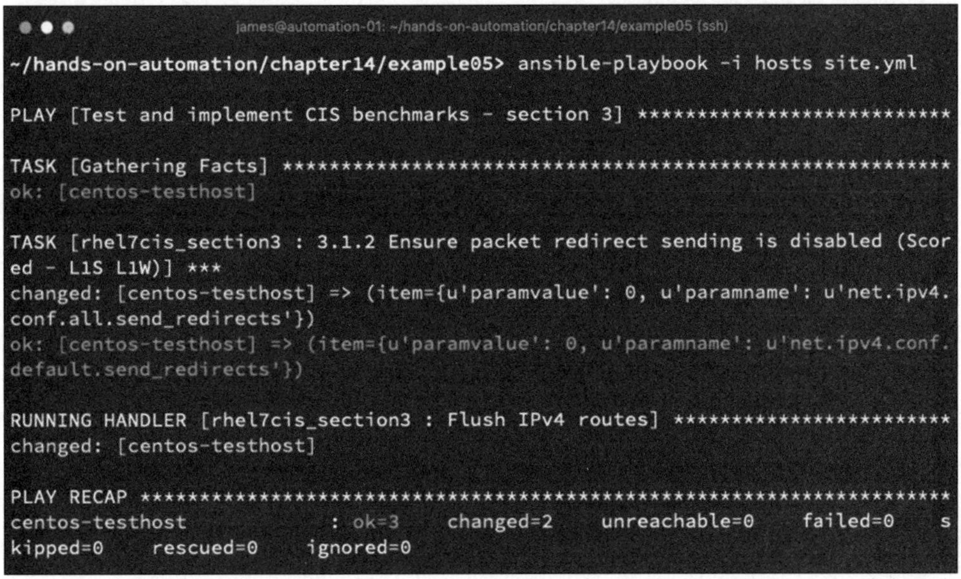

```
james@automation-01: ~/hands-on-automation/chapter14/example05 (ssh)
~/hands-on-automation/chapter14/example05> ansible-playbook -i hosts site.yml

PLAY [Test and implement CIS benchmarks - section 3] ***************************

TASK [Gathering Facts] *********************************************************
ok: [centos-testhost]

TASK [rhel7cis_section3 : 3.1.2 Ensure packet redirect sending is disabled (Scor
ed - L1S L1W)] ***
changed: [centos-testhost] => (item={u'paramvalue': 0, u'paramname': u'net.ipv4.
conf.all.send_redirects'})
ok: [centos-testhost] => (item={u'paramvalue': 0, u'paramname': u'net.ipv4.conf.
default.send_redirects'})

RUNNING HANDLER [rhel7cis_section3 : Flush IPv4 routes] ************************
changed: [centos-testhost]

PLAY RECAP *********************************************************************
centos-testhost            : ok=3    changed=2    unreachable=0    failed=0    s
kipped=0    rescued=0    ignored=0
```

图 14-8

14.2.4 在剧本设计中做出适当的决策

当构建角色和剧本以实现安全基线时，将会发现一些实现将被削减（例如，几乎可以肯定地知道是否希望 root SSH 登录成为可能），但其他方面还有待决定。时间同步就是这样一个例子，在本节中，我们将更详细地探讨这一点，以演示在设计角色时可以预期做出的各种决策，以及如何以建设性的方式解决这些决策。

如果查看 RHEL 7 CIS 基准（版本 2.2.0）的 2.2.1 节，就会发现它完全与时间同步有关。实际上，这在几乎每个企业 Linux 基础设施中都是一个重要的功能，服务器上的时钟之间的差异可能会导致证书有效性和 Kerberos 凭据等出问题。

尽管人们几乎普遍认为时间同步至关重要，但在实现时间同步的方法上却没有达成一致。例如，有两种主要的时间同步服务可用于大多数主流 Linux 发行版：

- chrony
- ntpd

尽管 chrony 现在是 RHEL 7 上的标准，但这并不意味着 ntpd 服务将不再工作。事实上，一些企业仍然选择实现这个服务，因为他们在这方面有着丰富的经验。

让 Ansible 检测给定 Linux 服务器正在使用这两个服务中的哪一个是完全可能的，在宏观的级别上，我们可以让 Ansible 执行以下操作：

1. 查询 RPM 包数据库以查看是否安装了 ntpd、chrony 或两者都已安装。

2. 如果安装了其中的某一个或两个，则检测哪一个处于活动状态：

a. 如果两者都不处于活动状态，则需要纠正，因为我们已经确定了时间同步的需要。

b. 如果两者都处于活动状态，则这两项服务将发生冲突，其中一项应被禁用。

我相信你会看到，在前面的过程中，有一处需要进行干预，如果两项服务都没有启动，需要选择一项来启动。如果两项都处于活动状态，需要禁用一项。这就是 Ansible 的帮助能力的终点——它无法为特定企业决定这两个完全有效的服务中哪一个最适合你的用例。

因此，提前决定使用哪个时间同步服务是很重要的。做出这个决定后，就可以对剧本进行专门编码，以执行适当的检查，并根据需要同等地执行适当的修正步骤。另外，我们在第 1 章的讨论中知道，企业级自动化是由通用性和标准化支持的，因此，从这些原则中知道，我们应该选择一个标准的时间同步服务，并坚持使用它，除非有很好的业务理由提出例外的要求。

为了改进这个示例，让我们看一下建议 2.2.1.1。这个建议说明我们应该确保时间同步服务正在使用中，尽管不知道是哪一个。如果我们事先决定了哪些服务是相关的，那么剧本开发就很容易了。假设我们选择了 chrony（RHEL 7 的默认值），用于此建议的角色如下：

```
---
- name: 2.2.1.1 Ensure time synchronization is in use (Not Scored - L1S
L1W)
  yum:
    name: chrony
    state: present

- name: 2.2.1.1 Ensure time synchronization is in use (Not Scored - L1S
L1W)
  service:
    name: chronyd
    state: started
```

此简单代码确保我们检查并满足建议 2.2.1.1 而不需要任何逻辑来检测正在使用的时间服务。当然，我们可以选择更彻底地检查 ntpd 是否未启动，这留作练习。

很自然，我们无法将此 CIS 基准中大约 400 条建议所需的所有 Ansible 代码都放在本书中。此外，本示例仅针对一个基准测试，如果企业引入了一个新的操作系统（如 RHEL 8），那么可以确定，需要为该操作系统实现一个单独的 CIS 基准测试。但是，希望根据 RHEL 7 CIS 基准开发的这些示例足以让你设计和构建自己的策略。因此，在下一节中，我们将研究使此任务在企业级可管理的技术。

14.3 使用 Ansible 应用企业范围的策略

尽管我们已经看到 Ansible 可以为 CIS 基准实施带来重大的好处，但在现阶段，这些策略的制定和维护显然会变成一项全职工作，尤其是在需要根据基础设施运行它们并管理每次运行的结果时。

幸运的是，开源开发的精神为这种困境带来了解决方案。想象一下，如果有人已经花了大量的时间和精力开发了一套高质量的、用于实现 CIS 基准测试的、可靠的角色集，并且这些角色可以作为开源代码提供，这样你就可以对其进行审计，确保它适合你的环境，并且可以在需要时轻松地对其进行定制。此外，假设他们花费了大量的时间和精力来标记每个任务，并添加适当的变量结构，以允许你轻松地指定选择，例如指定你的企业使用哪个时间同步服务。

幸好，MindPoint 小组已经完成了这项工作，代码已经在 GitHub 上免费提供，地址是 `https://github.com/MindPointGroup/RHEL7-CIS`。

在撰写本书时，EL 7 系统可用的最新 CIS 基准是 2.2.0 版，而上述剧本是针对基准的 2.1.1 版编写的。确保你知道你正在实现的基准版本，以及如果你实现的是稍旧的版本，那么是否有任何可能的安全隐患。

除此之外，正如 Ubuntu 用户可以选择付费支持或使用免费开源操作系统，EL 7 用户也可以选择 Red Hat Enterprise Linux 7 或 CentOS 7 一样，MindPoint Group 还提供了其 Ansible 加固代码的商业支持版本，可通过 `https://www.lockdownenterprise.com/` 取得。因此，它们为这两个领域提供支持，即一些企业绝对需要企业支持合同，而另一些企业则更愿意使用免费提供的开源软件。

让我们研究一下如何在 CentOS 7 服务器上使用开放源代码版本。

1. 首先，需要克隆 GitHub 存储库，如下所示：

```
$ cd roles
$ git clone https://github.com/MindPointGroup/RHEL7-CIS.git
$ cd ..
```

2. 一旦存储库完成克隆，我们就可以继续使用它的代码，就像使用任何其他角色一样。在适当的情况下，我们应该设置变量，这些变量可以在清单或主剧本中设置（稍后将对此进行详细介绍）。

因此，Ansible 中 MindPoint Group CIS 基准最纯粹、最简单的实现，一旦角色从 GitHub 克隆出来，就是类似如下的剧本：

```
---
- name: Implement EL7 CIS benchmark
  hosts: all
  become: yes

  roles:
    - RHEL7-CIS
```

3. 完成这些步骤后，你在几分钟内就可以在 Linux 服务器上执行 EL 7 基准测试及其近 400 条建议了，剧本以正常方式运行，并在执行所有检查和执行建议时生成许多页的输出

(如果需要)。图 14-9 显示了正在运行的剧本和输出的初始页面。

```
james@automation-01: ~/hands-on-automation/chapter14/example07 (ssh)
~/hands-on-automation/chapter14/example07> ansible-playbook -i hosts site.yml

PLAY [Implement EL7 CIS benchmark] *********************************************

TASK [Gathering Facts] *********************************************************
ok: [centos-testhost]

TASK [RHEL7-CIS : Check OS version and family] *********************************
skipping: [centos-testhost]

TASK [RHEL7-CIS : Check ansible version] ***************************************
skipping: [centos-testhost]

TASK [RHEL7-CIS : PRELIM | List users accounts] ********************************
ok: [centos-testhost]

TASK [RHEL7-CIS : PRELIM | Gather accounts with empty password fields] *********
ok: [centos-testhost]

TASK [RHEL7-CIS : PRELIM | Gather UID 0 accounts other than root] **************
ok: [centos-testhost]

TASK [RHEL7-CIS : PRELIM | Section 4.1 | Configure System Accounting (auditd)] *
**
ok: [centos-testhost]
```

图 14-9

现在，注意一个关于变量的问题。正如我们在 14.2 节中所做的那样，有时需要改变剧本运行方式。变量和标签的文档都记录在我们先前克隆的 GitHub 存储库附带的 `README.md` 文件中，为了便于说明，让我们考虑几个示例。

首先，假设我们只想实现 1 级建议（那些对日常操作风险较小的建议）。这可以通过运行 playbook 并使用 `level1` 标记来实现。

```
$ ansible-playbook -i hosts site.yml --tags=level1
```

或者，你可能正在对一组充当路由器的服务器运行加固剧本。在这个例子中，需要将 `rhel7cis_is_router` 变量设置为 `false`，以确保不设置禁用路由器功能的内核参数。

这可以在命令行上完成，如下所示：

```
$ ansible-playbook -i hosts site.yml -e rhel7cis_is_router=true
```

然而，这是非常手动的，如果不设置此变量，很容易让人意外地运行剧本，从而突然禁用路由器。

最好在清单级别设置这个变量，这样可以确保在运行剧本时总是正确设置它。因此，可以创建如下清单：

```
[routers]
router-testhost

[routers:vars]
rhel7cis_is_router=true
```

此清单就绪后，将使用以下命令对路由器运行此剧本：

```
$ ansible-playbook -i routers site.yml
```

只要使用这个清单文件，就不存在有人忘记将 `rhel7cis_is_router` 变量设置为 `true`。

当然，这个讨论并不意味着必须下载和使用这些剧本——根据需求开发和维护剧本仍然是完全可能的。事实上，在某些情况下，这一战略实际上是更可取的。

重要的是你要选择最适合你的企业的战略。在选择大规模实现安全策略的战略时，应该考虑以下几点：

- 是否希望拥有自己的代码（以及由此带来的所有优点和缺点）
- 是否希望在将来负责维护你的代码库
- 应该尽可能在一个代码库上标准化，以确保代码结构保持可维护性
- 在实现这些基准测试时是否需要第三方支持，或者是否乐意拥有内部的技能和资源

一旦进行了评估，通过创建 Ansible 剧本来实现选择的安全标准，你将能够很好地定义前进道路。本章迄今为止提供给你的信息足以支持你选择哪条道路。尽管在本章中我们重点介绍了 EL7（Red Hat Enterprise Linux 7 和 CentOS 7），但讨论的所有内容都可以很好地扩展到其他有安全基准的操作系统（例如，Ubuntu Server 18.04）。事实上，如果使用 Ubuntu Server 18.04 的 CIS 基准来运行我们在本章中讨论过的过程，你会发现可以实现很多相似之处。

迄今为止，我们几乎只处理 CIS 基准的执行问题。然而，如果不提供一种只检查执行水平而不需要进行修改的方法，本章就不完整。毕竟，审计是大多数企业策略的重要组成部分，特别是在涉及安全性的情况下，但是更改必须在授权的更改请求窗口下进行。

14.4　使用 Ansible 测试安全策略

正如我们到目前为止所讨论的，重要的是要确保不仅能够以高效和可重复的方式实现安全策略，而且还应该能够对它们进行审计。有多种工具可用于此任务，包括封闭源代码和开放源代码的工具。不过，在考虑任何其他工具之前，有必要先看看 Ansible 本身如何帮助完成这项任务。

回到最初的例子，在那里我们实施了 CIS 基准第 5 节中的两个建议。

以前，我们使用以下命令运行它：

```
$ ansible-playbook -i hosts site.yml
```

这运行了两项检查，如果系统还不符合安全建议，则执行更改。不过，Ansible 还有一种称为 check 模式的操作模式。在此模式下，Ansible 不会对远程系统进行任何更改，而是尝试预测可能对系统进行的所有更改。

并不是所有的模块都与 check 模式兼容，因此在使用这种模式时要小心。例如，Ansible 不可能知道使用 `shell` 模块运行特定 shell 命令的输出，因为命令有太多可能的排列组合。此外，运行 shell 命令可能具有破坏性或导致系统发生更改，因此在检查运行期间将跳过任何使用 `shell` 模块的任务。

但是，我们已经使用的许多核心模块（如 `yum`、`lineinfile` 和 `sysctl`）都支持 check 模式，因此可以在这种模式下非常有效地使用。

因此，如果我们再次以 check 模式运行示例剧本，将看到如图 14-10 所示的输出。

```
james@automation-01: ~/hands-on-automation/chapter14/example08 (ssh)
~/hands-on-automation/chapter14/example08> ansible-playbook -C -i hosts site.yml

PLAY [Test and implement CIS benchmarks - section 5] ***************************

TASK [Gathering Facts] *********************************************************
ok: [centos-testhost]

TASK [rhel7cis_section5 : 5.2.8 Ensure SSH root login is disabled (Scored - L1S
L1W)] ***
changed: [centos-testhost]

TASK [rhel7cis_section5 : 5.2.9 Ensure SSH PermitEmptyPasswords is disabled (Sco
red - L1S L1W)] ***
changed: [centos-testhost]

RUNNING HANDLER [rhel7cis_section5 : Restart sshd] *****************************
changed: [centos-testhost]

PLAY RECAP *********************************************************************
centos-testhost            : ok=4    changed=3    unreachable=0    failed=0    s
kipped=0    rescued=0    ignored=0
```

图 14-10

这看起来与其他剧本的运行完全相同，事实上，除了命令行上调用此命令的 `-C` 标志外，没有任何线索表明它正在 check 模式下运行。但是，如果检查目标系统，你将看到没有进行任何更改。

不过，前面的输出对于审计流程非常有用，它向我们证明了目标系统不符合基准 5.2.8 或 5.2.9 节的建议，如果满足了这些建议，那么结果应该是 `ok`。同样，我们知道处理程序只在远程系统需要更改时触发，这再次告诉我们系统在某些方面不兼容。

可以接受的是，需要对输出进行一些解释，但是，通过在编写角色时在角色中运用良好的设计实践（尤其是在将基准的节编号和标题放入任务名称时），可以很快开始解释输出，并查看哪些系统不符合要求，更进一步说，它们具体在哪些建议上不符合。

此外，我们设置了变量结构来确定哪些任务正在运行，以及何时仍以检查模式应用它们，因此，如果我们在需要启用远程 root 登录（但这次是以检查模式）的旧式主机上运行此剧本，会看到此任务被跳过，从而确保在审计期间不会出现误报。图 14-11 显示了这一点。

```
james@automation-01: ~/hands-on-automation/chapter14/example08 (ssh)
~/hands-on-automation/chapter14/example08> ansible-playbook -C -i legacyhosts si
te.yml

PLAY [Test and implement CIS benchmarks - section 5] ***************************

TASK [Gathering Facts] *********************************************************
ok: [legacy-testhost]

TASK [rhel7cis_section5 : 5.2.8 Ensure SSH root login is disabled (Scored - L1S
L1W)] ***
skipping: [legacy-testhost]

TASK [rhel7cis_section5 : 5.2.9 Ensure SSH PermitEmptyPasswords is disabled (Sco
red - L1S L1W)] ***
changed: [legacy-testhost]

RUNNING HANDLER [rhel7cis_section5 : Restart sshd] *****************************
changed: [legacy-testhost]

PLAY RECAP *********************************************************************
legacy-testhost            : ok=3    changed=2    unreachable=0    failed=0    s
kipped=1    rescued=0    ignored=0
```

图　14-11

通过这种方式（加上良好的剧本设计），Ansible 代码不仅可以用于实现目的，还可以用于审计目的。

希望本章能给你提供足够的知识，以在企业级 Linux 服务器上实现安全加固，甚至作为正在进行的过程的一部分对其进行审计时，你都可以有信心继续进行。

14.5　小结

Ansible 是一款功能强大的工具，非常适合实施和审计安全基准，如 CIS 安全基准。我们已经通过实际示例演示了它如何把近 60 行的 shell 脚本减少至不到 20 行，以及如何在各种场景中轻松地重用相同的代码，甚至可以用于审计整个企业的安全策略。

在本章中，学习了如何编写 Ansible 剧本来应用服务器加固基准（如 CIS）。然后，获得了使用 Ansible 在整个企业中应用服务器加固策略的实际知识，以及如何利用公开可用的开源角色来帮助实现这一点。最后，了解了 Ansible 如何支持对成功的策略应用程序进行测试和审计。

在下一章中，我们将介绍开源工具 OpenSCAP，它可以用来对整个企业的安全策略执行有效的审计。

14.6 思考题

1. 像 `lineinfile` 这样的 Ansible 模块如何使安全基准测试实现代码比 shell 脚本更有效？
2. 如何将 Ansible 任务设置为针对特定的一台服务器或一组服务器的条件任务？
3. 在编写实施 CIS 基准的 Ansible 任务时，命名任务的好方法是什么？
4. 如何修改剧本，以便轻松地在没有评估任何级别 2 的基准的情况下运行 CIS 级别 1 的基准呢？
5. 运行 Ansible 剧本时，`--tags` 和 `--skip-tags` 选项之间的区别是什么？
6. 实现 CIS 基准测试时，为什么要使用可公开获得的源代码？
7. 当与 `ansible-playbook` 命令一起使用时，`-C` 标志对剧本运行做了什么？
8. `shell` 模块是否支持 check 模式？

14.7 进一步阅读

- 要回顾有关 CIS 基准的常见问题，请参阅 `https://www.cisecurity.org/cis-benchmarks/cis-benchmarks-faq/`。
- 有关 CIS 基准的完整列表请访问 `https://www.cisecurity.org/cis-benchmarks/`。
- 要获得对 Ansible 的深入理解，请参考 James Freeman 和 Jesse Keating 的 *Mastering Ansible*，*Third Edition*（`https://www.packtpub.com/gb/virtualization-and-cloud/mastering-ansible-third-edition`）。

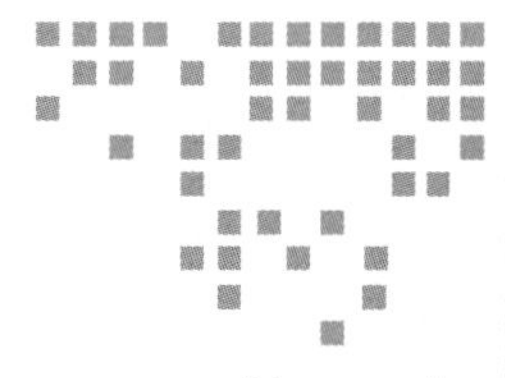

第 15 章 Chapter 15

使用 OpenSCAP 审计安全策略

在第 13 和第 14 章中，我们确定了将安全策略（如 CIS 基准）应用于企业 Linux 基础设施的价值，并讨论了各种各样的方法来应用安全策略并确保它保持强制性，后一点在基础设施环境中尤其重要，在这个环境中，许多人都能够以超级用户的身份访问你的 Linux 服务器。尽管我们已经确定了 shell 脚本和 Ansible 都可以帮助审计基础设施与所选安全策略合规性的方法，但是我们还确定，对于大型基础设施，这两种方法都不特别适合提供易于阅读和可操作的报告。例如，一个基础设施安全团队可能需要一个易于阅读的报告来显示基础设施与安全策略的一致性，这是完全合理的需求，而 shell 脚本和 Ansible 都不能立即用于完成此任务。

尽管市场上有各种各样的基础设施扫描工具，但大多数都是商业性的，本书关注的重点是任何企业都可以访问的开源代码解决方案，而不管它们的预算有多少。因此，在本章中，我们将考虑免费提供的 OpenSCAP 工具。SCAP 代表 Security Content Automation Protocol，它是一个标准化的解决方案，用于检查 Linux 基础设施是否符合给定的安全策略（在我们的例子中是 CIS）。因此，OpenSCAP 是 SCAP 的一个开源实现，已被包括 Red Hat 在内的企业 Linux 供应商广泛采用。因此，我们将探索建立自己的 OpenSCAP 基础设施以进行合规性扫描和报告的过程。反过来，这将使所有在基础设施安全方面有既得利益的团队能够获得对规章合规性级别的监督。

本章涵盖以下主题：

- 安装 OpenSCAP 服务器
- 评估和选择策略
- 使用 OpenSCAP 扫描企业环境
- 解释结果

15.1 技术要求

本章包括基于以下技术的示例：

- Ubuntu server 18.04 LTS
- CentOS 7.6
- Ansible 2.8

要运行完成这些示例，需要访问两台服务器或虚拟机，这些服务器或虚拟机分别运行前面列出的一个操作系统，以及 Ansible。

本书中讨论的所有示例代码可从 GitHub 获得，网址为：`https://github.com/PacktPublishing/Hands-On-Enterprise-Automation-on-Linux`。

15.2 安装 OpenSCAP 服务器

扫描基础设施时，我们需要做一些决定，因为 OpenSCAP 项目提供了一些功能重叠的工具。其原因是它们针对不同的受众，有些是纯命令行驱动的，因此非常适合于计划、脚本化的任务，如每月的规章合规性报告。在撰写本书时，共有 5 种 OpenSCAP 工具可用，我们将在以下各节中详细介绍以使你能够根据实际情况决定哪些工具适合你的企业。

在下一节中，我们将从最基本的工具 OpenSCAP Base 开始。

15.2.1 运行 OpenSCAP Base

OpenSCAP Base 工具提供了扫描单台 Linux 机器并报告其与给定策略的合规性的情况。它实际上由两个组件组成，因此我们将在下一节中介绍其他工具。

此工具的第一个组件是名为 `oscap` 的命令行实用程序。可以使用适当的安全策略和配置文件在本机计算机上运行此工具，以生成合规性报告。报告是以 HTML 格式生成的，因此尽管报告创建过程是手工的，但最终报告非常容易阅读，因此非常适合发送给安全或规章合规性团队进行审计或评估。

OpenSCAP Base 的第二个组件包括一个库，该库用作其他 OpenSCAP 服务（如 SCAP Workbench 和 OpenSCAP 守护程序）的构成部分，我们将在本节后面更详细地介绍这些。

在本书中，我们将只在使用其他 OpenSCAP 工具时使用库。你将在 15.4 节中看到这些工具的实际应用。不过，目前我们将关注 OpenSCAP Base 的安装。

在一台机器上手动安装 OpenSCAP Base 非常简单，它已经为我们在本书 Ubuntu Server 和 CentOS（因此，也扩展为 Red Hat Enterprise Linux）中探讨的两个关键 Linux 发行版预先打包好了。要在 CentOS 7 或 RHEL 7 上安装它，只需运行以下命令：

```
$ sudo yum -y install openscap-scanner
```

与此类似，在 Ubuntu Server 18.04 LTS 上，可以运行以下命令：

```
$ sudo apt -y install libopenscap8
```

必须记住，这些软件包包括 oscap 命令行工具和本节前面所述的库。因此，即使从未打算使用 oscap CLI 工具运行 OpenSCAP，这些软件包所包含的库仍然可能是给定用例所必需的（例如，使用 SCAP Workbench 执行远程扫描）。

因此，考虑使用 Ansible 部署这些软件包是很重要的，甚至可能需要将它们包含在标准构建映像中，这样就可以远程扫描任何给定的 Linux 服务器，以获得它们的规章合规性情况，而无须执行任何先决步骤。我们将在 15.4 节中讨论如何使用 oscap 工具运行扫描。然而，现在，理解这个软件包是什么以及为什么需要它就足够了。

在下一节中，我们将介绍如何安装 OpenSCAP 守护程序，这是 OpenSCAP 工具集的另一部分。

15.2.2 安装 OpenSCAP 守护程序

安全审计不是一次性的任务，在 Linux 环境中，给定管理员级别（即 root）访问权限，有人可能在任何给定时间通过更改使 Linux 服务器不符合安全策略。因此，安全扫描的结果实际上只能保证被扫描的服务器在扫描时是符合（或不符合）安全策略的。

因此，定期扫描环境是非常重要的。实现这一点的方法有很多种，甚至可以使用诸如 cron 之类的调度器运行 oscap 命令行工具，或者通过 AWX 或 Ansible Tower 中预定的 Ansible 剧本来运行。但是，OpenSCAP 守护程序是作为 OpenSCAP 工具套件的一部分提供的本机工具。它的目的是在后台运行，并对给定的目标或目标集执行计划的扫描。这可能是运行守护程序的本机计算机，也可能是通过 SSH 访问的一组远程计算机。

安装过程同样非常简单，如果手动进行安装，将在 EL 7 系统（例如，RHEL 7 或 CentOS 7）上运行以下命令：

```
$ sudo yum -y install openscap-daemon
```

在 Ubuntu 系统中，软件包名是相同的。因此，可以运行以下程序来安装它：

```
$ sudo apt -y install openscap-daemon
```

尽管可以用这个 daemon 设置 Linux 环境中的每台机器，并为每台机器配置一个作业来定期扫描自己，但这很容易被滥用，因为具有 root 访问权限的人很容易禁用或篡改扫描。因此，我们建议考虑设置一个集中式扫描体系结构，由一台中央安全服务器跨网络执行远程扫描。

正是在这样的服务器上，你才需要安装 OpenSCAP 守护程序，一旦安装完成，就可以使用 oscapd-cli 实用程序来配置常规扫描。我们将在 15.4 节中对此进行更详细的研究。

尽管到目前为止我们考虑的这两种工具都非常强大，可以执行所有审计需求，但它们完全基于命令行，因此可能不适合那些不习惯 shell 环境或负责审计扫描结果但不一定要运行扫描的用户。OpenSCAP 工具集中的另一个工具 SCAP Workbench 满足了此要求。

15.2.3 运行 SCAP Workbench

SCAP Workbench 是 SCAP 工具集的图形用户界面，旨在为用户提供简单、直观的方式来执行常见的扫描任务。因此，它非常适合技术含量较低的用户或那些在图形环境中更舒适的用户。

SCAP Workbench 是一个图形化工具，在许多环境中，Linux 服务器是不带显示器运行的，并且没有安装图形 X 环境。因此，如果将它安装在没有图形环境的普通 Linux 服务器上，将看到如图 15-1 所示的错误。

图 15-1

幸好有几种运行 SCAP Workbench 的方法。首先，值得注意的是，它是一个真正的跨平台应用程序，可以提供 Windows、macOS 和最常见的 Linux 平台版本下载，因此，对于大多数用户来说，最简单的方法就是在本机操作系统中运行它。

为了保持一致性，如果希望在 Linux 上运行 SCAP Workbench，则需要设置远程 X11 会话或设置包含图形桌面环境的专用扫描主机。这里其实没有正确或错误的方法，最适合你的环境和工作模式完全由你决定。

如果选择从 Linux 运行，那么安装 SCAP Workbench 并不比我们考虑的任何其他 OpenSCAP 工具更困难：

1. 要在 RHEL 7/CentOS 7 上安装它，需要运行以下命令：

```
$ sudo yum -y install scap-workbench
```

在 Ubuntu Server 上，需要运行以下命令：

```
$ sudo apt -y install scap-workbench
```

2. 完成后，可以使用适合你选择的操作系统的方法打开 SCAP Workbench。如果使用远程 X 会话在 Linux 服务器上运行它，那么只需运行以下命令：

```
$ scap-workbench &
```

我们将在 15.4 节中探讨如何在这个图形环境中设置和运行扫描。但在完成本章的这一部分之前，我们将讨论 OpenSCAP 项目提供的其他两个工具：SCAPTimony 和 Anaconda Addon。

15.2.4　其他 OpenSCAP 工具

本章到目前为止，我们已经考虑了用于扫描和审计基础设施的各种 OpenSCAP 工具。然而，还有两个工具我们还没有考虑，因为它们都不是我们目前所考虑的那种真正的交互式工具，因此，它们不在本书的范围之内。尽管如此，它们值得一提，因为你可能会选择在将来将它们集成到你的环境中。

其中一种工具叫作 SCAPTimony。它不是 SCAP Workbench 或 `oscap` 这样的最终用户应用程序，而是一个中间件，是专门集成到基于 Rails 的应用程序中而设计的 Ruby-on-Rails 引擎。SCAPTimony 的好处是它为 SCAP 扫描结果提供了一个数据库和存储平台。因此，如果决定编写自己的 Rails 应用程序来处理 OpenSCAP 扫描，那么可以编写它来提供 OpenSCAP 扫描的集中报告。SCAPTimony 还使 Rails 应用程序能够操作和聚合收集的数据，因此是管理扫描数据的强大工具。

虽然开发一个 Rails 应用程序来使用 SCAPTimony 超出了本书的范围，但是值得考虑的是，Katello 项目（以及 Red Hat Satellite 6）已经使用了 SCAPTimony，因此这将为你使用此工具而无须创建自己的应用程序打下良好的基础。

另外一个工具是 OSCAP Anaconda Addon。Anaconda 是 CentOS 和 Red Hat Enterprise Linux 等 Linux 发行版使用的安装环境。尽管这个附加组件不能帮助我们使用基于 Ubuntu 的服务器，但它确实提供了一种方法来构建基于 RedHat 的服务器，这些服务器从安装的角度来看是兼容的。

由于我们已经考虑了使用 Ansible 应用安全策略的方法（参见第 14 章），并且大力提倡在 Linux 环境中使用标准映像，我们在第 5 章以及第 6 章中创建了标准映像，因此将不会探讨这个附加组件，因为它复制了我们已经为其他地方提供的跨平台解决方案的功能。

到目前为止，你应该对 OpenSCAP 工具有一个很好的感觉，它可能最适合你的环境。然而，在开始第一次扫描之前，我们需要一个 OpenSCAP 安全策略来加以利用。在下一节中，我们将研究从何处下载这些策略，以及如何为环境选择合适的策略。

15.3　评估和选择策略

OpenSCAP 及其相关工具本身就是一个引擎，如果没有安全策略进行扫描，它们实际上无法帮助你审计环境。正如我们在第 13 章中所探讨的，Linux 有许多安全标准，在本书中，我们深入考虑了 CIS 基准测试。遗憾的是，这个标准目前还不能通过 OpenSCAP 进行审计，但还有许多其他安全策略非常适合保护你的基础设施。另外，由于 OpenSCAP 及其策略是完全开源的，因此没有什么可以阻止你为任何需求创建自己的策略。

有很多安全标准可供免费下载和审计基础设施，在下一节中，我们将介绍你最希望考虑的主要安全标准——SCAP 安全指南。

15.3.1 安装 SCAP 安全指南

在 SCAP 安全指南（SCAP Security Guide，SSG）项目中有一些全面、现成的安全策略，你经常可以在目录中找到 `ssg` 首字母缩写，有时甚至可以在软件包名中找到它们。这些策略涵盖了 Linux 安全的许多方面，并提供了补救步骤。因此，OpenSCAP 不仅可以用于审计，还可以用于强制执行安全策略。但是，必须指出的是，鉴于其性质，我认为 Ansible 最适合此任务。

OpenSCAP 策略与任何安全定义一样，随着新的漏洞和攻击的发现，会随着时间的推移而不断发展和变化。因此，在考虑希望使用哪个版本的 SSG 时，你需要考虑正在使用的副本是否足够新以及它是否满足你的需要。很明显，你应该始终使用最新版本，但也有例外，我们将很快看到。

这个决定需要仔细考虑，而且它不像一开始看起来那么明显，只要下载最新的副本就可以了。尽管大多数主要 Linux 发行版所包含的版本往往落后于 SSG 项目的 GitHub 页面提供的版本（请参阅 `https://github.com/ComplianceAsCode/content/releases`），在某些情况下（特别是在 Red Hat Enterprise Linux 上），它们已经通过测试，并且已知可以在所适配的 Linux 发行版上工作。

但是，在其他分发版上，情况可能有所不同。例如，在撰写本书时，SSG 策略的最新公开版本是 0.1.47，而 Ubuntu Server 18.04.3 附带的版本是 0.1.31。这个版本的 SSG 甚至不支持 Ubuntu 18.04，如果试图使用 Ubuntu 16.04 的策略对 Ubuntu 服务器 18.04 运行扫描，那么所有扫描结果都将是 `notapplicable`。所有扫描都会验证运行它们的主机，并确保该主机与要针对其运行的主机匹配，因此如果检测到不匹配，它们将报告 `notapplicable`（不适用），而不是执行测试。

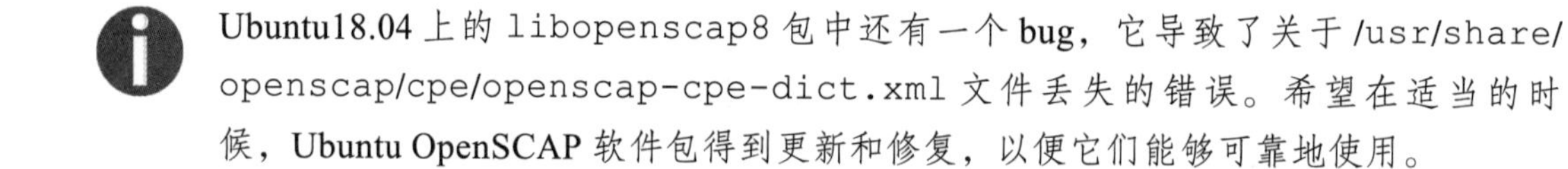

Ubuntu18.04 上的 `libopenscap8` 包中还有一个 bug，它导致了关于 `/usr/share/openscap/cpe/openscap-cpe-dict.xml` 文件丢失的错误。希望在适当的时候，Ubuntu OpenSCAP 软件包得到更新和修复，以便它们能够可靠地使用。

Red Hat Enterprise Linux 的用户需要发现，只有用户使用 RHEL 附带的 SSG 策略，Red Hat 才支持 OpenSCAP 扫描，因此在这种情况下，使用供应商提供的策略文件更为重要。

与任何开源环境一样，美妙之处在于，如果希望评估可用的较新策略，那么你可以自由选择，对于 Ubuntu 18.04，必须这样做，否则扫描将无法工作！但是，如果希望利用商业支持的环境，那么也可以使用，特别是如果使用 RHEL。

要在 CentOS 7 或 RHEL 7 上安装供应商提供的 SSG 包，需要运行以下命令：

```
$ sudo yum -y install scap-security-guide
```

此软件包包含 Red Hat 直接支持的所有操作系统和应用程序的 SSG 策略（请记住 CentOS 基于 RHEL）。因此，在安装此软件包时，只能找到 RHEL 6 和 7、CentOS 6 和 7、Java 运行时环境（JRE）和 Firefox 的策略。在撰写本书时，这将安装 SSG 的 0.1.43 版本。

在 Ubuntu 服务器上，SSG 被分成多个包，但提供跨平台支持。要在 Ubuntu Server 18.04 上安装整套 SSG 软件包，可以运行以下程序：

```
$ sudo apt -y install ssg-base ssg-debderived ssg-debian ssg-nondebian ssg-
applications
```

这些软件包为以下系统提供策略：

`ssg-base`	SSG 基本内容和文档文件
`ssg-debderived`	用于 Debian 派生操作系统，如 Ubuntu Server 的 SSG 策略
`ssg-debian`	用于 Debian 操作系统的 SSG 策略
`ssg-nondebian`	用于其他 Linux 操作系统（如 RHEL 和 SuSE Enterprise Linux）的 SSG 策略文件
`ssg-applications`	用于保护应用程序（如 Java Runtime Environment（JRE）、Firefox 和 Webmin）的 SSG 策略

因此，可以公平地说，在撰写本书时，尽管 Ubuntu 服务器提供了一个旧得多的软件包版本（0.1.13），但它支持更广泛的平台。

想安装哪个 SSG 取决于你自己，你甚至可以选择自己编写！最重要的是，如果需要，请做出明智的选择，并保留操作系统供应商的支持。在我们继续探讨你还可能下载的其他策略之前，有必要更详细地了解在搜索和实现 OpenSCAP 审计体系结构时可能遇到的两种安全策略文件格式。我们将在下一节继续讨论这个问题。

15.3.2　了解 XCCDF 和 OVAL 策略的目的

在下载策略时，你会经常看到术语**开放脆弱性和评估语言**（Open Vulnerability and Assessment Language，OVAL）和**可扩展配置检查表说明格式**（eXtensible Configuration Checklist Description Format，XCCDF）。你将遇到的某些安全策略仅以 OVAL 格式提供。因此，我们必须考虑这些不同的文件类型。

首先，重要的是要声明它们是不可互换的，相反，它们应该被认为在本质上属于不同的等级。在层次结构的较低级别上的是 OVAL 文件，它本质上描述了 OpenSCAP 扫描引擎应该执行的所有系统级检查。例如，这可能包括检查给定软件包是否比给定版本更新，因为旧版本中可能存在已知漏洞。或者，它可能是一种检查，以确保重要的系统文件（如 `/etc/passwd`）归 root 所有。

在审计系统是否符合安全策略时，这些检查都是非常有价值的，但是对于管理人员或安全团队来说，它们可能不是非常易于阅读的。他们对高级安全策略更感兴趣，比如验证重要文件和目录的权限。实际上，这种检查几乎肯定包括对 `/etc/passwd`，以及一整套其他重要的系统文件（如 `/etc/group` 和 `/etc/shadow`）的所有权的检查。

这就是 XCCDF 格式派上用场的地方，这可以被认为是层次结构中的下一个级别，因为它提供了一组人类易于阅读的安全策略（以及有价值的文档和参考资料），对管理者或信息安全团队等受众非常有用。它们描述了参照 OVAL 定义执行的检查的系统状态。XCCDF 文件不包含扫描引擎的任何检查定义（例如，`oscap`），相反，它们引用已写入 OVAL 文件中的检查，因此可以认为它们位于层次结构中 OVAL 文件的上方。

因此，OVAL 文件可以单独用于审计，但除非存在相应的 OVAL 文件，否则不能使用 XCCDF 文件。

XCCDF 文件还包含一系列扫描配置文件，这些文件告诉扫描引擎你的策略是什么样子的，因此它应该扫描什么。这几乎肯定意味着只扫描 OVAL 文件中存在的检查子集。

使用图形化 SCAP Workbench 工具或使用 `oscap info` 命令在命令行上很容易列出可用的配置文件。图 15-2 显示了针对用于 CentOS 7 的 SSG 运行此命令的一个示例。

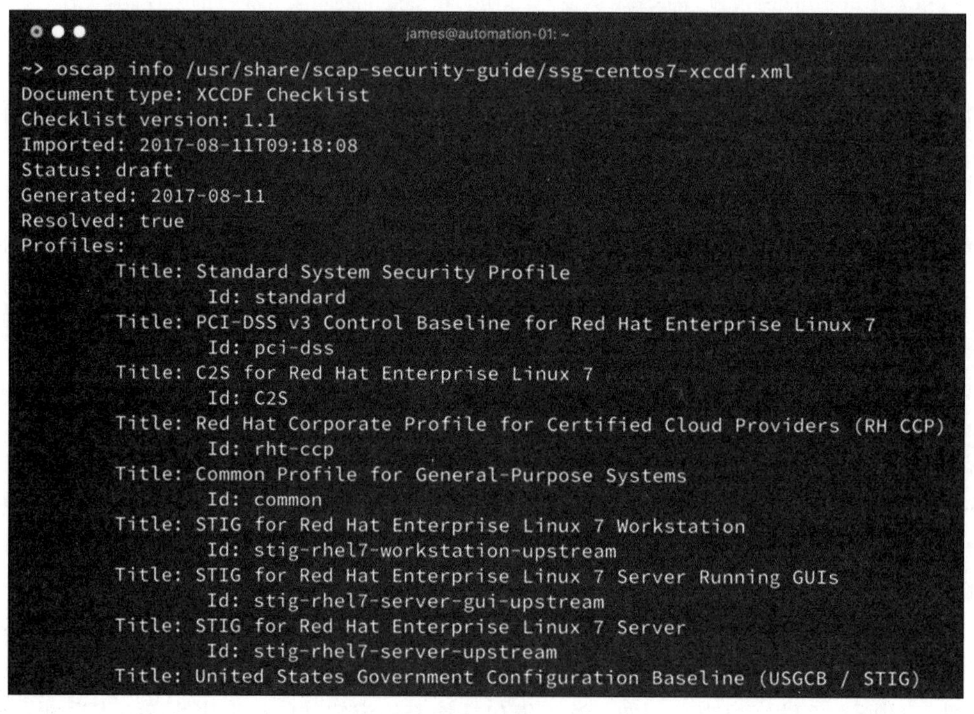

图 15-2

尽管为了节省空间而截断了输出，但可以清楚地看到 CentOS 7 可用的各种安全配置文件。你将在图 15-2 中注意到对于运行图形用户界面的 CentOS 7 服务器和不运行图形用户界面的服务器有不同的配置文件。这是因为在图形系统上需要额外的安全措施，以确保 X Windows 子系统得到适当的保护。有一个适用于支付卡行业（PCI）环境的配置文件，最上面是最基本的配置文件，它应该是适用于任何 CentOS 7 服务器的最低可行安全策略。

一旦你知道要从 XCCDF 策略文件中使用哪个配置文件，你将在运行扫描时指定它，我们将在 15.4 节中对此进行更详细的探讨。

在结束本节之前，请务必说明 OVAL 文件没有配置文件，如果运行 OVAL 扫描，则无论 OVAL 文件的用途如何，都将自动在系统上运行 OVAL 文件中定义的所有测试。这可能有问题，因为以 CentOS 7 SSG OVAL 文件为例，它包含对 X Windows 图形子系统安全性的测试。在没有安装 GUI 的系统上，这些测试将失败，因此可能会在扫描结果中显示误报。

需要注意的是，SCAP Workbench 只支持使用 XCCDF 策略进行扫描，因此如果你使用的配置文件只包含 OVAL 文件，则需要使用不同的扫描工具。

现在我们了解了有关你可能下载的各种安全策略的文件格式的更多信息，让我们看看你可能希望下载的一些其他安全配置文件。

15.3.3 安装其他 OpenSCAP 策略

SSG 安全策略很有可能成为 OpenSCAP 审计框架的核心，但是，考虑到 OpenSCAP 的开源特性，任何人（包括你）都完全有可能编写策略文件。

最有可能的策略是可以检查服务器的修补程序级别的策略。考虑到 Linux 操作系统修补程序发布的频繁性，将这些策略与 SSG 集成会让维护人员头疼，因此它们通常是分开的。

例如，在 CentOS 7 服务器上，可以下载以下安全策略（它仅以 OVAL 格式提供）：

```
$ wget
https://www.redhat.com/security/data/oval/com.redhat.rhsa-RHEL7.xml.bz2
$ bunzip2 com.redhat.rhsa-RHEL7.xml.bz2
```

这包含对所有 CentOS 7（和 RHEL 7）软件包已发现的最新漏洞的检查，并检查已安装的版本，以确保它们比存在已知漏洞的版本更新。因此，这可以很容易地生成一个报告，显示你是否需要修补 CentOS 7 或 RHEL 7 系统。

类似的列表可以从 Canonical for Ubuntu Server 18.04 获得，可以从如下地址下载：

```
$ wget
https://people.canonical.com/~ubuntu-security/oval/com.ubuntu.bionic.cve.ov
al.xml.bz2
$ bunzip2 com.ubuntu.bionic.cve.oval.xml.bz2
```

同样，这包含在 Ubuntu 服务器 18.04 上已发现的所有软件包漏洞列表，并再次检查以确保系统上安装的软件包版本比易受攻击的版本更新。对于这两种安全策略，每次都会运行所有检查，因为它们是 OVAL 格式的。但是，只有在安装了某个软件包并且它比包含给定漏洞修复程序的版本旧时，测试才会报告失败。因此，运行这些扫描时不应收到任何误报。

与 SSG 策略不同，这些策略会定期更新，在撰写本书时，我们使用前面的命令下载的 Ubuntu 软件包漏洞扫描配置文件的更新周期只有一个小时！因此，审计过程的一部分必须涉及下载最新的软件包策略，并针对这些策略进行扫描，这对于 Ansible 来说可能是一项很好的工作（这是留作练习）。

到目前为止，你应该已经很好地了解了可以下载的策略类型、可能遇到的格式以及它们的预期用途。因此，在下一节中，我们将继续演示如何使用它们来扫描 Linux 主机，并根据你选择的安全策略审计合规性。

15.4 使用 OpenSCAP 扫描企业环境

到目前为止，我们已经介绍了 OpenSCAP 项目提供的各种工具以及可能希望用于扫描企业 Linux 环境的安全策略。我们已经完成了这些基础工作，现在看看如何利用这些来实际扫描基础设施了。正如我们所讨论的，可以使用三个关键工具来扫描基础设施。在下一节中，我们将通过探索 oscap 命令行工具来开始这个过程。

15.4.1 使用 OSCAP 扫描 Linux 基础设施

如前所述，oscap 工具是一个命令行实用程序，用于扫描安装了它的本机计算机。要对主机进行审计的安全策略也必须位于运行该策略的主机的文件系统上。如果已经完成了 15.3 节中的步骤，那么你应该已经拥有了所需的一切。

话虽如此，如果使用 oscap 工具扫描基础设施将是未来的方向，那么你可能希望考虑将 Ansible 作为安装它并在扫描完成后收集结果的一种工具。

在讨论这个问题之前，让我们先来看看如何扫描一台主机。

1. 假设我们正在使用 Ubuntu 18.04 服务器，并且已将最新的上游 SSG 解压到当前的工作目录中，以便获得所需的 Ubuntu 18.04 支持，我们将使用 oscap info 命令查询 XCCDF 策略文件以查看哪些策略对我们可用：

```
$ oscap info scap-security-guide-0.1.47/ssg-ubuntu1804-ds.xml
```

info 命令的输出将产生一些结果，如图 15-3 所显示的那样。

2. 从这里，我们将选择配置文件（或者多个配置文件，毕竟，你总是可以选择运行要对其进行审计的多个扫描）。在本例中，我们运行的是一个通用服务器，因此我们将选择 Id 为 xccdf_org.ssgproject.content_profile_standard 的配置文件。

3. 要运行此扫描，并将输出保存在易于阅读的 HTML 报告中，需要继续运行如下命令：

```
$ sudo oscap xccdf eval --profile
xccdf_org.ssgproject.content_profile_standard --report
/var/www/html/report.html ./scap-security-guide-0.1.47/ssg-
ubuntu1804-ds.xml
```

我们必须使用 sudo 运行这个命令，因为它需要访问一些核心系统文件，否则无法访问这些文件。扫描运行并生成一个良好的易于阅读的输出，如图 15-4 所示。

```
Stream: scap_org.open-scap_datastream_from_xccdf_ssg-ubuntu1804-xccdf-1.2.xml
Generated: (null)
Version: 1.3
Checklists:
        Ref-Id: scap_org.open-scap_cref_ssg-ubuntu1804-xccdf-1.2.xml
                Status: draft
                Generated: 2019-11-05
                Resolved: true
                Profiles:
                        Title: Profile for ANSSI DAT-NT28 Average (Intermediate)
Level
                                Id: xccdf_org.ssgproject.content_profile_anssi_np
_nt28_average
                        Title: Profile for ANSSI DAT-NT28 High (Enforced) Level
                                Id: xccdf_org.ssgproject.content_profile_anssi_np
_nt28_high
                        Title: Profile for ANSSI DAT-NT28 Minimal Level
                                Id: xccdf_org.ssgproject.content_profile_anssi_np
_nt28_minimal
                        Title: Profile for ANSSI DAT-NT28 Restrictive Level
                                Id: xccdf_org.ssgproject.content_profile_anssi_np
_nt28_restrictive
                        Title: Standard System Security Profile for Ubuntu 18.04
                                Id: xccdf_org.ssgproject.content_profile_standard
                Referenced check files:
```

图　15-3

```
~> sudo oscap xccdf eval --profile xccdf_org.ssgproject.content_profile_standard
--report /var/www/html/report.html ./scap-security-guide-0.1.47/ssg-ubuntu1804-ds
.xml
Title   Ensure the audit Subsystem is Installed
Rule    xccdf_org.ssgproject.content_rule_package_audit_installed
Result  fail

Title   Enable auditd Service
Rule    xccdf_org.ssgproject.content_rule_service_auditd_enabled
Result  fail

Title   Ensure rsyslog is Installed
Rule    xccdf_org.ssgproject.content_rule_package_rsyslog_installed
Result  pass

Title   Enable rsyslog Service
Rule    xccdf_org.ssgproject.content_rule_service_rsyslog_enabled
Result  pass

Title   Ensure Log Files Are Owned By Appropriate Group
Rule    xccdf_org.ssgproject.content_rule_rsyslog_files_groupownership
Result  fail

Title   Ensure Log Files Are Owned By Appropriate User
Rule    xccdf_org.ssgproject.content_rule_rsyslog_files_ownership
```

图　15-4

正如你所看到的，XCCDF 策略生成一个可读性很高的输出，每个测试都有一个清晰的通过或失败的结果。因此，即使在输出的前几行中，也可以看到测试系统在几个方面不符合安全策略。

此外，`oscap` 命令还生成了一个漂亮的 HTML 报告，我们已将其放入该服务器的 Web 根目录中。当然，你不会在生产环境中这样做，你最不愿意做的就是公开服务器的任何安全问题！但是，可以将此报告发送给 IT 安全团队，如果使用 Ansible 剧本运行 OSCAP，Ansible 可以将报告从远程服务器复制到可以整理报告的已知位置。

此 HTML 报告的一部分显示如图 15-5 所示，可以看到它的可读性很好。此外，即使快速浏览一下，非技术人员也会发现该系统未通过合规性测试，需要采取补救措施。

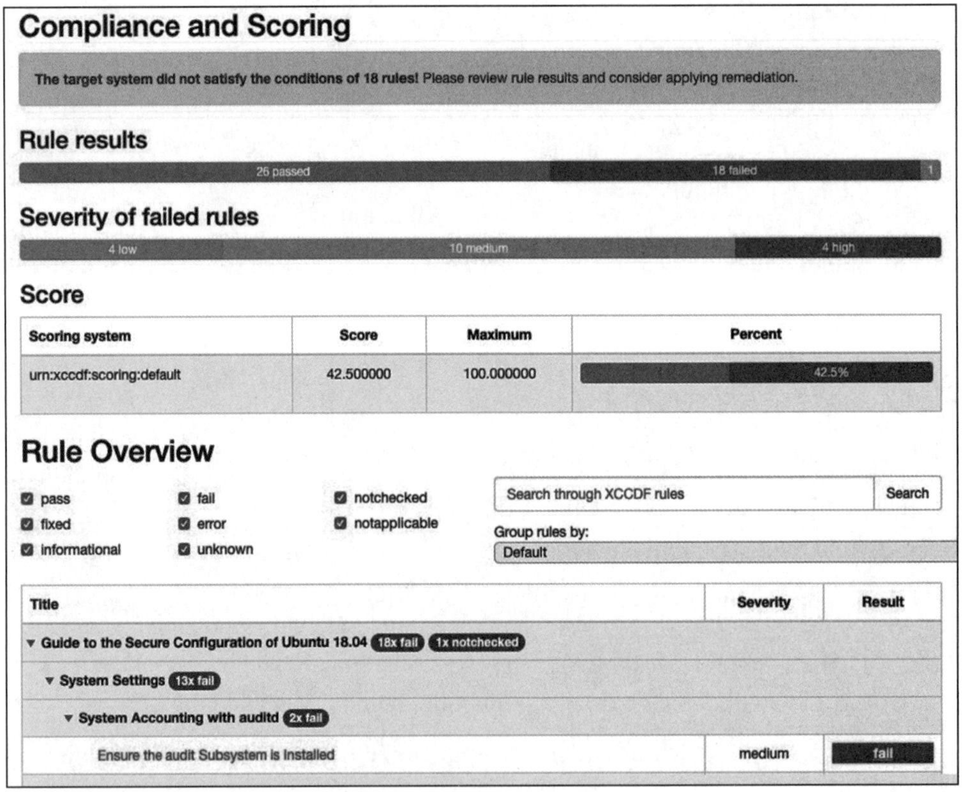

图 15-5

现在，你知道这个工具有多么强大，以及为什么希望使用它来扫描基础设施了！除此报告外，我们还可以使用在 15.3.3 节中下载的 `com.ubuntu.bionic.cve.oval.xml` 策略。正如我们所讨论的，OVAL 策略不会生成像 XCCDF 报告那样易于阅读的报告，但是它们仍然非常有价值。要扫描我们的 Ubuntu 系统以查看是否缺少任何关键的安全修补程序，运行以下命令：

```
$ sudo oscap oval eval --report /var/www/html/report-patching.html
com.ubuntu.bionic.cve.oval.xml
```

如图 15-6 所示，输出的可读性不如 XCCDF 输出，需要更多的解释。简而言之，`false` 的结果意味着被扫描的机器没有通过合规性测试，因此推断出所需的修补程序已经应用，而 `true` 的结果意味着系统中缺少修补程序。

```
james@automation-01: ~
~> sudo oscap oval eval --report /var/www/html/report-patching.html com.ubuntu.bi
onic.cve.oval.xml
Definition oval:com.ubuntu.bionic:def:201999590000000: false
Definition oval:com.ubuntu.bionic:def:201999560000000: false
Definition oval:com.ubuntu.bionic:def:201999480000000: false
Definition oval:com.ubuntu.bionic:def:201999470000000: false
Definition oval:com.ubuntu.bionic:def:201999420000000: false
Definition oval:com.ubuntu.bionic:def:201999370000000: false
Definition oval:com.ubuntu.bionic:def:201999360000000: false
Definition oval:com.ubuntu.bionic:def:201999280000000: false
Definition oval:com.ubuntu.bionic:def:201999240000000: false
Definition oval:com.ubuntu.bionic:def:201999230000000: true
```

图　15-6

然而，HTML 报告再一次拯救了我们，它在顶部有一个摘要部分，这表明系统共有 432 个检测到的软件包漏洞，还有 8468 项测试通过。因此，我们迫切需要应用修补程序来修复已知的安全漏洞，正如我们运行审计所针对的策略文件所理解的图 15-7 所示。

OVAL Results Generator Information				
Schema Version	Product Name	Product Version	Date	Time
5.11.1	cpe:/a:open-scap:oscap	1.2.15	2019-11-13	11:56:42
#X	#✓	#Error	#Unknown	#Other
432	8468	0	0	1

OVAL Definition Generator Information				
Schema Version	Product Name	Product Version	Date	Time
5.11.1	Canonical CVE OVAL Generator	1.1	2019-11-13	11:32:01
#Definitions	#Tests	#Objects	#States	#Variables
8901 Total 0 1 0 0 8900	3665	1508	2332	796

System Information	
Host Name	automation-01
Operating System	Linux
Operating System Version	#75-Ubuntu SMP Tue Oct 1 05:24:09 UTC 2019
Architecture	x86_64

图　15-7

当然，定期下载此策略的更新的副本以确保它保持最新非常重要。如果深入到报告中，将看到，对于每项检查，都有一个交叉引用的 CVE 漏洞报告，这样就可以找出系统显示的漏洞，如图 15-8 所示。

仅通过以下几个示例，可以看到这些报告的价值，以及 IT 安全团队在没有任何特定 Linux 命令行知识的情况下如何轻松地审阅这些报告。

在 CentOS 或 RHEL 上运行基于 OSCAP 的扫描的过程大致相似如下：

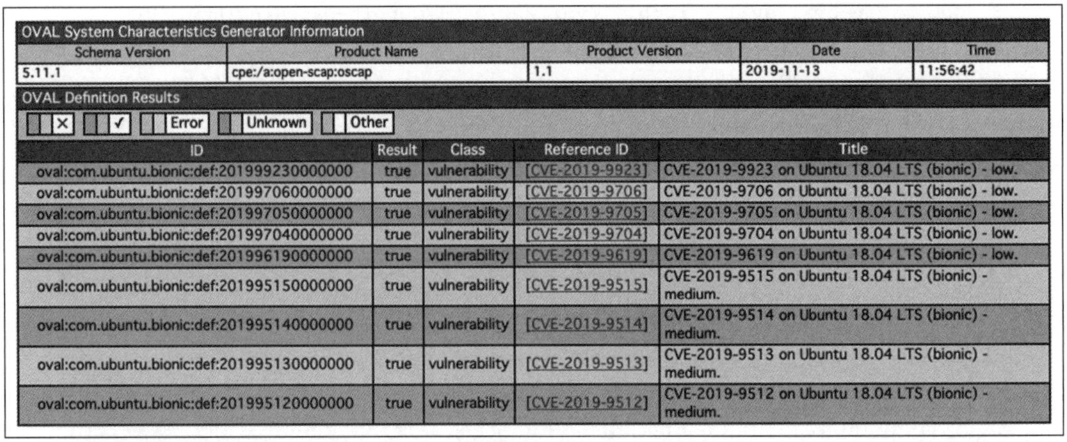

OVAL System Characteristics Generator Information

Schema Version	Product Name	Product Version	Date	Time
5.11.1	cpe:/a:open-scap:oscap	1.1	2019-11-13	11:56:42

OVAL Definition Results

× ✓ Error Unknown Other

ID	Result	Class	Reference ID	Title
oval:com.ubuntu.bionic:def:201999230000000	true	vulnerability	[CVE-2019-9923]	CVE-2019-9923 on Ubuntu 18.04 LTS (bionic) - low.
oval:com.ubuntu.bionic:def:201997060000000	true	vulnerability	[CVE-2019-9706]	CVE-2019-9706 on Ubuntu 18.04 LTS (bionic) - low.
oval:com.ubuntu.bionic:def:201997050000000	true	vulnerability	[CVE-2019-9705]	CVE-2019-9705 on Ubuntu 18.04 LTS (bionic) - low.
oval:com.ubuntu.bionic:def:201997040000000	true	vulnerability	[CVE-2019-9704]	CVE-2019-9704 on Ubuntu 18.04 LTS (bionic) - low.
oval:com.ubuntu.bionic:def:201996190000000	true	vulnerability	[CVE-2019-9619]	CVE-2019-9619 on Ubuntu 18.04 LTS (bionic) - low.
oval:com.ubuntu.bionic:def:201995150000000	true	vulnerability	[CVE-2019-9515]	CVE-2019-9515 on Ubuntu 18.04 LTS (bionic) - medium.
oval:com.ubuntu.bionic:def:201995140000000	true	vulnerability	[CVE-2019-9514]	CVE-2019-9514 on Ubuntu 18.04 LTS (bionic) - medium.
oval:com.ubuntu.bionic:def:201995130000000	true	vulnerability	[CVE-2019-9513]	CVE-2019-9513 on Ubuntu 18.04 LTS (bionic) - medium.
oval:com.ubuntu.bionic:def:201995120000000	true	vulnerability	[CVE-2019-9512]	CVE-2019-9512 on Ubuntu 18.04 LTS (bionic) - medium.

图 15-8

1. 假设使用的是操作系统打包的 SSG 策略。可以查询 XCCDF 配置文件，以便知道要针对哪个配置文件运行：

```
$ oscap info /usr/share/xml/scap/ssg/content/ssg-centos7-xccdf.xml
```

2. 然后，运行基于 XCCDF 的扫描，方式与在 Ubuntu 上所做的完全相同。在这里，我们选择标准配置文件来扫描系统：

```
$ sudo oscap xccdf eval --fetch-remote-resources --report
/var/www/html/report.html --profile standard
/usr/share/xml/scap/ssg/content/ssg-centos7-xccdf.xml
```

你将看到这里也有 `--fetch-remote-resources` 标志，这是因为 CentOS 7 策略需要一些额外的内容，它直接从 Red Hat 下载，以便它始终使用最新的副本。扫描的运行方式与以前基本相同，生成相同的易于阅读的报告。当扫描运行时，将看到许多测试返回不适用（`notapplicable`）的结果，遗憾的是，CentOS 7 安全策略在很大程度上是一项尚未完成的工作，在撰写本书时，CentOS 7 附带的版本不包括对此操作系统的完全支持。这说明了 OpenSCAP 策略是多么的教条，大多数 CentOS 7 安全需求将同样适用于 RHEL 7，反之亦然，但是这些策略的编码却非常专门地适用于特定的操作系统。图 15-9 显示了正在进行的扫描和前面提到的 `notapplicable` 的测试结果。

尽管如此，审计仍然揭示了一些有价值的见解。例如，从下面的 HTML 报告的图 15-10 中可以看到，我们意外地允许使用空密码的账户登录。

特别是，如果正在运行 CentOS 7，将不会从 Red Hat 获得供应商支持，因此值得尝试上游 SSG 策略，因为对 CentOS 和 Ubuntu 等操作系统的支持一直在改善（正如我们在本节前面审计 Ubuntu Server 18.04 主机时看到的）。重新运行完全相同的扫描，但是使用 SSG 0.1.47，我们的扫描结果看起来非常不同，如图 15-11 所示。

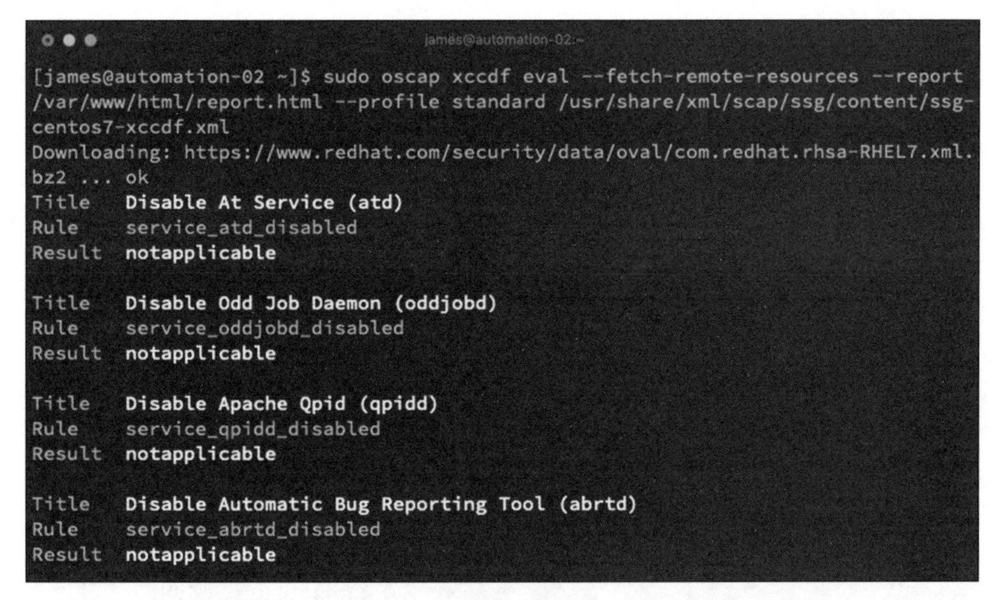
james@automation-02:~
[james@automation-02 ~]$ sudo oscap xccdf eval --fetch-remote-resources --report /var/www/html/report.html --profile standard /usr/share/xml/scap/ssg/content/ssg-centos7-xccdf.xml
Downloading: https://www.redhat.com/security/data/oval/com.redhat.rhsa-RHEL7.xml.bz2 ... ok
Title Disable At Service (atd)
Rule service_atd_disabled
Result notapplicable
Title Disable Odd Job Daemon (oddjobd)
Rule service_oddjobd_disabled
Result notapplicable
Title Disable Apache Qpid (qpidd)
Rule service_qpidd_disabled
Result notapplicable
Title Disable Automatic Bug Reporting Tool (abrtd)
Rule service_abrtd_disabled
Result notapplicable

图 15-9

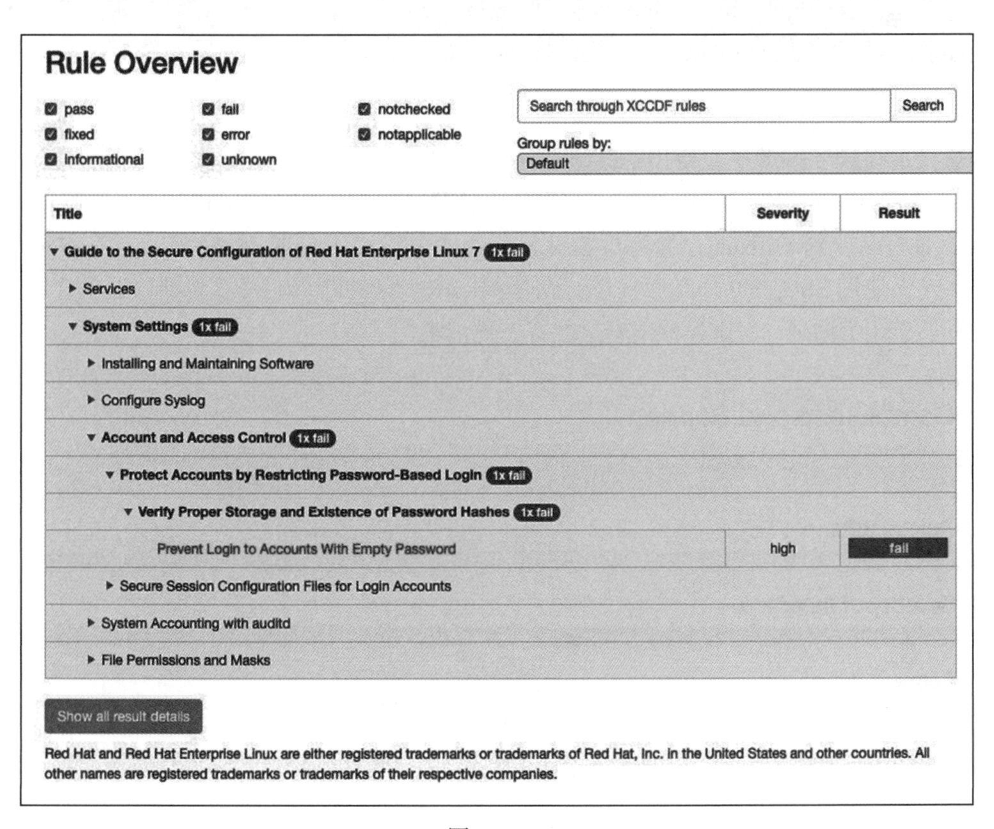
Rule Overview
pass
fixed
informational
fail
error
unknown
notchecked
notapplicable
Search through XCCDF rules
Search
Group rules by:
Default
Title
Severity
Result
Guide to the Secure Configuration of Red Hat Enterprise Linux 7 1x fail
Services
System Settings 1x fail
Installing and Maintaining Software
Configure Syslog
Account and Access Control 1x fail
Protect Accounts by Restricting Password-Based Login 1x fail
Verify Proper Storage and Existence of Password Hashes 1x fail
Prevent Login to Accounts With Empty Password
high
fail
Secure Session Configuration Files for Login Accounts
System Accounting with auditd
File Permissions and Masks
Show all result details
Red Hat and Red Hat Enterprise Linux are either registered trademarks or trademarks of Red Hat, Inc. in the United States and other countries. All other names are registered trademarks or trademarks of their respective companies.

图 15-10

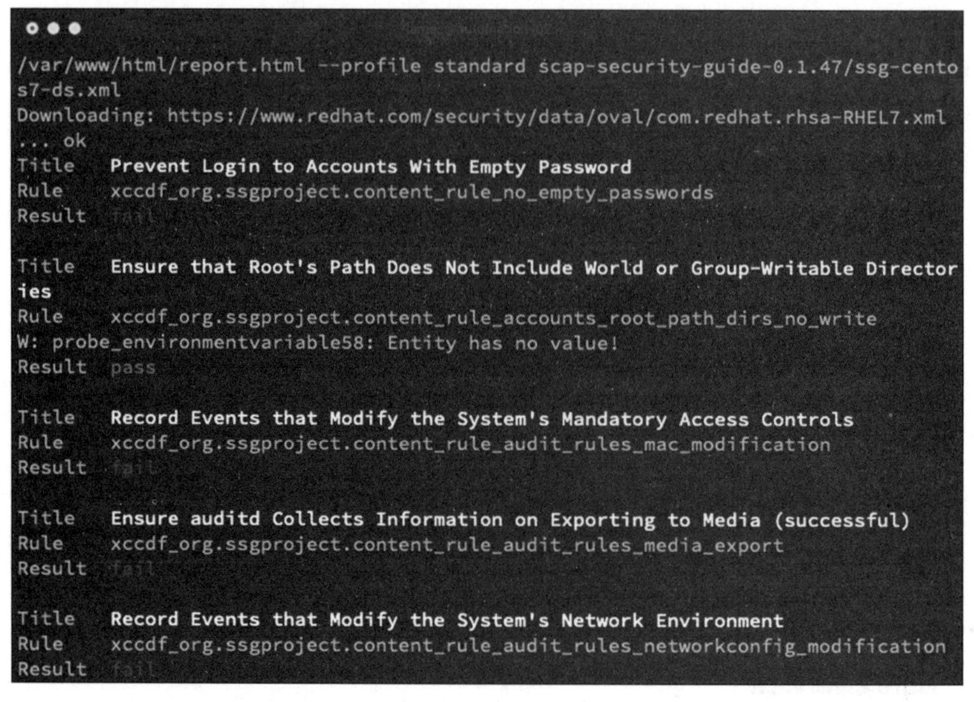

图 15-11

这只是强调了理解正在使用的策略并确保下载适合的情况的正确版本的重要性。如果使用的是 RHEL 7，建议使用 Red Hat 提供的软件包，而对于 CentOS 7 和 Ubuntu Server 18.04，最好从上游 GitHub 存储库中尝试最新版本。事实上，图 15-12 显示了在 CentOS 7 测试系统上使用 SSG 的 0.1.47 版本进行完全相同的扫描的结果，可以看到，这次，我们总共运行了 958 个测试，对服务器的安全性有了更清晰的了解。

Compliance and Scoring

The target system did not satisfy the conditions of 32 rules! Please review rule results and consider applying remediation.

Rule results

926 passed 32

Severity of failed rules

1 low 30 medium 1

Score

Scoring system	Score	Maximum	Percent
urn:xccdf:scoring:default	75.833328	100.000000	75.83%

图 15-12

在 CentOS 7 上，还可以使用与 Ubuntu 服务器相同的方式运行包漏洞的 OVAL 扫描，但是使用我们以前下载的 `com.redhat.rhsa-RHEL7.xml` 文件。就像我们在 Ubuntu 服务器上所做的那样，我们将使用以下命令运行这个扫描：

```
$ sudo oscap oval eval --report /var/www/html/report-patching.html
com.redhat.rhsa-RHEL7.xml
```

报告的解释方式与 Ubuntu 完全相同，如果直接引用 HTML 报告，我们可以看到，这个系统目前已经完全修补了已知的软件包漏洞，如图 15-13 所示。

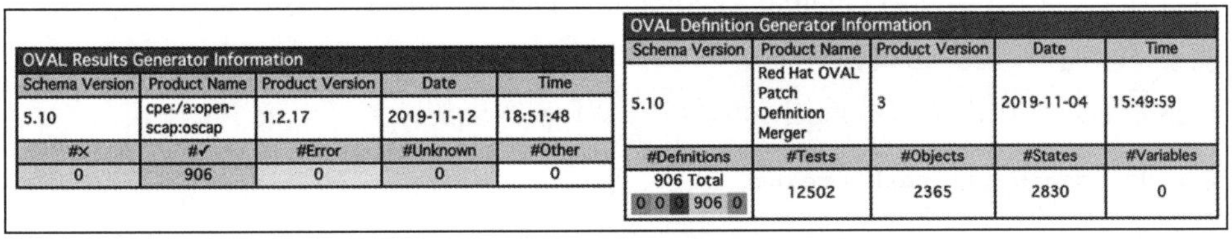

OVAL Results Generator Information				
Schema Version	Product Name	Product Version	Date	Time
5.10	cpe:/a:open-scap:oscap	1.2.17	2019-11-12	18:51:48
#✕	#✓	#Error	#Unknown	#Other
0	906	0	0	0

OVAL Definition Generator Information				
Schema Version	Product Name	Product Version	Date	Time
5.10	Red Hat OVAL Patch Definition Merger	3	2019-11-04	15:49:59
#Definitions	#Tests	#Objects	#States	#Variables
906 Total 0 0 0 906 0	12502	2365	2830	0

图 15-13

我们对 `oscap` 命令行工具的研究结束了，但是现在你应该已经拥有了定期运行自己的扫描所需的所有信息。自动化这个过程留作练习，但是下面是一些关于我认为是一个好的 Ansible 解决方案的提示：

- 在执行任何其他任务之前，使用 `yum` 或 `apt` 模块在服务器上安装所需的 OpenSCAP 包。
- 使用 `get_url` 模块下载 SSG 和 / 或包定义文件，以确保拥有最新的副本（RHEL 7 除外，在 RHEL 7 中，你将使用 Red Hat 提供的版本）。使用 `unarchive` 模块解压下载的文件。
- 使用 `shell` 模块运行 OSCAP 扫描。
- 使用 `fetch` 模块获取 HTML 报告的副本以进行分发和分析。

在下一节中，我们将介绍如何使用 OpenSCAP 守护程序运行定时定期扫描。

15.4.2 使用 OpenSCAP 守护程序运行定期扫描

既然你现在已经了解了使用 `oscap` 命令行工具进行扫描的基础，使用 OpenSCAP 守护程序设置定期扫描将很容易，因为所涉及的技术是相同的。假设已经安装了守护程序，正如我们前面所讨论的，创建自动扫描相当容易，尽管在撰写本书时，OpenSCAP 守护程序并没有在 Ubuntu 服务器 18.04 上运行。这是一个丢失的 CPE 文件造成的，到目前为止，它还没有被纠正，虽然这并没有影响我们对 `oscap` 命令行工具的使用（尽管那些目光敏锐的人会在扫描结束时注意到与此文件相关的错误），但它确实阻止了 OpenSCAP 守护程序的启动。

因此，本节中的示例将仅基于 CentOS 7，但是，修复 OpenSCAP 包后，在 Ubuntu Server 18.04 上的过程大致相似。事实上，根据 `ComplianceAsCode` GitHub 项目，这个问题在 2017 年 10 月首次报告，似乎是一个相对长期的问题，因此是一个很好的理由，可以将 Ansible 与 oscap 工具结合使用，以满足扫描需求。

当这个与 Ubuntu 相关的问题解决后，你将能够使用本章中概述的过程，从一个中央扫描主机安排对 CentOS 和 Ubuntu 主机的扫描。请注意，所有主机（无论是 CentOS、RHEL 还是 Ubuntu）的 SSG 文件都必须与 OpenSCAP 守护程序位于同一主机上，每当 OpenSCAP 守护程序运行扫描时，它们都会被复制到要扫描的每个主机上，因此不需要在每个主机上部署。

尽管如此，如果要使用 OpenSCAP 守护程序设置定时扫描，最简单的方法是在交互模式下使用 `oscapd-cli` 工具：

1. 这是通过使用以下参数调用 `oscapd-cli` 来实现的：

```
$ sudo oscapd-cli task-create -i
```

2. 这将启动一个基于文本的引导配置，可以轻松地完成它。图 15-14 显示了如何设置守护程序以在 CentOS 7 测试系统上运行每日扫描的示例。

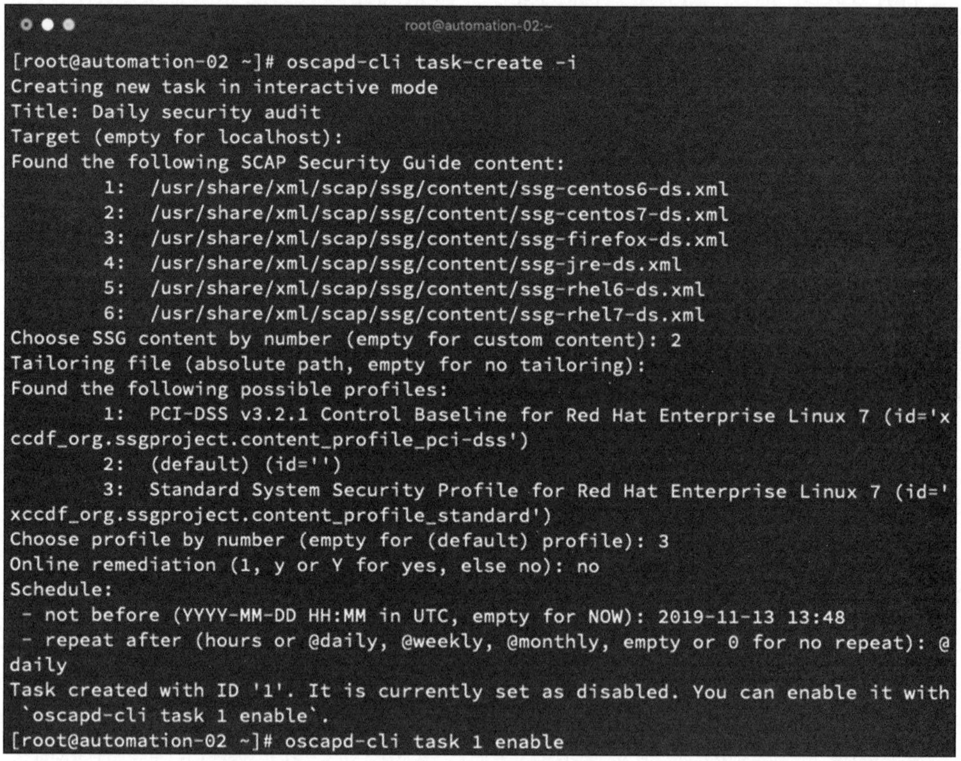

```
root@automation-02:~
[root@automation-02 ~]# oscapd-cli task-create -i
Creating new task in interactive mode
Title: Daily security audit
Target (empty for localhost):
Found the following SCAP Security Guide content:
        1:  /usr/share/xml/scap/ssg/content/ssg-centos6-ds.xml
        2:  /usr/share/xml/scap/ssg/content/ssg-centos7-ds.xml
        3:  /usr/share/xml/scap/ssg/content/ssg-firefox-ds.xml
        4:  /usr/share/xml/scap/ssg/content/ssg-jre-ds.xml
        5:  /usr/share/xml/scap/ssg/content/ssg-rhel6-ds.xml
        6:  /usr/share/xml/scap/ssg/content/ssg-rhel7-ds.xml
Choose SSG content by number (empty for custom content): 2
Tailoring file (absolute path, empty for no tailoring):
Found the following possible profiles:
        1:  PCI-DSS v3.2.1 Control Baseline for Red Hat Enterprise Linux 7 (id='x
ccdf_org.ssgproject.content_profile_pci-dss')
        2:  (default) (id='')
        3:  Standard System Security Profile for Red Hat Enterprise Linux 7 (id='
xccdf_org.ssgproject.content_profile_standard')
Choose profile by number (empty for (default) profile): 3
Online remediation (1, y or Y for yes, else no): no
Schedule:
 - not before (YYYY-MM-DD HH:MM in UTC, empty for NOW): 2019-11-13 13:48
 - repeat after (hours or @daily, @weekly, @monthly, empty or 0 for no repeat): @
daily
Task created with ID '1'. It is currently set as disabled. You can enable it with
 `oscapd-cli task 1 enable`.
[root@automation-02 ~]# oscapd-cli task 1 enable
```

图 15-14

交互式设置中的大多数步骤应该是不言自明的，但是，你将注意到有一个步骤询问有关联机修正（`Online remediation`）的问题。OpenSCAP配置文件包括在扫描过程中自动纠正发现的任何合规性问题的功能。这取决于你是否希望启用此功能，因为这将取决于你是否对自动流程对你的系统进行更改感到满意，即使是出于安全目的。你可能希望将审计任务与策略实施任务分开，在这种情况下，将使用Ansible执行修正步骤。

如果确实启用了修正，请确保已首先在隔离环境中对此进行了测试，以确保修正步骤不会破坏任何现有应用程序。此测试不仅必须在应用程序代码更改时执行，而且还必须在下载SSG的新版本时执行，因为每个新版本都可能包含新的修正步骤。这与我们在第13章中探讨的指导原则相同，只是现在将它应用于OpenSCAP SSG。

3. 一旦启用了扫描，你会发现，在预定的时间，它将扫描结果存放在`/var/lib/oscapd/results`中。在该目录下，你将找到一个编号的子目录，该子目录对应于创建任务时给定的任务ID（在图15-14中，ID为`1`），然后在它下面还有另一个编号，即扫描编号的目录。因此，任务ID `1`的第一次扫描的结果将在`/var/lib/oscapd/results/1/1`中找到。

4. 当检查这个目录的内容时，注意到结果只存储在XML文件中，虽然适合进一步处理，但可读性不强。幸运的是，我们之前看到的`oscap`工具可以很容易地将扫描结果转换为人类易于阅读的HTML。对于这个结果，我们将运行以下命令：

```
$ sudo oscap xccdf generate report --output /var/www/html/report-
oscapd.html /var/lib/oscapd/results/1/1/results.xml
```

一旦运行了这个命令，就可以在Web浏览器中查看HTML报告，就像我们在本章前面所做的那样。当然，如果没有在这台机器上运行Web服务器，你可以简单地将HTML报告复制到有HTML报告的主机上（甚至可以在计算机本机上打开它）。

设置OpenSCAP守护程序的好处在于，与`oscap`工具不同，它可以扫描远程主机和本机主机。此扫描是通过SSH执行的，必须确保已设置从运行OpenSCAP守护程序的服务器到远程主机的无密码SSH访问。如果使用的是非特权账户登录，还应确保该账户具有同样不需要密码的sudo访问权限。对于任何有经验的系统管理员来说，这应该很容易设置。

在CentOS 7上，默认的SELinux策略阻止远程扫描在测试系统上运行。为了运行远程扫描，不得不暂时禁用SELinux。显然，这不是一个理想的解决方案，如果你遇到这个问题，最好构建一个SELinux策略来运行远程扫描。

一旦设置了远程访问，通过交互式任务创建过程配置OpenSCAP守护程序并不比本机计算机复杂。唯一区别是，你需要以以下格式指定远程连接：

```
ssh+sudo://<username>@<hostname>
```

如果直接以root用户身份登录（不推荐），可以省略前面字符串的`+sudo`部分。因此，为了设置从测试服务器添加另一个远程扫描，运行了图 15-15 中显示的命令。

```
root@automation-02:~
[root@automation-02 ~]# oscapd-cli task-create -i
Creating new task in interactive mode
Title: Scan Remote Host using SSH
Target (empty for localhost): ssh+sudo://audit@centos-testhost2
Found the following SCAP Security Guide content:
        1:  /usr/share/xml/scap/ssg/content/ssg-centos6-ds.xml
        2:  /usr/share/xml/scap/ssg/content/ssg-centos7-ds.xml
        3:  /usr/share/xml/scap/ssg/content/ssg-firefox-ds.xml
        4:  /usr/share/xml/scap/ssg/content/ssg-jre-ds.xml
        5:  /usr/share/xml/scap/ssg/content/ssg-rhel6-ds.xml
        6:  /usr/share/xml/scap/ssg/content/ssg-rhel7-ds.xml
Choose SSG content by number (empty for custom content): 2
Tailoring file (absolute path, empty for no tailoring):
Found the following possible profiles:
        1:  PCI-DSS v3.2.1 Control Baseline for Red Hat Enterprise Linux 7 (id='x
ccdf_org.ssgproject.content_profile_pci-dss')
        2:  (default) (id='')
        3:  Standard System Security Profile for Red Hat Enterprise Linux 7 (id='
xccdf_org.ssgproject.content_profile_standard')
Choose profile by number (empty for (default) profile): 3
Online remediation (1, y or Y for yes, else no): no
Schedule:
 - not before (YYYY-MM-DD HH:MM in UTC, empty for NOW): 2019-11-13 13:59
 - repeat after (hours or @daily, @weekly, @monthly, empty or 0 for no repeat): @
daily
Task created with ID '2'. It is currently set as disabled. You can enable it with
 `oscapd-cli task 2 enable`.
[root@automation-02 ~]# oscapd-cli task 2 enable
```

图 15-15

如你所见，这将为此创建任务 2。这种设置的优点是，一旦设置了 SSH 和 sudo 访问，就可以有一个指定的主机负责扫描全部 Linux 服务器资产。另外，被扫描的主机只需要提供 OpenSCAP 库，而不需要 OpenSCAP 守护程序或安全策略文件，这些文件作为远程扫描过程的一部分自动传输到主机。

定时扫描的结果以 XML 格式存储在 /var/lib/oscapd/results 目录中，与以前完全一样，可以根据需要进行分析或转换为 HTML。

OpenSCAP 守护程序几乎可以肯定是用于扫描基础设施的最快和最简单的途径，而且它在本机收集和存储所有结果，并使用存储在自己的文件系统上的安全策略，这意味着它相当抗篡改。

对于自动化的、基于 SCAP 的环境扫描，OpenSCAP 守护程序几乎肯定是最佳选择，你可以创建 cron 作业来自动将 XML 结果转换为 HTML，并将其放入 Web 服务器根目录中，以便查看。

最后但并非最不重要的是，在下一节中，我们将介绍 SCAP Workbench 工具，并了解它如何帮助你进行安全审计。

15.4.3　使用 SCAP Workbench 进行扫描

SCA PWorkbench 工具是一个用于运行 SCAP 扫描的交互式、基于 GUI 的工具。它的功能与 oscap 命令行工具几乎相同，只是它可以通过 SSH 扫描两台远程主机（类似于 OpenSCAP 守护程序）。使用 SCAP Workbench 的宏观过程与 oscap 相同，从下载的策略中选择策略文件，从其中选择配置文件，然后运行扫描。

不过，这一次，结果将显示在 GUI 中，并且易于解释，而无须生成 HTML 报告并将其加载到浏览器中。图 15-16 显示了与使用 oscap 在命令行上运行以下命令等效的结果：

```
$ sudo oscap xccdf eval --profile
xccdf_org.ssgproject.content_profile_standard ./scap-security-
guide-0.1.47/ssg-ubuntu1804-ds.xml
```

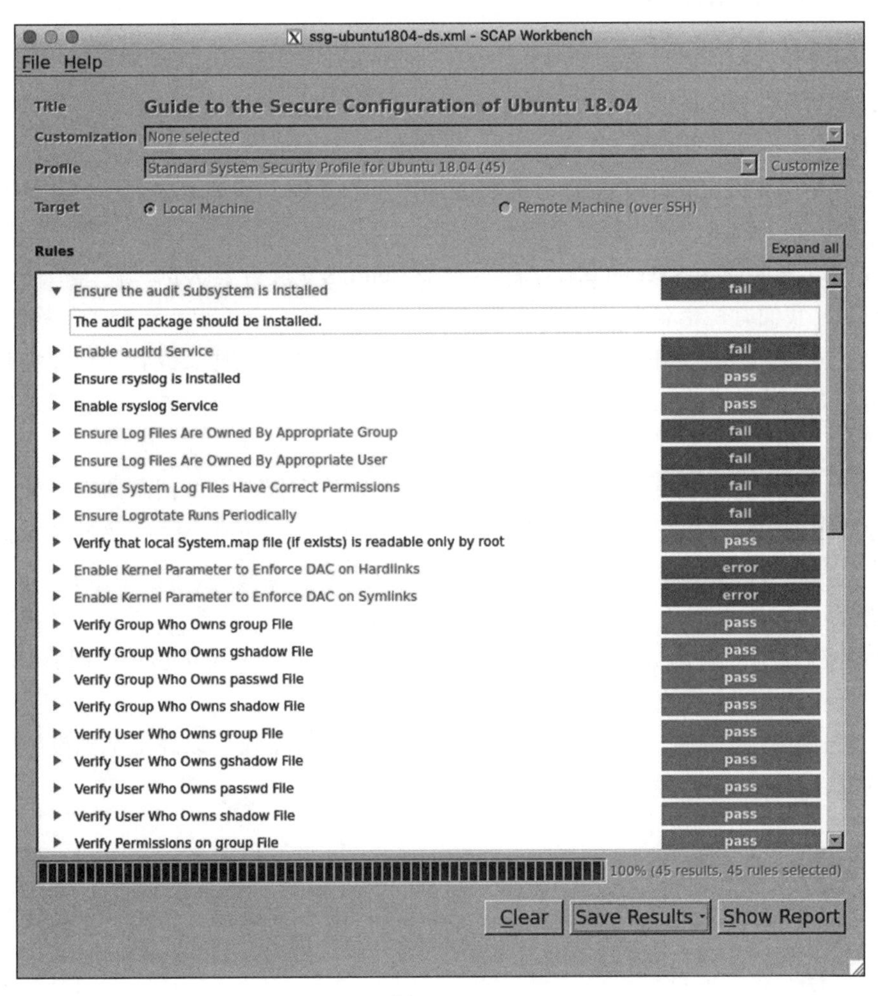

图　15-16

必须指出，扫描不会生成报告文件，但可以通过单击屏幕底部的 Save Result 按钮来生成基于 HTML 或 XML 的结果。

你可以清楚地看到，如果需要对系统运行交互式即时扫描，SCAP Workbench 是最简单的方法。唯一的限制是它只能处理 XCCDF 文件，因此用于确定是否存在包漏洞的 OVAL 文件不能在这里使用。

在本节中，我们探讨了使用各种 OpenSCAP 工具扫描基础设施的方法，还展示了各种各样的扫描，它们的输出通常很容易解释。在下一节中，我们将在完成 OpenSCAP 工作之前对这些问题进行更深入的探讨。

15.5 解释扫描的结果

到目前为止，我们已经看到 OpenSCAP 扫描（特别是基于 XCCDF 的扫描）产生了很好的、易于阅读的报告，你可以很容易地采取行动。但是，如果不清楚这些报告的含义，那么你将不知道需要修复哪些内容来纠正规章合规性不足的情况。

幸运的是，我们之前用于检查易受攻击软件包的 OVAL 策略和基于 XCCDF 的报告都包含足够的信息，你可以完成这两项工作。

让我们以先前使用 SSG 的 0.1.47 版本扫描 CentOS 7 服务器为例。在这个例子中，除了其他问题，我们有一个名为 `Disable ntpdate Service（ntpdate）`的检查失败了。假设这个结果对你来说并不明显，并且你不确定根本的问题是什么或者为什么它是一个问题。幸运的是，在这个扫描生成的 HTML 报告中，可以单击这项检查的标题。这应该会弹出一个屏幕，如图 15-17 所示。

在这里，可以看到你可能需要的所有详细信息，从扫描的详细信息到提出此建议的各种安全标准中的引用和标识符，甚至还有可以用来纠正问题，使系统下一次扫描成为合规的手动命令。

更好的是，如果向下滚动这个屏幕，你会发现 SSG 的许多最新版本（包括 0.1.47 版）实际上包含了大量的 Ansible 代码，可以应用这些代码来纠正这种情况，如图 15-18 所示。

因此，通过一点探索，确实可以使用这些扫描结果，不仅可以找出基础设施不符合安全策略的原因，还可以生成所需的确切修复集。

OpenSCAP 还可以修正（即修复）扫描时发现的问题，以帮助你审计和维护规章合规性。但是，我们在这里没有探讨这一点，因为在尝试自动修复之前，了解扫描的内容以及它们将做什么是至关重要的。

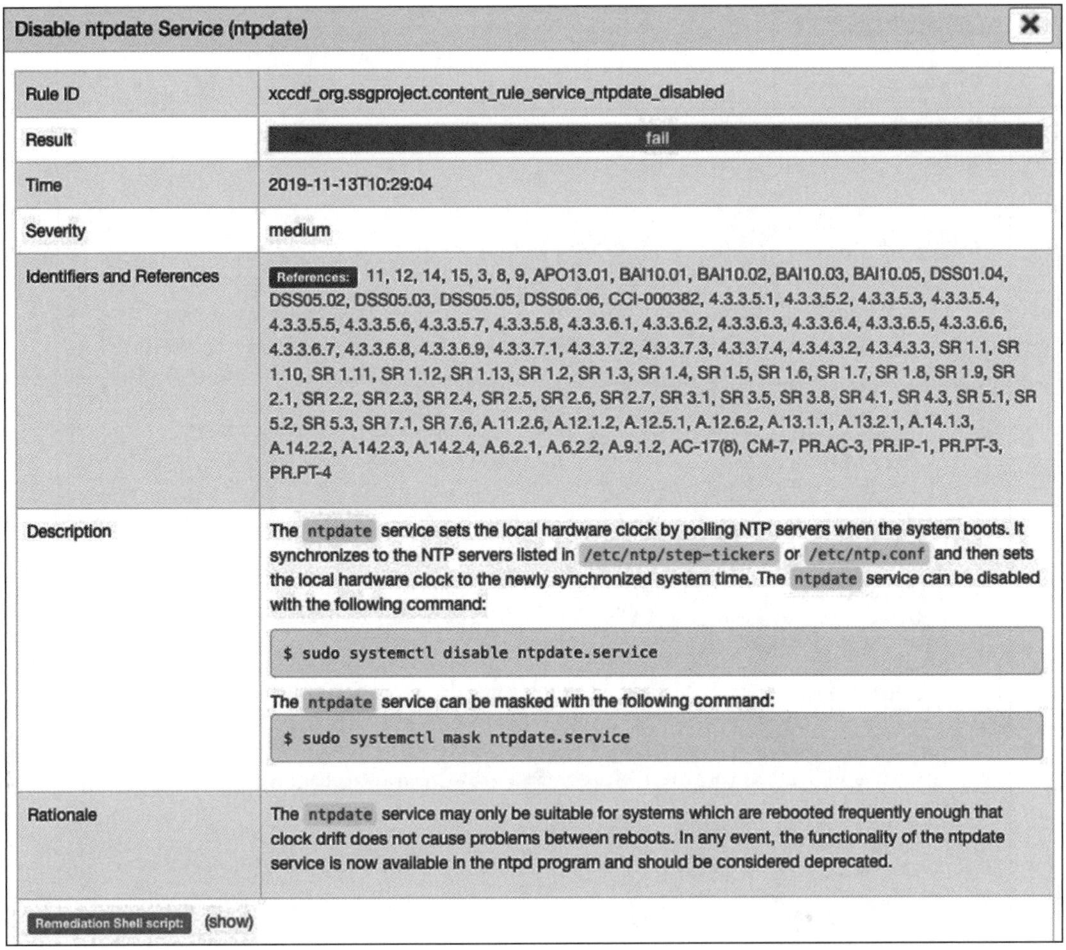

Disable ntpdate Service (ntpdate)

Rule ID	xccdf_org.ssgproject.content_rule_service_ntpdate_disabled
Result	fail
Time	2019-11-13T10:29:04
Severity	medium
Identifiers and References	References: 11, 12, 14, 15, 3, 8, 9, APO13.01, BAI10.01, BAI10.02, BAI10.03, BAI10.05, DSS01.04, DSS05.02, DSS05.03, DSS05.05, DSS06.06, CCI-000382, 4.3.3.5.1, 4.3.3.5.2, 4.3.3.5.3, 4.3.3.5.4, 4.3.3.5.5, 4.3.3.5.6, 4.3.3.5.7, 4.3.3.5.8, 4.3.3.6.1, 4.3.3.6.2, 4.3.3.6.3, 4.3.3.6.4, 4.3.3.6.5, 4.3.3.6.6, 4.3.3.6.7, 4.3.3.6.8, 4.3.3.6.9, 4.3.3.7.1, 4.3.3.7.2, 4.3.3.7.3, 4.3.3.7.4, 4.3.4.3.2, 4.3.4.3.3, SR 1.1, SR 1.10, SR 1.11, SR 1.12, SR 1.13, SR 1.2, SR 1.3, SR 1.4, SR 1.5, SR 1.6, SR 1.7, SR 1.8, SR 1.9, SR 2.1, SR 2.2, SR 2.3, SR 2.4, SR 2.5, SR 2.6, SR 2.7, SR 3.1, SR 3.5, SR 3.8, SR 4.1, SR 4.3, SR 5.1, SR 5.2, SR 5.3, SR 7.1, SR 7.6, A.11.2.6, A.12.1.2, A.12.5.1, A.12.6.2, A.13.1.1, A.13.2.1, A.14.1.3, A.14.2.2, A.14.2.3, A.14.2.4, A.6.2.1, A.6.2.2, A.9.1.2, AC-17(8), CM-7, PR.AC-3, PR.IP-1, PR.PT-3, PR.PT-4

Description	The `ntpdate` service sets the local hardware clock by polling NTP servers when the system boots. It synchronizes to the NTP servers listed in `/etc/ntp/step-tickers` or `/etc/ntp.conf` and then sets the local hardware clock to the newly synchronized system time. The `ntpdate` service can be disabled with the following command:
	`$ sudo systemctl disable ntpdate.service`
	The `ntpdate` service can be masked with the following command:
	`$ sudo systemctl mask ntpdate.service`

Rationale	The `ntpdate` service may only be suitable for systems which are rebooted frequently enough that clock drift does not cause problems between reboots. In any event, the functionality of the ntpdate service is now available in the ntpd program and should be considered deprecated.
Remediation Shell script: (show)	

图　15-17

因此，这留作练习，但是，你将看到在 OpenSCAP 守护程序和 SCAP Workbench 中，有一个简单的选项，你可以启用它，它不仅执行扫描，而且尝试修正。

虽然我们已经确定了 XCCDF 配置文件的强大和用户友好程度，但是我们已经看到由 OVAL 配置文件生成的报告的可读性稍差。幸运的是，如果参考图 15-19，你会注意到已识别漏洞的 CVE 编号实际上是超链接。

单击这些链接将带你进入操作系统供应商的网站，直接进入一个页面，该页面详细说明了漏洞、受影响的包以及修复的实施时间。因此，可以确切地找出需要更新哪些软件包来纠正这种情况。

最后，我们结束了对如何使用 OpenSCAP 审计 Linux 环境的介绍。希望你已经发现这一点很有用，并且能够将其应用到环境中，以利于安全和审计过程。

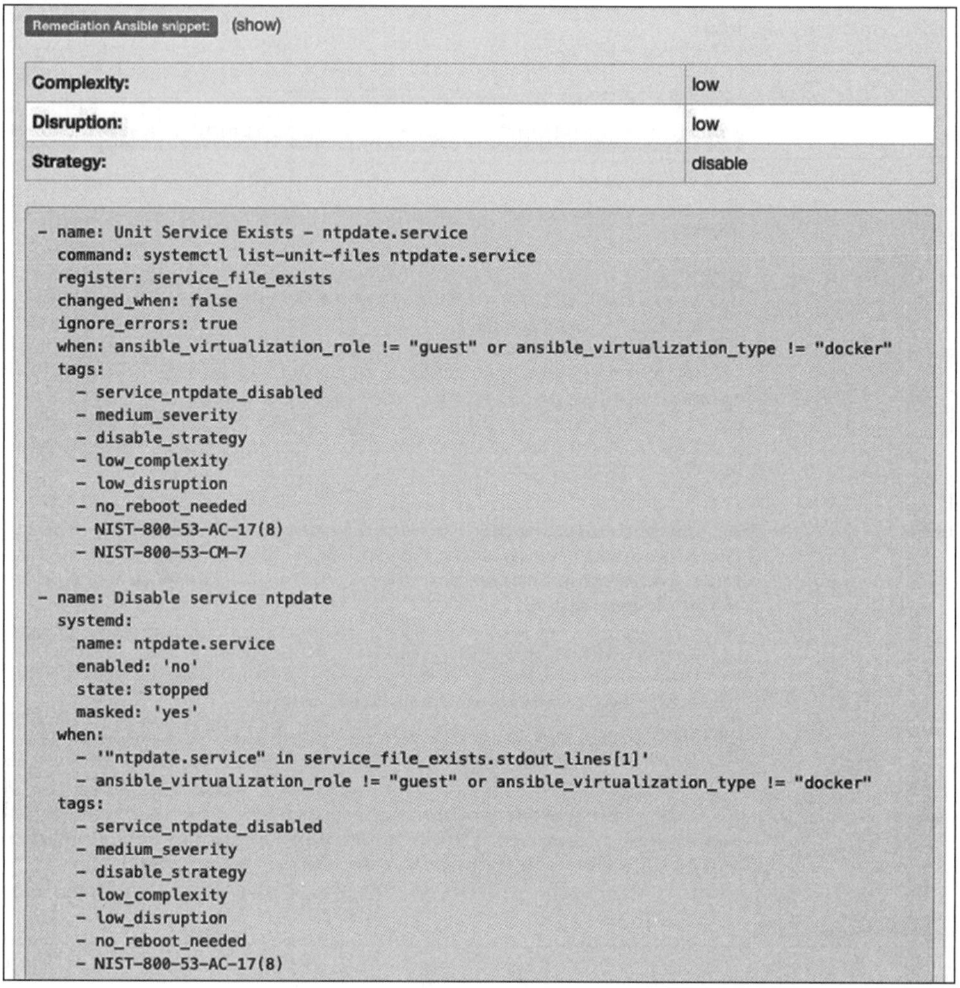

Remediation Ansible snippet: (show)

Complexity:	low
Disruption:	low
Strategy:	disable

```
- name: Unit Service Exists - ntpdate.service
  command: systemctl list-unit-files ntpdate.service
  register: service_file_exists
  changed_when: false
  ignore_errors: true
  when: ansible_virtualization_role != "guest" or ansible_virtualization_type != "docker"
  tags:
    - service_ntpdate_disabled
    - medium_severity
    - disable_strategy
    - low_complexity
    - low_disruption
    - no_reboot_needed
    - NIST-800-53-AC-17(8)
    - NIST-800-53-CM-7

- name: Disable service ntpdate
  systemd:
    name: ntpdate.service
    enabled: 'no'
    state: stopped
    masked: 'yes'
  when:
    - '"ntpdate.service" in service_file_exists.stdout_lines[1]'
    - ansible_virtualization_role != "guest" or ansible_virtualization_type != "docker"
  tags:
    - service_ntpdate_disabled
    - medium_severity
    - disable_strategy
    - low_complexity
    - low_disruption
    - no_reboot_needed
    - NIST-800-53-AC-17(8)
```

图 15-18

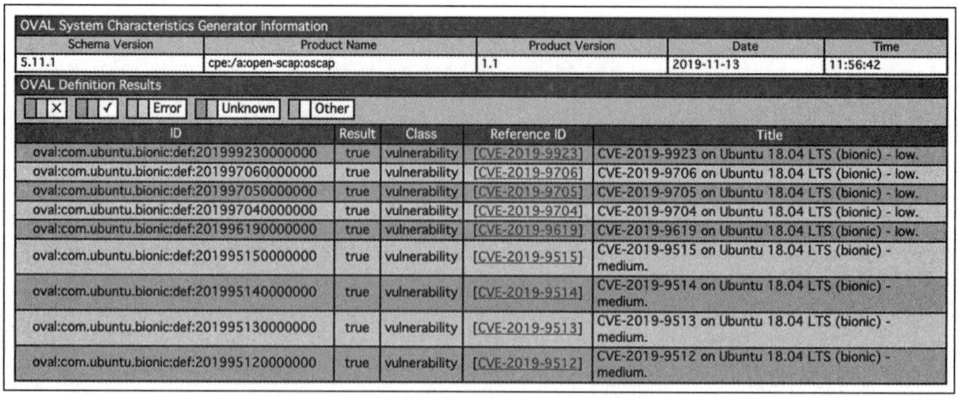

OVAL System Characteristics Generator Information

Schema Version	Product Name	Product Version	Date	Time
5.11.1	cpe:/a:open-scap:oscap	1.1	2019-11-13	11:56:42

OVAL Definition Results

✕ ✓ Error Unknown Other

ID	Result	Class	Reference ID	Title
oval:com.ubuntu.bionic:def:201999230000000	true	vulnerability	[CVE-2019-9923]	CVE-2019-9923 on Ubuntu 18.04 LTS (bionic) - low.
oval:com.ubuntu.bionic:def:201997060000000	true	vulnerability	[CVE-2019-9706]	CVE-2019-9706 on Ubuntu 18.04 LTS (bionic) - low.
oval:com.ubuntu.bionic:def:201997050000000	true	vulnerability	[CVE-2019-9705]	CVE-2019-9705 on Ubuntu 18.04 LTS (bionic) - low.
oval:com.ubuntu.bionic:def:201997040000000	true	vulnerability	[CVE-2019-9704]	CVE-2019-9704 on Ubuntu 18.04 LTS (bionic) - low.
oval:com.ubuntu.bionic:def:201996190000000	true	vulnerability	[CVE-2019-9619]	CVE-2019-9619 on Ubuntu 18.04 LTS (bionic) - low.
oval:com.ubuntu.bionic:def:201995150000000	true	vulnerability	[CVE-2019-9515]	CVE-2019-9515 on Ubuntu 18.04 LTS (bionic) - medium.
oval:com.ubuntu.bionic:def:201995140000000	true	vulnerability	[CVE-2019-9514]	CVE-2019-9514 on Ubuntu 18.04 LTS (bionic) - medium.
oval:com.ubuntu.bionic:def:201995130000000	true	vulnerability	[CVE-2019-9513]	CVE-2019-9513 on Ubuntu 18.04 LTS (bionic) - medium.
oval:com.ubuntu.bionic:def:201995120000000	true	vulnerability	[CVE-2019-9512]	CVE-2019-9512 on Ubuntu 18.04 LTS (bionic) - medium.

图 15-19

15.6 小结

关注 Linux 基础设施的安全合规性变得越来越重要，考虑到安全建议的数量巨大，再加上现代企业中可能存在大量的 Linux 服务器，显然需要一个能够审计合规性的工具。OpenSCAP 正是提供了这样一个框架，只要稍加小心和注意（以及应用正确的安全配置文件），就可以轻松地审计全部 Linux 资产，并为你提供有价值的、易于阅读和解释的合规级别报告。

在本章中，你获得了为服务器审计安装 OpenSCAP 工具的实践经验，并了解了可用的策略以及如何在 OpenSCAP 中有效地使用这些策略。然后，你学习了如何使用各种 OpenSCAP 工具审计 Linux 服务器，并最终探索了如何解释扫描报告以采取适当的行动。

在下一章中，我们将介绍一些使自动化任务更容易的技巧和窍门。

15.7 思考题

1. SCAP 代表什么？
2. 为什么 SCAP 策略是审计 Linux 基础设施的一个有价值的工具？
3. 你将使用 OpenSCAP 工具集中的哪几个来执行 Linux 主机的定期扫描？
4. Linux 定期托管 XCCDF 文件和 OVAL 文件的区别是什么？
5. 在何时将使用供应商提供的 SSG 策略，即便它们是旧的？
6. 为什么在 CentOS 7 主机上使用 RHEL 7 策略文件的扫描结果显示不适用？
7. 能够从 OpenSCAP 守护程序生成的 XML 结果生成 HTML 报告吗？
8. SCAP Workbench 或 OpenSCAP 守护程序执行远程 SSH 扫描的要求是什么？

15.8 进一步阅读

- Russ McKendrick 的 Learn Ansible：https://www.packtpub.com/gb/virtualization-and-cloud/learn-ansible。
- OpenSCAP 网站：https://www.open-scap.org/。

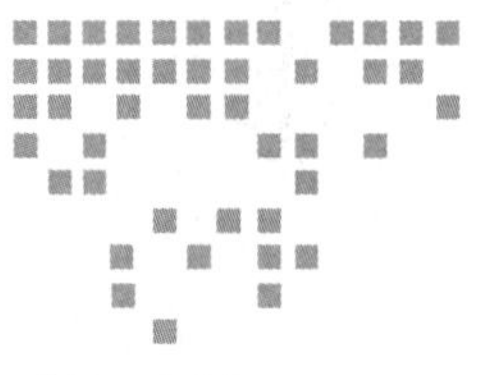

Chapter 16 第 16 章

提示和技巧

希望到目前为止，本书已经让你了解了如何实现企业 Linux 环境的自动化，以及使任务能够高效地大规模执行的标准化要求。在本书中，我们一直将示例代码保持为非常简单的，这是因为，假设每个读者都有一个拥有数百台甚至数千台 Linux 机器的网络来测试这些示例是不公平的。

本章将为你提供一些重要的提示和技巧，帮助你更好地了解如何将本书中的示例扩展到企业级规模，以及如何以一种不会仅仅将管理难题从基础设施的一个部分转移到另一个部分的方式来实现这一点。Linux 环境的自动化本身不应该成为令你头痛的问题，并且早期考虑几个因素来防止这种情况非常重要。本章探讨了 Ansible 自动化的一些重要方面，以确保自动化过程尽可能顺利。

本章涵盖以下主题：

- 脚本的版本控制
- 清单——维护单一的事实来源
- 使用 Ansible 运行一次性任务

16.1 技术要求

本章包括基于以下技术的示例：

- Ubuntu Server 18.04 LTS
- CentOS 7.6
- Ansible 2.8

要运行这些示例，需要访问两台服务器或虚拟机，它们分别运行前面列出的一个操作系统和 Ansible。

本书中讨论的所有示例代码都可从 GitHub 获得，网址为：`https://github.com/PacktPublishing/Hands-On-Enterprise-Automation-on-Linux`。

16.2　脚本的版本控制

在本书中，我们主要关注创建标准化的工作方式，无论是构建用于部署的 Linux 操作系统映像的方法、管理配置文件和数据库的方法，还是修补基础设施的方法。这样做有很多好的理由，所有这些我们都在第 1 章中讨论过了，包括最小化员工培训需求和确保从自动化任务中获得一致的结果。

同样重要的是要考虑确保 Ansible 剧本本身（以及你可能依赖的任何其他脚本）在整个企业中是标准化和统一的。想象一下，如果每个人都在笔记本电脑或管理工作站上安装了 Ansible，以及一套管理任务的剧本。如果一个人决定需要对剧本进行调整，而未将其分发给其他人，那么事情会以多快的速度失控？同样，如果剧本的前一个版本不存在，怎么知道上次运行的剧本是什么？尽管 Ansible 代码应该是自动文档化的，但如果删除以前的版本，则此值将丢失。

简言之，正如我们在第 5 章和第 6 章中建议构建标准化的 Linux 映像一样，Ansible 剧本也应该在整个企业中实现标准化。

实现这一点的最佳方法是为此使用版本控制。大多数企业都已经有了版本控制系统。这可能采取 `https://github.com/` 上的公司账户的形式，以前称为 Microsoft Team Foundation Server（现在称为 Azure DevOps Server）的内部部署，或许多开源自托管 Git 选项（如 GitLab 或 Gitea）之一。你甚至可能在一个不是基于 Git 的系统上，比如 Subversion 或 Mercurial，选择并不重要（尽管如果你可以使用 Git、Subversion 或 Mercurial，这对你是有利的，我们马上就会看到）。

无论版本控制平台是什么，重要的是你不仅要有效地利用它来存储和维护 Ansible 剧本的历史记录，而且要在企业环境中有效地使用你选择的工具。以 Git 为例，如果多个用户同时修改同一个文件，你如何处理？谁的更改优先？在团队和企业环境中使用 Git 有很多好的做法，个人在处理代码时使用分支，然后使用 pull 请求将他们的更改合并回源树，这种做法是非常明智的。

在企业环境中有效地使用 Git 是一个很大的主题，如果你不熟悉这一点，那么建议参阅 16.7 节中的参考资料，以获得如何充分利用版本控制系统的指导。

在本节的其余部分中，我们将假设使用的版本控制系统是 Git，因为这将使示例更易于阅读。如果使用的是另一个系统，如 Subversion 或 Mercurial，请用自己的命令替换 Git 特定的命令，以签出代码、提交更新等。

一旦决定了版本控制系统，就要及时把它投入日常使用。为了确保实现这一点，必须考虑如何将 Ansible 与版本控制系统集成，我们将在下一节中详细介绍这一点。

16.2.1 将 Ansible 与 Git 集成

在继续之前，我们必须指出本节的标题是一个矛盾的修饰语，因为 Ansible 本身并没有与 Git 集成。具体来说，Ansible 剧本和角色存储在 Git 中，在执行它们的主机上本机签出。Ansible 确实有 `git` 和 `git_config` 等模块，允许你编写从 Git 存储库部署代码的剧本，但是 `ansible-playbook` 命令不支持从本机文件系统以外的任何地方运行剧本。

我们将利用 `github.com` 网站 `ansible-examples` 存储库下面的几个例子，因为它们是公开给你测试的。假设你想运行来自这个存储库的剧本，用于在企业中的 RHEL 7 上安装 WordPress。执行此操作的过程（假设已经定义了 Ansible 清单）类似于以下示例：

```
$ git clone https://github.com/ansible/ansible-examples.git
$ cd ansible-examples/wordpress-nginx_rhel7/
$ ansible-playbook site.yml
```

前面的三个命令确保从这个 Git 存储库克隆最新的剧本，输出如图 16-1 所示（deprecation 警告显示这个剧本需要更新到 Ansible 的最新版本）。

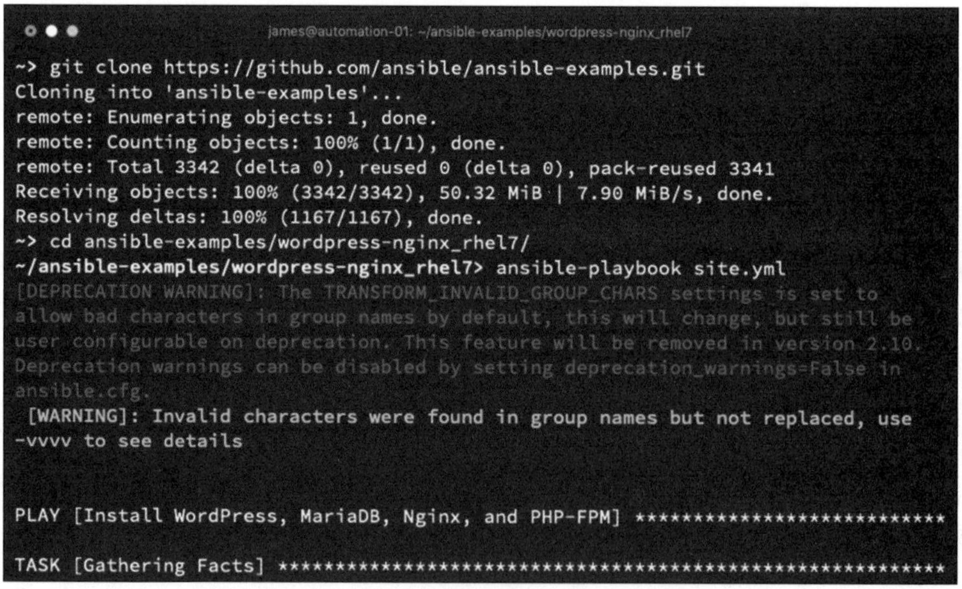

```
james@automation-01: ~/ansible-examples/wordpress-nginx_rhel7
~> git clone https://github.com/ansible/ansible-examples.git
Cloning into 'ansible-examples'...
remote: Enumerating objects: 1, done.
remote: Counting objects: 100% (1/1), done.
remote: Total 3342 (delta 0), reused 0 (delta 0), pack-reused 3341
Receiving objects: 100% (3342/3342), 50.32 MiB | 7.90 MiB/s, done.
Resolving deltas: 100% (1167/1167), done.
~> cd ansible-examples/wordpress-nginx_rhel7/
~/ansible-examples/wordpress-nginx_rhel7> ansible-playbook site.yml
[DEPRECATION WARNING]: The TRANSFORM_INVALID_GROUP_CHARS settings is set to
allow bad characters in group names by default, this will change, but still be
user configurable on deprecation. This feature will be removed in version 2.10.
Deprecation warnings can be disabled by setting deprecation_warnings=False in
ansible.cfg.
 [WARNING]: Invalid characters were found in group names but not replaced, use
-vvvv to see details


PLAY [Install WordPress, MariaDB, Nginx, and PHP-FPM] ***************************

TASK [Gathering Facts] *********************************************************
```

图 16-1

一旦签出，剧本总是可以从 Git 服务器更新到最新版本（假设没有本机的更改需要提交）。

```
$ git pull
```

在成功更新剧本的本机工作副本后，就可以运行剧本的最新版本。这是一个相当轻松的过程，要求工程师或管理员在运行剧本之前运行 `git pull` 命令并不是一项太艰巨的任务。

然而，遗憾的是，这个过程并没有真正帮助企业实施好的做法。在运行剧本之前，很容易忘记运行 `git pull` 命令。同样，没有什么可以阻止管理员和工程师们积累自己的剧本，而不去分享它们。这无疑是向前迈出的一步，但绝不是完全的解决办法。

一个更稳固的选择是强制使用 AWX 或 Ansible Tower 等工具。正如我们在第 3 章中所看到的，通过确保剧本的运行，只能针对从版本控制系统中拉取下来的剧本执行，从而强制实施了良好的流程。如果管理员没有权限访问 AWX 服务器的文件系统，就不可能运行自己编写的任意剧本，他们必须从版本控制源中获取剧本。

在 3.4.3 节中，我们研究了如何创建一个实际使用 `ansible-examples` 存储库的项目。当然，这就引出了一个问题：如何在版本控制系统中有效地组织剧本？我们将在下一节中详细讨论。

16.2.2 有效地组织版本控制存储库

Ansible 剧本应该从版本控制系统克隆，并（使用命令行或 AWX）克隆到运行它们的系统，这是非常好的，但是如何实际有效地组织它们，以便在需要时可以找到代码呢？

AWX 工具的用户界面向我们提供了一个线索，它引用了可能作为项目（`Project`）引用的每个版本控制存储库。在构建自动化流程和解决方案时，最终可能会有许多剧本，可能会有数百个，具体取决于企业的规模。

当然，你可以将所有这些存储在同一个存储库中。`ansible-examples` 存储库是一个很好的例子（尽管较小），它包含各种不同用途的剧本，每个剧本都在自己的目录中。甚至有一些特定于 Windows 的剧本位于 Windows 子目录下。目录结构相对容易定位，以便找到所需的剧本，但是你会注意到其中包含的所有代码都是供人们学习 Ansible 的示例。

例如，如果你为一家在线零售商工作，那么将用于构建标准化 Linux 映像的剧本与用于部署库存控制系统的剧本放在同一个存储库中是不合逻辑的。这将违反直觉，并会导致混乱，尤其是当人们正在寻找一个特定的剧本时。

当然，最终决定权在你，只有你能决定最适合你的企业的结构。然而，对于任何想建立一个良好的起点的人来说，按项目划分存储库是一个很好的起点。

也总是会有灰色区域——例如，在第 12 章中，我们提倡构建 Ansible 剧本，以执行频繁的清理工作任务，例如清理磁盘空间。现在，假设有一个清理目录结构的剧本，但是它特定于我们前面提到的库存控制系统，这个剧本应该存储在库存控制存储库还是常规维护存储库中呢？

选择权仍然在你，但是在不运行库存控制系统的系统上，库存控制清理剧本将无法正常运行（运行它甚至可能是危险的）。因此建议将其作为库存控制存储库中的子目录。

到目前为止，我们正在构建一幅关于如何有效地存储剧本的图景，但是必须记住，在本书中，我们强烈建议尽可能地将 Ansible 代码作为角色进行创作，因为角色可以在多个剧本中重用。我们所讨论的解决方案实际上都不支持角色重用（除了在剧本之间手动复制代码），尽管我们已经为构建目录结构和运行剧本的流程建立了完善的方法。

在下一节中，我们将研究 Ansible 在角色版本控制方面的具体功能。

16.2.3 Ansible 中角色的版本控制

角色重用是构建高效、标准化的，供管理员和工程师应用的剧本系统的重要组成部分。在这本书中我们给出了许多例子，例如，在第 10 章中，我们提出了一个简单的角色，它将用户添加到 Linux 系统中。为了避免返回去参考，将此角色的代码显示如下：

```
---
- name: Add required users to Linux servers
  user:
    name: "{{ item.name }}"
    comment: "{{ item.comment }}"
    shell: /bin/bash
    groups: "{{ item.groups }}"
    append: yes
    state: present
  loop:
    - { name: 'johndoe', comment: 'John Doe', groups: 'sudo'}
    - { name: 'janedoe', comment: 'Jane Doe', groups: 'docker'}
```

考虑到关于角色重用的讨论，可以看到这个角色的设计可以得到改进。这个角色中有硬编码的用户账户，根本不允许重用。但是，如果用户账户是通过 Ansible 变量指定的，那么这个角色可以在任何需要向 Linux 系统添加用户账户的剧本中使用。这使我们离创建标准化、可重用代码的目标更近了一步。

但是，我们需要确保那段代码出现在每个需要它的剧本中。此外，我们还必须确保版本保持最新，否则，如果有人对代码进行了改进（或修复了一个 bug，或由于某些功能将被废弃而将代码改编为 Ansible 的较新版本），这将只存在于修改后的角色中，所有副本都将过期。如果这个角色被复制到任何剧本中，那么就很难确保它们是最新的。为了实现这一点，我们显然需要开始在源代码管理系统中存储角色，在这种情况下，必须为每个存储库存储一个角色（当演练下面的示例时，这样做的原因将变得很明显）。

一旦角色在源代码管理系统中，就有两种方法来解决高效和有效重用的问题。第一种方法是使用 Git 子模块。这是一种特定于 Git 的技术，因此如果你使用 Subversion 或 Mercurial，它将不适合你。第二种方法是使用 Git。

Git 子模块基本上是从一个 Git 存储库中对另一个 Git 存储库的引用。因此，它实际上并不包含子模块的代码，它只是包含一个对它的引用，可以根据需要进行克隆和更新。假设你正在编写在服务器上安装 Apache2 的剧本，并决定使用 GitHub（`https://github.com/geerlingguy/ansible-role-apache`）中的 Jeff Geerling 的 Apache2 角色，而不是编写自己的模块。

1. 在开始之前，需要先创建剧本的目录结构并检查版本控制系统。然后，确保剧本的目录结构中具有通常的 roles/ 目录，并切换到这个目录：

```
$ mkdir roles
$ cd roles
```

2. 现在，检查希望充当子模块的代码，为 Git 工具提供一个要将其克隆到的目录名，在本例中，我们称之为 jeffgeerling.apache2：

```
$ git submodule add
https://github.com/geerlingguy/ansible-role-apache.git
jeffgeerling.apache2
```

3. 完成这些后，你将注意到在工作副本的根目录下有一个名为 .gitmodules 的新文件。需要将此文件和子模块 add 命令创建的目录添加到存储库：

```
$ git add ../.gitmodules jeffgeerling.apache2
$ git commit -m "Added Apache2 submodule as role"
$ git push
```

仅此而已。现在将此角色存储在剧本目录结构中，但就 Git 而言，它存放在别处。整个过程应该与图 16-2 类似。

```
james@automation-01: ~/test/roles
~/test> mkdir roles
~/test> cd roles
~/test/roles> git submodule add https://github.com/geerlingguy/ansible-role-apach
e.git jeffgeerling.apache2
Cloning into '/home/james/test/roles/jeffgeerling.apache2'...
remote: Enumerating objects: 958, done.
remote: Total 958 (delta 0), reused 0 (delta 0), pack-reused 958
Receiving objects: 100% (958/958), 154.43 KiB | 823.00 KiB/s, done.
Resolving deltas: 100% (499/499), done.
~/test/roles> git status
On branch master
Your branch is up to date with 'origin/master'.

Changes to be committed:
  (use "git reset HEAD <file>..." to unstage)

        new file:   ../.gitmodules
        new file:   jeffgeerling.apache2

~/test/roles> git add ../.gitmodules jeffgeerling.apache2/
~/test/roles> git commit -m "Added Apache2 submodule as role"
[master a86f753] Added Apache2 submodule as role
 2 files changed, 4 insertions(+)
 create mode 100644 .gitmodules
 create mode 160000 roles/jeffgeerling.apache2
~/test/roles> git push
```

图　16-2

无论何时要更新此子模块，必须转到先前为其创建的目录，然后运行标准的 git

pull 命令。这样做的好处是，就 Git 而言，子模块只是另一个存储库，因此可以运行所有常用的子命令，如 push、pull、status 等。

唯一需要补充的是，当你第一次从 Git 服务器克隆剧本目录时，虽然它会感知到这个子模块，但实际上它不会签出代码。因此，当第一次克隆时，必须运行以下命令：

```
$ git clone <your repository URL>
$ cd <your repository name>
$ git submodule init
$ git submodule update
```

从这里起，就可以完全按照前面所述使用工作副本和子模块了。

解决角色代码重用问题的另一种方法是使用 ansible-galaxy 工具。我们在第 2 章中看到了 ansible-galaxy 的实际应用，在该章中，我们演示了从 Ansible Galaxy 网站（https://galaxy.ansible.com/）克隆公开可用的角色。不过，ansible-galaxy 也可以从有效的 Git URL 克隆角色。

假设我们想要实现刚才使用 Apache2 角色所做的事情，但不使用 Git 子模块。相反，我们在剧本结构的基本目录中创建一个名为 requirements.yml 的文件。

为了克隆我们刚刚使用的角色，requirements.yml 文件需要如下所示：

```
---
- src: https://github.com/geerlingguy/ansible-role-apache.git
  scm: git
```

当然，你可以在这个文件中保存多个需求，只需将它们指定为标准的 YAML 列表。完成此文件后，可以使用以下命令将角色下载到工作副本：

```
$ ansible-galaxy install -r requirements.yml --roles-path roles
```

此操作克隆 requirements.yml 中 src 参数引用的 Git 存储库到 roles/ 目录。注意，我们没有自定义目录名，因此 Git 存储库中的目录名被用于角色名（在本例中为 ansible- role-apache）。图 16-3 显示了一个正在完成的示例。

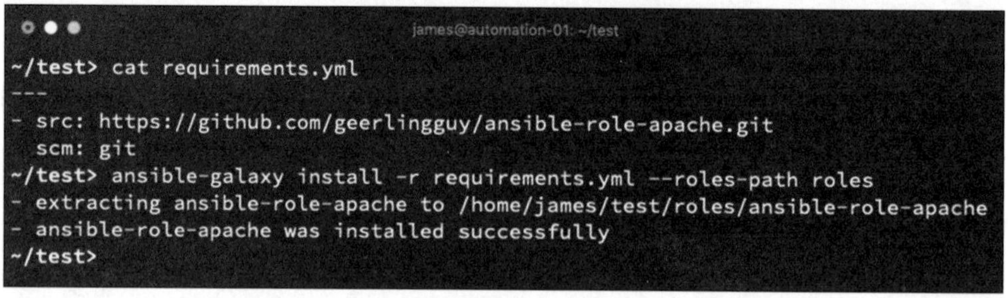

```
james@automation-01: ~/test
~/test> cat requirements.yml
---
- src: https://github.com/geerlingguy/ansible-role-apache.git
  scm: git
~/test> ansible-galaxy install -r requirements.yml --roles-path roles
- extracting ansible-role-apache to /home/james/test/roles/ansible-role-apache
- ansible-role-apache was installed successfully
~/test>
```

图 16-3

与子模块不同，ansible-galaxy 实际上不会将存储库克隆为工作副本。因此，不能简单地切换到其目录并运行 git pull 命令将其更新到最新版本。相反，

requirements.yml 应该保留在工作副本中，并且在将来需要更新时运行以下命令：

```
$ ansible-galaxy install -r requirements.yml --roles-path roles --force
```

--force 参数指示 ansible-galaxy 下载角色，即使它已经下载了。因此会覆盖已经安装的版本。

我们只触及了利用 requirements.yml 所能完成的工作的皮毛，你可以从私有存储库下载，确保只下载特定的 Git 版本，而且还有更多，这留作练习。

因此，通过将角色单独存储在源代码管理系统中，有两种完全不同但同样有效的方法来高效地重用角色。通过考虑本节中的所有内容，包括作出使用 AWX 或 Ansible Tower 的决定，你应该拥有围绕 Ansible 构建的健壮且可扩展的自动化体系结构。

在下一节中，我们将讨论 Ansible 的清单。由于我们示例结构的简单性，到目前为止，它还没有受到太多的关注，但对其操作至关重要。

16.3 清单——维护单一的事实来源

我们在本书中一直努力构建一个自动化体系结构，为企业实现良好的实践。例如，当涉及管理 Ansible 剧本和角色时，我们强烈鼓励使用版本控制系统，并在源代码控制系统中包括角色，以便 Ansible 代码始终有**单一的事实来源**（a single source of truth）。

然而，在本书的示例中，我们使用了非常简单的静态清单文件，这些文件最多包含少数几台主机。当然，企业不会这样，自动化的整个目标是能够轻松、优雅地处理由数百台机器组成的大型基础设施，并能够高效、有效地应对基础设施中的变化。

大多数开始自动化行动的企业并不是白手起家的，它们需要更有效地管理这些资产，因此已经有了一个需要应用自动化的机器列表。

这就完成了我们的问题描述——假设拥有一个由数百台机器组成的 Linux 服务器资产，并使用 Ansible 和 AWX/Ansible Tower 构建了一个可伸缩的自动化系统，所有存储在版本控制中的代码和角色都被积极重用。那你为什么还要把几百个主机名手动输入到一个文本清单文件中呢？

更进一步，每当一台新的 Linux 机器被投入使用（或者一台旧的机器被停用）时——在这个虚拟化普及的时代，这并不是一项不寻常的任务——想象一下，你必须手动编辑清单文件，并确保它与资产的实际情况同步。

总之，这种情况是不能接受的。它不可伸缩，很快就会变得不可管理。例如，如果你不确信清单包含了所有服务器，那么如何能够确信资产中的所有服务器都应用了 CIS 基准测试？幸好，Ansible 也以动态清单脚本的形式提供了一个解决方案，我们将在下一节对这些解决方案进行剖析。

16.3.1 使用 Ansible 动态清单

为了使本书中的示例保持简单，并将重点放在需要编写的自动化代码上，我们使用了 Ansible 支持的简单的 inifile 清单文件格式。但是，Ansible 可以接收 JSON 格式的清单数据，任何可执行脚本都可以将这种格式的数据传递给它。

如今，几乎每台 Linux 机器都将存在于某些生态系统中，无论是公有云提供商（如 AWS 或 Azure）、私有云环境（如 OpenStack）还是传统虚拟化环境（如 VMware 或 oVirt）。所有这些系统都已经知道它们的清单是什么，尽管它们并不使用这个术语。例如，如果在 amazon EC2 或 OpenStack 中运行一组 Linux 虚拟机，那么这两个系统都确切地知道这些机器是什么以及它们被称为什么。类似地，如果在 VMware 或 oVirt 中启动它们，虚拟机程序管理器就会知道哪些机器正在运行以及它们的名称是什么。

本质上，几乎每个基础设施管理系统都已经有了一种 Ansible 可以使用的清单。我们的任务是提取清单并将其转换为 Ansible 能够理解的 JSON 格式。

值得庆幸的是，参与 Ansible 项目的开发人员和贡献者已经开发出了涵盖广泛系统的动态清单脚本。如果查看项目的 Ansible 存储库（https://github.com/ansible/ansible/tree/devel/contrib/inventory），你将看到所有当前可用的清单脚本。它们中的大多数是用 Python 编写的，但是你可以用操作系统可执行的任何语言编写，甚至可以是 shell 脚本！

简言之，如果你需要一个动态清单，它很有可能已经存在，你可以利用现有的脚本。如果你使用的是 AWX/Ansible Tower，那么所有这些脚本以及它们所需的库都是预先安装的，这使得入门非常容易。

但是，如果你在 shell 中使用 Ansible，请注意，许多脚本都需要额外的库才能运行。例如，用于从 Amazon EC2 生成动态清单的 ec2.py 脚本需要 boto Python 库，该库可能没有预先安装。例如，可以通过执行以下命令下载并运行 ec2.py 脚本：

```
$ wget
https://raw.githubusercontent.com/ansible/ansible/devel/contrib/inventory/e
c2.py
$ chmod +x ec2.py
$ ./ec2.py
```

我们预计前面的命令会失败，因为没有用 AWS 账户数据配置动态清单脚本，但是，如果在不检查先决条件（如 boto 库）的情况下执行此操作，你将看到错误如图 16-4 所示。

具体的修复方法取决于操作系统，在 Ubuntu Server 18.04 上，我可以通过运行以下命令来修复此问题：

```
$ sudo apt install python-boto
```

在 CentOS 7 上，你将需要配置 EPEL 存储库，然后可以使用以下命令来安装它：

```
$ sudo yum install python2-boto
```

```
~> wget https://raw.githubusercontent.com/ansible/ansible/devel/contrib/inventor
y/ec2.py
--2019-11-18 17:39:54--  https://raw.githubusercontent.com/ansible/ansible/devel
/contrib/inventory/ec2.py
Resolving raw.githubusercontent.com (raw.githubusercontent.com)... 151.101.192.1
33, 151.101.0.133, 151.101.64.133, ...
Connecting to raw.githubusercontent.com (raw.githubusercontent.com)|151.101.192.
133|:443... connected.
HTTP request sent, awaiting response... 200 OK
Length: 73130 (71K) [text/plain]
Saving to: ‘ec2.py’

ec2.py          100%  71.42K  --.-KB/s    in 0.1s

2019-11-18 17:39:55 (655 KB/s) - ‘ec2.py’ saved [73130/73130]

~> chmod +x ec2.py
~> ./ec2.py
Traceback (most recent call last):
  File "./ec2.py", line 164, in <module>
    import boto
ImportError: No module named boto
```

图　16-4

每个动态清单脚本都有不同的先决条件，有些甚至可能没有先决条件！除了依赖项之外，还必须配置脚本，因为它（至少）需要身份验证参数，以便它可以查询上游源以获取清单。你将发现配置文件与动态清单脚本搭配，因此，对于示例 ec2.py 脚本，可以使用以下命令下载示例配置文件：

```
$ wget
https://raw.githubusercontent.com/ansible/ansible/devel/contrib/inventory/e
c2.ini
```

模板配置文件和动态清单脚本开头的注释都提供了大量关于脚本工作以及如何使用它们的内容。在实现这些脚本时一定要阅读这些内容，因为这样可以在实现它们时节省大量时间。

并不是所有阅读本书的人都会有一个 AWS 账户来测试动态清单脚本，所以完成这个练习就留给你了。

最后，应该注意的是，虽然已经提供了许多动态清单脚本，但是仍有一些系统没有可用的动态清单脚本。

也许你有自己的内部**配置管理系统**（Configuration Management System，CMS），在本例中，只要可以从中提取数据，就可以编写自己的动态清单插件。Ansible 项目提供了一些指导和示例代码，参考网址为 https://docs.ansible.com/ansible/latest/dev_guide/developing_inventory.html。

开源软件的好处在于你甚至可以把它贡献给 Ansible 项目，这样其他人就可以从你的工作中受益（如果你愿意的话）。简言之，正如你应该始终重用角色代码并确保其受版本控制一样，你也应该尽可能使用动态清单。

在完成对动态清单脚本的研究之前，我们将完成一个简单的工作示例，任何人都可以在自己的环境中尝试。

16.3.2 示例——使用 Cobbler 动态清单

Cobbler 是一个开源供应系统，它提供了一个框架来管理基于 PXE 的安装。它嵌入在 Spacewalk 项目（以及 Red Hat Satellite Server 5.x）中，如果你需要 PXE 引导环境的管理框架（而不是像我们在第 6 章中所做的手动管理那样），则可以单独使用它。

虽然 Cobbler 的实际使用超出了本书的范围，但它是本书动态清单部分的一个很好的例子，因为它非常容易使用。

如果你正在考虑使用 Katello 进行修补程序管理，如第 9 章中所述，请注意，Katello 还提供了一个强大的框架来管理基于 PXE 的安装，建议你对此进行研究，以便两个过程都使用一个工具。这支持我们在第 1 章中讨论的通用性原则。你会在你的环境中使用 Katello 的 `foreman.py` 动态清单脚本。

为了开始这个例子，你需要一个让 Cobbler 打包的演示系统，在撰写本书时，还没有用于 Ubuntu Server 18.04 的本机软件包，因此我们将在 CentOS 7 上安装 Cobbler 服务器。动态清单脚本可以在 Ubuntu 服务器上运行，不过唯一的要求是它可以在网络上与 Cobbler 服务器通信。

1. 开始前，CentOS 7 系统上使用以下命令安装所需的最小限度的 Cobbler 软件包：

```
$ sudo yum -y install cobbler cobbler-web
```

2. 对于用于测试用途的简单动态清单来说，Cobbler 的默认配置应该很好了，所以我们将用以下命令启动服务器：

```
$ sudo systemctl start cobblerd.service
```

3. 接下来，我们将在使用 Cobbler 时为系统创建发行版（`distro`）和配置文件（`profile`）。对于实际的基于 PXE 的安装，`distro` 描述操作系统并指定要使用的内核和初始 RAMDisk 等项。这些命令应该可以在 CentOS 7 测试系统上运行，但是要注意，如果没有安装这些特定的内核文件，必须更改它们以引用已安装的内核：

```
$ sudo cobbler distro add --name=CentOS --
kernel=/boot/vmlinuz-3.10.0-957.el7.x86_64 --
initrd=/boot/initramfs-3.10.0-957.el7.x86_64.img
$ sudo cobbler profile add --name=webservers --distro=CentOS
```

4. Cobbler 似乎无法在运行开箱即用的 SELinux 策略的 CentOS 7 系统上正常使用。在生产环境中，你可以修改策略以正确支持 Cobbler。为了这个简单的演示，使用以下命令简单地禁用 SELinux：

```
$ sudo setenforce 0
```

但不要在生产环境中这么做！

5. 先决条件完成后，现在可以开始在 Cobbler 清单中添加实际的系统。使用以下命令将两个前端 Web 服务器添加到 `webservers` 组：

```
$ cobbler system add --name=frontend01 --profile=webservers --dns-
name=frontend01.example.com --interface=eth0
$ cobbler system add --name=frontend02 --profile=webservers --dns-
name=frontend02.example.com --interface=eth0
```

`--dns-name` 参数应为测试环境中的实际可解析 DNS 名称以使此测试正常工作。我正在将它们添加到 Ansible 服务器上的 `/etc/hosts` 以进行此测试，但在生产环境中不要这样做。

6. 现在已经设置好了 Cobbler，并且有一个称为 `webservers` 的清单，其中包括一个组（profile）中的两个主机。现在可以回到 Ansible 服务器。在这台机器上，运行以下命令下载 Cobbler 动态清单脚本及其相关的配置文件：

```
$ wget
https://raw.githubusercontent.com/ansible/ansible/devel/contrib/inv
entory/cobbler.py
$ wget
https://raw.githubusercontent.com/ansible/ansible/devel/contrib/inv
entory/cobbler.ini
$ chmod +x cobbler.py
```

7. 编辑配置文件 `cobbler.ini`，在这个文件的开头，你将看到类似下面的几行：

```
[cobbler]

host = http://PATH_TO_COBBLER_SERVER/cobbler_api
```

将 `PATH_TO_COBBLER_SERVER` 字符串更改为刚安装 Cobbler 的计算机的主机名或 IP 地址。

8. 运行 Ansible 并使用临时的命令来测试动态清单。只需运行以下命令：

```
$ ansible webservers -i cobbler.py -m ping
```

你会注意到，我们告诉 Ansible 只对 `-i` 参数指定的清单中的 `webservers` 组执行此操作，在本例中，该参数是 Cobbler 动态清单脚本。如果一切顺利，输出如图 16-5 所示。

在本例中，deprecation 警告是关于 Cobbler 动态清单脚本的输出的，这表明它可能需要更新才能在 Ansible 2.10 以后的版本中使用。但是，我们可以看到 Ansible 可以从 Cobbler 服务器中提取清单，并将其用于我们的简单临时命令，这将与整个剧本一样有效！

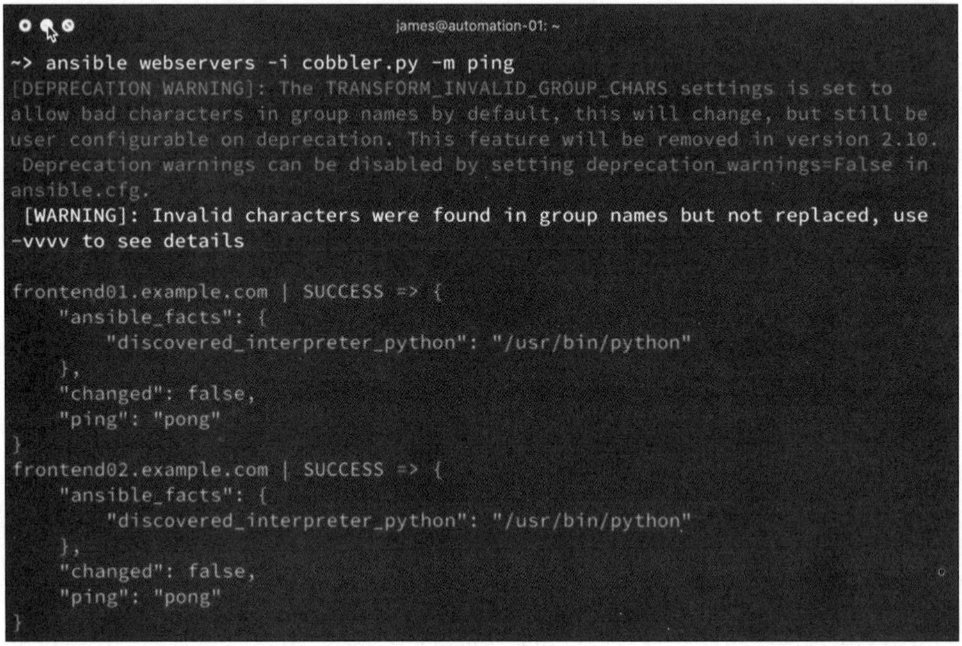

```
james@automation-01: ~
~> ansible webservers -i cobbler.py -m ping
[DEPRECATION WARNING]: The TRANSFORM_INVALID_GROUP_CHARS settings is set to
allow bad characters in group names by default, this will change, but still be
user configurable on deprecation. This feature will be removed in version 2.10.
 Deprecation warnings can be disabled by setting deprecation_warnings=False in
ansible.cfg.
 [WARNING]: Invalid characters were found in group names but not replaced, use
-vvvv to see details

frontend01.example.com | SUCCESS => {
    "ansible_facts": {
        "discovered_interpreter_python": "/usr/bin/python"
    },
    "changed": false,
    "ping": "pong"
}
frontend02.example.com | SUCCESS => {
    "ansible_facts": {
        "discovered_interpreter_python": "/usr/bin/python"
    },
    "changed": false,
    "ping": "pong"
}
```

图 16-5

使用 Cobbler 服务器，尝试添加和删除系统，看看 Ansible 每次如何检索最新的清单。使用其他动态清单脚本可能要复杂一些，你可以参考每个脚本附带的文档和示例。

下面我们将更深入地了解临时命令，以及它们如何帮助你完成一次性任务。

16.4 使用 Ansible 运行一次性任务

在上一章中，我们使用 `ansible webservers -i cobbler.py -m ping` 命令来测试与动态清单的 `webservers` 组中所有服务器的连接。这种类型的 Ansible 命令称为临时（ad-hoc）命令，它通常用于使用一组参数针对一个清单运行单个 Ansible 模块。

在本书中，我们鼓励使用完整的剧本和角色来完成所有的任务！如果经常运行命令而不以某种形式存储代码，那么你很快就会不知道谁运行了什么以及何时运行了它。事实上，如果研究过 AWX/Ansible Tower，你会发现它甚至不支持运行临时 Ansible 命令，因为这与支持此产品的可审计性和基于角色的访问控制原则不一致。

我们所看到的 `ping` 命令示例与编写这样的剧本的效果是一样的：

```
---
- hosts: webservers
  gather_facts: no

  tasks:
    - ping:
```

那么，问题是，为什么要学习 Ansible 中的临时命令？答案通常是针对一次性维护任务。Ansible 的妙处在于，一旦在整个基础设施中实现了它（并设置了身份验证、清单等），它就可以访问所有服务器。

例如，假设你需要通过向多个系统复制一个文件来向一组系统分发紧急修补程序。有几种方法可以解决这个问题，其中包括：

- 编写一个 Ansible 剧本（或可重用角色）来复制文件
- 使用 scp 或类似工具手动复制文件
- 执行临时 Ansible 命令

在这三个选项中，第一种方法在紧急情况下肯定效率低下。使用 scp 的手动复制是完全有效的，但是效率很低，特别是当你遇到设置 Ansible 的麻烦时。

在临时命令中，可以使用在剧本或角色中使用的任何模块。也可以指定相同的参数，只是它们的格式略有不同，因为我们是在命令行而不是在 YAML 文件中指定它们。

假设在 Web 服务器的首页上发现了一个错误，我们迫切需要通过一个有修复程序的新版本进行复制。运行这个命令的临时命令如下：

```
$ ansible webservers -i inventory -m copy -a "src=frontpage.html
dest=/var/www/html/frontpage.html" --become
```

将该命令分解，组和清单脚本与之前一样指定，但这次，我们还有以下内容。

-m copy	告诉 Ansible 将 copy 模块用于临时命令
-a "..."	向模块提供参数
src=frontpage.html	src 参数，它告诉 copy 模块从 Ansible 服务器的何处获取文件
dest=/var/www/html/frontpage.html	dest 参数告诉 copy 模块在目标服务器上将文件写入何处
--become	告诉 Ansible 变成 root（即 sudo）

当运行这个命令时，注意到输出与 ansible-playbook 命令有很大的不同。尽管如此，这些文件会被忠实地复制到清单中所有指定的主机，而无须编写整个剧本。图 16-6 显示了此命令的输出示例。

这些临时命令的双重用处在于，不仅可以将文件复制到指定的所有主机，而无须编写整个剧本，而且命令的输出还显示了启动的模块的所有返回值，在本例中是 copy 模块。这在剧本和角色开发中非常有用，因为你可能希望将特定任务的输出注册（register）到一个变量中，并且使用像这样的临时命令可以显示这个变量将包含什么。

例如，假设希望实际使用角色而不是临时命令执行前面的任务，并将此任务的结果注册到名为 filecopy 的变量中。这个角色 tasks/ 目录中的 main.yml 文件如下所示：

```
---
- name: Copy across new web server front page
  copy:
   src: "frontpage.html"
   dest: "/var/www/html/frontpage.html"
  register: filecopy
```

```
james@automation-01: ~
~> ansible webservers -i inventory -m copy -a "src=frontpage.html dest=/var/www/
html/frontpage.html" --become
frontend02.example.com | CHANGED => {
    "ansible_facts": {
        "discovered_interpreter_python": "/usr/bin/python"
    },
    "changed": true,
    "checksum": "e0410b4ed767a812e27a1efa04ac94a444a2a625",
    "dest": "/var/www/html/frontpage.html",
    "gid": 0,
    "group": "root",
    "md5sum": "6041cbd4d15f314b8662307845322adc",
    "mode": "0644",
    "owner": "root",
    "secontext": "system_u:object_r:httpd_sys_content_t:s0",
    "size": 28,
    "src": "/home/james/.ansible/tmp/ansible-tmp-1574269058.8-176850757288154/so
urce",
    "state": "file",
    "uid": 0
}
frontend01.example.com | CHANGED => {
    "ansible_facts": {
        "discovered_interpreter_python": "/usr/bin/python"
    },
```

图 16-6

通过临时命令，我们知道 `filecopy` 将是一个包含几个有用项的字典，包括 `changed` 和 `size`。因此，我们可以在以后的任务中轻松地对这些任务执行一些条件处理，例如，使用以下子句运行另一个相关任务：

```
when: filecopy.changed == true
```

当然，如果只需要运行一个原始 shell 命令，也可以使用 shell 命令实现这一点。下面是一个简单的示例：

```
$ ansible webservers -i inventory -m shell -a "echo test > /tmp/test"
```

这当然是一个精心设计的示例，但它向你演示了如何相对轻松地跨 Ansible 清单中的所有服务器运行相同的 shell 命令。

你甚至可以使用从开发角色和剧本中熟悉的格式将变量注入到模块参数中，如本例所示：

```
$ ansible webservers -i inventory -m shell -a "echo Hello from {{
inventory_hostname }} > /tmp/test && cat /tmp/test"
```

此临时命令的输出如图 16-7 所示，查看 shell 模块如何从 Ansible 输出中的命令返回输出。这非常强大，例如，可以轻松地从清单中的所有计算机收集信息。

```
james@automation-01: ~
~> ansible webservers -i inventory -m shell -a "echo Hello from {{ inventory_hos
tname }} > /tmp/test && cat /tmp/test"
frontend01.example.com | CHANGED | rc=0 >>
Hello from frontend01.example.com

frontend02.example.com | CHANGED | rc=0 >>
Hello from frontend02.example.com
```

图　16-7

因此，可以使用 Ansible 临时命令对系统执行快速审计或检查跨一组服务器的特定设置。

临时命令很有价值的另一个地方是测试 Jinja2 表达式。我们在书中已经遇到过几次了，当开发剧本或角色的时候，我们最不愿意做的事情就是把整个剧本都查一遍，结果发现一个 Jinja2 表达式是错误的。临时命令使你能够在命令行上轻松快速地测试这些命令。

例如，希望开发一个要放入剧本中的 Jinja2 表达式，该剧本返回一个名为 `vmname` 的变量（如果已定义）的大写值，否则，将以小写形式返回关键字 `all`。例如，这在定义用于剧本工作流的主机模式时非常有用。这不是一个简单的 Jinja2 表达式，因此与其在剧本中测试它，不如在命令行中解决它。我们要做的是使用 `debug msg`（调试消息）打印 Jinja2 表达式，然后使用 `-e` 标志设置 `vmname` 变量。因此，我们可以运行以下命令：

```
$ ansible localhost -m debug -a "msg={% if vmname is defined %}{{ vmname |
upper }}{% else %}all{% endif %}" -e vmname=test

$ ansible localhost -m debug -a "msg={% if vmname is defined %}{{ vmname |
upper }}{% else %}all{% endif %}"
```

图 16-8 显示了这一点。

```
james@automation-01: ~
~> ansible localhost -m debug -a "msg={% if vmname is defined %}{{ vmname | uppe
r }}{% else %}all{% endif %}" -e vmname=test
localhost | SUCCESS => {
    "msg": "TEST"
}
~> ansible localhost -m debug -a "msg={% if vmname is defined %}{{ vmname | uppe
r }}{% else %}all{% endif %}"
localhost | SUCCESS => {
    "msg": "all"
}
```

图　16-8

如图 16-8 所示，当 `vmname` 被设置且未定义时，命令会产生所需的输出，因此可以将其复制到剧本或角色中，并放心地继续处理！

本章到此结束，希望这些总结能够帮助你在企业中实现基于 Ansible 的高度可靠和可伸缩的 Linux 自动化基础设施。

16.5 小结

在企业环境中，有效的自动化不仅仅是编写可靠的剧本和角色，而且是维护单一的事实来源，以便你始终对自动化过程充满信心。它还涉及利用你选择的工具实现尽可能多的目的，包括帮助你完成剧本和角色的开发，以及帮助你完成不一定需要剧本的一次性任务（尽管这是不鼓励的，因为它会消除剧本开发所提供的审计能力和 AWX/Ansible Tower 的有效使用）。

在本章中，你学习了如何有效地使用版本控制来维护 Linux 环境的历史记录，获得了使用 Ansible 的动态清单防止部署中的差异并确保清单和剧本都可信的实践经验，还学习了如何使用 Ansible 处理一次性任务，帮助你自己开发剧本。

本书关于企业中 Linux 自动化的内容到这里就结束了。希望你已经发现它的价值，并且它将帮助你在大规模环境中实现有效的自动化。

16.6 思考题

1. 什么是 Ansible Galaxy？
2. 为什么使用版本控制对剧本很重要，尤其是对角色很重要？
3. 请列出用来在 Git 项目中包含来自单独 Git 存储库的角色代码的两种方法。
4. 为什么尽可能使用动态清单很重要？
5. 用什么语言来编写动态清单脚本？
6. 在哪里可以找到有关 Ansible 附带的动态清单脚本示例的需求和配置的文档？
7. 什么是临时的 Ansible 命令？
8. 列出临时命令可以帮助你开发剧本和角色的两种场合。
9. 如何使用 Ansible 临时命令在一组 Linux 服务器上运行任意 shell 命令？

16.7 进一步阅读

- 要了解如何有效地使用 Git 控制剧本的版本，特别是在分支和合并方面，请参阅 Eric Pidoux 的 *Git Best Practices Guide*（`https://www.packtpub.com/gb/application-development/git-best-practices-guide`）。
- 要深入了解 Ansible，请参阅 James Freeman 和 Jesse Keating 的 *Mastering Ansible, Third Edition*（`https://www.packtpub.com/gb/virtualization-and-cloud/mastering-ansible-third-edition`）。

参 考 答 案

第1章

1. 标准操作环境（Standard Operating Environment）。

2. 原因有很多，但企业通常会让 Linux 机器服务许多年（通常是不管它们最初是否打算这么做）。对于大多数企业来说，操作系统失去技术支持并且没有可用的安全修补程序是一个大问题，因此应该相应地选择 Linux 发行版。

3. 是的，完全正确。这些标准可以作为指导方针，防止事情变得混乱，但不会僵化到妨碍进步或创新的程度。

4. 可能的答案包括：

- 为扩大规模而投入使用新机器的速度
- 对这些机器将与当前机器一样工作的信心
- 机器投入使用的可靠性

5. 可能的答案包括：

- 所有员工对环境的高度信任
- 支持任务的自动化
- 一致性降低了应用程序在一个环境中正常工作而在另一个环境中失败的可能性

6. 因为整个企业的所有机器都是相同的（或者至少是类似的），员工可以用相对较少的知识来管理大型环境，因为所有的机器都应该以相同的方式、按照相同的标准构建，并且所有的应用程序都应该以相同的方式部署。

7. SOE 确保机器构建的一致性，其中包括对环境的安全加固，环境还将按照已知的标准进行构建，此标准应禁用冗余服务（减少攻击面）并有一个众所周知的修补策略。

第2章

1. Ansible 是一个开源自动化平台，用于对整个清单中的服务器运行任务。它与简单的 shell 脚本的不同之处在于，它（在使用原生模块时）只会在需要时尝试进行更改（因此会产生一致的状态)，并且它为到其他机器的远程连接（在 Linux 上使用 SSH）和敏感数据的加密提供原生支持，并使用可读性很强的自动文档化代码。

2. Ansible 清单只是需要运行 Ansible 剧本的服务器列表。

3. Ansible 具有内置的特性，使其易于重用角色，因此，一个角色可能会在多个剧本中得到应用。相反，如果代码是在一个大的剧本中编写的，那么在不同剧本中重用代码的唯一方法就是复制和粘贴，这既麻烦又难以跟踪（尤其是当代码在一个地方被更改时）。

4. Jinja2。

5. 是的，Ansible 有一个严格且有充分文档记录的变量优先级顺序。

6. 使用模板将始终导致部署的文件在所有机器上看起来相同。使用查找和替换可能很棘手，在一台机器上对目标文件进行简单的更改会破坏正则表达式的搜索模式。

7. Ansible 事实可以用来告诉 Ansible 有用的信息，比如它在哪个操作系统上运行。因此，剧本可以编写成在 CentOS 和 Ubuntu 主机上执行不同的操作（例如，在 CentOS 上使用 `yum`，而在 Ubuntu 上使用 `apt`）。

第 3 章

1. AWX 以一种不易逆向的方式存储凭据，甚至对管理员也是如此。因此，它会阻止运行中的自动化任务访问安全凭据并在其他情境中使用它们。

2. 如果两个人在使用一整套剧本，你如何确保它们的一致性呢？同样地，如何确保你理解剧本中所做的更改，特别是在出现问题时确保这一点呢？好的版本控制策略可以解决这些问题。

3. AWX 拥有作为 Ansible 项目内置的一部分提供的所有动态清单脚本，以及所有支持库。它们可以通过 AWX 用户界面进行配置，因此可以认为是开箱即用的，而在命令行上使用它们需要额外的工作。

4. 一个项目是逻辑上的一组剧本，它可能是文件系统上的一个目录或版本控制系统（如 Git）中的一个存储库。

5. 模板类似于 `ansible-playbook` 命令及其在命令行上运行时可以使用的所有开关和参数。

6. 这在用户界面中每个作业的 Job History 窗格中可以看到。每个作业都将 Git 提交的散列值与运行的任务的其他有价值的信息一起存储。

7. AWX 服务器本身包含一些非常敏感的数据，包括数据库。它包含可逆的加密凭据。此外，可以从 AWX 主机的本机文件系统上的已知路径运行剧本，因此，为了强制使用版本控制，使尽可能少的人能访问此服务器是很重要的。

8. AWX 有一个内置的调度程序，可以在你选择的时间（一次性或定期）运行剧本。

第 4 章

1. Docker 容器是从代码（通常是 `Dockerfile`）构建的，因此，你对 Docker 容器在构建时的内容充满信心。SOE 也是以编程方式构建的，因此 SOE 中的所有构建看起来应该是相同的（也许在不同的平台上部署时允许有细微的差异）。

2. MariaDB 服务占用了磁盘空间，虽然这种空间看起来很小，但是如果部署数百次，将浪费大量的存储空间。这也意味着你需要确保它在不需要时被禁用，如果根本没有安装它，就无须做这样的检查。

3. 用尽可能少的一组软件包来构建映像。不要包括所有（或至少 90% 的）机器都不需要的任何东西。在完成构建过程之前清理映像（例如，sysprep）。

4. 如果某个密码被泄露，必须在所有已部署的服务器上更改此密码。因为此密码将从原始映像复制。这可能需要进行审计，以确保找到并解决所有使用此密码部署的计算机。

5. 使用包含正确参数的 `syslog` 文件创建标准操作系统映像，以将日志信息发送到集中式日志服务器。使用 Ansible 定期检查并执行此配置。

6. 如果需求是高度专门化的（可能是一个应用程序需要非常特定版本的一组软件包），你可以选择构建自己的映像。如果你有特殊的安全要求，或者出于某种原因，你对公开的映像没有信心或不信任，你也可以这样做。

7. 使用 Ansible 的 Jinja2 模板部署 SSH 配置文件以确保所有机器的一致性。

第 5 章

1. Sysprep 将删除映像中的所有冗余信息，以便此映像在部署时保持干净。这些冗余信息可能包括系统日志、bash 历史文件、SSH 主机标识密钥、udev 规则中的 MAC 地址等任何不应该在整个企业中部署很多次的内容。

2. 每当你需要了解一些关于底层系统的信息时，可能包括 IP 地址、操作系统或磁盘参数 [即磁头数（Heads）、柱面数（Cylinders）、扇区数（Sectors），以及相应的寻址方式]。

3. 理想情况下，创建一个 Jinja2 模板并使用 Ansible 的 `template` 模块来部署它。

4. `get_url`。

5. 你将编写两个任务，一个使用 `apt` 模块，另一个使用 `yum` 模块。每个任务都应该有 `when` 子句，并检查 Ansible 事实，以确保它在相应的操作系统上运行正确的任务。

6. 确保它在下载时没有损坏，并确保它没有被篡改（例如，注入恶意软件）。

7. 一旦模板部署完毕，这些角色可以被重用，以审计、验证和强制实施应用程序的配置。

第6章

1. 预执行环境（Pre-eXecution Environment）。

2. 一台DHCP服务器和一台TFTP服务器。通常，需要另一个服务提供更大容量的数据。这可能是一台Web、FTP或NFS服务器。

3. 请在下载站点上查看你正在使用的发行版或查看ISO内容。通常有一个特定的文件夹，其中包含用于网络引导的内核和RAMDisk映像。

4. 一种完全不需要用户交互的安装，最终结果是一台安装和配置完毕的机器。

5. kickstart文件特定于Red Hat衍生操作系统，如CentOS和RHEL，而在Ubuntu等Debian衍生工具上使用了预填写文件。

6. 执行在无人值守安装中无法提前执行的自定义脚本或操作。

7. 传统BIOS PXE引导和UEFI网络引导需要不同的二进制文件。因此，这些文件必须根据机器类型进行适当的分离并分别提供。

8. 有多种方法，如果使用自动分区的话，最简单的方法是提供以下语句：

```
d-i partman-auto/choose_recipe select home
```

第7章

1. 通常，这些可能是`replace`和`lineinfile`。

2. 简言之，将创建一个包含纯文本（将被按原样复制）和有效的Jinja2表达式的混合体的模板文件。这些表达式将在部署模板时被解析并转换为适当的文本。这些可能是简单的变量替换或更复杂的构造，例如`for`循环或`if..then..else`语句。

3. 许多Linux配置现在被分拆到多个文件中，并且有人可能意外地（或恶意地）在稍后包含的另一个文件中覆盖你的配置。

4. 正则表达式如果不仔细设计，很容易被破坏，例如，如果配置指令前面有空格，Linux服务可能会接受它。但是，如果正则表达式没有考虑到这一点，它可能会忽略有效的配置指令，这需要改正。

5. 它的部署非常简单，几乎与Ansible中的`copy`模块类似。

6. 在`template`模块中使用`validate`参数。

7. 如果剧本和角色写得很好，可以在check模式下运行Ansible，报告的任何`changed`结果表明配置已偏离所需状态，可能需要解决。

第8章

1. Pulp存储库可以进行版本控制（通过及时拍摄快照）。它们还节省磁盘空间，不会跨镜像复制软件包。

2. Linux 存储库经常变化，一台在星期一修补的机器看起来可能与星期二修补的机器不同。在最坏的情况下，这会影响测试结果。

3. Pulp 2.x 需要一个消息代理和一个 MongoDB 数据库来运行。

4. /var/lib/mongodb 的大小应为 10 GB 或更大。/var/lib/pulp 的大小应该取决于要镜像的存储库。它们应该在 XFS 文件系统上创建。

5. 在最简单的级别上，可以在 /etc/yum.repos.d 中创建一个存储库文件。并将其指向 Pulp 服务器上的适当路径（如第 8 章中所述）。也可以为此任务配置 Pulp 消费程序。

6. Pulp 消费程序只在基于 RPM 的系统上工作，所以，如果在 CentOS 和 Ubuntu 混合环境中使用它，Ubuntu 和 CentOS 主机之间的方法会有所不同。使用 Ansible 进行修补适用于两种系统类型，并确保方法的一致性，这使管理环境的人员的工作更简单。

7. 不，它没有。需要运行 pulp-admin orphan remove --all。

第 9 章

1. Katello 提供了一个内容丰富的基于 Web 的用户界面，用于对存储库的创建进行过滤，支持生命周期环境的概念（例如，开发环境和生产环境），以及一整套其他特性。

2. 产品（Product）是 Katello 中支持的文件的集合，它可能是 RPM 存储库的镜像、一些手动上传的文件、Puppet 清单的集合或 DEB 存储库镜像。

3. 内容视图是问题 2 的答案中定义的一组产品的版本控制快照。在本书中它是一组受版本控制的存储库。

4. 是的，它可以。

5. 你将在企业中为每个不同的环境创建一个生命周期环境（Lifecycle Environment）。例如，开发（Development）、测试（Testing）、暂存（Staging）和生产（Production）。因此，你可以拥有与每个环境相关联的内容视图的不同版本，允许开发人员测试最前沿的软件包，同时生产部门接收最稳定、经过测试的软件包。

6. 发布（Publish）操作创建了内容视图的新版本，在此阶段不与任何生命周期环境（Lifecycle Environment）相关联。升级（Promote）操作将发布的版本与生命周期环境（Lifecycle Environment）相关联。

7. 当准备在要升级到的环境中测试 / 部署该版本的存储库内容时（例如，要开发（Development）的软件包的新版本）。

第 10 章

1. 如果目录服务出现故障，它们提供了一条进入服务器的紧急通道。

2. 用户（user）模块。

3. 运行一个特别的 Ansible 命令并使用 password_hash 过滤器生成散列值，如本例中所示：

```
$ ansible localhost -i localhost, -m debug -a "msg={{ 'secure123' |
password_hash('sha512') }}"
```

4. realmd 软件包。

5. 创建一个模板以匹配服务器组上的文件，然后编写一个具有要部署模板的任务的角色 / 剧本。在 check 模式下运行剧本，如果出现 changed 的状态结果，则模板文件与服务器上的配置不同。

6. 如果在 sudoers 中得到一个错误的指令，最坏的情况是将锁定你的账户，而无法成为服务器的 root 用户（因此无法修复问题）。验证文件有助于防止这种情况。

7. 目录服务可以审计登录、管理口令复杂性、按需锁定账户或由于登录尝试失败次数过多而集中锁定账户。

8. 这取决于业务需求和现有体系结构。一个拥有微软基础设施的企业肯定已经拥有了微软的活动目录，而纯粹在 Linux 上运行的企业则不需要引入 Windows 服务器，因此应该考虑使用 FreeIPA。

第 11 章

1. Ansible 提供了部署软件和数据库内容的自动文档化方式。再加上 AWX 等工具，可以确保你对“谁做了哪些更改以及更改的时间”有审计跟踪。

2. 将配置文件创建为模板，并对所有服务器使用模板进行部署。如果配置被拆分成多个文件，请确保所有文件都由 Ansible 管理，或者从文件中删除 include 语句以确保参数不会被意外重写。

3. Ansible 使用 SSH 在数据库机器上执行它的所有操作。因此不需要将数据库服务器打开到网络即可管理它。

4. 当你需要的原生模块无法执行你需要的操作时，你将使用 shell 模块。例如，旧版本的 Ansible 可以在 PostgreSQL 上完成大部分工作，但不能执行完全的空间回收（vacuum）。现在已经纠正了这一点，但作为一个示例，当你没有满足需求的原生 Ansible 模块时，或者当存在一个模块但你正在执行的任务超出其能力时，shell 模块就是你的解决方案。

5. Ansible（特别是与 AWX 结合使用时）提供了审计跟踪并确保你可以跟踪执行了哪些操作以及操作是何时执行的。你还可以在 AWX 中安排日常操作。

6. 你将创建一个角色或剧本，并使用 shell 模块调用某个原生 PostgreSQL 备份工具，如 pg_basebackup 或 pg_dump。

7. mysql_user。

8. 在 Ansible 中，PostgreSQL 比其他数据库平台有更多的原生模块支持。

第 12 章

1. df 命令可以提供一个路径，它将计算出该路径所在的挂载点，并输出可用磁盘空间。Ansible **事实（Facts）**提供了磁盘使用情况统计信息，但仅按装载点提供，因此必须找出路径所在的装载点。

2. find 模块用于定位文件。

3. 对配置文件的更改可能是意外地、恶意进行的，或者是解决问题的紧急更改造成的。在所有情况下，识别更改并确保删除这些更改，或更新剧本以反映新配置都是很重要的（尤其是在为解决问题而进行更改时）。

4. 可以使用 template 模块或 copy 模块来复制文件和在检查模式下运行 Ansible。还可以对文件执行校验和检查，看它是否与已知值匹配。

5. 在具有适当参数的任务中使用 service 模块。

6. Jinja2 在 Ansible 中用来提供过滤和模板。

7. 对变量使用 split 运算符，例如 {{ item.split(,) }}。

8. 如果一次性更改所有服务器内容，可能会意外地使整个服务下线，最好一次让少量服务器停止服务，进行更改并验证更改，然后重新引入它们。

9. 将 max_fail_percentage（最大故障百分比）设置为适合你的环境的适当值。如果出现超过给定百分比的故障，请停止执行剧本。

第 13 章

1. 它们提供了一种标准化的、业界认可的保护 Linux 服务器的方法。

2. 是的，它需要。

3. 1 级基准预计不会对服务器日常运营产生影响。2 级基准可能会对此产生影响，因此应谨慎执行。

4. 评分的基准预计对所有系统都至关重要，而未评分的基准预期仅适用于某些系统（例如，无线网络适配器配置加固将仅适用于机器的某个子集，因此，这不应影响所有机器的评分）。

5. 这通常在基准文档中提供，但通常涉及在脚本中使用 grep 实用程序，用于检查给定文件中的配置设置并报告是否找到该文件。

6. 可能的答案包括下面几种：

- 模式匹配可能是一门不精确的科学，必须小心假阳性和假阴性！

- ❑ Shell 脚本通常不是状态感知的，必须注意不要在每次运行脚本时都写出相同的配置，即使它与以前一样。
- ❑ Shell 脚本很难阅读，特别是当它们的规模变大时，因此很难管理和维护。

7. Shell 脚本的可读性不是很强，而且由于要实现的安全性需求的数量增加，脚本的规模也增大了，最终变得无人能够管理。

8. 将 shell 脚本通过管道传输到打开的与远程服务器的 SSH 会话中。

9. 这使得在脚本需要的情况下可以很容易地更改路径。例如，一些关键系统二进制文件在 Ubuntu 和 CentOS 系统上位于不同的路径。

10. 一般来说，最好以尽可能低的特权级别运行脚本，只在完成需要某特权级别的特定任务时才提升它。另外，`sudo` 有时被配置为需要终端会话，在将脚本利用管道传输到 SSH 会话时，这可能会阻止在 sudo 下运行整个脚本。

第 14 章

1. 模块打包了一整套 shell 脚本功能，包括为确保脚本只在需要时进行更改而需要满足的条件，并且可以报告是否进行了更改以及更改是否成功。

2. 有几种方法。可以使用 `--limit` 参数设置来运行整个剧本，也可以在剧本中使用 `when` 子句来确保任务仅在给定的主机名上运行。

3. 以基准（包括编号）命名任务，这样就可以很容易地确定它们的用途。此外，还包括级别和评分细节，以便解释和审计剧本运行的结果。

4. 相应地将任务标记为 `level1` 和 `level2`，然后使用 `--tags level1` 参数运行剧本。

5. `--tags` 参数只运行具有指定标记的任务，而 `--skip-tags` 参数则运行除指定任务以外的所有任务。

6. CIS 基准的规模非常大，没有必要重新设计轮子，特别是有了开放的源代码，你可以在使用剧本之前对其进行审计，以确保它们是安全的，并满足你的要求。

7. 这告诉 Ansible 在 check 模式下运行，这意味着不会实际更改，但 Ansible 将尝试预测如果在正常模式下运行，会做出哪些更改。

8. 不，`shell` 模块不支持 check 模式，因为不可能知道别人在剧本里对它下达了什么命令。

第 15 章

1. 安全内容自动化协议（Security Content Automation Protocol）。

2. SCAP 策略可以根据给定的标准［例如本书中讨论的 CIS 基准或 PCI-DSS（支付卡

行业－数据安全标准）要求］审计系统。有许多预先编写的策略可用，通过 OpenSCAP 等开源工具，你可以根据需求编写自己的策略。这对于企业能够对 Linux 服务器运行审计并确保它们与所选标准保持一致是很有价值的。

3. 你很可能需要使用 OpenSCAP 守护程序来实现此目的。

4. 在基本级别上，OVAL 文件包含扫描引擎应该执行的低级系统检查。XCCDF 文件引用 OVAL 文件（事实上，没有 OVAL 文件就不能使用 XCCDF 文件），其中包含其他定义、利用扫描定义对已知策略（例如 PCI-DSS）进行审计的配置文件，以及从扫描输出生成可读的报告的代码。

5. 在某些环境中，供应商可能仅在你使用他们提供的策略文件的情况下才向你提供支持。一个例子是 Red Hat Enterprise Linux 7，其中 Red Hat 声明，只有在你使用它们自己的 repos 提供的 SSG 策略时才会支持你。

6. SCAP 策略非常特定于它们运行的操作系统。尽管在许多场景中，CentOS 7 和 RHEL 7 可以被视为相同的，但它们有根本的区别。SCAP 考虑到了这一点，并确保它区分了操作系统，即使是 CentOS 7 和 RHEL 7。因此，当针对 CentOS 7 运行 RHEL 7 审计时，它会将许多（如果不是全部）审计标记为 `notapplicable`。如果针对 RHEL 7 主机运行 CentOS 7 特定的策略，情况也是如此。

7. 是的，你可以。执行以下命令会从 XML 结果文件生成一个 HTML 报表：

```
sudo oscap xccdf generate report --output
/var/www/html/reportoscapd.html
/var/lib/oscapd/results/1/1/results.xml
```

8. 你必须已经设置了对你希望扫描的服务器的无密码（基于密钥）SSH 访问。它还必须具有无密码 sudo 访问权限，除非你通过 SSH 使用 root 账户（不推荐）。

第 16 章

1. Ansible Galaxy 是一个公开可用的 Ansible 角色库，供你重用或按你的意愿开发。这也是一个你可以分享你所创造的角色的地方。

2. 剧本和角色一定会随着时间的推移而改变，但总会有需要了解历史上发生的事情的时候。尤其是角色被设计为可重用的时，因此集中控制它们的版本是很重要的，这样所有使用它们的剧本都可以确保使用的是正确版本的角色。

3. 可能的答案包括：

- 使用 `requirements.yml` 文件来指定存储库中的角色 URL，并使用 `ansible-galaxy` 安装它们。
- 将它们作为 Git 子模块添加到 `roles/` 目录中。

4. 特别是在云计算领域，你部署的服务器将不断发生变化。Ansible 只知道从其清单文件中自动执行哪些操作，因此清单文件必须是最新的，否则服务器可能会遗漏操作。使用动态清单确保清单始终是最新的，因为最新的清单始终是动态生成的。

5. 只要输出是正确的 Ansible 的 JSON 格式，就可以用任何语言编写它们。大多数脚本都是用 Python 编写的。

6. 查看动态清单脚本本身或附带的配置文件开头的注释。

7. 这是一个命令，可以一次运行一个单独的 Ansible 模块，而不需要编写一个完整的剧本。

8. 可能的答案包括：

- 它们可以测试和开发 Jinja2 过滤器表达式，而无须运行整个剧本。
- 它们可以在将模块功能提交到剧本或角色代码之前测试模块功能。

9. 使用 `shell` 模块（`-m shell`）运行 Ansible 临时命令并在模块参数中传递 shell 命令（`-a "ls -la /tmp"`）。

推荐阅读

跟老男孩学linux运维：web集群实战

书号：978-7-111-52983-5 作者：老男孩 定价：99.00元

资深运维架构实战专家及教育培训界顶尖专家十多年的运维实战经验总结，
系统讲解网站集群架构的框架模型以及各个节点的企业级搭建和优化

本书不仅讲解了Web集群所涉及的各种技术，还针对整个集群中的每个网络服务节点给出解决方案，并指导你细致掌握Web集群的运维规范和方法，实战性强。

互联网运维涉及的知识面非常广，本书涵盖了构架一个Web网站集群所需要的基础知识，以及常用的Web集群开源软件使用实践。通过本书的实战指导，能够帮助新人很快上手搭建一个完整的Web集群架构网站，并掌握相关的知识点，从而胜任企业的运维工作。